国家示范性高职院校工学结合系列教材

钢筋工程量计算

（第二版）

王武齐　主　编
袁建新　主　审

中国建筑工业出版社

图书在版编目（CIP）数据

钢筋工程量计算/王武齐主编．—2版．—北京：中国建筑工业出版社，2018.9（2021.2重印）
国家示范性高职院校工学结合系列教材
ISBN 978-7-112-22512-5

Ⅰ．①钢…　Ⅱ．①王…　Ⅲ．①配筋工程-工程造价-高等职业教育-教材　Ⅳ．①TU723.32

中国版本图书馆CIP数据核字（2018）第177253号

本教材为适应土建类相关专业高等职业技术教育改革的需要，依据《房屋建筑与装饰工程工程量计算规范》GB 50584—2013以及国家建筑设计标准图集16G101的规定，编排内容。详细介绍了钢筋相关的基本知识、钢筋图纸的识读、钢筋工程量计算的基本方法和技巧。

本教材内容包括：钢筋工程量计算概述、基础钢筋工程量计算、柱钢筋工程量计算、梁钢筋工程量计算、板钢筋工程量的计算、剪力墙钢筋工程量计算、楼梯钢筋工程量计算、预制构件钢筋工程量计算、筏形基础钢筋工程量计算以及钢筋工程量计算实训及软件应用。

为更好地支持本课程的教学，我们向使用本教材的教师免费提供教学课件，有需要者请发送邮件至cabpkejian@126.com免费索取。

责任编辑：朱首明　张　晶　吴越恺
责任校对：李美娜

国家示范性高职院校工学结合系列教材
钢筋工程量计算（第二版）
王武齐　主　编
袁建新　主　审
*
中国建筑工业出版社出版、发行（北京海淀三里河路9号）
各地新华书店、建筑书店经销
霸州市顺浩图文科技发展有限公司制版
北京建筑工业印刷厂印刷
*
开本：787×1092毫米　1/16　印张：16¾　字数：360千字
2018年10月第二版　2021年2月第十六次印刷
定价：**37.00**元（赠课件）
ISBN 978-7-112-22512-5
（32589）

序　言

2006年以来，高职教育随着“国家示范性高职院校建设计划”的启动进入了一个新的历史发展时期。在示范性高职建设中教材建设是一个重要的环节，教材是体现教学内容和教学方法的知识载体，既是进行教学的具体工具，也是深化教育教学改革、全面推进素质教育、培养创新人才的重要保证。

四川建筑职业技术学院2007年被教育部、财政部列为国家示范性高等职业院校立项建设单位，经过2年的建设与发展，根据建筑技术领域和职业岗位（群）的任职要求，参照建筑行业职业资格标准，重构基于施工（工作）过程的课程体系和教学内容，推行“行动导向”教学模式，实现课程体系、教学内容和教学方法的革命性变革，实现课程体系与教学内容改革和人才培养模式的高度匹配。组编了建筑工程技术、工程造价、道路与桥梁工程、建筑装饰工程技术、建筑设备工程技术五个国家示范院校立项建设重点专业系列教材。该系列教材有以下几个特点：

——专业教学中有机融入《四川省建筑工程施工工艺标准》，实现教学内容与行业核心技术标准的同步。

——完善“双证书”制度，实现教学内容与职业标准的一致性。

——吸纳企业专家参与教材编写，将企业培训理念、企业文化、职业情境和“四新”知识直接融入教材，实现教材内容与生产实际的“无缝对接”，形成校企合作、工学结合的教材开发模式。

——按照国家精品课程的标准，采用校企合作、工学结合的课程建设模式，建成一批工学结合紧密，教学内容、教学模式、教学手段先进，教学资源丰富的专业核心课程。

本系列教材凝聚了四川建筑职业技术学院广大教师和许多企业专家的心血，体现了现代高职教育的内涵，是四川建筑职业技术学院国家示范院校建设的重要成果，必将对推进我国建筑类高等职业教育产生深远影响。但加强专业内涵建设、提高教学质量是一个永恒主题。教学建设和改革是一个与时俱进的过程，教材建设也是一个吐故纳新的过程。衷心希望各用书学校及时反馈教材使用信息，提出宝贵意见，为本套教材的长远建设、修订完善做好充分准备。

衷心祝愿我国的高职教育事业欣欣向荣，蒸蒸日上。

四川建筑职业技术学院院长：李辉

2009年11月

第二版前言

为适应高等职业技术教育改革的需要，本教材根据工作过程设计章节，依据《房屋建筑与装饰工程工程量计算规范》GB 50584—2013 以及国家建筑设计标准图集混凝土结构施工图平面整体表示方法制图规则和构造详图的规定，贯穿工学结合的主导思想，编排本教材的内容。适用于建筑工程造价等相关专业的钢筋工程量教学需要，也可作为工程造价人员和现场施工人员参考读物。

本教材第二版是在第一版的基础上修编而成的，修编内容包括两个部分：

（一）在第一版的基础上增加了筏板基础钢筋工程量计算（第 9 章），将原来的第 9 章钢筋工程量计算软件应用进行了简化，纳入第 1 章第 6 节。

（二）全书完全按照现行国家建筑设计标准图集 16G101 对各章节内容进行修编。

本教材编写分工如下：王武齐（四川建筑职业技术学院）编写第 1、第 2、第 7、第 8 章，黎杰（四川建筑职业技术学院）编写第 3、第 9 章，汪世亮（四川建筑职业技术学院）编写第 4、第 5 章，潘桂生（四川建筑职业技术学院）编写第 6 章，王然（四川建筑职业技术学院）编写第 10 章。王武齐为本教材主编，负责全书统稿。袁建新（四川建筑职业技术学院）为本教材主审。

2018 年 6 月

第一版前言

为适应高等职业技术教育改革的需要，本教材根据工作过程设计章节，依据《建设工程工程量清单计价规范》GB 50500—2008 以及国家建筑设计标准图集 G101 的规定，贯穿工学结合的主导思想，编排本教材的内容。适用于建筑工程造价等相关专业的钢筋工程量教学需要，也可作为工程造价人员和现场施工人员参考读物。

本教材有以下特点：

1. 内容及体系新。

2. 实用性强。

3. 图文并茂、易学易懂。

本教材由王武齐（四川建筑职业技术学院副教授）主编，并编写第 1、第 2、第 7、第 8 章，刘德甫（四川正益工程造价咨询事务所有限公司造价工程师）编写第 4～6 章，黎杰（四川建筑职业技术学院教师）编写学习第 3、第 9 章，王然（四川建筑职业技术学院教师）编写第 10 章。袁建新（四川建筑职业技术学院教授）主审。

由于时间紧，加之水平有限，书中错误在所难免，恳请批评指正。

2010 年 6 月

钢筋工程量计算（第二版）
GANGJIN GONGCHENGLIANG JISUAN

1

钢筋工程量计算概述

关键知识点：

(1) 钢筋工程量计算依据。

(2) 钢筋的分类，包括热轧钢筋、冷加工钢筋和预应力钢绞线及钢丝。

(3) 钢筋连接的基础知识，包括钢筋焊接、机械连接和钢筋绑扎。

(4) 钢筋工程量计算的基础知识，包括钢筋单位理论质量、钢筋弯钩、钢筋保护层、钢筋锚固以及钢筋搭接等的基本规定和计算。

(5) 计价规范对钢筋工程量计算的一般规定，以及钢筋工程量计算的基本方法和计算公式。

(6) 钢筋工程量项目如何根据计价规范进行划分。

教学建议：

(1) 本章以讲授和到钢筋加工的工地进行实地参观相结合的教学方法进行。

(2) 布置钢筋单位理论质量、钢筋弯钩、钢筋保护层、钢筋锚固以及钢筋搭接的计算练习。

(3) 要求学生熟记钢筋工程量计算相关的基本概念，可以复习思考题让学生加强记忆。

随着社会经济发展和土地资源匮乏而必须节约耕地的需求，以及城市化的需要，建筑物高度向空中发展趋势越来越明显，建筑物中钢筋混凝土结构日益增多，钢筋工程量计算显得越来越重要。

在工程建设的具体实践中，无论是建筑工程预算、标底、投标报价等的编制以及竣工结算办理，还是现场施工过程中钢筋计划书及钢筋配料单的编制，都需要准确计算钢筋工程量。钢筋工程量计算是工程造价专业及建筑工程技术专业必须认真掌握的内容。

钢筋的基础知识、钢筋的施工工艺以及钢筋工程量计算是学生必须掌握的基本知识，只有在此基础上才能更好地掌握钢筋工程量的计算。

1.1 钢筋工程量计算依据

钢筋工程量计算依据，包括结构施工图、计价规范以及与结构施工图相关的各种标准图集等内容。

（1）结构施工图

一个具体的建筑工程钢筋工程量必须依据该工程结构施工图，并结合该结构施工图涉及的标准图集计算。所以结构施工图是钢筋工程量计算的重要依据。

（2）《房屋建筑与装饰工程工程量计算规范》GB 50854—2013

钢筋工程量规则必须根据《房屋建筑与装饰工程工程量计算规范》GB 50854—2013 中关于钢筋工程量计算规则计算。该规范由中华人民共和国住房和城乡建设部以及国家质量监督检验检疫总局联合发布，属于国家标准。

（3）《国家建筑设计标准图集 16G101》（后简称 16G101 图集），混凝土结构施工图平面整体表示方法制图规则和构造详图。具体内容如下：

《16G101-1 现浇混凝土框架、剪力墙、梁、板》

《16G101-2 现浇混凝土板式楼梯》

《16G101-3 独立基础、条形基础、筏形基础、桩基础》

（4）相关结构其他标准图集

其他标准图集包括国家标准图集及地方标准图集两大类。

国家标准图集如由住房和城乡建设部批准实行的《03G329-1 建筑抗震构造详图》，又如《04G323-1 钢筋混凝土吊车梁》。地方标准图集如西南地区建筑标准设计通用图《西南 03G601 多层砖房抗震构造图集》，又如四川省工程建设标准设计《川 07G01 轻质填充墙构造图集 GBJT 20-59》，各地区均有该地区执行的标准图集。

1.2 钢筋分类

建筑工程中钢筋混凝土结构使用的普通钢筋分为：热轧钢筋、冷加工钢筋、预应力钢绞线及钢丝三类（图 1-1）。

1.2.1 热轧钢筋

热轧钢筋是经热轧成型并自然冷却的成品钢筋。热轧钢筋有热轧光圆钢筋和热轧带肋钢筋两种。

（1）热轧光圆钢筋

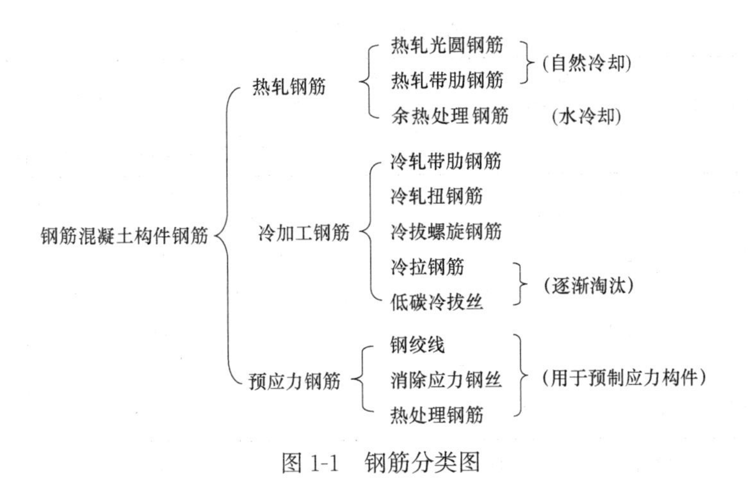

图 1-1　钢筋分类图

热轧光圆钢筋表面形状为光圆形。强度等级代号为 HPB300，公称直径为 8～20mm，屈服点强度为 300MPa，H、P、B 分别为热轧（Hot rolled）、光圆（Plain）、钢筋（Bars）三个词的英文首位字母。钢筋符号为Φ。

（2）热轧带肋钢筋

热轧带肋钢筋表面形状为月牙形，俗称螺纹钢筋，见图 1-2。强度等级代号为 HRB335、HRB400、HRB500，屈服点强度分别为 335MPa、400MPa、500MPa，公称直径为 6～50mm。钢筋符号：HRB335 为Φ、HRB400 为Φ、HRB500 为Φ。H、R、B 分别为热轧（Hot-rolled）、带肋（Ribbed）、钢筋（Bars）三个词的英文首位字母。

（3）余热处理钢筋

余热处理钢筋，是热轧带肋钢筋经热轧后立即穿水，进行表面控制冷却，然后利用芯部余热自身完成回火处理所得到的成品钢筋。

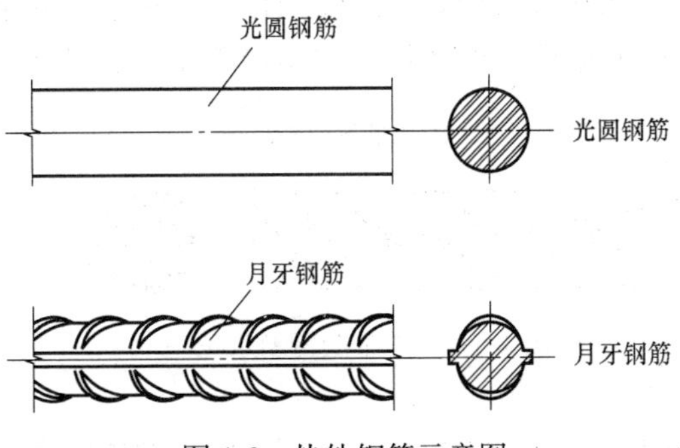

图 1-2　热轧钢筋示意图

余热处理钢筋表面形状为月牙形。强度等级代号为 RRB400，公称直径为 8～40mm，屈服点强度为 400MPa。R、R、B 分别为热轧（Remained）、带肋（Ribbed）、钢筋（Bars）三个词的英文首位字母。钢筋符号为Φ^{R}。

（4）热轧钢筋力学性能

热轧钢筋力学性能见表 1-1。余热处理钢筋力学性能见表 1-2。

1.2.2　冷加工钢筋

冷加工钢筋有冷轧带肋钢筋、冷轧扭钢筋、冷拔螺旋钢筋、冷拉钢筋和低碳冷拔丝等，冷拉钢筋和低碳冷拔丝已逐渐淘汰。

热轧钢筋力学性能 **表 1-1**

表面形状	强度等级代号	公称直径 d(mm)	屈服强度(MPa)	抗拉强度(MPa)	伸长率(%)	冷弯		符号
			不小于			弯曲角度	弯心直径(D)	
光圆	HPB300	6～22	300	420	25	180°	d	Φ
月牙(带肋)	HRB335	6～25 28～50	335	490	16	180°	$3d$ $4d$	Φ
	HRB400	6～25 28～50	400	570	14	180°	$4d$ $5d$	Φ
	HRB500	6～25 28～50	500	630	12	180°	$6d$ $7d$	Φ

注：d——钢筋公称直径；D——钢筋弯曲弯心圆直径。

余热处理钢筋力学性能 **表 1-2**

表面形状	强度等级代号	公称直径 d(mm)	屈服强度(MPa)	抗拉强度(MPa)	伸长率(%)	冷弯		符号
			不小于			弯曲角度	弯心直径(D)	
月牙(带肋)	RRB400	6～25 28～40	440	600	14	90° 90°	$3d$ $4d$	$Φ^R$

注：d——钢筋公称直径；D——钢筋弯曲弯心圆直径。

（1）冷轧带肋钢筋

冷轧带肋钢筋是热轧圆盘条经冷轧或冷拔减径后在其表面冷轧成三面或二面有肋的钢筋，冷轧带肋钢筋加工工序：原料上线→冷轧加工→低温回火→质量检验→定尺剪切→自动收料。外观形状见图 1-3。

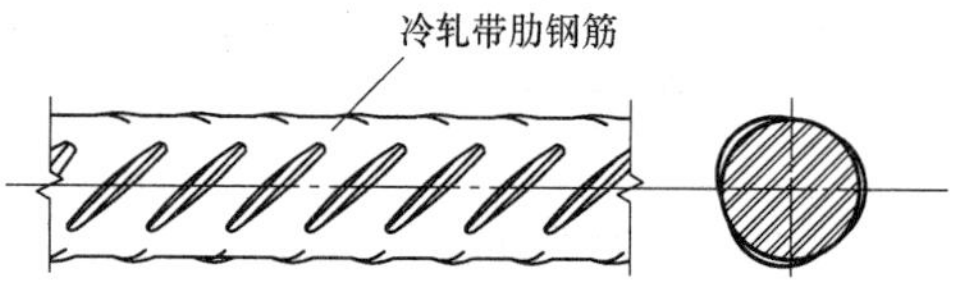

图 1-3　冷轧带肋钢筋示意图

冷轧带肋钢筋强度等级代号：CRB550、CRB650 和 CRB800。CRB550 钢筋宜用于钢筋混凝土结构构件的受力钢筋、架立筋、箍筋和构造钢筋，CRB650 和 CRB800 钢筋宜用于中小型预应力构件中的受力主筋。C、R、B 分别为冷轧（Cold-rolled）、带肋（Ribbed）、钢筋（Bars）三个词的英文首位字母。

冷轧带肋钢筋的力学性能见表 1-3。

冷轧带肋钢筋力学性能 **表 1-3**

公称直径 d(mm)	钢筋级别	屈服强度(MPa)	抗拉强度(MPa)	伸长率不小于(%)		冷弯		符号
		不小于		$\delta 10$	$\delta 100$	弯曲角度	弯心直径(D)	
4～12	CRB550 CRB650 CRB800	500 520 640	550 650 800	8 — —	— 4 4	180° 180° 180°	$3d$ $4d$ $5d$	$Φ^R$

注：d——钢筋公称直径；D——钢筋弯曲弯心圆直径。

(2) 冷轧扭钢筋

冷轧扭钢筋是用低碳钢钢筋(含碳量低于 0.25%)经过冷轧扭工艺制作，其表面呈现连续螺旋形。具有较高的强度且有足够的塑性，与混凝土粘结性能优异，代替 HPB300 级钢筋可节约钢材约 30%。

Ⅰ型(扁钢冷轧扭钢筋)

Ⅱ型(菱形钢冷轧扭钢筋)

图 1-4 冷轧扭钢筋

冷轧扭钢筋强度等级代号 CTB580。C、T、B 分别为冷轧（Cold-rolled)、扭（Twisted)、钢筋（Bars）三个词的英文首位字母。

冷轧扭钢筋主要用低碳钢扁钢或低碳钢菱形钢经过冷轧扭工艺制作而成，见图 1-4。

一般用于现浇钢筋混凝土楼板，以及预制钢筋混凝土圆孔板、叠合板中的预制薄板等。冷轧扭钢筋的力学性能见表 1-4。

冷轧扭钢筋力学性能　　表 1-4

公称直径 d(mm)	抗拉强度(MPa)	伸长率(%)	冷弯		符号
	不小于		弯曲角度	弯心直径(D)	
6.5～14	580	4.5	180°	$3d$	Φ^t

注：d——钢筋公称直径；D——钢筋弯曲弯心圆直径。

(3) 冷拔螺旋钢筋

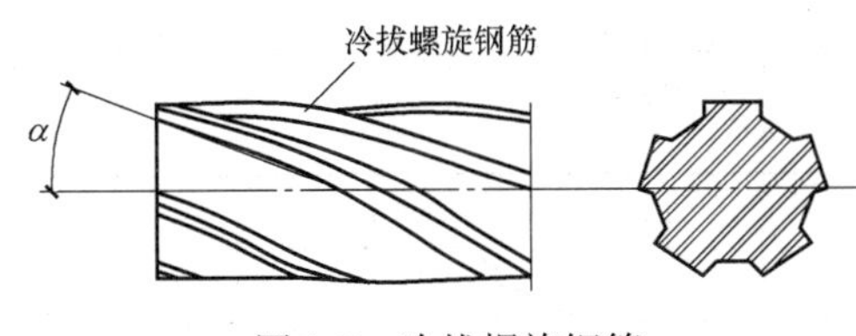

图 1-5 冷拔螺旋钢筋

冷拔螺旋钢筋是热轧圆盘条经过冷拔后在表面形成连续螺旋槽（图 1-5）的钢筋。冷拔螺旋钢筋具有握裹力强、塑性好、成本低等优点，可用于钢筋混凝土构件中的受力钢筋，节约钢材。冷拔螺旋钢筋的力学性能见表 1-5。

冷拔螺旋钢筋力学性能　　表 1-5

公称直径 d(mm)	强度等级代号	屈服强度(MPa)	抗拉强度(MPa)	伸长率不小于(%)		冷弯		符号
				$\delta10$	$\delta100$	弯曲角度	弯心直径(D)	
4～12	LX550 LX650 LX800	≥500 ≥520 ≥640	≥550 ≥650 ≥800	8 — —	— 4 4	180° 180° 180°	$3d$ $4d$ $5d$	Φ

注：d——钢筋公称直径；D——钢筋弯曲弯心圆直径。

1.2.3 预应力钢绞线及钢丝

(1) 预应力钢绞线

预应力钢绞线是由多根冷拉钢丝在绞线机上成螺旋形绞合，并经过消除应力回火处理而成。钢绞线的整根破断力大，柔性好，施工方便。预应力钢绞线有1×2钢绞线、1×3钢绞线、1×7钢绞线等，见图1-6（图中D为公称直径）。

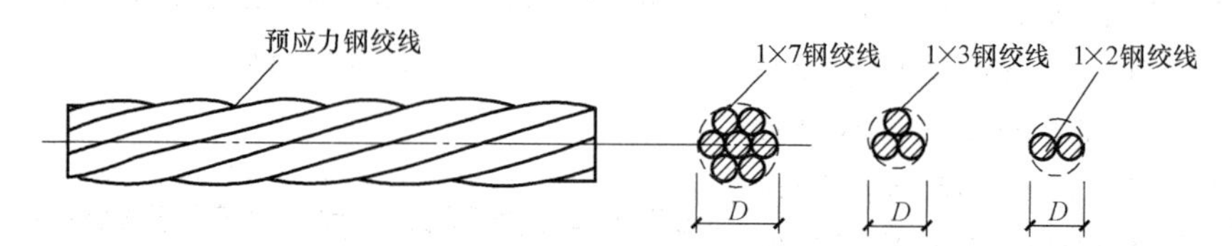

图1-6　预应力钢绞线

符号：Φ^s。如1×3Φ^s4（或1—3Φ^s4）表示：由4mm粗的钢丝3根绞合而成的钢绞线。钢绞线单位理论质量见表1-6、表1-7。

1×3结构钢绞线单位理论质量表　　　　**表1-6**

钢绞线结构	公称直径		钢绞线测量尺寸A(mm)	钢绞线尺寸允许偏差(mm)	参考截面积S_n(mm^2)	单位理论质量(kg/m)
	钢绞线直径D(mm)	钢丝直径d(mm)				
1×3	8.60	4.00	7.46	+0.20 −0.10	37.7	0.296
	10.80	5.00	9.33		58.9	0.462
	12.90	6.00	11.20		84.8	0.666
1×3I	8.70	4.04	7.54		38.5	0.302

注：I——刻痕钢绞线；D——钢绞线直径；d——钢丝直径。

1×7结构钢绞线单位理论质量表　　　　**表1-7**

钢绞线结构	公称直径		钢绞线测量尺寸A(mm)	钢绞线尺寸允许偏差(mm)	参考截面积S_n(mm^2)	单位理论质量(kg/m)
	钢绞线直径D(mm)	钢丝直径d(mm)				
1×7	9.50			+0.30 −0.15	54.8	0.430
	11.10				74.2	0.582
	12.70			+0.40 −0.20	98.7	0.775
	15.20				140	1.101
	15.70				150	11.78
	17.80				190	1.492
(1×7)C	12.70			+0.40 −0.20	112	0.880
	15.20				165	1.296
	18.00				223	1.751

注：C——拔模钢绞线；D——钢绞线直径；d——钢丝直径。

（2）预应力钢丝

预应力钢丝是用优质高碳素钢盘条经过索氏体化处理、酸洗、镀铜或磷化后冷拔而成的钢丝的总称。其分类见图1-7。

1）冷拔钢丝

冷拉钢丝是经冷拔后直接用于预应力混凝土的钢丝。一般用于铁路轨枕、压力水管、电杆等。

2）消除应力钢丝（普通松弛钢丝）

消除应力钢丝（普通松弛钢丝）是经冷拔后经高速旋转的矫直滚筒矫直，并经回火（300～500℃）处理的钢丝。

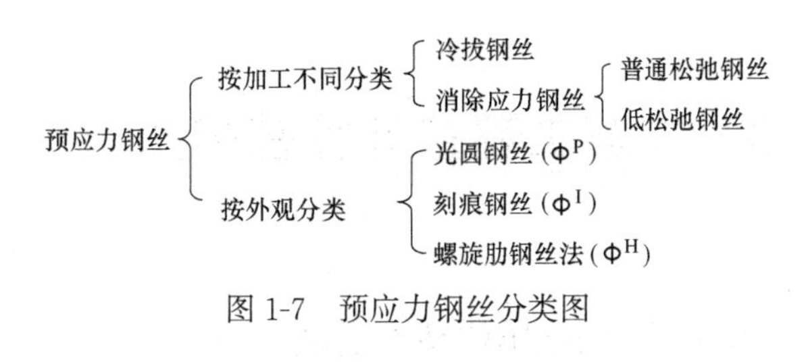

图 1-7　预应力钢丝分类图

3）消除应力钢丝（低松弛钢丝）

消除应力钢丝（低松弛钢丝）是经冷拔后在张力状态下经回火处理的钢丝。这种钢丝主要用于房屋、桥梁、市政、水利等大型工程。

4）刻痕钢丝

刻痕钢丝是用冷轧或冷拔方法使钢丝表面产生周期性变化的凹痕或凸纹的钢丝。钢丝表面凹痕或凸纹可增加混凝土的握裹力，见图 1-8。这种钢丝主要用于先张法预应力混凝土构件。

5）螺旋肋钢丝

螺旋肋钢丝是通过专用拔丝模冷拔方法使钢丝表面沿长度方向上产生规则间隔肋条的钢丝，钢丝表面的螺旋肋可增加混凝土的握裹力，见图 1-9。这种钢丝主要用于先张法预应力混凝土构件。

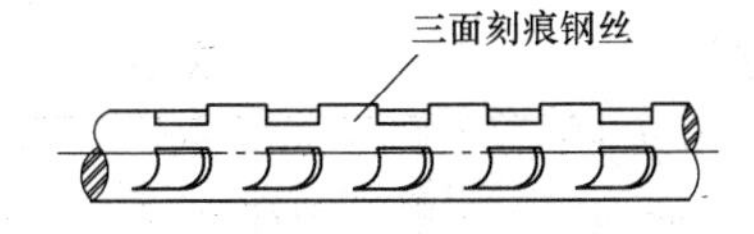

图 1-8　三面刻痕钢丝外形图

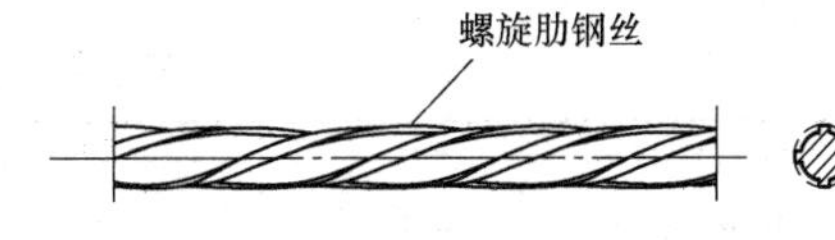

图 1-9　螺旋肋钢丝外形图

6）钢丝的单位理论质量

光圆钢丝的单位理论质量见表 1-8。刻痕钢丝、螺旋肋钢丝的单位理论质量与光圆钢丝相同。

光圆钢丝、刻痕钢丝、螺旋肋钢丝单位理论质量表　　表 1-8

公称直径 d_n(mm)	直径允许偏差(mm)	公称横截面积 S_n(mm²)	单位理论质量(kg/m)
3	±0.04	7.07	0.058
4		12.57	0.099
5	±0.05	19.63	0.154
6		28.27	0.222
7		38.48	0.302
8	±0.06	50.26	0.395
9		63.62	0.500
10		78.54	0.617
12		113.1	0.888

1.3 钢筋工程量计算基础知识

1.3.1 钢筋单位理论质量

钢筋单位理论质量，是指钢筋每米长度的质量，单位是 kg/m。钢筋密度按 $7850kg/m^3$计算。

钢筋单位理论质量计算公式为：

$$钢筋单位理论质量=\frac{\pi d^2}{4}\times 7850\times \frac{1}{1000000}=0.006165d^2$$

式中 d——钢筋的公称直径（mm）。

【例 1-1】 计算Φ6、Φ10、Φ14 钢筋的单位理论质量。

解： Φ6 钢筋的单位理论质量$=0.006165\times 6^2=0.222$kg/m

Φ10 钢筋的单位理论质量$=0.006165\times 10^2=0.617$kg/m

Φ14 钢筋的单位理论质量$=0.006165\times 14^2=1.208$kg/m

下面介绍各种钢筋的单位理论质量。

（1）热轧钢筋单位理论质量

热轧钢筋单位理论质量见表 1-9。

热轧钢筋单位理论质量表 **表 1-9**

公称直径（mm）	内径（mm）	纵横肋高 h、h_1（mm）	公称横截面积（mm^2）	理论质量（kg/m）
6	5.8	0.6	28.27	0.222
（6.5）			33.18	0.260
8	7.7	0.8	50.27	0.395
10	9.6	1.0	78.54	0.617
12	11.5	1.2	113.10	0.888
14	13.4	1.4	153.94	1.208
16	15.4	1.5	201.06	1.578
18	17.3	1.6	254.47	1.998
20	19.3	1.7	314.16	2.466
22	21.3	1.9	380.13	2.984
25	24.2	2.1	490.87	3.853
28	27.2	2.2	615.75	4.834
32	31.0	2.4	804.25	6.313
36	35.0	2.6	1017.88	7.990
40	38.7	2.9	1256.64	9.865
50	48.5	3.2	1963.50	15.413

注：1. 钢筋单位理论质量=0.006165d^2 [d为公称直径（mm）]。

2. 质量允许偏差：直径6～12mm为±7%；直径14～20mm为±5%；直径22～50mm为±4%。

3. 热轧光圆钢筋无内径和肋高。无论是热轧光圆钢筋还是热轧带肋钢筋的公称横截面积和理论质量均按本表计算。

（2）冷轧带肋钢筋理论质量

冷轧带肋钢筋单位理论质量见表1-10。

冷轧带肋钢筋单位理论质量表 **表1-10**

公称直径（mm）	公称横截面积（mm^2）	理论质量（kg/m）	备注
（4）	12.57	0.099	
5	19.63	0.154	
6	28.27	0.222	
7	38.48	0.302	
8	50.27	0.395	
9	63.62	0.499	
10	78.54	0.617	
12	113.10	0.888	

注：钢筋单位理论质量=0.006165d^2 [d为公称直径（mm）]。质量允许偏差±4%。

（3）冷轧扭钢筋单位理论质量

冷轧扭钢筋单位理论质量见表1-11。

冷轧扭钢筋单位理论质量表 **表1-11**

类型	钢筋标志直径（mm）	轧扁厚度t不小于（mm）	节距l_1不大于（mm）	理论质量（kg/m）
Ⅰ型（矩形）	6.5	3.7	75	0.232
	8	4.2	95	0.356
	10	5.3	110	0.536
	12	6.2	150	0.733
	14	8.0	170	1.042
Ⅱ型（菱形）	12-菱	8.0	145	0.768

注：质量允许偏差不大于5%。

（4）冷拔螺旋钢筋

冷拔螺旋钢筋单位理论质量见表1-12。

冷拔螺旋钢筋单位理论质量表 **表1-12**

公称直径（mm）	公称横截面积（mm^2）	理论质量（kg/m）	备注
4	12.57	0.099	
5	19.63	0.154	
6	28.27	0.222	
7	38.48	0.302	
8	50.27	0.395	
9	63.62	0.499	
10	78.54	0.617	

注：钢筋单位理论质量=0.006165d^2 [d为公称直径（mm）]。质量允许偏差±4%。

1.3.2 钢筋弯钩

钢筋弯钩按弯起角度分别有180°、135°和90°三种，见图1-10。

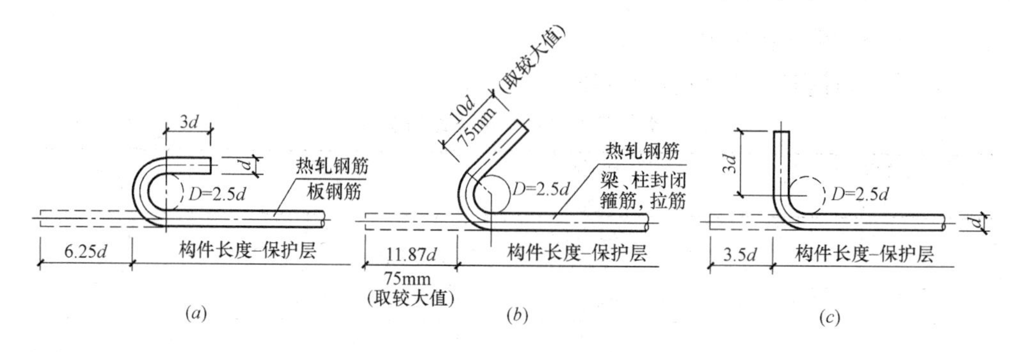

图1-10 钢筋弯钩计算示意图

（a）180°半圆钩；（b）135°斜钩；（c）90°弯钩

（1）180°弯钩

当钢筋混凝土构件钢筋设置180°弯钩时，平直长度$3d$，弯心圆直径$2.5d$，则其弯钩长度为$6.25d$，见图1-10（a）。

$$弯钩长度=3.5d\times\pi\times\frac{180}{360}-2.25d+3d=3.25d+3d=6.25d$$

上式中$3.5d\times\pi\times\frac{180}{360}-2.25d=3.25d$称“量度差值”。

单个弯钩长$6.25d$，两个弯钩$12.5d$。

【例1-2】 计算Φ10、Φ12钢筋的180°弯钩的长度。

解： Φ10钢筋的180°弯钩的长度（两端）$=12.5\times10=125$mm

Φ12钢筋的180°弯钩的长度（两端）$=12.5\times12=150$mm

（2）135°弯钩

现浇钢筋混凝土梁、柱、剪力墙的箍筋和拉筋，其端部应设135°弯钩，平直长度max（$10d$，75mm），弯心圆直径$2.5d$，则其弯钩为$11.89d$，见图1-10（b）。

$$弯钩长度=3.5d\times\pi\times\frac{135}{360}-2.25d+10d=1.87d+10d=11.87d$$

上式中$3.5d\times\pi\times\frac{135}{360}-2.25d=1.87d$称“量度差值”。

若平直长度按$10d$计算的结果小于75mm，其弯钩的长度应按（$1.87d+75$mm）计算。如：Φ6的钢筋弯钩长度：因为$11.87d=11.87\times6=71.22mm<75$mm，按75mm计算，则弯钩长度$=1.87\times6+75=11+75=86$mm计算。

【例1-3】 计算Φ8、Φ6钢筋的135°弯钩的长度。

解： Φ8钢筋（梁箍筋）的135°弯钩的长度（双钩）$=11.87\times8\times2=94.96\times2=190$mm

Φ6 钢筋（梁箍筋）的 135°弯钩的长度（双钩）＝86×2＝172mm

若平直长度及弯心圆直径与图 1-10 不同时，弯钩长度应按上述公式进行调整。例如弯心圆直径 4d，其余条件不变，则：135°弯钩长度＝$5d\times\pi\times\frac{135}{360}-3d+10d=2.89d+10d=12.89d$，“量度差值”为 2.89$d$。其余类推。

（3）90°弯钩

当施工图纸或相关标准图集中对 90°弯钩长度有规定时，按其规定计算。无规定时可按 3.5d 计算，见图 1-10（c）。

弯钩长度＝$3.5d\times\pi\times\frac{90}{360}-2.25d+3d=0.5d+3d=3.5d$

上式中 $3.5d\times\pi\times\frac{135}{360}-2.25d=0.5d$ 称“量度差值”。

若平直长度及弯心圆直径不同时，弯钩长度应按上述公式进行调整。例如弯心圆直径 4d，其余条件不变，则：90°弯钩长度＝$5d\times\pi\times\frac{90}{360}-3d+3d=0.93d+3d=3.93d$，量度差值为 0.93$d$。其余类推。

1.3.3 钢筋保护层

钢筋保护层是指钢筋外表面到构件外表面的距离，见图 1-11。

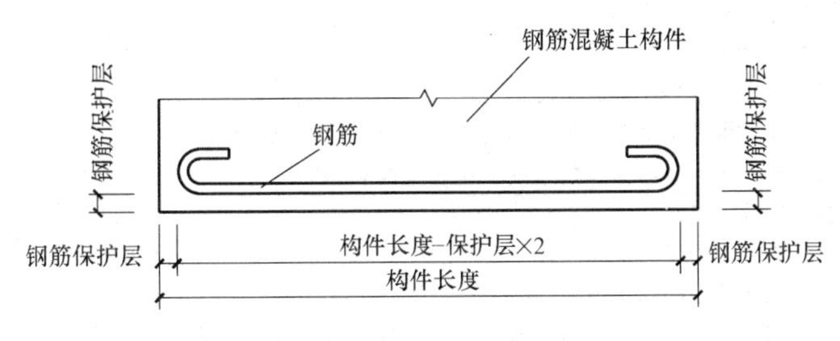

图 1-11 钢筋保护层示意图

钢筋保护层的规定，根据混凝土强度等级和环境类别的不同有所不同，具体内容详见《国家建筑设计标准图集 16G101》。表 1-13 是各种现浇混凝土构件的钢筋保护层最小厚度要求。

当设计施工图纸中有钢筋保护层的规定时，应按设计施工图纸中的规定计算。

受力钢筋的混凝土保护层最小厚度 **表 1-13**

环境类别		板、墙		梁、柱		基础梁（顶面和侧面）		独立基础、条形基础、筏形基础（顶面和侧面）	
		≤C25	≥C30	≤C25	≥C30	≤C25	≥C30	≤C25	≥C30
一		20	15	25	20	25	20	—	—
二	a	25	20	30	25	30	25	25	20
	b	30	25	40	35	40	35	30	25

续表

环境类别		板、墙		梁、柱		基础梁（顶面和侧面）		独立基础、条形基础、筏形基础（顶面和侧面）	
		≤C25	≥C30	≤C25	≥C30	≤C25	≥C30	≤C25	≥C30
三	a	35	30	45	40	45	40	35	30
	b	45	40	55	50	55	50	45	40

注：1. 表中混凝土保护层厚度指最外层钢筋外边缘至混凝土表面的距离，适用于设计使用年限为50年的混凝土结构。

2. 构件中受力钢筋的保护层厚度不应小于钢筋的公称直径 d。

3. 一类环境中，设计使用年限为100年的结构最外层钢筋的保护层厚度不应小于表中数值的1.4倍；二、三类环境中，设计使用年限为100年的结构应采取专门的有效措施。混凝土结构环境类别见表1-14。

4. 钢筋混凝土基础宜设置混凝土垫层，基础底面钢筋的保护层厚度，有混凝土垫层时应从垫层顶面算起，且不应小于40mm；无垫层时，不应小于70mm。

5. 桩基础承台及承台梁：承台底面钢筋的混凝土保护层厚度，当有混凝土垫层时，不应小于50mm，无垫层时不应小于70mm；此外尚不应小于桩头嵌入承台的长度。

6. 楼梯保护层同板的保护层。

混凝土结构环境类别表　　表1-14

环境类别		环境条件
一		室内干燥环境； 无侵蚀性静水浸没环境
二	a	室内潮湿环境； 非严寒和非寒冷地区的露天环境； 非严寒和非寒冷地区与无侵蚀性的水或土壤直接接触的环境； 严寒和寒冷地区的冰冻性的水或土壤直接接触的环境
	b	干湿交替的环境； 水位频繁变动的环境； 严寒和寒冷地区的露天环境； 严寒和寒冷地区的冰冻线以上与无侵蚀性的水或土壤直接接触的环境
三	a	严寒和寒冷地区冬季水位变动的环境； 受除冰盐影响环境； 海风环境
	b	盐渍土环境； 受除冰盐作用环境； 海岸环境
四		海水环境
五		受人为或自然的侵蚀性物质影响的环境

注：1. 室内潮湿环境是指构件表面经常处于结露或湿润状态的环境。

2. 严寒和寒冷地区的划分应符合现行国家标准《民用建筑热工设计规范》GB 50176—2016的有关规定。

3. 海岸环境和海风环境宜根据当地情况，考虑主导风向及结构所处迎风、背风部位等因素的影响，由调查研究和工程经验确定。

4. 受除冰盐影响环境是指受除冰盐盐雾影响的环境；受除冰盐作用环境是指受冰盐溶液溅射的环境以及使用除冰盐地区的洗车房、停车楼等建筑。

5. 暴露的环境是指混凝土结构表面所处的环境。

1.3.4 钢筋锚固长度（l_{aE}、l_a）

钢筋锚固长度（l_{aE}、l_a）是指钢筋锚入支座内的长度，见图 1-12（a）。

钢筋锚固有直锚和弯锚两种方式。当支座宽度能满足锚固长度时，锚固长度=max(≥l_{aE}，≥0.5h_c+5d，≥250mm)，可以直锚，不做弯钩，见图 1-12（b）；当支座宽度不能满足锚固长度时，可以弯锚，锚固长度=0.45l_{aE}+15d，15d 是弯钩长度，见图 1-12（c）。

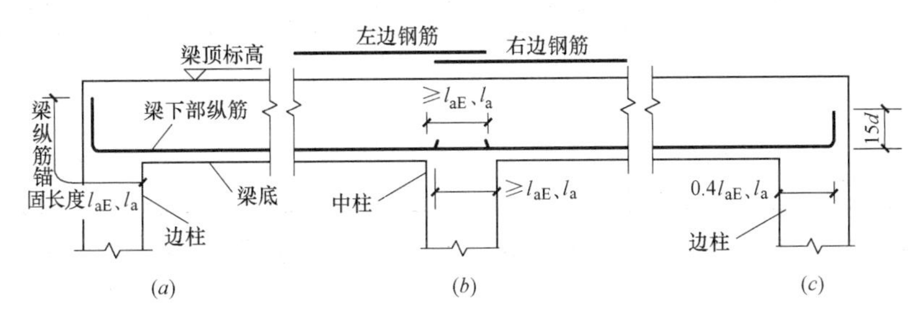

图 1-12 钢筋锚固示意图

（a）钢筋锚固示意图；（b）钢筋直锚示意图；（c）钢筋弯锚示意图

钢筋锚固具体采用哪种方式应根据相应的标准构造要求确定，标准构造要求见 16G101 图集，本书各相关章节均有介绍。

钢筋锚固长度值，见表 1-15～表 1-18。

受拉钢筋基本锚固长度 l_{ab} **表 1-15**

钢筋种类	混凝土强度等级								
	C20	C25	C30	C35	C40	C45	C50	C55	≥C60
HPB300	39d	34d	30d	28d	25d	24d	23d	22d	21d
HRB335、HRBF335	38d	33d	29d	27d	25d	23d	22d	21d	21d
HRB400、HRBF400、RRB400	—	40d	35d	32d	29d	28d	27d	26d	25d
HRB500、HRBF500	—	48d	43d	39d	36d	24d	32d	31d	30d

注：1. 四级抗震时，$l_{abE}=l_{ab}$。

2. 当锚固钢筋的保护层厚度不大于 5d 时，锚固钢筋长度范围内应设置横向构造钢筋，其直径不应小于 $d/4$（d 为锚固钢筋的最大直径），对梁、柱等构件间距不应大于 5d，对墙、板等构件间距不应大于 10d，且均不小于 100d（d 为锚固钢筋的最小直径）。

抗震设计时受拉钢筋基本锚固长度 l_{abE} **表 1-16**

钢筋种类及抗震等级		混凝土强度等级								
		C20	C25	C30	C35	C40	C45	C50	C55	≥C60
HPB300	一、二级	45d	39d	35d	32d	29d	28d	26d	25d	24d
	三级	41d	36d	32d	29d	26d	25d	24d	23d	22d
HRB335 HRBF335	一、二级	44d	38d	33d	31d	29d	26d	25d	24d	24d
	三级	40d	35d	31d	28d	26d	24d	23d	22d	22d

续表

钢筋种类		混凝土强度等级								
		C20	C25	C30	C35	C40	C45	C50	C55	≥C60
HRB400 HRBF400	一、二级	—	46d	40d	37d	33d	32d	31d	30d	29d
	三级	—	42d	37d	34d	30d	29d	28d	27d	26d
HRB500 HRBF500	一、二级	—	55d	49d	45d	41d	39d	37d	26d	35d
	三级	—	50d	45d	41d	38d	36d	34d	33d	32d

受拉钢筋锚固长度 l_a **表 1-17**

钢筋种类	混凝土强度等级																
	C20	C25		C30		C35		C40		C45		C50		C55		≥C60	
	d≤25	d≤25	d>25	d≤25	d>25	d≤25	d>25	d≤25	d>25	d≤25	d>25	d≤25	d>25	d≤25	d>25	d≤25	d>25
HPB300	39d	34d	—	30d	—	28d	—	25d	—	24d	—	23d	—	22d	—	21d	—
HRB335、HRBF335	38d	33d	—	29d	—	27d	—	25d	—	23d	—	22d	—	21d	—	21d	—
HRB400、HRBF400 RRB400	—	40d	44d	35d	39d	32d	35d	29d	32d	28d	31d	27d	30d	26d	29d	25d	28d
HRB500、HRBF500	—	48d	53d	43d	47d	39d	43d	36d	40d	34d	37d	32d	35d	31d	34d	30d	33d

受拉钢筋抗震锚固长度 l_{aE} **表 1-18**

钢筋种类及抗震等级		混凝土强度等级																
		C20	C25		C30		C35		C40		C45		C50		C55		≥C60	
		d≤25	d≤25	d>25	d≤25	d>25	d≤25	d>25	d≤25	d>25	d≤25	d>25	d≤25	d>25	d≤25	d>25	d≤25	d>25
HPB300	一、二级	45d	39d	—	35d	—	32d	—	29d	—	28d	—	26d	—	25d	—	24d	—
	三级	41d	36d	—	32d	—	29d	—	26d	—	25d	—	24d	—	23d	—	22d	—
HRB335 HRBF335	一、二级	44d	38d	—	33d	—	31d	—	29d	—	26d	—	25d	—	24d	—	24d	—
	三级	40d	35d	—	30d	—	28d	—	26d	—	24d	—	23d	—	22d	—	22d	—
HRB400 HRBF400	一、二级	—	46d	51d	40d	45d	37d	40d	33d	37d	32d	36d	31d	35d	30d	33d	29d	32d
	三级	—	42d	46d	37d	41d	34d	37d	30d	34d	29d	33d	28d	32d	27d	30d	26d	29d
HRB500 HRBF500	一、二级	—	55d	61d	49d	54d	45d	49d	41d	46d	39d	43d	37d	40d	36d	39d	35d	38d
	三级	—	50d	56d	45d	49d	41d	45d	38d	42d	36d	39d	34d	37d	33d	36d	32d	35d

注：1. 当为环氧树脂涂层带肋钢筋时，表中数据尚应乘以 1.25。
2. 当纵向受拉钢筋中施工过程中易收扰动时，表中数据尚应乘以 1.1。
3. 当锚固长度范围内纵向受力钢筋周边保护层为 3d、5d（d 为锚固钢筋的直径）时，表中数据可分别乘以 0.8、0.7；中间时按内插值确定。
4. 当纵向受拉钢筋锚固长度修正系数多于一项时，可按连乘计算。
5. 受拉钢筋的锚固长度 l_a、l_{aE}计算值不应小于 200。
6. 四级抗震时，$l_{aE}=l_a$。
7. 当锚固钢筋的保护层厚度不大于 5d 时，锚固钢筋长度范围内应设置横向构造钢筋，其直径不应小于 d/4（d 为锚固钢筋的最大直径），对梁、柱等构件间距不应大于 5d；对墙、板等构件间距不应大于 10d，且均不小于 100d（d 为锚固钢筋的最小直径）。

1.3.5 纵向受拉钢筋绑扎搭接长度（l_{lE}、l_l）

纵向受拉钢筋的接头方式主要是焊接和机械连接。当纵向受拉钢筋采用绑扎搭接的接头方式时，其绑扎搭接长度（l_{lE}、l_l）见表 1-19、表 1-20。若施工图纸中有绑扎搭接长度的规定时，应按施工图纸中的规定计算。

纵向受拉钢筋搭接锚固长度 l_l　　表 1-19

钢筋种类及同一区段内搭接钢筋面积百分率		混凝土强度等级																
		C20	C25		C30		C35		C40		C45		C50		C55		≥C60	
		d≤25	d≤25	d>25	d≤25	d>25	d≤25	d>25	d≤25	d>25	d≤25	d>25	d≤25	d>25	d≤25	d>25	d≤25	d>25
HPB300	≤25%	47d	41d	—	36d	—	34d	—	30d	—	29d	—	28d	—	26d	—	25d	—
	50%	55d	48d	—	42d	—	39d	—	35d	—	34d	—	32d	—	31d	—	29d	—
	100%	62d	54d	—	48d	—	45d	—	40d	—	38d	—	37d	—	35d	—	34d	—
HRB335 HRBF335	≤25%	46d	40d	—	35d	—	32d	—	30d	—	28d	—	26d	—	25d	—	25d	—
	50%	53d	46d	—	41d	—	38d	—	35d	—	32d	—	31d	—	29d	—	29d	—
	100%	61d	53d	—	46d	—	43d	—	40d	—	37d	—	35d	—	34d	—	34d	
HRB400 HRBF400	≤25%	—	48d	53d	42d	47d	38d	42d	35d	38d	34d	37d	32d	36d	31d	35d	30d	34d
	50%	—	56d	62d	49d	55d	45d	49d	41d	45d	39d	43d	38d	42d	36d	41d	35d	39d
	100%		64d	70d	56d	62d	51d	56d	46d	51d	45d	50d	43d	48d	42d	46d	40d	45d
HRB500 HRBF500	≤25%	—	58d	64d	52d	56d	47d	52d	43d	48d	41d	44d	38d	42d	37d	41d	36d	40d
	50%	—	67d	74d	60d	66d	55d	60d	50d	56d	48d	52d	45d	49d	43d	48d	42d	46d
	100%		77d	85d	69d	75d	62d	69d	58d	64d	54d	59d	51d	56d	50d	54d	48d	53d

纵向受拉钢筋抗震搭接长度 l_{lE}　　表 1-20

钢筋种类及同一区段内搭接钢筋面积百分率			混凝土强度等级																
			C20	C25		C30		C35		C40		C45		C50		C55		≥C60	
			d≤25	d≤25	d>25	d≤25	d>25	d≤25	d>25	d≤25	d>25	d≤25	d>25	d≤25	d>25	d≤25	d>25	d≤25	d>25
一、二级抗震等级	HPB300	≤25%	54d	47d	—	42d	—	38d	—	35d	—	34d	—	31d	—	30d	—	29d	—
		50%	63d	55d	—	49d	—	45d	—	41d	—	39d	—	36d	—	35d	—	34d	—
	HRB335 HRBF335	≤25%	53d	46d	—	40d	—	37d	—	35d	—	31d	—	30d	—	29d	—	29d	
		50%	62d	53d	—	46d	—	43d	—	41d	—	36d	—	35d	—	34d	—	34d	—
	HRB400 HRBF400	≤25%	—	55d	61d	48d	54d	44d	48d	40d	44d	38d	43d	37d	42d	36d	40d	35d	38d
		50%	—	64d	71d	56d	63d	52d	56d	46d	52d	45d	50d	43d	49d	42d	46d	41d	45d
	HRB500 HRBF500	≤25%	—	66d	73d	59d	65d	54d	59d	49d	55d	47d	52d	44d	48d	43d	47d	42d	46d
		50%	—	77d	85d	69d	76d	63d	69d	57d	64d	55d	60d	52d	46d	50d	55d	49d	53d

续表

钢筋种类及同一区段内搭接钢筋面积百分率			混凝土强度等级																
			C20	C25		C30		C35		C40		C45		C50		C55		≥C60	
			d≤25	d≤25	d>25	d≤25	d>25	d≤25	d>25	d≤25	d>25	d≤25	d>25	d≤25	d>25	d≤25	d>25	d≤25	d>25
三级抗震等级	HPB300	≤25%	49d	43d	—	38d	—	35d	—	31d	—	30d	—	29d	—	28d	—	26d	—
		50%	57d	50d	—	45d	—	41d	—	36d	—	35d	—	34d	—	32d	—	31d	—
	HRB335 HRBF335	≤25%	48d	42d	—	36d	—	34d	—	31d	—	29d	—	28d	—	26d	—	26d	—
		50%	56d	49d	—	42d	—	39d	—	36d	—	34d	—	32d	—	31d	—	31d	—
	HRB400 HRBF400	≤25%	—	50d	55d	44d	49d	41d	44d	36d	41d	35d	40d	34d	38d	32d	36d	31d	35d
		50%	—	59d	64d	52d	57d	48d	52d	42d	48d	41d	46d	39d	45d	38d	42d	36d	41d
	HRB500 HRBF500	≤25%	—	60d	67d	54d	59d	59d	54d	46d	50d	43d	47d	41d	44d	40d	43d	38d	42d
		50%	—	70d	78d	63d	69d	57d	63d	53d	59d	50d	55d	48d	52d	46d	50d	45d	49d

1.3.6 钢筋连接

为了便于钢筋的运输、保管及施工操作，钢筋是按一定长度（定尺长度）生产出厂的，如 6m、8m、12m 等，所以在实际施工时必须进行连接。

钢筋连接包括焊接、机械连接和绑扎搭接等方式。

1. 钢筋焊接

钢筋焊接有闪光对焊、电阻点焊、电弧焊、电渣压力焊和气压焊多种方法，具体方法分类及使用范围见表 1-21。

（1）闪光对焊

闪光对焊又称镦粗头，是将两根相同直径钢筋安放成对接形式，两根钢筋分别接通电流，通电后两根钢筋接触点产生高弧高热，使接触点金属融化，产生强烈的火花飞溅形成闪光，同时迅速施加顶煅力使其融化的金属融和为一体，达到对接目的。

闪光对焊主要适用于直径为 14～40mm 的钢筋焊接。常见于预应力构件中的预应力粗钢筋焊接。

（2）电阻点焊

电阻点焊又称点焊，是将两根钢筋安放成交叉叠接形式，压紧于两电极之间，利用电阻热融化两钢筋接触点，再施加压力使两钢筋融化的金属连接为一体，达到焊接的目的。

电阻点焊主要用于直径为 4～14mm 的小钢筋焊接。常见于钢筋网片的焊接。

（3）电弧焊

钢筋点弧焊，是利用通电后产生电弧热融化的电焊条，连接两根钢筋的焊接方式。钢筋电弧焊使用于各种钢筋的焊接。

钢筋电弧焊包括帮条焊、搭接焊、溶槽帮条焊、剖口焊等形式。

1）帮条焊

帮条焊是在两根被连接钢筋的端部，另加两根短钢筋，将其焊接在被连接的钢筋上，达到使之连接的目的。短钢筋的直径与被连接钢筋直径相同，长度分别为：单面焊为 10*d*，双面焊为 5*d*，见表 1-21 中图。

2）搭接焊（又称错焊）

搭接焊又称错焊，是先将两根待连接的钢筋进行预弯，并使两根钢筋的中心线在同一直线上，再用电焊条焊接，达到使之连接的目的。预弯长度分别为：单面焊为 10*d*，双面焊为 5*d*，见表 1-21 中图。

3）溶槽帮条焊

溶槽帮条焊，是在焊接时加角钢作垫板模，见表 1-21 中图。角钢的边长宜为 40～60mm，长度为 80～100mm。

钢筋焊接方法及使用范围 **表 1-21**

焊接方法		接头形式	使用范围	
			钢筋级别	钢筋直径(mm)
闪光对焊		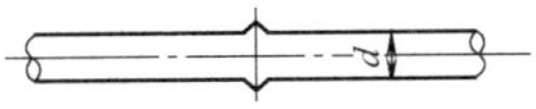 d	HPB300、HRB335、HRB400	10～40
			RRB400	10～25
电阻点焊		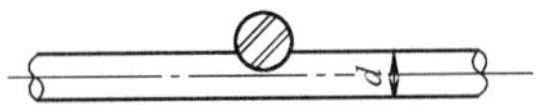 d	HPB300、HRB335	6～14
			冷轧带肋钢筋	5～12
			冷拔光圆钢筋	4～5
电弧焊	帮条焊（单面焊/双面焊）	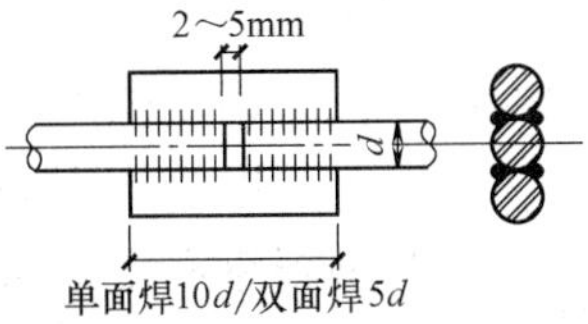 2～5mm d 单面焊10*d*/双面焊5*d*	HPB300、HRB335、HRB400	10～40
			RRB400	10～25
	搭接焊（单面焊/双面焊）	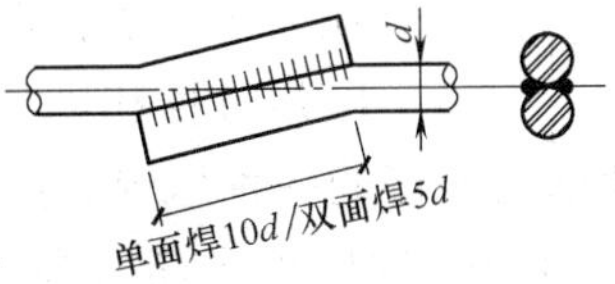 d 单面焊10*d*/双面焊5*d*	HPB300、HRB335、HRB400	10～40
			RRB400	10～25
	溶槽帮条焊	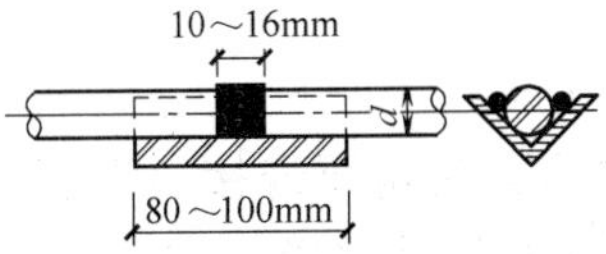 10～16mm d 80～100mm	HPB300、HRB335、HRB400	20～40
			RRB400	20～25
	剖口焊（平焊/立焊）	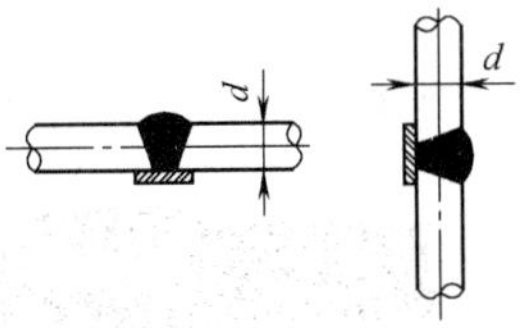 d d 注：平焊用于梁/立焊用于柱子	HPB300、HRB335、HRB400	18～40
			RRB400	18～25

续表

焊接方法	接头形式	使用范围	
		钢筋级别	钢筋直径(mm)
电渣压力焊 (用于柱主筋焊接)	d	HPB300、HRB335	14～40
气压焊(平焊/立焊)	d d 注：平焊用于梁/立焊用于柱子	HPB300、HRB335、HRB400	14～40

4）剖口焊

剖口焊是先将两根待连接的钢筋端部切口，再在剖口处垫一钢板，焊接剖口使两根钢筋连接，见表 1-21 中图。

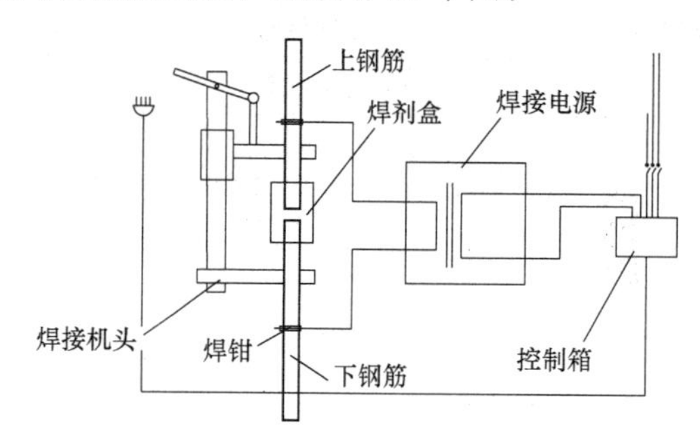

图 1-13　钢筋电渣压力焊设备示意图

剖口焊有平焊和立焊之分，平焊用于梁主筋的焊接，立焊用于柱主筋的焊接。

（4）电渣压力焊

电渣压力焊俗称药包焊，是将两根钢筋安放成竖向对接形式，利用焊接电流通过两根钢筋端面间隙，在焊剂（俗称药包）的作用下形成电弧过程和电渣过程，产生电弧热和电阻热，溶化钢筋，加压使之达到钢筋连接的一种压焊方法，见图 1-13。

电渣压力焊主要用于直径为 14～40mm 的柱子主筋的焊接，是目前较为常用的方法。

2. 机械连接

机械连接又称套筒连接，包括钢筋套筒挤压连接、钢筋锥螺纹套筒连接、钢筋镦粗直螺纹套筒连接钢筋滚压直螺纹套筒连接等方式，见图 1-14。

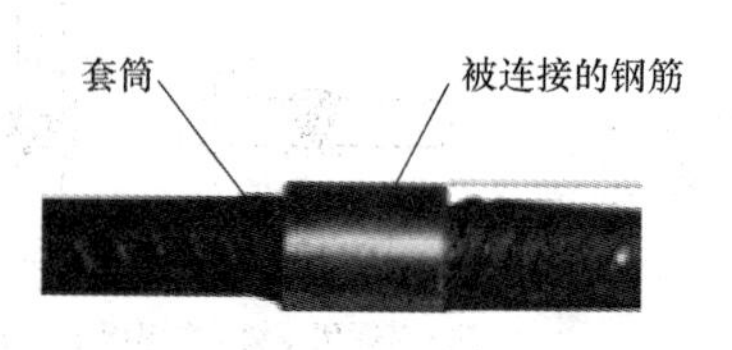

图 1-14　钢筋机械连接示意图

（1）钢筋套筒挤压连接

钢筋套筒挤压连接的方法，是将两根待连接的钢筋插入套筒，用挤压连接设备沿径向挤压钢套筒，使之产生塑性变形，依靠变形后钢套筒与被连接的改进纵、横肋产生的机械咬合成为整体，达到钢筋连接的目的（图 1-15）。套筒规格见表 1-22。

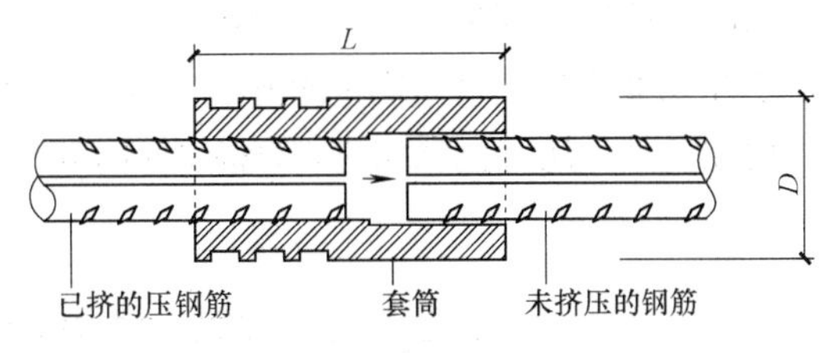

图 1-15　钢筋套筒挤压连接示意图

套筒挤压连接套筒规格表　　**表 1-22**

钢套筒型号	钢套筒尺寸(mm)		
	外径(D)	长度(L)	壁厚(t)
G40	70	240	12
G36	63	216	11
G32	56	192	10
G28	50	168	8
G25	45	150	7.5
G22	40	132	6.5
G20	36	120	6

注：钢套筒型号即钢筋直径，如 G25 表示适用于直径为 25mm 的钢筋连接套筒的型号。

（2）钢筋锥螺纹套筒连接

钢筋锥螺纹套筒连接的方法，是将两根待接钢筋端头用套丝机做出锥形外丝，然后用带锥形内丝的套筒将钢筋两端拧紧，达到钢筋连接的目的（图 1-16）。套筒规格见表 1-23。

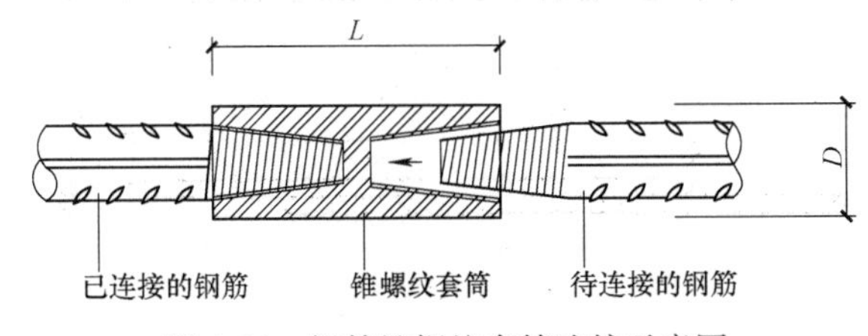

图 1-16　钢筋锥螺纹套筒连接示意图

锥螺纹连接套筒规格参考表　　**表 1-23**

锥螺纹钢套筒型号	钢套筒尺寸(mm)		适用钢筋直径(mm)
	外径(D)	长度(L)	
ZM19×2.5	28	60	18
ZM21×2.5	30	65	20
ZM23×2.5	32	70	22
ZM26×2.5	35	80	25
ZM29×2.5	38	90	28
ZM33×2.5	44	100	32
ZM37×2.5	48	110	36

（3）钢筋镦粗直螺纹套筒连接

钢筋镦粗直螺纹套筒连接的方法，是先将两根待连接钢筋端头镦粗，再将其切削成直螺纹，然后用带直螺纹的套筒将钢筋两端拧紧，达到钢筋连接的目的，见图 1-17。

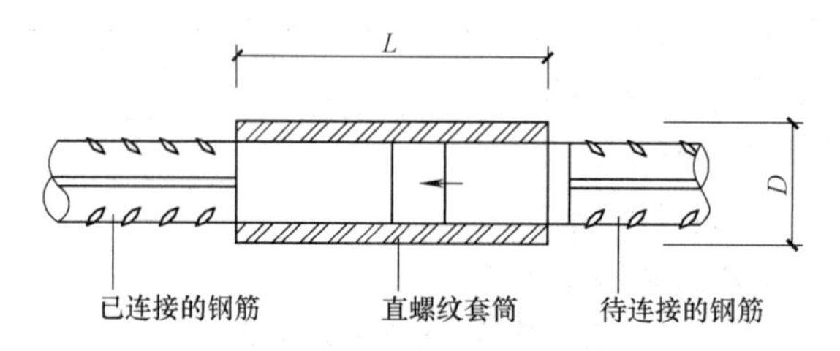

图 1-17　钢筋镦粗直螺纹套筒连接示意图

（4）钢筋滚压直螺纹套筒连接

钢筋滚压直螺纹套筒连接的方法，是先将待连接的钢筋滚压成螺纹，然后用带直螺纹的套筒将钢筋两端拧紧，达到钢筋连接的目的。它与镦粗直螺纹套筒连接的主要区别是，镦粗直螺纹套筒连接的螺纹是在镦粗头处用切削的方式成直螺纹，而滚压直螺纹套筒连接是直接在钢筋端头用滚压的方式成直螺纹，连接的方法是一样的。

3. 绑扎搭接

钢筋绑扎搭接，是利用铁丝（扎丝）将两根钢筋绑扎在一起的接头方式，见图 1-18。

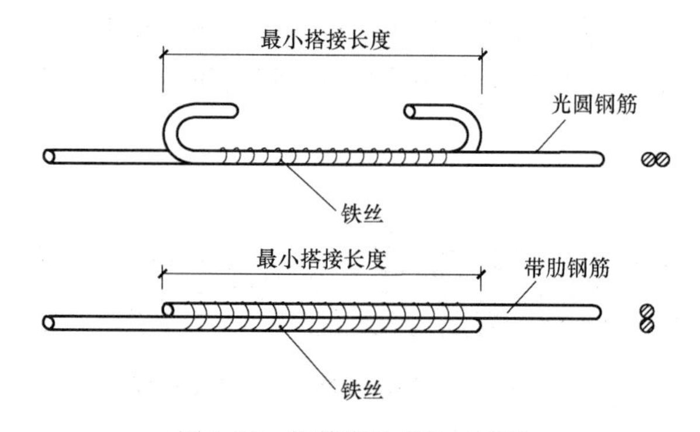

图 1-18　钢筋绑扎接头示意图

钢筋绑扎搭接用于纵向受拉钢筋的接头，其最小搭接长度见表 1-17。常见的纵向受拉钢筋最小搭接长度见表 1-24。

纵向受拉钢筋最小搭接长度表　　　　**表 1-24**

钢筋种类	混凝土强度等级			
	C15	C20～C25	C30～C35	≥C40
HPB300 光圆钢筋	45d	35d	30d	25d
HRB335 带肋钢筋	55d	45d	35d	30d
HRB400 带肋钢筋	—	55d	40d	35d

1.4 钢筋工程量计算

根据《建设工程工程量清单计价规范》GB 50500—2013 中工程量计算规则规定，钢筋的工程量按设计图示长度乘以单位理论质量以“t”计算（钢筋网按设计图示钢筋网面积乘以单位理论质量以“t”计算）。

1.4.1 钢筋计算公式

钢筋质量＝∑(钢筋长度×单位理论质量×构件数量)

式中　钢筋长度——钢筋混凝土构件中钢筋的图示长度，根据结构施工图及相关标准图集计算；

单位理论质量——钢筋的单位理论质量（详见表 1-6～表 1-12）；

构件数量——按结构施工图计算。

1.4.2 钢筋计算简例

某工程有 50 根如图 1-19 所示的预制钢筋混凝土过梁 GL-4154，计算该过梁的钢筋工程量。

（注：由于本简例仅介绍钢筋计算的一般方法，加之学生还无法用平法标注识读钢筋图，所以本图纸选用标准预制构件，未按平法标注选用，特此说明。）

钢筋代号	钢筋规格	钢筋形状(mm)	钢筋长度
①	2Φ14	1980	1980
②	2Φ8	1980	2080
③	11Φ6	190 |75×2| 190	910

GL-4154 配筋表

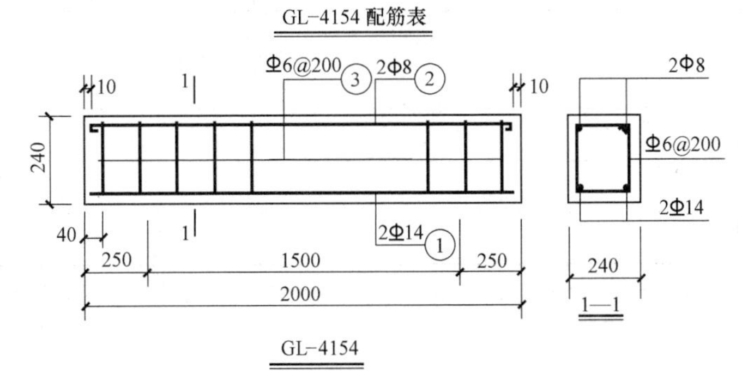

图 1-19　预制钢筋混凝土过梁配筋图

根据图 1-15 中的数据计算钢筋的长度，钢筋单位理论质量查表 1-6。计算式如下：

① 号筋（2Φ14）

钢筋长度=2.0−保护层 0.01×2=1.98m（保护层按图中规定计算）

钢筋质量=1.98×2×1.208×50=4.794×50=239.2kg

② 号筋（2Φ8）

钢筋长度=2.0−保护层 0.01×2+12.5×0.008=2.08m

钢筋质量=2.08×2×0.395×50=1.64×50=82.2kg

③ 号筋（11Φ6）

钢筋长度=0.19×4+0.075×2（弯钩）=0.91m

钢筋质量=0.91×11×0.222×50=2.222×50=111.10kg

合计：239.2+82.2+111.10=432.5kg=0.433t

经计算，该工程预制钢筋混凝土过梁的钢筋用量是 0.433t。

1.4.3 钢筋计算表

钢筋计算可用“钢筋工程量计算表”来完成，钢筋工程量计算表的内容及格式见表 1-25。钢筋计算工程量表也可根据自己的习惯和需要自行设计。

钢筋工程量计算表　　　　表 1-25

构件代号	钢筋编号	钢筋规格	钢筋简图	计算式	单根长度（mm）	钢筋根数	单根质量（kg）	总质量（kg）
预制过梁								
GL—4154（50 根）	①	2　14	1980	1980	1980	2	2.392	239.20
	②	2　8	1980	1980+12.5×8	2080	2	0.822	82.20
	③	11　6	190　(75×2)　190	190×4+75×2	910	11	0.202	111.10
			合计					432.50
……								

注：单根质量=单根长度×钢筋单位质量；总质量=单根质量×钢筋根数×构件数量。

1.5 钢筋工程项目划分

钢筋工程项目，根据《房屋建筑与装饰工程工程量计算规范》GB 50854—2013 表 E.15 中所列的项目划分。具体内容详表 1-23。

钢筋工程（编码：010515）　　　表 1-26

项目编码	项目名称	项目特征	计量单位	工程量计算规则	工作内容
010515001	现浇构件钢筋	钢筋种类、规格	t	按设计图示钢筋（网）长度（面积）乘单位理论质量计算	1. 钢筋（网、笼）制作、运输 2. 钢筋（网、笼）安装 3. 焊接（绑扎）
010515002	预制构件钢筋				
010515003	钢筋网片				
010515004	钢筋笼				
010515005	先张法预应力钢筋	1. 钢筋种类、规格 2. 锚具种类		按设计图示钢筋长度乘单位理论质量计算	1. 钢筋制作、运输 2. 钢筋张拉
010515006	后张法预应力钢筋	1. 钢筋种类、规格 2. 钢丝束种类、规格 3. 钢绞线种类、规格 4. 锚具种类 5. 砂浆强度等级		按设计图示钢筋（丝束、绞线）长度乘单位理论质量计算（具体算法略）	1. 钢筋、钢丝、钢绞线制作、运输 2. 钢筋、钢丝、钢绞线安装 3. 预埋管孔道铺设 4. 锚具安装 5. 砂浆制作、运输 6. 孔道压浆、养护
010515007	预应力钢丝				
010515008	预应力钢绞线				
010515009	支撑钢筋（铁马）	1. 钢筋种类 2. 规格	t	按钢筋长度乘单位理论质量计算	钢筋制作、焊接、安装
010515010	声测管	1. 材质 2. 规格型号	t	按设计图示尺寸以质量计算	1. 检测管截断、封头 2. 套管制作、焊接 3. 定位、固定

注：摘自《房屋建筑工程与装饰工程工程量计算规范》GB 50854—2013 第 40～41 页。

从表 1-20 中可以看出，每一个项目应包括钢筋（网、笼）制作、运输、安装等工程内容。

钢筋工程项目应根据不同的钢筋种类、规格，以及构件种类（包括预制、现浇、预应力等）等进行划分。

【例 1-4】 某工程经计算，各种规格的钢筋数量见表 1-27。列出钢筋工程的项目名称、工程量，并写出相应的项目编码。

某工程钢筋数量表　　　表 1-27

序号	钢筋名称	规格	单位	数量	备注
	一、现浇构件钢筋		t	1695	
1	Ⅰ级钢筋（热轧光圆钢筋 HPB300）	Φ6.5	t	5	俗称光圆钢筋
2	Ⅰ级钢筋（热轧光圆钢筋 HPB300）	Φ8	t	50	
3	Ⅰ级钢筋（热轧光圆钢筋 HPB300）	Φ10	t	60	
4	Ⅰ级钢筋（热轧光圆钢筋 HPB300）	Φ12	t	20	

续表

序号	钢筋名称	规格	单位	数量	备注
5	Ⅱ级钢筋(热轧带肋钢筋 HRB335)	Φ14	t	120	俗称螺纹钢筋
6	Ⅱ级钢筋(热轧带肋钢筋 HRB335)	Φ16	t	200	
7	Ⅱ级钢筋(热轧带肋钢筋 HRB335)	Φ18	t	360	
8	Ⅱ级钢筋(热轧带肋钢筋 HRB335)	Φ20	t	230	
9	Ⅱ级钢筋(热轧带肋钢筋 HRB335)	Φ25	t	450	
10	Ⅲ级钢筋(热轧带肋钢筋 HRB400)	Φ8	t	110	
11	Ⅲ级钢筋(热轧带肋钢筋 HRB400)	Φ10	t	90	
	二、预制构件钢筋		t	2	
1	Ⅰ级钢筋(热轧光圆钢筋 HPB300)	Φ6.5	t	0.5	
2	Ⅰ级钢筋(热轧光圆钢筋 HPB300)	Φ8	t	1.5	
	合　计		t	1697	

解：根据上述信息（见表 1-24）及《房屋建筑与装饰工程工程量计算规范》GB 50854—2013，该工程钢筋项目见表 1-28 钢筋工程量清单：

分部分项工程量清单　　表 1-28

序号	项目编码	项目名称	工程内容	计量单位	工程数量
1	010416001001	现浇混凝土钢筋（热轧光圆钢筋 HPB300,Φ10 以内）	钢筋制作、运输、安装	t	115
2	010416001002	现浇混凝土钢筋（热轧光圆钢筋 HPB300,Φ10 以上）	钢筋制作、运输、安装	t	20
3	010416001003	现浇混凝土钢筋（热轧带肋钢筋 HRB335,Φ10 以上）	钢筋制作、运输、安装	t	1360
4	010416001004	现浇混凝土钢筋（热轧带肋钢筋 HRB400,Φ10 以内）	钢筋制作、运输、安装	t	200
5	010416002001	预制混凝土钢筋（热轧光圆钢筋 HPB300,Φ10 以内）	钢筋制作、运输、安装	t	2

注：1. 项目编码根据计价规范中的项目编码编排，计价规范中的项目编码 9 位，加自编码 3 位，共 12 位。若有平行项目，用自编码 001、002…… 编排。

2. 本工程构件种类有现浇混凝土钢筋及预制混凝土钢筋，钢筋种类有 HPB300 热轧光圆钢筋、HRB335 热轧带肋钢筋及 HRB400 热轧带肋钢筋，钢筋规格 6.5～25mm（可按 10mm 以内、10mm 以上划分），考虑这些因素，共分为表中五个项目。

3. 分部分项工程量清单应根据计价规范中的规定编制，包括工程内容（钢筋制作、运输、安装）。

1.6 钢筋工程量计算软件

1.6.1 钢筋工程量计算软件简介

随着若干年来建筑信息化的发展，工程造价电算化已占据了不可或缺的部分。目前市面上主流钢筋工程量计算软件有很多，如广联达、斯维尔、鲁班等公司都推出了钢筋工程量计算软件产品。现以广联达钢筋计算软件 GGJ2013 为例，介绍钢筋计算软件的流程与操作。

1.6.2 钢筋工程量计算软件操作流程

广联达 GGJ2013 软件采用了绘图输入与单构件输入相结合的方式，根据现行“平法”16G101 系列图集整体计算钢筋工程量，软件操作流程如图 1-20 所示。

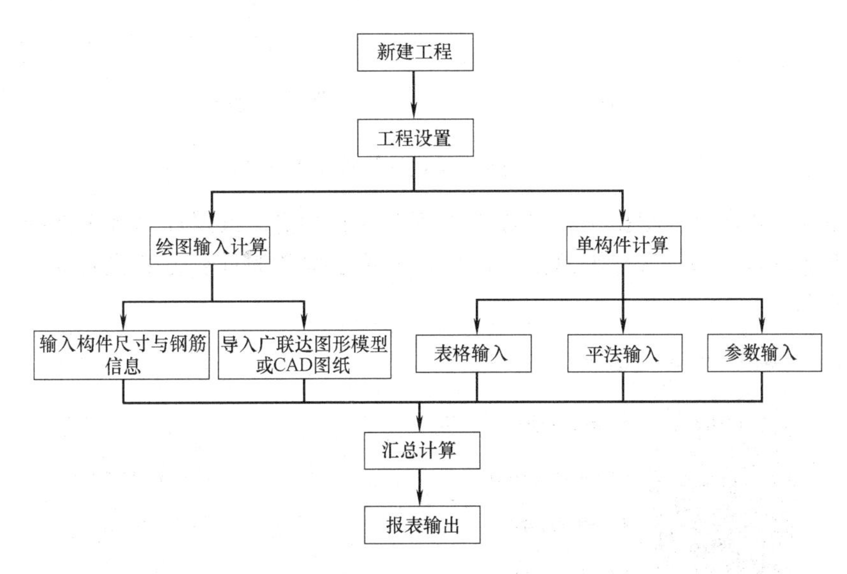

图 1-20 钢筋工程量计算软件操作流程

软件的绘图输入能够计算基础部分中的独立基础、条形基础、筏板基础和基础梁等构件钢筋工程量；框架结构中的柱、梁、板，剪力墙等钢筋工程量以及砖混结构中的构造柱、圈梁、砌体加筋等钢筋工程量；而单构件输入，可以计算楼梯、灌注桩等零星构件的钢筋工程量；两者合一，能够统一解决钢筋工程量的计算。

钢筋工程量计算软件有诸多优点。首先，降低钢筋工程量计算难度，传统钢筋计算难度是相关图集中节点构造的判断与锚固取值，钢筋计量软件将平法图集的所有节点在软件中内置，只要正确建立模型，软件就能智能判断相关节点，自动计算相应的钢筋工程量。其次，钢筋工程量软件建立模型后还能根据施工进度汇总计算，按施工阶段输出不同口径统计的钢筋工程量，方便施工单位进行材料的购买。第三，钢筋工程量软件能够根据工程施工过程中的签证与变更调整模型，便捷地计算出与招标阶段的钢筋工程量差异，方便甲方进行核实与审计。

1.6.3 操作详解

（1）新建工程

进入钢筋计算软件 GGJ2013 后，鼠标左键点击“新建向导”按钮，弹出新建工程向导窗口，如图 1-21 所示。

（2）工程设置

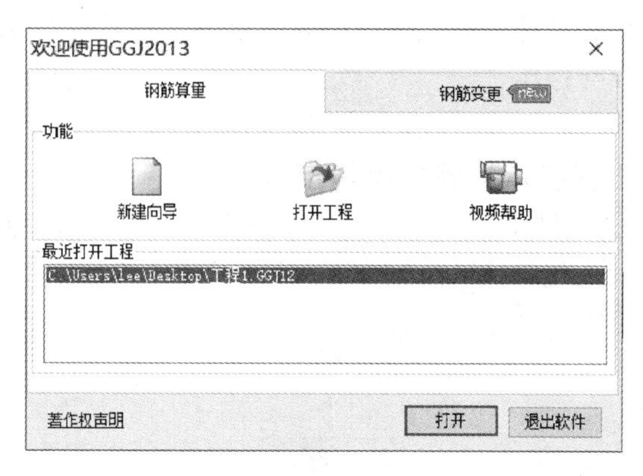

图 1-21　钢筋工程量计算软件新建向导

输入工程名称：根据工程名称输入相关项目信息，根据计算规则选择不同版本的平法图集，最后选择汇总报表信息，软件已按常规计算方式设置完成，如图 1-22 所示。

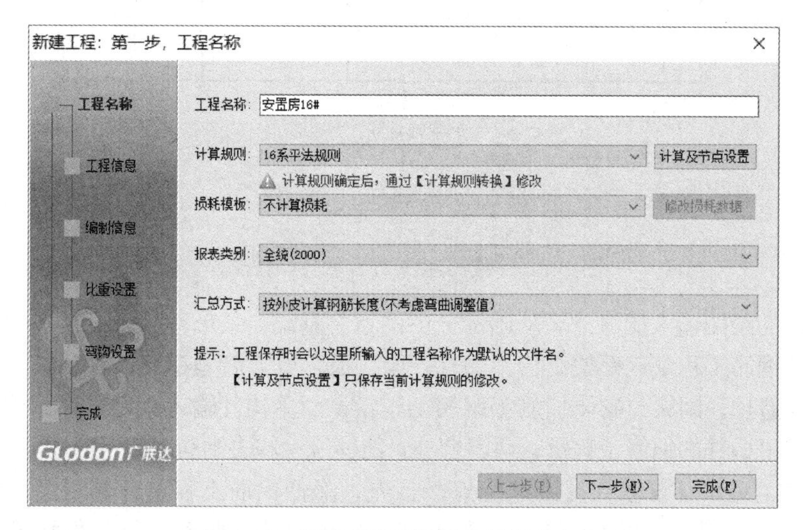

图 1-22　钢筋工程量计算软件新建向导

（3）绘图输入

工程设置完成后，软件直接进入绘图输入界面，绘图输入界面共分为：标题栏、菜单栏、工具栏、导航条、绘图区、状态栏六个部分，如图 1-23 所示。

进入绘图输入界面后，可以按照轴网→基础→柱→墙→梁→板的操作顺序对框架结构的项目进行构件的定义和绘制，柱定义界面如图 1-24 所示。构件定义完成后可以在绘图区域根据楼层按轴线相对位置进行布置，如图 1-25 所示。

（4）单构件输入

实际工程中，框架梁、框架柱和一些零星的构件工程量可以利用软件中的单构件输入进 行计算，主要有以下三种方法：平法输入、参数输入和直接输入。

1）平法输入

对于框架柱与框架梁，可以采用“平法输入”进行计算，操作界面如图 1-26 所示。

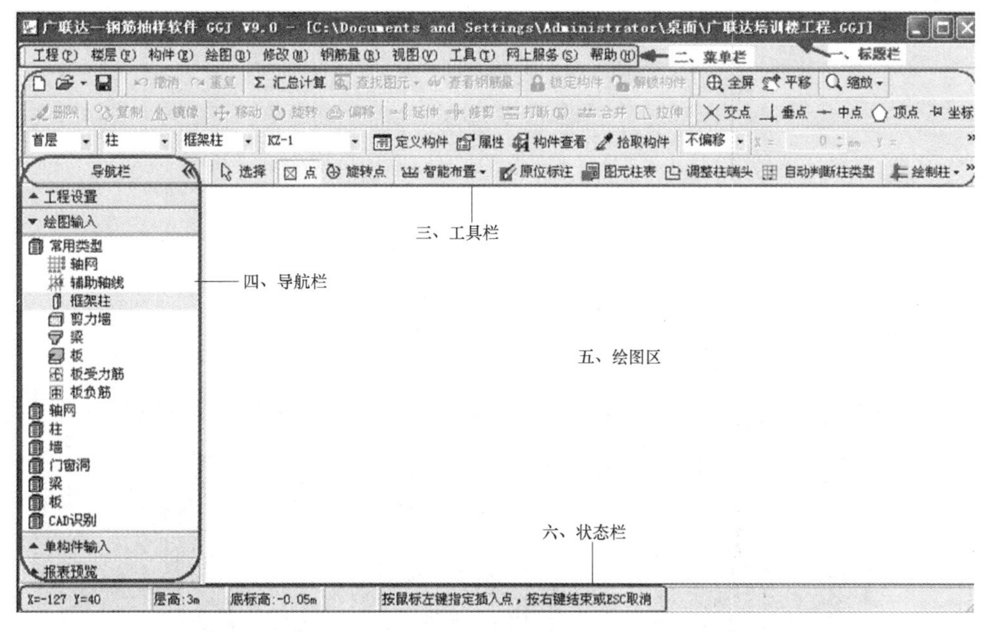

图 1-23　钢筋工程量计算软件绘图界面

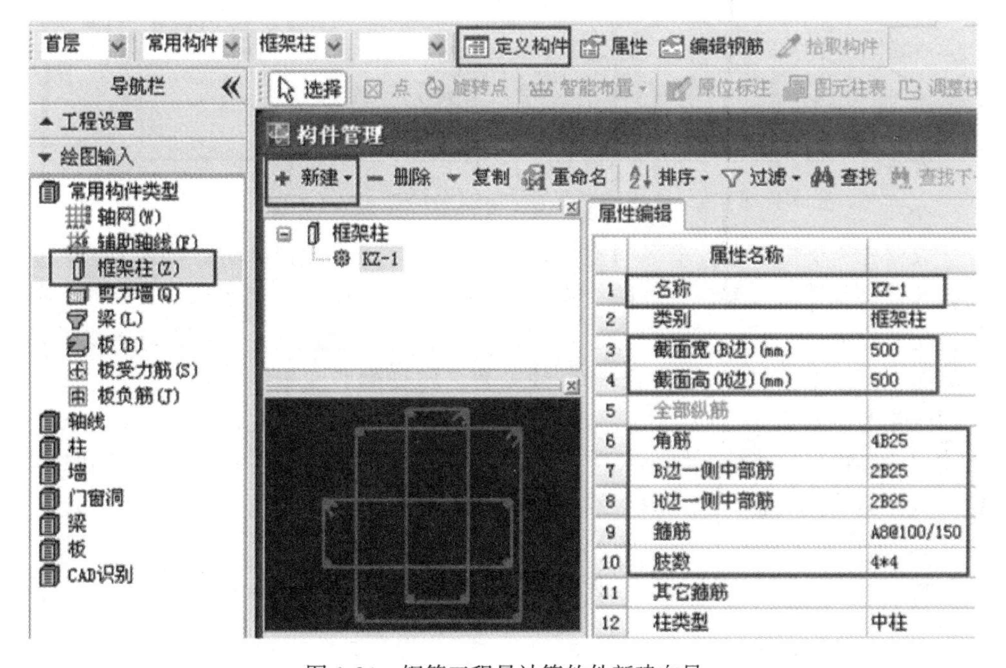

图 1-24　钢筋工程量计算软件新建向导

2）参数输入

参数输入适用于：楼梯、阳台、挑檐、基础构件等零星构件。

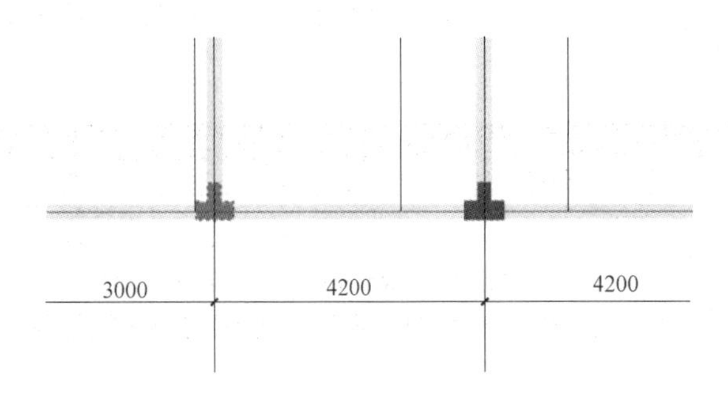

图 1-25　柱钢筋绘图区布置

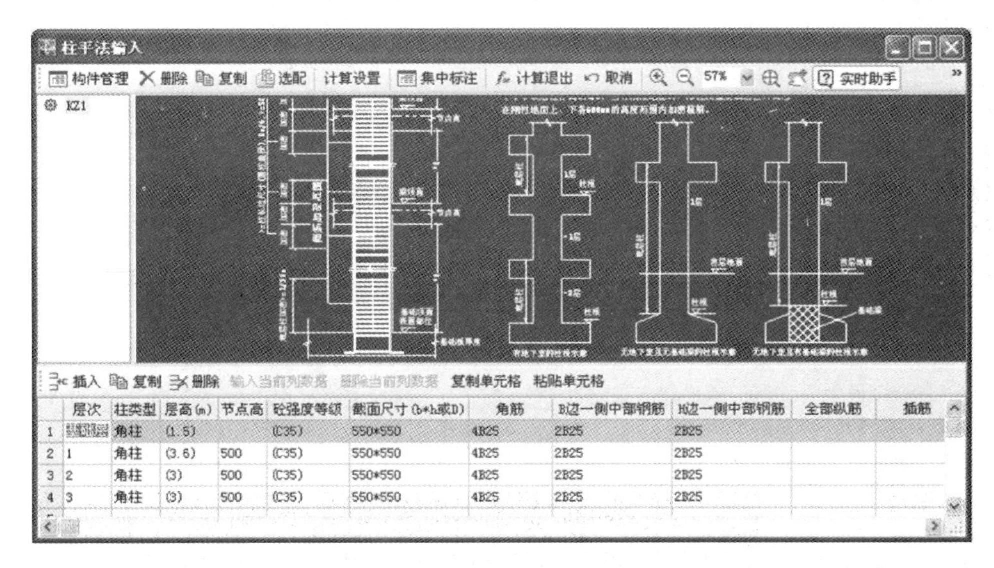

图 1-26　框架柱单构件平法输入

以楼梯为例讲解参数输入的方法，操作步骤为：切换到单构件输入界面，点击打开“构件管理”窗口；选择“楼梯”，点击工具栏中的“添加构件”按钮，软件自动增加 LT-1 构件；选择 LT-1，点击工具栏中的参数输入按钮，进入参数输入界面；点击工具栏中“选择图集”的按钮，打开标准图集；在图集列表中选择与图纸相对应的图形（如：“AT 型楼梯”）后，点击“选择”按钮退出；在图形上输入钢筋锚固、搭接、构件尺寸和钢筋信息后，点击工具栏中“计算退出”按钮，楼梯钢筋就汇总完了（图 1-27）。

3）直接输入

利用“直接输入”还可以帮我们计算一些较零星、用以上输入不好处理的构件钢筋。

操作步骤为：第一步：切换到单构件输入界面，点击按钮打开“构件管理”窗口。第二步：选择其他（或相应构件），点击工具栏中的“添加构件”按钮添加“零星构件”。第三步：选择“零星构件”，直接在屏幕右边的表格中输入相应钢筋信息即可，如图 1-28 所示。

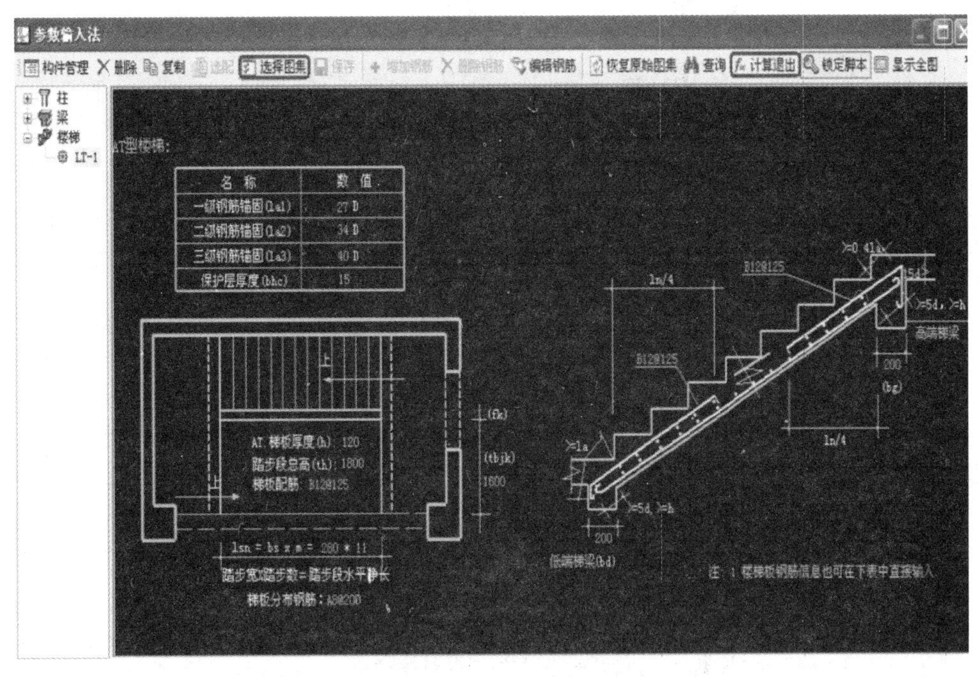

图 1-27　楼梯构件参数输入

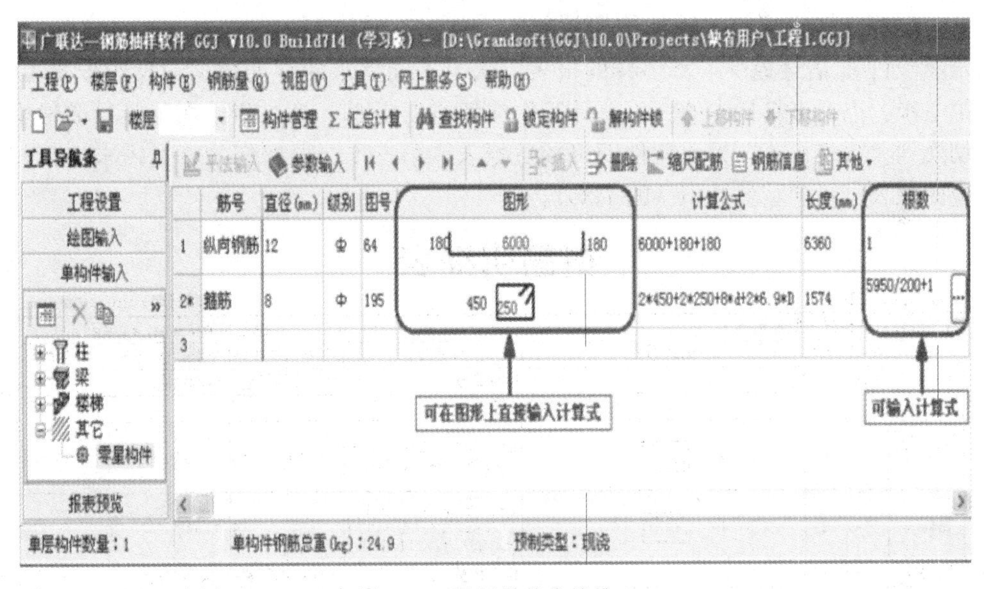

图 1-28　零星构件直接输入

（5）汇总计算

画完构件图元后，如果要查看钢筋工程量，必须要先进行汇总计算。

操作步骤为：点击工具栏中的“汇总计算”按钮，弹出的窗口选择需要汇总的楼层（软件默认为当前层）点击“计算”按钮软件即可汇总计算，如图 1-29 所示。

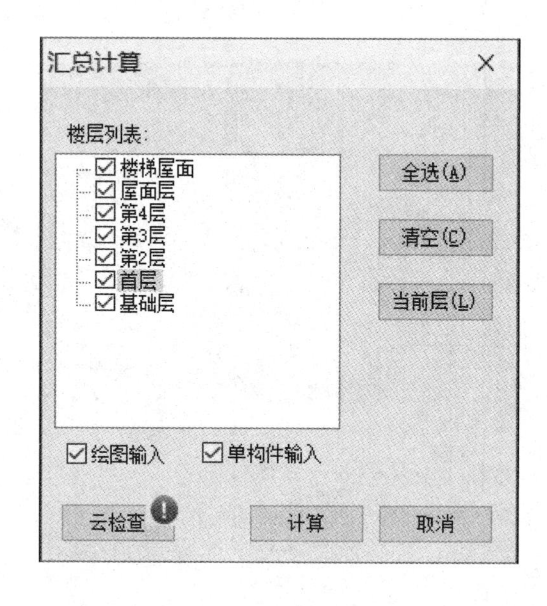

图 1-29　零星构件直接输入

（6）报表输出

汇总计算完成后，软件按照楼层、构件、钢筋级别、钢筋直径、搭接形式、定额子目等 信息提供丰富多样的报表以满足不同需求的钢筋数据，操作步骤为：第一步：点击工具栏中的“汇总计算”按钮进行汇总；第二步：在工具导航栏中切换到“报表预览”界面软件即可预览报表；第三步：根据您的算量需求选择相应的报表进行预览、打印（图 1-30）。

钢筋明细表

工程名称：工程1　　　　**编制日期：2018-06-05**

筋号	级别	直径	钢筋图形	计算公式	根数	总根数	单长m	总长m	总重kg
楼层名称：基础层（绘图输入）						**钢筋总重：494.447Kg**			
构件名称：KZ-8[107]				构件数量：1	本构件钢筋重：84.791Kg				
构件位置：<1,C>									
箍筋.1	Φ	8	460 460	2*((500-2*20)+(500-2*20))+2*(11.9*d)	45	45	2.03	91.35	36.083
箍筋.2	Φ	8	460 179	2*(((500-2*20-2*d-22)/3*1+22+2*d)+(500-2*20))+2*(11.9*d)	84	84	1.468	123.312	48.708
构件名称：KZ-4[109]				构件数量：1	本构件钢筋重：136.215Kg				
构件位置：<2,C>									
箍筋.1	Φ	10	460 460	2*((500-2*20)+(500-2*20))+2*(11.9*d)	45	45	2.078	93.51	57.696
箍筋.2	Φ	10	460 179	2*(((500-2*20-2*d-18)/3*1+18+2*d)+(500-2*20))+2*(11.9*d)	84	84	1.515	127.26	78.519
构件名称：KZ-5[111]				构件数量：1	本构件钢筋重：133.215Kg				

图 1-30　报表输出明细

本 章 习 题

1. 计算钢筋工程量应准备哪些资料？

2. 钢筋混凝土构件中使用的钢筋分为哪三类？各包括哪些内容？

3. 强度等级为 HPB300 光圆钢筋和强度等级为 HRB335 带肋（月牙形）钢筋，各用什么符号表示？钢绞线和钢丝各用什么符号表示？

4. 写出钢筋单位质量的计算公式。

5. 什么是钢筋锚固长度、钢筋保护层、钢筋弯钩？各自有什么规定？

6. 冷轧扭钢筋是用什么材料制作而成的？

7. 为什么要进行钢筋的连接？钢筋的连接有哪几种方式？常用的连接方式有哪些？

8. 钢筋工程量怎样计算？钢筋工程量的计量单位是什么？

9. 钢筋工程项目怎样划分？应考虑哪些因素？钢筋工程项目怎样划分？

10. 钢筋的分部分项工程量清单包括哪些内容？

11. 如图 1-31 所示，计算梁 L3 中①②号钢筋的工程量。

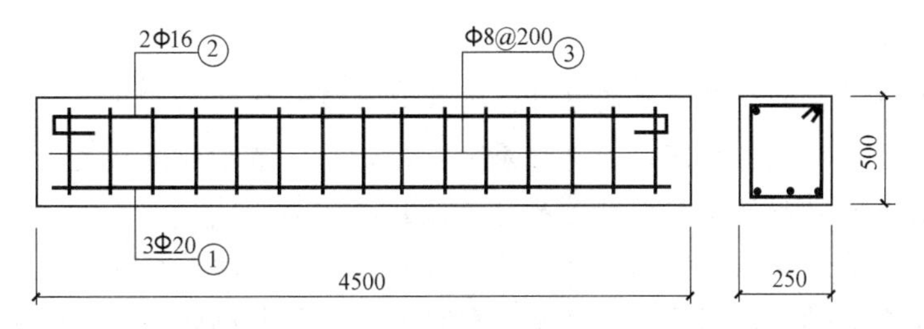

图 1-31　L3 钢筋布置图

设 L3 的混凝土强度等级为 C25，钢筋弯钩及钢筋保护层按相关规定计算；由于钢筋图的识图能力不具备，暂不计算③号钢筋的工程量；钢筋工程量用表 1-19 计算。

12. 了解钢筋工程量计算软件操作流程，另行安排课程学习或自学。

2

基础钢筋工程量计算

关键知识点：

（1）独立基础的代号、平面尺寸、竖向尺寸及标高的注写。

（2）独立基础底板配筋、上部配筋的注写，独立基础配筋相关规定。

（3）独立基础钢筋工程量计算的基本方法及实例。

（4）条形基础及基础梁的代号、平面尺寸、竖向尺寸及标高的注写。

（5）条形基础底板配筋、上部配筋的注写，条形基础配筋相关规定。

（6）条形的基础梁配筋。

（7）条形基础钢筋工程量计算的基本方法及实例。

教学建议：

（1）贯彻工学结合的教学指导思想，讲练结合，以一套实际施工图纸，在课程讲授之后，进行基础钢筋工程量计算实际训练。

（2）到钢筋施工的工地进行讲解，使学生能够建立感性认知，进一步了解基础钢筋工程量计算知识。

钢筋混凝土基础按基础形式分，可分为：独立基础、条形基础、桩基承台、筏板基础、人工挖大孔桩等，见图 2-1。

钢筋混凝土基础
- 独立基础
- 条形基础
- 桩基承台
- 筏板基础
- 人工挖大孔桩

图 2-1　钢筋混凝土基础分类图

2.1 独立基础

独立基础有普通独立基础（图 2-2a）和杯形独立基础（图 2-2b）。按其形式的不同，有阶形独立基础和坡形独立基础两类。独立基础的钢筋一般布置于底部（图 2-2c），需要时也布置于上部。

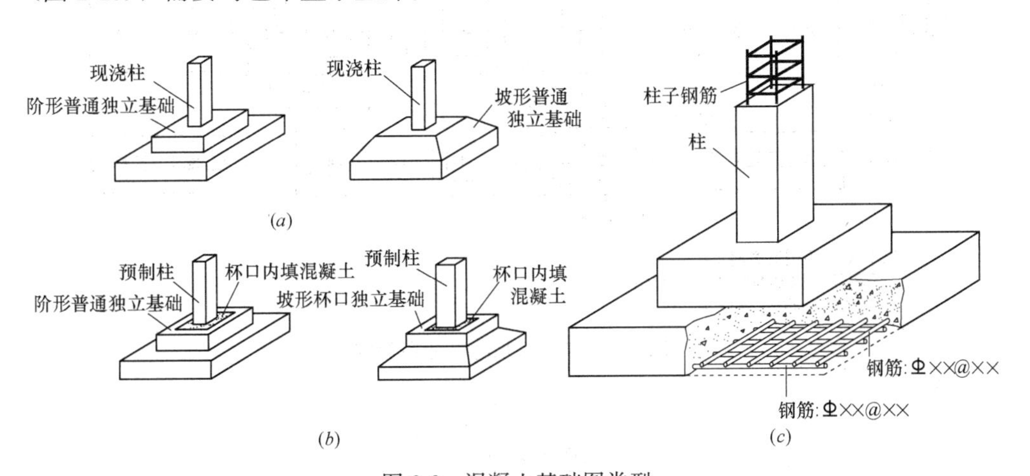

图 2-2 混凝土基础图类型

（a）普通独立基础；（b）杯形独立基础；（c）独立基础配筋

2.1.1 独立基础的平面注写方式

1. 独立基础编号

独立基础编号见表 2-1 独立基础编号表。

独立基础编号表　　　　表 2-1

类型	基础底板截面形状	代号	序号	说　明
普通独立基础	阶形	DJ_J	××	1. 阶形截面即为平板独立基础。 2. 坡形截面基础底板可以分为四坡、三坡、二坡及单坡（图 2-2中的阶形基础为四坡）
	坡形	DJ_P	××	
杯口独立基础	阶形	BJ_J	××	
	坡形	BJ_P		

注：DJ 表示普通独立基础；BJ 表示杯口独立基础；角标$_J$表示阶形基础、角标$_P$表示坡形基础。

2. 独立基础平面尺寸注写方式

（1）普通独立基础平面尺寸

普通独立基础平面尺寸采用原位注写，即在施工图纸基础平面图中注写。

图 2-3 中，DJ_J01 原位注写为 DJ_J01 450/400。其中 DJ_J 表示阶形普通独立基础，450、400 表示基础的高度，该基础有两阶，最下一阶高度为 450mm、从下往上数第二阶为 400mm；750、750、750、750 分别表示基础的阶宽，3500 为基础总宽，其详图见图 2-4。

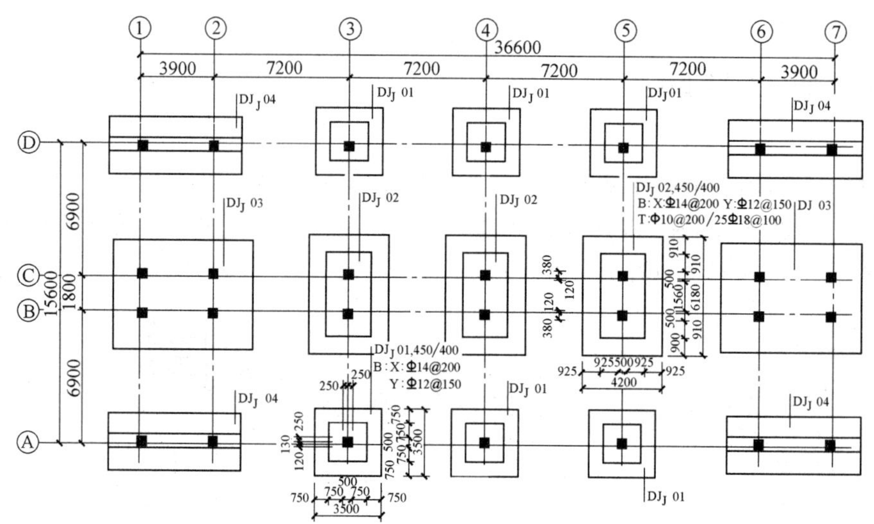

注：1. X、Y为图面方向；
2.基础底面基准标高(m)：-2.600；
3.绝对标高(m)：480.88。

图 2-3　某工程基础平面布置图

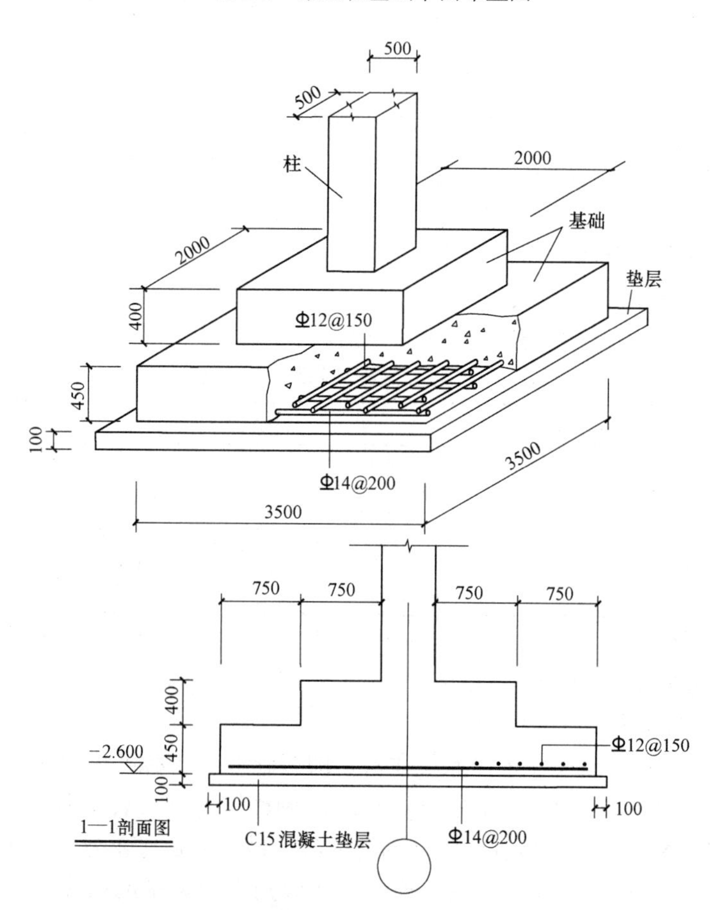

图 2-4　阶形普通独立基础配筋图（一）

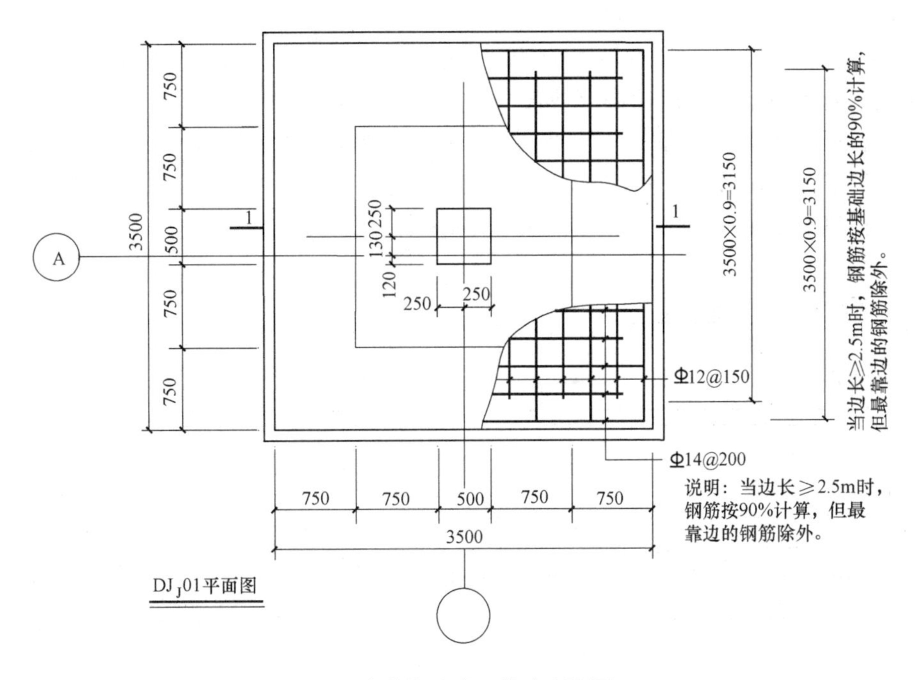

图 2-4　阶形普通独立基础配筋图（二）

（2）杯口独立基础平面尺寸

杯口独立基础平面尺寸采用原位注写，即在施工图纸基础平面图中注写，与普通独立基础平面尺寸注写基本相同。

如图 2-5 所示，原位注写 x、y，x_u、y_u，t_i、x_i、y_i，$i=1$，2，3，……其中：x、y 为杯口独立基础两向边长；x_u、y_u为杯口上口尺寸，t_i为杯壁厚度；x_i、y_i为阶宽或坡行截面尺寸。杯口上口尺寸 x_u、y_u，按柱截面边长两侧双向各加 75mm；杯口下口尺寸按标准构造详图（为插入杯口的相应柱截面边长尺寸，每边各加 50mm），设计不注写。

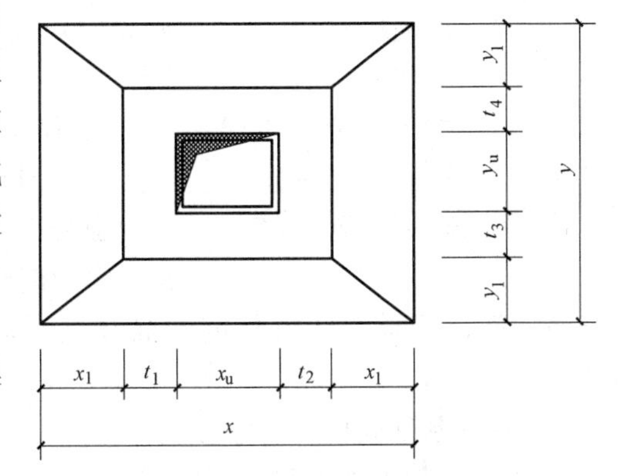

图 2-5　坡形杯口独立基础原位标注图

3. 独立基础截面竖向尺寸注写

独立基础截面竖向尺寸采用集中注写。

（1）普通独立基础竖向尺寸

普通独立基础竖向尺寸注写 $h_1/h_2/$……h_1、h_2、h_3 之间以“/”分隔，分别表示基础自下而上的阶高（或坡高）。如：某工程独立基础集中注写为 DJ_J01 300/300/400，表示自下而上的阶高 $h_1=300$、$h_2=300$、$h_3=400$，基础底板总高为 1000（图 2-6）。

（2）杯口独立基础竖向尺寸

杯口独立基础竖向尺寸注写 $h_1/h_2/\cdots\cdots a_0/a_1$，$h_1$、$h_2$、$h_3$之间以“/”分隔，分别表示基础自下而上的阶高（或坡高），a_0、a_1之间以“/”分隔，a_0表示杯口深度，a_1表示杯底厚度，见图 2-6。例如：某工程独立基础集中注写为 DJ_J01 300/300/400 750/250，表示自下而上的阶高 $h_1=300$、$h_2=300$、$h_3=400$，基础底板总高为 1000，杯口深度 $a_0=750$、$a_1=250$，杯口总深度 1000。总之 $h_1+h_2+h_3=a_0+a_1$。

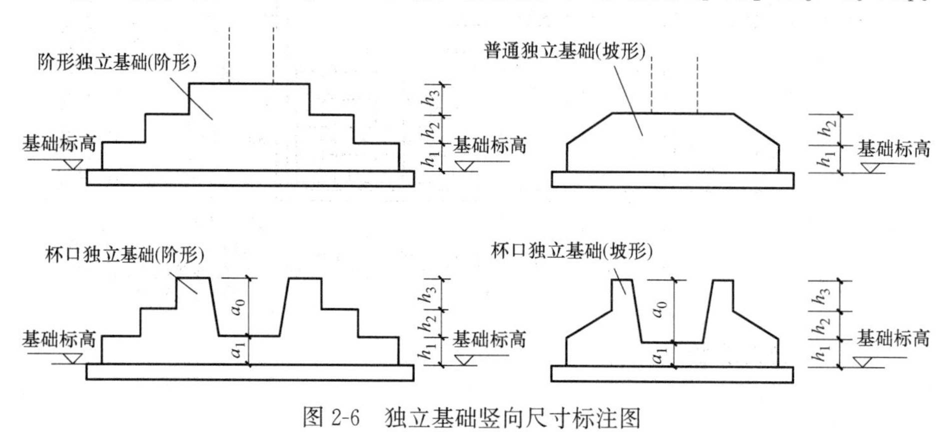

图 2-6　独立基础竖向尺寸标注图

4. 独立基础标高注写

基础标高是指基础底板底面的标高，其注写见图 2-6。图 2-3 中注 2 条的“基础底面基准标高-2.600”，指的是图 2-6 所示的基础标高。

若基础底板的底面标高与基础底面基准标高不同时，其高差注写在集中标注的最下面“()”内。例如，图 2-3 中－2.600 是该工程的基础底面基准标高，若某个基础底板的底面标高是－3.100，则在这个基础集中标注的最下面（）内注写高差 0.500m，即将（－0.500m）标注在集中标注的最下面。

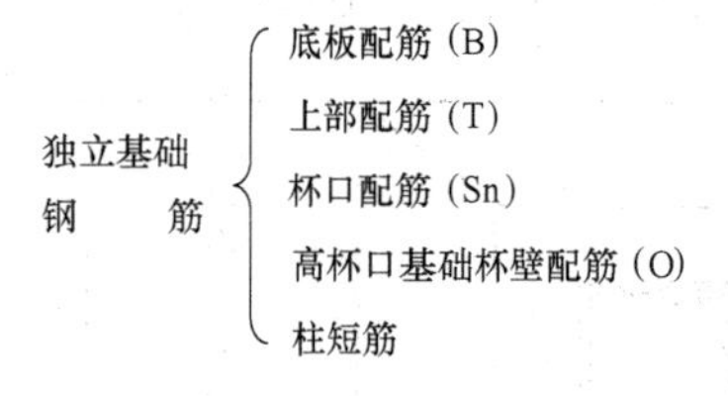

图 2-7　独立基础钢筋分类

5. 独立基础钢筋注写

独立基础钢筋采用集中注写。

独立基础的钢筋一般布置于底部（见图2-4 *c*），需要时也布置于上部。独立基础配筋包括底板配筋、杯口配筋、杯口外侧配筋和柱短筋等多种情况，见图 2-7。下面分别叙述。

（1）独立基础底板配筋注写

普通独立基础和杯口独立基础配筋，均为双向配筋，其注写规定如下：

① 以 B 代表各种独立基础底板的底部配筋。X 向配筋以 X 打头注写，Y 向配筋以 Y 打头注写，见图 2-8（*a*）中集中标注的 B：X：Φ14@200　Y：Φ12@150；当两向配筋相同时，则以 X&Y 打头注写，见图 2-8（*b*）中集中标注的 B：X&Y：Φ14@200。

② 当圆形独立基础采用双向正交配筋时，以 X&Y 打头注写；当圆形独立基

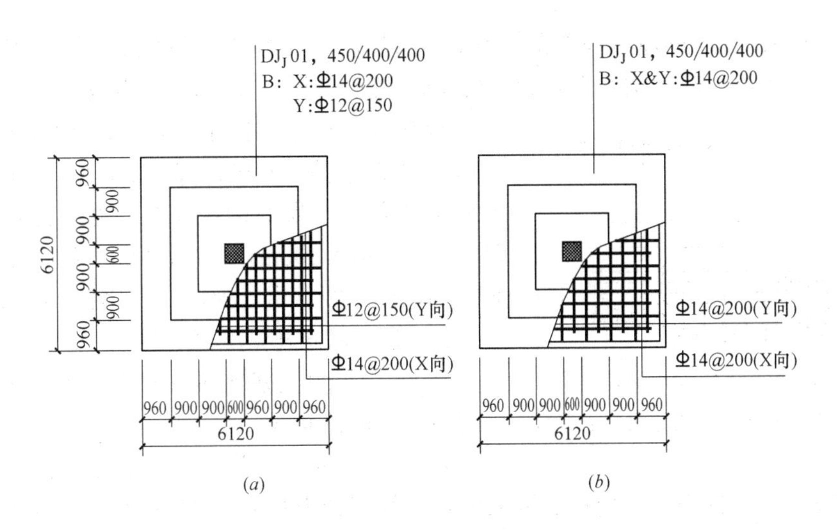

图 2-8　独立基础底板配筋示意图

（*a*）X 及 Y 向配筋直径不相同；（*b*）X 及 Y 向配筋直径相同

础采用放射状配筋时，以 Rs 打头，先注写径向受力钢筋（间距以径向排列钢筋的最外端度量），并在“/”后注写环向配筋，见图 2-9。

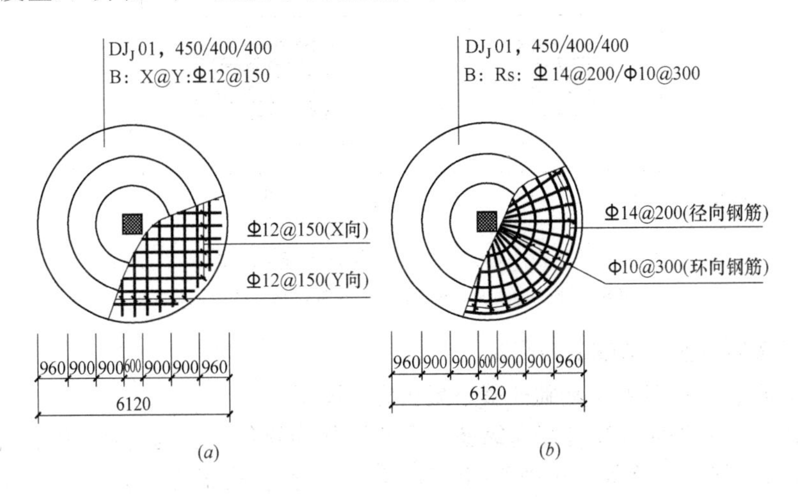

图 2-9　圆形独立基础底板配筋示意图

（*a*）正交配筋；（*b*）径向配筋

当独立基础底板的边长≥2.5m 时，钢筋长度按基础底板的边长缩短 10%，即按边长的 90%交错配置，但最靠边的钢筋除外（图 2-4）。

（2）独立基础上部配筋注写

以 T 表示独立基础顶部配置。

若同一独立基础上有多根柱子时，当为双柱且柱距较小时，通常仅配置底部钢筋；当柱距较大时，除基础底板配筋外，需在两柱间配置顶部钢筋或设置基础梁；当为四柱时，通常设置两道平行的基础梁，并在梁道基础梁之间配置基础顶部钢筋。

基础顶部的配筋通常分布在柱子中心两侧，注写为“双柱间纵向受力钢筋/分布钢筋”。当纵向受力钢筋在基础底板顶面非满布时，应注明其总根数。

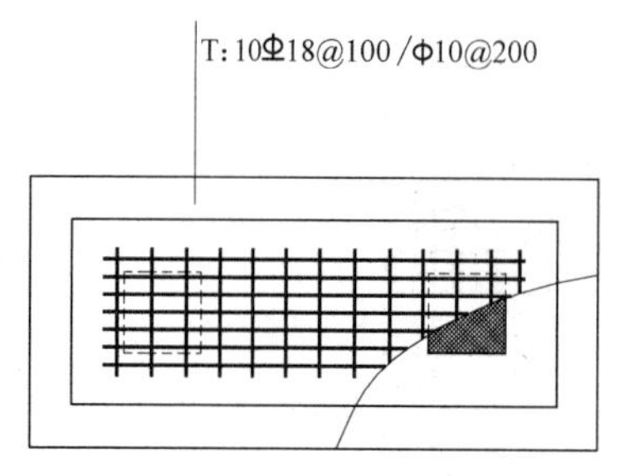

图 2-10　独立基础顶部配筋示意图

如图 2-10 所示，图中 T：10Φ18@100/Φ10@200，T 表示独立基础顶部配置，Φ18@100 表示纵向受力钢筋为 HRB335 级，直径为Φ18 设置 10 根，间距 100mm；Φ10@200 表示分布钢筋为 HPB300 级，直径为Φ10，间距 200mm。

（3）独立基础杯口配筋注写

以 Sn 表示独立基础杯口配筋，独立基础杯口配筋系焊接钢筋网。

如图 2-11 所示，单杯口独立基础图中 Sn2Φ14，表示杯口顶部每边配置 2 根 HRB335 级直径为Φ14 的焊接钢筋网；双杯口独立基础图中 Sn2Φ16，表示杯口每边和中间杯壁的顶部均匀配置 2 根 HRB335 级直径为Φ16 的焊接钢筋网。

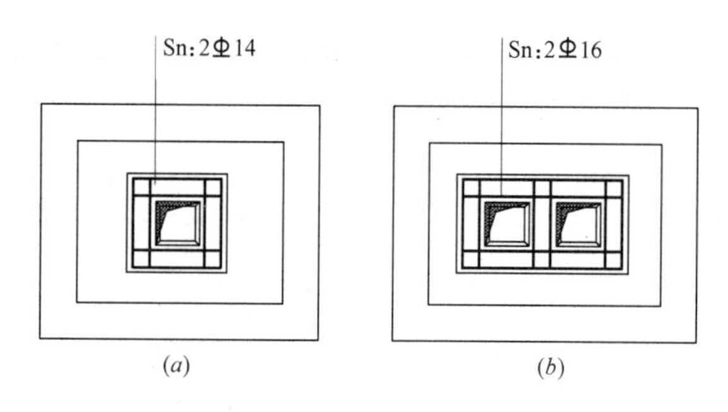

图 2-11　杯口独立基础上部配筋示意图

（a）单杯口独立基础顶部配筋；（b）双杯口独立基础顶部配筋

（4）高杯口独立基础配筋注写

以 O 表示高杯口独立基础杯壁外侧和短柱配筋。

先注写杯壁外侧和短柱竖向纵筋，再注写横向箍筋。注写为：“角筋/长边中部筋/短边中部筋。箍筋（两种间距）”；当杯壁水平截面为正方形时，注写为：“角筋/x 边中部筋/y 短边中部筋。箍筋（两种间距）”。

如图 2-12 所示，图中 O：4Φ20/Φ16@220/Φ16@200 及Φ10@150/300，表示高杯口独立基础的杯壁外侧和短柱配置 HRB400 级竖向钢筋和 HPB300 级箍筋。其竖向钢筋为：4Φ20 角筋、Φ16@220 长边中部筋和Φ16@200 短边中部筋；其箍筋直径为Φ10，杯口范围间距 150mm，短柱范围间距 300mm。

2.1.2　独立基础钢筋工程量计算举例

【例 2-1】 计算图 2-3 所示基础平面布置图中的 DJ_J02 基础钢筋工程量。

从图 2-13 可以看出，钢筋集中标注共有两个部分，即 B：X：Φ14@200 Y：Φ12@150 和 T：Φ10@200/25 Φ18@100。

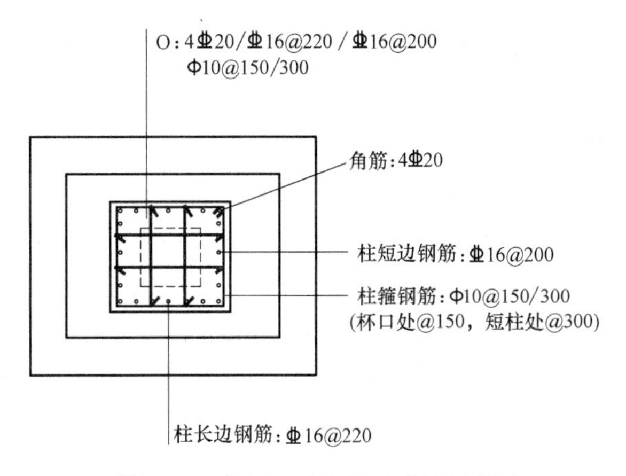

图 2-12 高杯口独立基础配筋示意图

钢筋保护层查表 1-13，底筋保护层厚度为 40mm（有垫层），基础顶筋保护层厚度为 20mm；钢筋单位理论质量查表 1-9，Φ10 钢筋 0.617kg/m、Φ12 钢筋 0.888kg/m、Φ14 钢筋 1.208kg/m、Φ18 钢筋 1.998kg/m。

第一部分：底板钢筋（即 B：X：Φ14@200 Y：Φ12@150）

B 表示底部钢筋，X：Φ14@200 表示 X 向钢筋（即横向钢筋）为Φ14@200；Y：Φ12@150 表示 Y 向钢筋（即竖向钢筋）为Φ12@150。基础底部 X 向尺寸 4.2m，Y 向尺寸 6.18m；基础顶部 X 向尺寸 2.35，Y 向尺寸 4.38m。共有 3 个 DJ_J02 基础。

（1）X 向钢筋（Φ14@200）

钢筋根数$=\dfrac{6.15-0.04\times2}{0.20}+1=30.35+1=31.35=32$ 根

为保证结构的可靠性，钢筋根数按只入不舍计算，即该例中 31.35 根按 32 根计算。后同。

钢筋质量$=[(4.2-0.04\times2)\times2+4.2\times90\%\times30]\times1.208\times3=440.82$kg

根据规定，基础底部最外边 2 根钢筋的长度按 100%计算，中间 30 根钢筋的长度按基础边长的 90%计算，后同。Ⅱ级钢筋两端不加弯钩。

（2）Y 向钢筋（Φ12@150）

钢筋根数$=\dfrac{4.2-0.04\times2}{0.15}+1=27.47+1=28.47=29$根

钢筋质量$=[(6.18-0.04\times2)\times2+6.18\times90\%\times27]\times0.888\times3=432.56$kg

底板钢筋合计：$440.82+432.56=873.38$kg

第二部分：顶部钢筋（即 T：Φ10@200/25Φ18@100）

T 表示顶部配置，Φ10@200 表示横向分布钢筋，直径为 10mm，间距 200mm；25Φ18@10 表示纵向受力钢筋，直径 18mm，间距 100mm，共 25 根。基础顶部的横向尺寸 2.35m，纵向尺寸 4.38m。

（1）横向分布钢筋（Φ10@200）

钢筋根数＝$\frac{4.38-0.02\times 2}{0.20}$＋1＝21.7＋1＝22.7＝23 根

钢筋质量＝(1.50＋锚固12.5×0.01)×23×0.617×3 ＝ 103.67kg

(2) 纵向受力钢筋（25Φ18@100）

钢筋根数＝25 根（图中标注为 25 根，按图中标注计算）

图中标注 25 根钢筋的计算：(2.35－0.02×2)÷0.10＋1＝23.10＋1＝24.10＝25根

钢筋质量＝(4.38－0.02×2)×25×1.998×3＝650.35kg

顶部钢筋合计：103.67＋650.35＝754.02kg

DJ_J02 基础钢筋工程量＝ 底板钢筋 904.26＋顶部钢筋 873.38＝1777.64kg ＝ 1.777t

2.2 条形基础

2.2.1 条形基础的平面注写方式

1. 条形基础编号

条形基础编号包括基础梁、基础圈梁和基础底板三部分，编号见表 2-2。

条形基础编号表 表 2-2

类型	基础底板截面形状	代号	序号	说明
条形基础底板	坡形	TJB_P	××	(××)端部无外伸 (××A)一端有外伸 (××B)两端有外伸
	阶形	TJB_J	××	
基础梁		JL	××	
基础圈梁		JQL	××	

注：TJB 表示条形基础底板，JL 表示基础梁，JQL 表示基础圈梁；角标J表示阶形基础、角标P表示坡形基础。

条形基础通常采用坡形截面或阶形截面两种截面形式，见图 2-13。

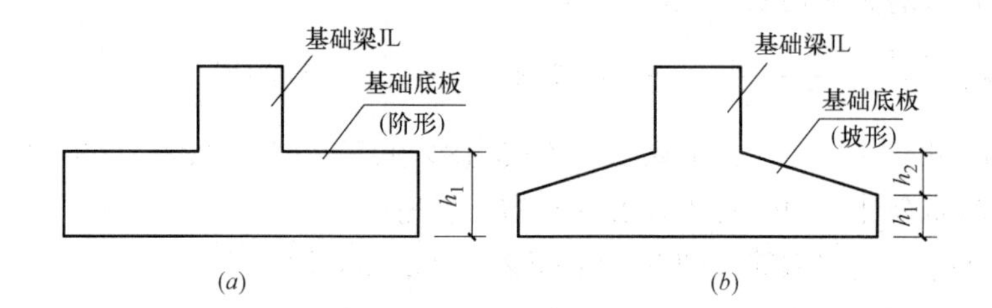

图 2-13 条形基础示意图

(a) 条形基础底板阶形截面；(b) 条形基础底板坡形截面

2. 条形基础梁平面注写

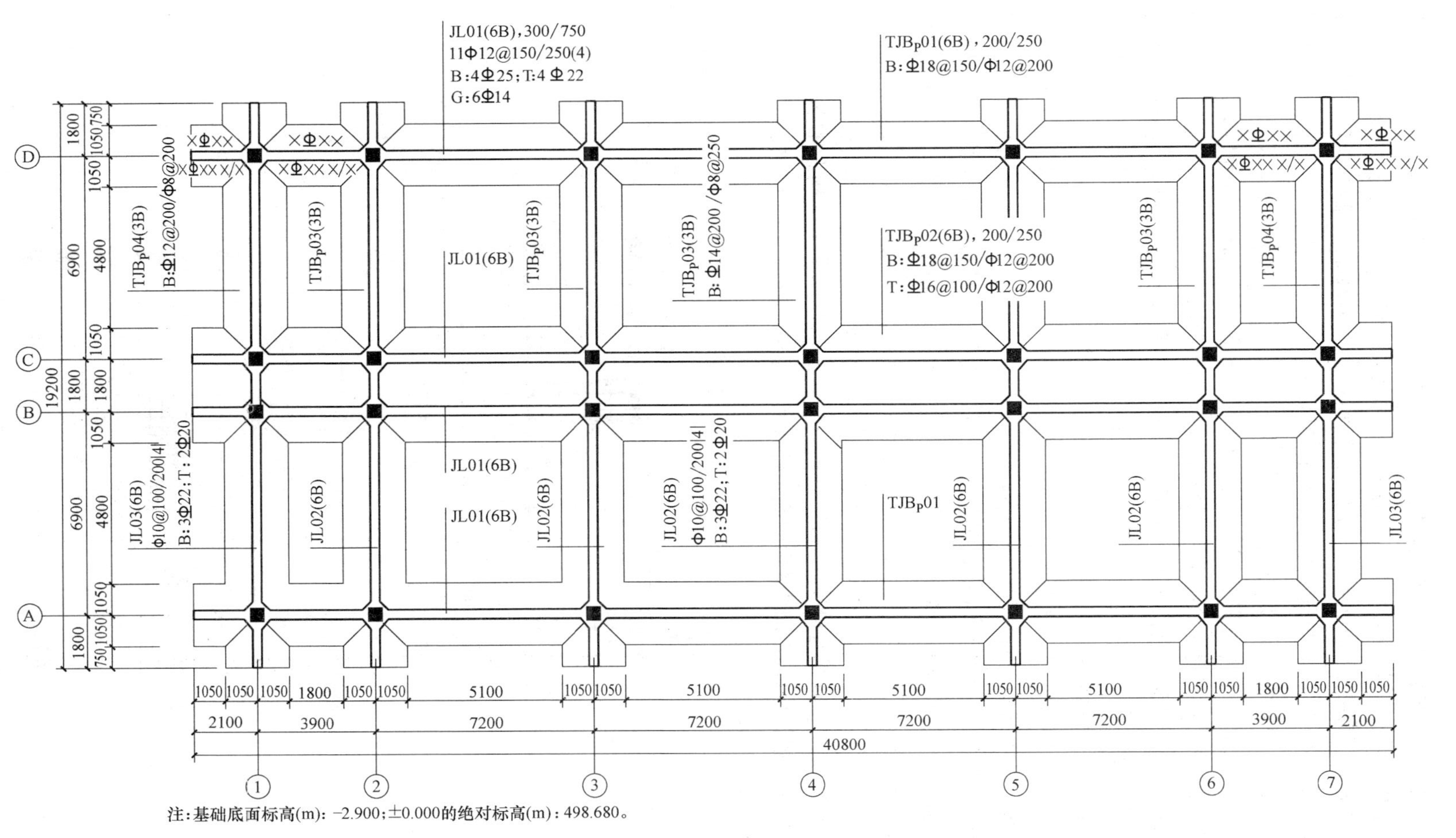

注：基础底面标高(m)：-2.900；±0.000的绝对标高(m)：498.680。

图 2-14 条形基础平面注写示意图

基础梁 JL 的平面注写方式，包括集中标注和原位标注两部分。

集中标注包括基础梁编号、截面尺寸、配筋三项内容。原位标注是指在原位钢筋的标注。基础梁集中标注和原位标注详图 2-14 中Ⓓ轴线基础梁 JL01 的钢筋标注，及图 2-15 中Ⓑ轴线基础梁 JL01 的钢筋标注。

图 2-14 中Ⓓ轴线基础梁标注的“JL01（6B），300/750”，代号 JL01 表示基础梁，代号 6B 的 6 表示 6 跨，B 表示梁两端均有挑梁（A 表示一端有挑梁，B 表示两端均有挑梁）；代号 300/750 表示梁宽 300mm 及梁高 750mm。

图 2-14 中Ⓓ轴线基础梁标注的“B：4Φ25；T：4Φ22”，代号 B 表示基础梁底部钢筋，4Φ25 表示梁底配 4 根Φ25 的钢筋；代号 T 表示基础梁顶部钢筋，4Φ22 表示梁顶配 4 根Φ22 的钢筋，见图 2-15 中 A—A 剖面图。

图 2-14 中Ⓓ轴线基础梁标注的“11Φ12@150/250（4）”，表示基础梁中的箍筋配置。即：基础梁两端起向跨中各配置 11 根Φ12 的钢筋，间距 150mm，其余部分（中间部分）按间距 250mm 配置；“(4)”表示所有箍筋为 4 支箍。如Ⓓ轴交②、③轴间的基础梁箍筋根数为：两端为 11×2＝22 根，中间为（7.20－0.6（设柱断面为 600×600）－0.05×2（于柱边 50mm 开始配置第一根钢筋）－11×2×0.15)÷0.25－1＝13－1＝12 根，共计 22＋12＝34 根。

图 2-14 中Ⓓ轴线基础梁标注的“G6Φ14”，表示基础梁中的构造钢筋的配置。即 6 根Φ14 钢筋分别在基础梁腰中间每侧配置 3 根Φ14 钢筋，共计 6 根。见图 2-15 中 A—A 剖面图示意。

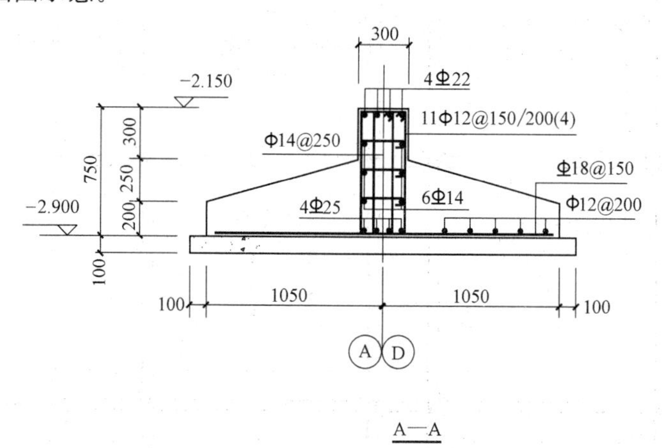

A—A

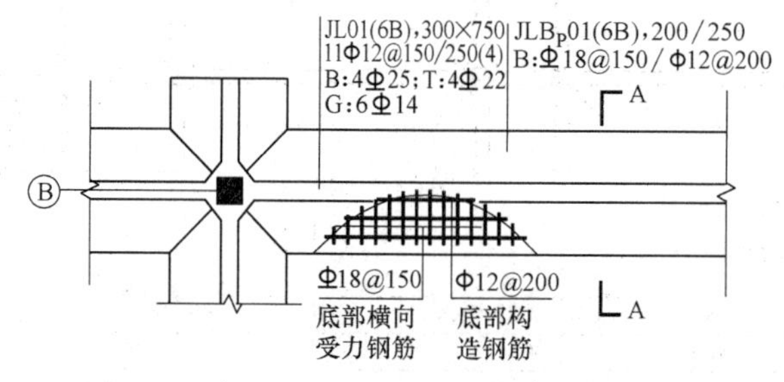

图 2-15　条形基础 TJBp01（6B）平面注写示意图

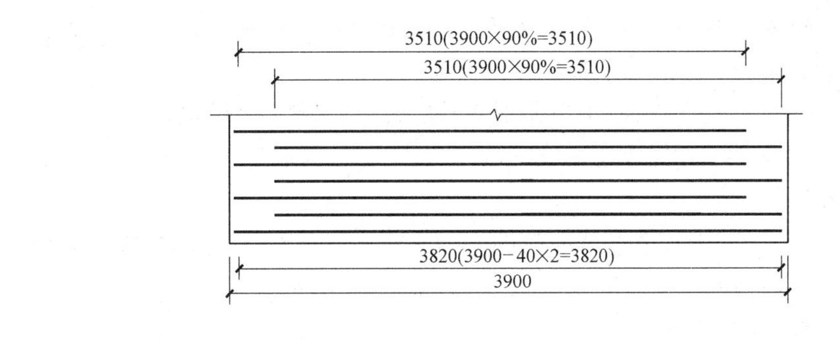

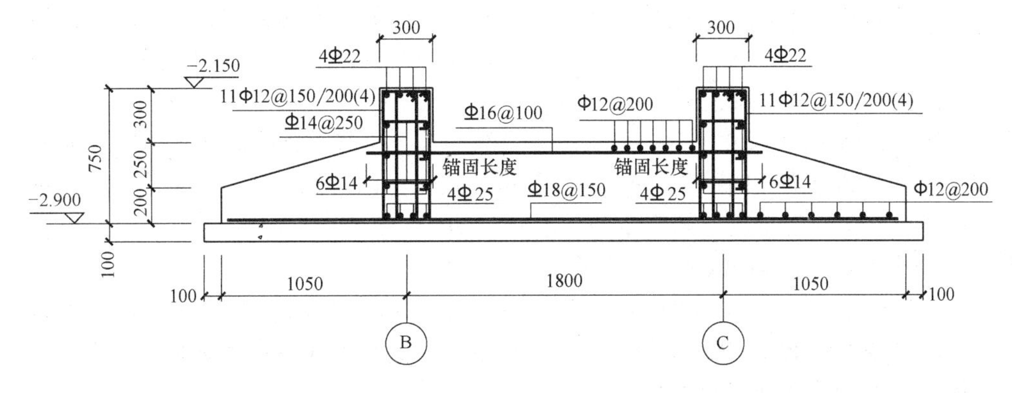

B—B

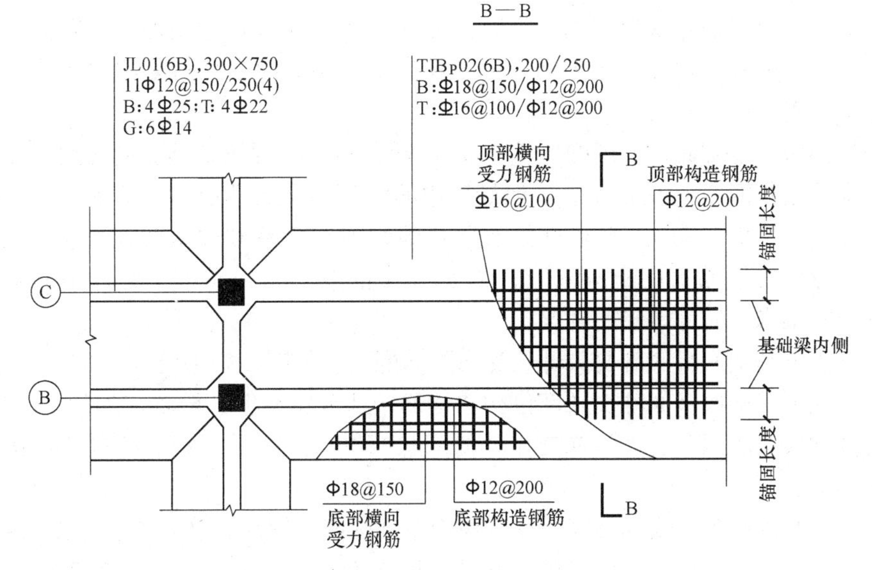

图 2-16　条形基础 TJBp02（6B）平面注写释意图

3. 条形基础平面标注

条形基础平面标注包括：平面尺寸标注、截面尺寸标注、钢筋标注三部分。

（1）条形基础平面标注

条形基础平面尺寸见施工图纸平面图（图 2-14）。

（2）条形基础截面标注

条形基础截面标注，采用集中标注。如图 2-14 中Ⓑ、Ⓒ轴线基础标注的“TJB$_P$02（6B），200/250”分别表示：

代号 TJB$_P$02，TJB$_P$表示坡形条形基础底板，02 表示序号是 02。

代号（6B），6 表示条形基础共有 6 跨，B 表示两端外伸（A 表示一端外伸、B 表示两端外伸）。

代号 200/250，表示坡形截面高度 h_1/h_2 的尺寸（宽度在平面图上表示），见图 2-13，h_1＝200mm、h_2＝250mm。

（3）条形基础钢筋标注

条形基础钢筋标注采用集中标注。如图 2-14 中Ⓑ、Ⓒ轴线基础 TJB$_P$02 钢筋标注的“B：Φ 18@150/Φ 12@200”、“T：Φ 16@100/Φ 12@200”分别表示：

代号 B：表示基础底板底部配筋。

代号Φ 18@150/Φ 12@200，“/”前的代号Φ 18@150 表示基础底板底部横向配置Φ 18 受力钢筋，间距 150mm；“/”后的代号Φ 12@200 表示基础底板底部纵向配置Φ 12 的构造钢筋，间距 200mm。

代号 T：表示基础底板顶部配筋。

代号Φ 16@100/Φ 12@200，“/”前的代号Φ 16@100 表示基础底板顶部横向配置Φ 16 受力钢筋，间距 100mm；“/”后的代号Φ 12@200 表示基础底板顶部纵向配置Φ 12 构造钢筋，间距 200mm。

当双梁（或双墙）条形基础底板时，除在底板底部配置钢筋外，一般需在两梁或梁墙之间的底板顶部配置钢筋，其中横向受力钢筋的锚固从梁的内边缘（或墙边缘）配置（图 2-16）。

（4）当条形基础底板宽度的边长≥2.5m 时，钢筋长度按基础宽度的边长缩短 10%，即按边长的 90%交错配置，但最靠边的钢筋和交错部位的钢筋除外（见图 2-16 中 B—B 剖面示意）。但非对称条形基础梁中心至基础边缘的尺寸<1.25m 时，朝该方向的钢筋长度不应减短。图 2-14 中的Ⓐ、Ⓓ轴属于非对称条形基础梁，Ⓑ、Ⓒ轴属于对称条形基础梁。

（5）条形基础底板底部交叉部位受力配筋配置，如图 2-17 所示。

（6）条形基础底板底部交叉部位构造钢筋（即分布钢筋）配置，如图 2-18 所示。在基础底板的两向受力钢筋交接处的网状部位与同向受力钢筋的构造搭接长度为 150mm。

（7）若基础底板的底面标高与基础底面基准标高不同时，其高差注写在“()”内。图 2-14 中－2.900m 是该工程的基础底面基准标高。若某部分基础底板的底面标高是－3.100，则在集中标注的最下面“()”内注写高差－0.200m，即将（－0.200m）标注在集中标注的最下面。

2.2.2　条形基础钢筋工程量计算举例

【例 2-2】 计算图 2-14 所示的条形基础图中的 TJB$_P$01（6B）、TJB$_P$02（6B）、TJB$_P$03（3B）、TJB$_P$04（3B）的钢筋工程量。

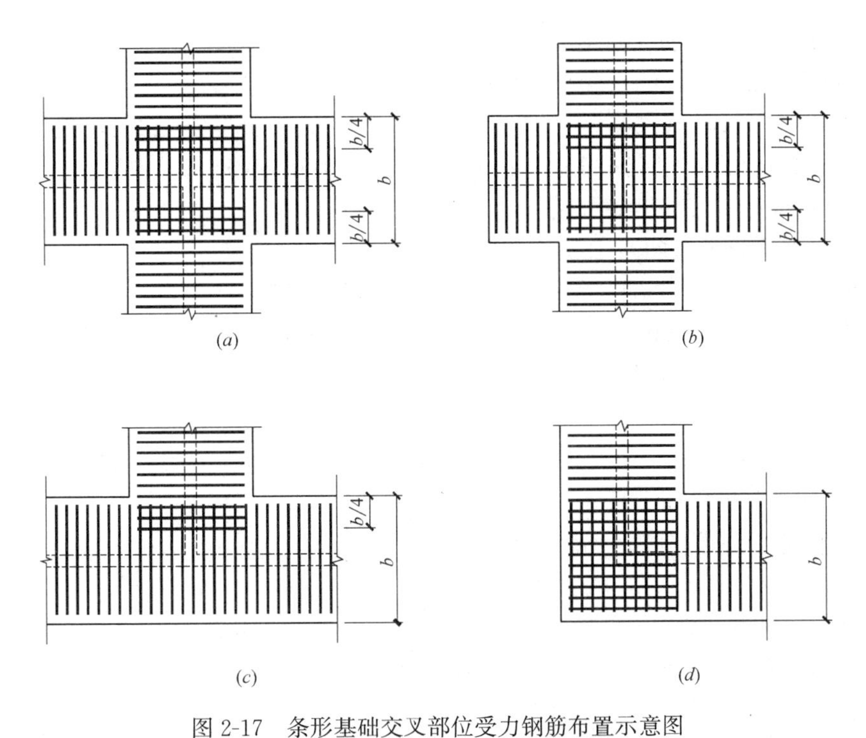

图 2-17　条形基础交叉部位受力钢筋布置示意图

(a) 十字交叉处布筋；(b) 转角交叉处有纵向延伸布筋；(c) 丁字交叉处布筋；(d) 转角交叉无纵向延伸布筋

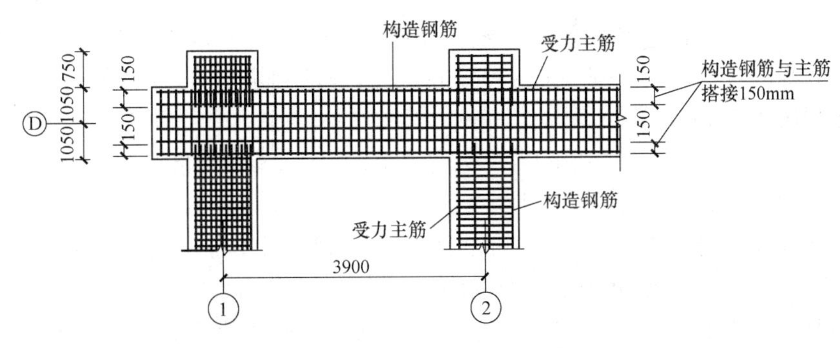

图 2-18　条形基础交叉部位构造钢筋布置示意图

解：钢筋保护层查表 1-13，底筋保护层厚度为 40mm（有垫层），基础顶筋保护层厚度为 20mm；钢筋单位理论质量查表 1-9，Φ8 钢筋 0.395kg/m、Φ10 钢筋 0.617kg/m、Φ12 钢筋 0.888kg/m、Φ16 钢筋 1.578kg/m、Φ18 钢筋 1.998kg/m。

(1) TJB$_P$01 (6B) 钢筋工程量（Ⓐ、Ⓒ轴线基础底板钢筋 B：Φ18@150/Φ12@200）

1) Φ18 受力钢筋（间距 150mm）：

根数＝(40.80－0.04×2)÷0.15＋1＝273 根（钢筋根数按只入不舍计算，后同）

质量＝(2.10－0.04×2)×273×2×1.998＝2203.63kg

2）Φ12 构造钢筋（间距 200mm）：

根数＝(2.10－0.04×2)÷0.20＋1＝12 根

质量＝(40.80－0.04×2＋12.5×0.012)×12×2×0.888＝ 871.02kg

（2）TJB$_{P}$02（6B）钢筋工程量（Ⓑ、Ⓒ轴线基础钢筋）

1）基础底板底部钢筋（B：Φ18@150/Φ12@200）

Φ18 受力钢筋（间距 150mm）：

根数＝(40.80－0.04×2)÷0.15＋1＝273 根

质量＝(3.90－0.04×2)×273×1.998＝2083.63kg

Φ12 构造钢筋（间距 200mm）：

根数＝(3.90－0.04×2)÷0.20＋1＝21 根

质量＝(40.80－0.04×2＋12.5×0.012)×21×0.888＝ 762.14kg

2）基础底板顶部钢筋（T：Φ16@100/Φ12@200）

Φ16 受力钢筋（间距 100mm）：

根数＝(40.80－0.02×2)÷0.10＋1＝409 根

质量＝(1.8－梁宽 0.15×2＋锚固 44×0.016×2)×409×1.578＝1876.83kg

基础底板顶部钢筋保护层查表 1-13 为 20mm；钢筋锚固长度查表 1-16 为 44d（设凝土强度等级 C20、抗震等级二级）。

Φ12 构造钢筋（间距 200mm）：

根数＝(1.50÷0.20－1) ＋ (0.40÷0.20)×2＝7＋2×2＝11 根

需要注意的是：钢筋根数必须分段计算；基础梁处不布置构造钢筋；由于受力钢筋的锚固长度＝44×0.016＝704mm，704－基础梁宽 300＝404mm，所以基础梁外侧按 400mm 计算。

质量＝(40.80－0.02×2＋12.5×0.012)×11×0.888＝ 399.61kg

关于钢筋根数的计算：

钢筋根数是用布筋距离除以钢筋间距加 1 或减 1 或不加不减，计算公式如下：

钢筋根数＝布筋距离÷钢筋间距±1(0)

在上计算式中是否加 1、减 1、或不加不减，要根据计算的先后顺序决定（表 2-3）。

钢筋根数计算分析表 **表 2-3**

项目	钢筋布置					合计
钢筋布置简图		@150 (左跨)	@200 (中跨)	@150 (右跨)		
布筋距离(mm)		450	1200	600		2250
间距(mm)		150	200	150		
等分数(个)		3	6	4		13
钢筋根数(根)						14

在表 2-3 中，若先算左右两端再算中间，则：

左端：450÷150＋1＝4 根（加 1）

右端：600÷150＋1＝5 根（加 1）

中间：1200÷200－1＝5 根（减 1）

合计：14 根。

若先算中间再算左右两端，则：

中间：1200÷200＋1＝7 根（加 1）

左端：450÷150＝3 根（不加不减）

右端：600÷150＝4 根（不加不减）

合计：14 根。

若从左至右计算，则：

左端：450÷150＋1＝5 根（加 1）

中间：1200÷200＝6 根（不加不减）

右端：600÷150＝4 根（不加不减）

合计：14 根。

钢筋根数计算，是否加 1、减 1、或不加不减，要看计算的先后顺序，具体情况具体分析，才能正确计算。上面介绍了三种计算顺序及计算方法，还有多种计算顺序及方法，总之，若两头不布置钢筋就用等分数减 1；若两头要布置钢筋就用等分数加 1；若仅一头已经计算了钢筋就不加不减。

(3) TJB$_P$03（3B）钢筋工程量（②～⑥轴线基础钢筋 B：Φ 14@200/Φ 8@250）

1）Φ 14 受力钢筋（间距 200mm）：

根数＝[(0.75－0.04＋0.04＋2.10÷4)÷0.20＋1]×2＋(4.80＋2.10÷4＋3.90÷4)÷0.20＋1)×2＝8×2＋33×2＝82 根

质量＝(2.10－0.04×2)×82×5×1.208＝1000.47kg

2）Φ 8 构造钢筋（间距 250mm）：

根数＝(1.05 － 0.15 － 0.04)÷0.25×2＝8 根

质量＝[(0.75－0.04＋0.04＋0.15)×2＋(4.80＋0.04×2＋0.15×2)×2]×8×5×0.395＝192.13kg

(4) TJB$_P$04（3B）钢筋工程量（①、⑦轴线基础钢筋 B：Φ 12@200/Φ 8@200）

1）Φ 12 受力钢筋（间距 200mm）：

根数＝同 TJB$_P$03（3B）钢筋根数＝82 根

质量＝(2.10－0.04×2)×82×2×0.888＝294.18kg

2）Φ 8 构造钢筋（间距 200mm）：

根数＝(1.05 － 0.15 － 0.04)÷0.20×2＝10 根

质量＝[(0.75－0.04＋0.04＋0.15)×2＋(4.80＋0.04×2＋0.15×2)×2]×10×2×0.395＝96.06kg

钢筋统计汇总：

Φ18 钢筋质量：2203.63+2083.63=4287.26kg=4.287t

Φ16 钢筋质量：1876.83kg=1.876t

Φ14 钢筋质量：1000.47=1.001 t

Φ12 钢筋质量：762.14+399.61=1161.75kg=1.162t

Φ12 钢筋质量：294.13=0.294t

Φ8 钢筋质量：192.13+96.06=288.19=0.288t

总计：4.287+1.876+1.001+1.162+0.294+0.288=8.908t

本章习题

1. 独立基础和带型基础的代号、平面尺寸、竖向尺寸及标高的注写。

2. 计算××拆迁安置房16号楼（见本书第10章图10-1～图10-31）的基础钢筋工程量（注：不包括基础插筋）。

3

柱钢筋工程量计算

关键知识点：

（1）柱的类型及其特点。

（2）柱平法施工图的注写方式及识读。

（3）柱的钢筋种类及在平法图集中不同节点处钢筋的锚固形式。

（4）柱的钢筋种类在基础层、地下室层、中间层和顶层钢筋的锚固形式和计算公式。

（5）柱箍筋的长度计算及加密区、非加密区的判断。

（6）柱钢筋工程量计算的基本方法及实例。

教学建议：

（1）贯彻工学结合的教学指导思想，讲练结合，以一套实际施工图纸，在课程讲授之后，进行柱钢筋工程量计算实际训练。

（2）到钢筋施工现场进行讲解，使学生能够建立感性认知，提高柱钢筋工程量计算的能力。

3.1 柱平面整体标注

柱平法施工图是指在柱平面布置图上采用列表注写方式或截面注写方式表达的施工图。

在柱平法施工图中，应当用表格或其他方式注明各结构层的楼面标高、结构层高及相应的结构层号，并应注明上部结构嵌固部位位置。

上部结构嵌固部位部位注写时：如框架柱嵌固部位在基础顶面时，无需注明；框架柱嵌固部位不在基础顶面时，在层高表嵌固部位标高下使用双细线注明，并在层高标下注明上部结构嵌固部位标高；框架柱嵌固部位不在地下室顶板，但仍需考虑地下室顶板对上部结构实际存在嵌固作用时，可在层高表地下室顶板标高下使用双虚线注明，此时首层柱端箍筋加密区长度范围及纵筋连接位置均按嵌固部位要求设置。

3.1.1 列表注写方式

列表注写方式是指在柱平面布置图上（一般只需采用适当比例绘制一张柱平面布置图，包括框架柱、框支柱、梁上柱和剪力墙上柱），分别在同一编号的柱中选择一个（有时需要选择几个）截面标注几何参数代号；在柱表中注写柱号、柱段起止标高、几何尺寸（含柱截面对轴线的偏心情况）与配筋的具体数值，并配以各种柱截面形状及其箍筋类型图的方式，来表达柱平法施工图，如图 3-1 所示。

柱表注写内容规定为：

（1）柱编号注写

柱编号由类型代号和序号组成，应符合表 3-1 中的要求。

（2）柱高注写

柱高注写是指注写各段柱的起止标高，自柱根部往上以变截面位置或截面未变但配筋改变处为界分段注写。框架柱和转换柱的根部标高指基础顶面标高；芯柱的根部标高系指根据结构实际需要而定的起始位置标高；梁上柱的根部标高系指梁顶面标高；剪力墙上柱的根部标高为梁顶面标高。剪力墙上柱 QZ 有两种构造做法，当柱纵筋锚固在墙顶部时，其根部标高为墙顶面标高；当柱与剪力墙重叠一层时，其根部标高为墙顶面往下一层的结构层楼面标高，如图 3-1 所示。

（3）柱截面尺寸注写

对于矩形柱，注写柱截面尺寸 $b\times h$ 及轴线关系的几何参数代号 b_1、b_2 和 h_1、h_2 的具体数值，须对应于各段柱分别注写。其中 $b=b_1+b_2$；$h=h_1+h_2$。当截面的某一边收缩变化及与轴线重合或偏到轴线的另一侧时，b_1、b_2、h_1、h_2 中的某项为零或为负值（图 3-1）。

对于圆柱，表中 $b\times h$ 一栏改用在圆柱直径数字前加 d 表示。为表达简单，圆柱截面与轴线的关系也用 b_1、b_2 和 h_1、h_2 表示，并使 $d=b_1+b_2=h_2+h_2$。

对于芯柱，根据结构需要，可以在某些框架柱的一定高度范围内，在其内部的中心位置设置（分别引注其柱编号）。芯柱中心应与柱中心重合，并标注其截面尺寸，并按标准构造详图施工，设计不注。

（4）柱纵筋注写

当柱纵筋直径相同，各边根数也相同时（包括矩形柱、圆柱和芯柱），将纵筋注写在“全部纵筋”一栏中；除此之外，柱纵筋分角筋、截面 b 边中部筋和 h 边中部筋三项分别注写（对于采用对称配筋的矩形截面柱，可仅注写一侧中部筋，对称边省略不注；对于采用非对称配筋的矩形截面柱，必须每侧均注写中部筋）。

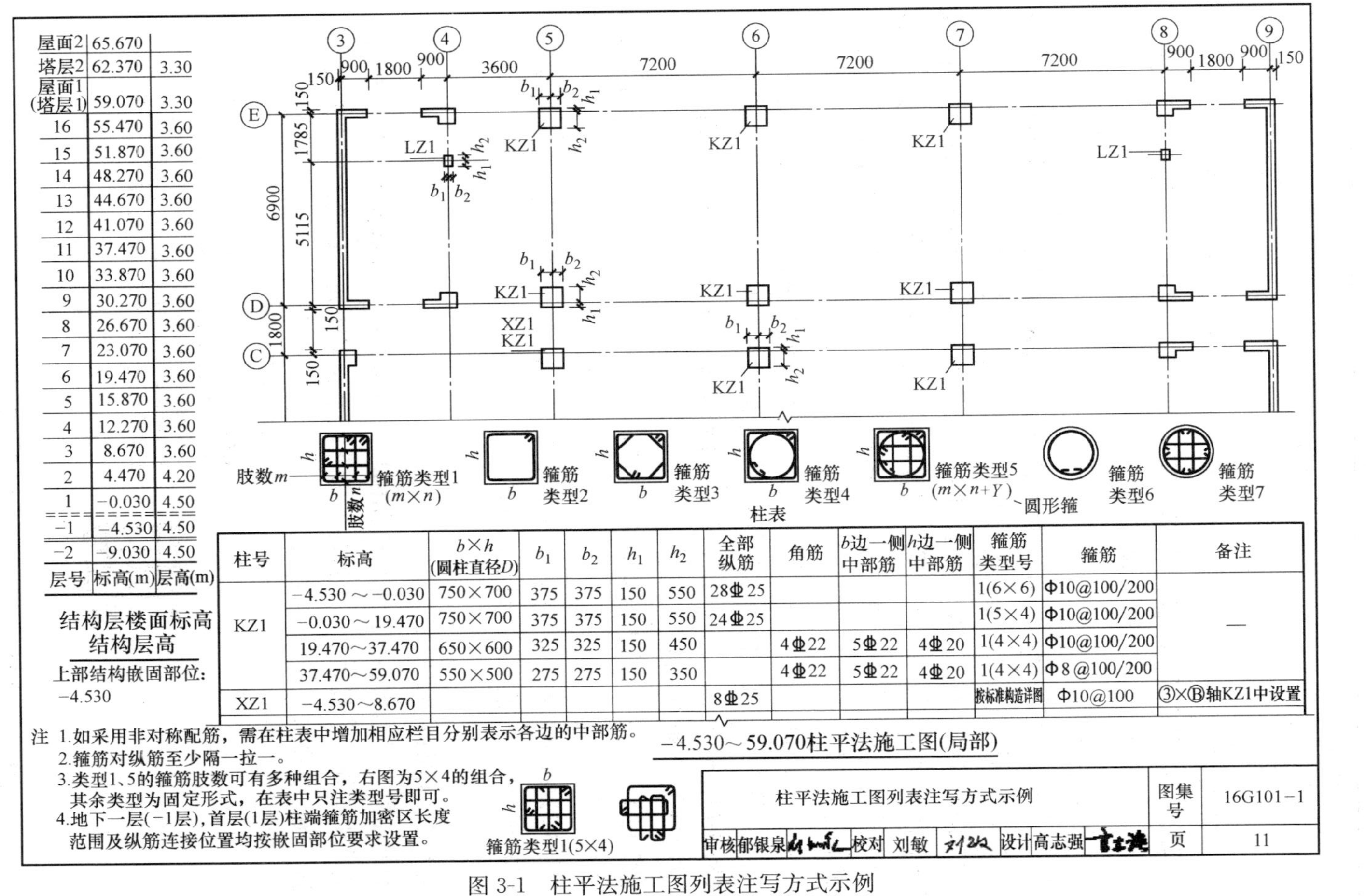

图 3-1 柱平法施工图列表注写方式示例

（图片来源：16G101 图集）

钢筋混凝土柱编号表 表 3-1

柱类型	代号	序号
框架柱	KZ	××
转换柱	ZHZ	××
芯柱	XZ	××
梁上柱	LZ	××
剪力墙上柱	QZ	××

注：编号时，当柱的总高、分段截面尺和配筋均对应相同，仅截面与轴线的关系不同时，仍可将其编为同一柱号，但应在图中注明截面与轴线的关系。

（5）柱箍筋注写

注写柱箍筋，包括钢筋级别、直径与间距。当为抗震设计时，用斜线“/”区分柱端箍筋加密区与柱身非加密区长度范围内箍筋的不同间距。施工人员须根据标准构造图的规定，在规定的几种长度值中取其最大者作为加密区长度。当框架节点核心区内箍筋与柱端箍筋设置不同时，应在括号中注明核心区箍筋直径与间距。当箍筋沿柱全高为一种间距时，则不使用“/”线。当圆柱采用螺旋箍筋时，需在箍筋前加“L”。

具体工程设计的各种箍筋类型图以及箍筋复合的具体形式，需画在表的上部或图中适当位置并在其上标注与表中相对应的 b、h 和型号。

【例 3-1】 Φ8@100/200，表示箍筋为Ⅰ级钢筋，直径为 8mm，加密区间距为 100，非加密区间距为 200。

【例 3-2】 Φ8@100，表示箍筋为Ⅰ级钢筋，直径为 8mm，间距为 100，沿柱全高加密。

【例 3-3】 LΦ8@100/200，表示采用螺旋加箍筋，Ⅰ级钢筋，直径为 8mm，加密区间距为 100，非加密区间距为 200。

3.1.2 截面注写方式

截面注写方式是指在分标准层绘制的柱平面布置图的柱截面上，分别在同一编号的柱中选择一个截面，以直接注写截面尺寸和配筋具体数值的方式来表达柱平法施工图。如图 3-2、图 3-3 所示。

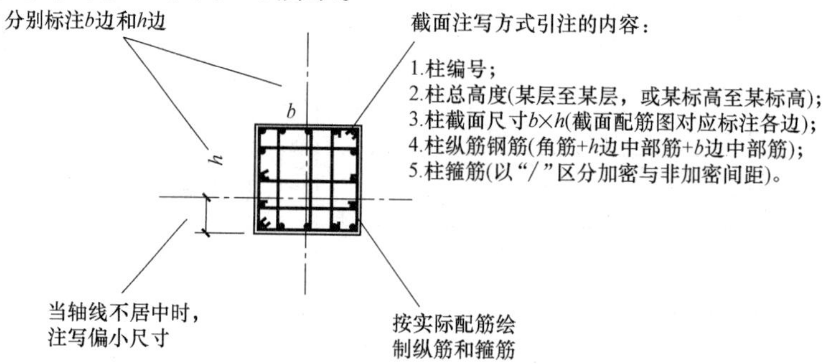

图 3-2 柱截面注写方式标注内容

（图片来源：16G101 图集）

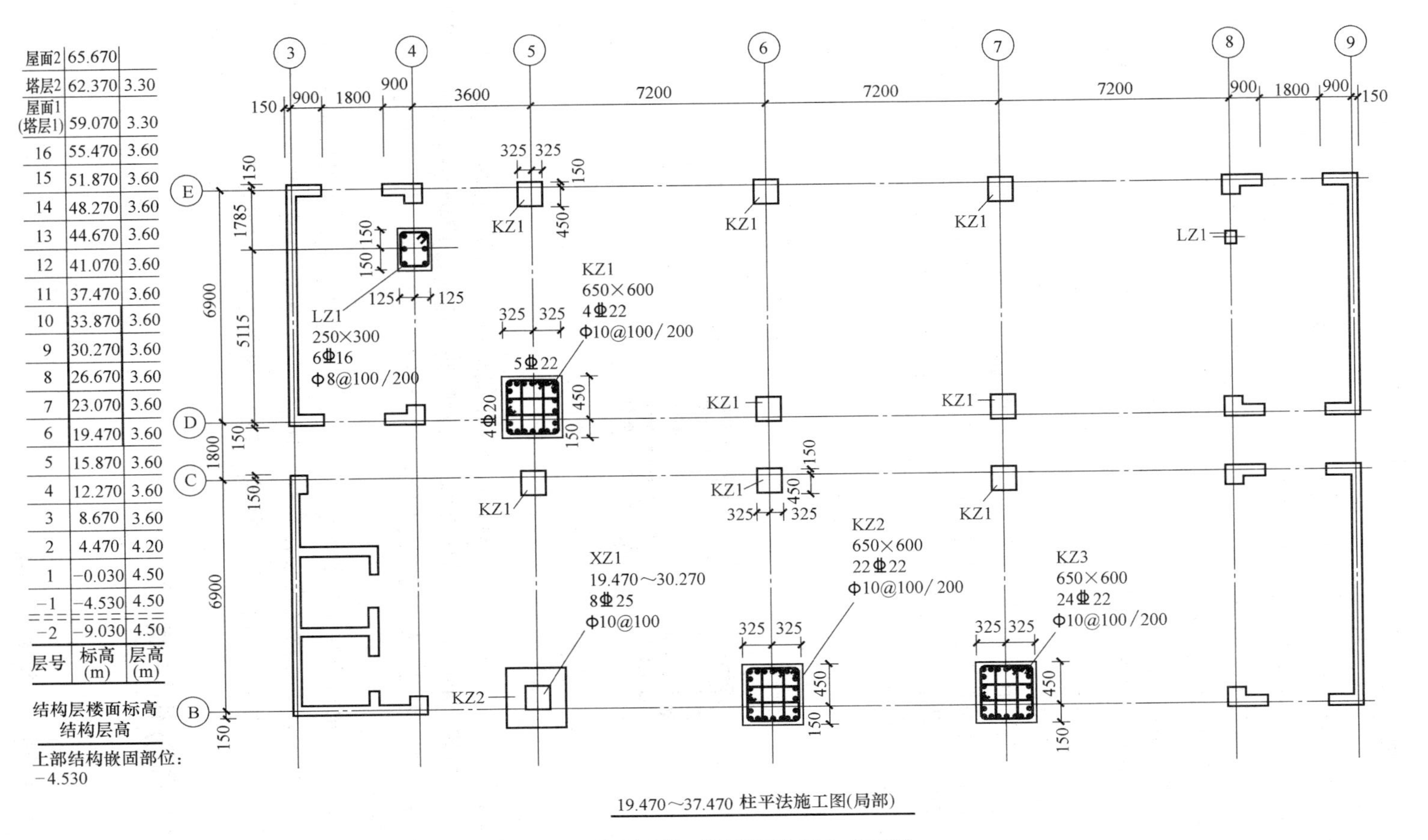

层号	标高 (m)	层高 (m)
屋面2	65.670	
塔层2	62.370	3.30
屋面1 (塔层1)	59.070	3.30
16	55.470	3.60
15	51.870	3.60
14	48.270	3.60
13	44.670	3.60
12	41.070	3.60
11	37.470	3.60
10	33.870	3.60
9	30.270	3.60
8	26.670	3.60
7	23.070	3.60
6	19.470	3.60
5	15.870	3.60
4	12.270	3.60
3	8.670	3.60
2	4.470	4.20
1	−0.030	4.50
−1	−4.530	4.50
−2	−9.030	4.50

图 3-3　柱平法施工图截面注写方式示例

（图片来源：16G101 图集）

截面注写方式适用于各种结构类型。采用截面注写方式，在柱截面配筋图上直接标注的内容有：柱编号、柱高（分起止高度）、截面尺寸、纵向钢筋、箍筋等（图 3-2）。

（1）柱截面编号（芯柱除外）

对除芯柱之外的所有柱截面按前面所述规定进行编号，从相同编号的柱中选择一个截面，按另一种比例原位放大绘制柱截面配筋图，并在各配筋图上继其编号后再注写截面尺寸 $b\times h$、角筋或全部纵筋（当纵筋采用一种直径且能够图示清楚时）、箍筋的具体数值，以及在柱截面配筋图上标注柱截面与轴线关系 b_1、b_2 和 h_1、h_2 的具体数值。

当纵筋采用两种直径时，须再注写截面各边中部筋的具体数值（对于采用对称配筋的矩形截面柱，可仅在一侧注写中部筋，对称边省略不注）。

当在某些框架柱的一定高度范围内，在其内部的中心位置设置芯柱时，首先按照规定进行编号，在其编号后注写芯柱的起止标高、全部纵筋及箍筋的具体数值，芯柱截面尺寸按构造确定，并按标准构造详图施工，设计不注；当设计者采用与构造详图不同的做法时，应另行注明。芯柱定位随框架柱起，不需要注写其与轴线的几何关系（图 3-4）。

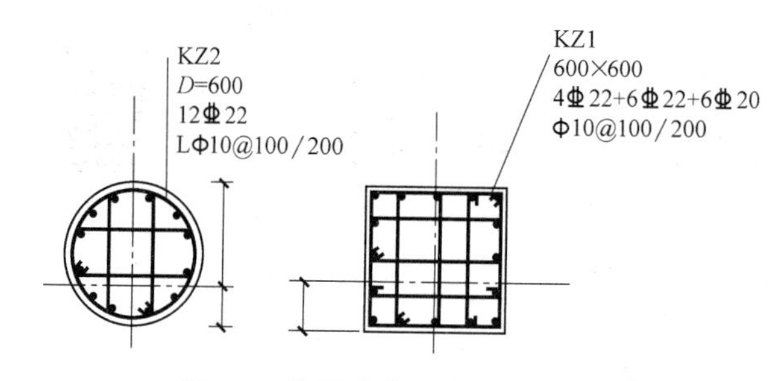

图 3-4 柱平法截面注写方式示例

（2）柱编号的原则

在截面注写方式中，如柱的分段截面尺寸和配筋均相同，仅分段截面与轴线的关系不同时，可将其编为同一柱号，但此时应在未画配筋的柱截面上注写该柱截面与轴线关系的具体尺寸。采用截面注写方式表达的柱平法施工图如图 3-3、图 3-4 所示。

（3）其他

柱平面布置图单独绘制或与剪力墙平面布置图合并绘制时，如果局部区域发生重叠、过挤现象，可在该区域采用另外一种比例绘制予以消除。当柱与填充墙需要拉结时，其构造详图应由设计者根据墙体材料和规范要求设计绘制。

3.2 柱钢筋相关信息

3.2.1 柱钢筋计算相关数据

钢筋计算相关数据，详见国家建筑标准设计图集 16G101-1《混凝土结构施工图平面整体表示方法制图规则和构造详图》及前面章节。

3.2.2 纵向钢筋机械锚固构造

当设计要求钢筋末端需做135°弯钩时，光圆钢筋不应小于钢筋直径的2.5倍，HRB335级、HRB400级的带肋钢筋的弯弧内直径不应小于钢筋直径的4倍，弯钩的弯后平直部分长度应符合设计要求，如图3-5所示。

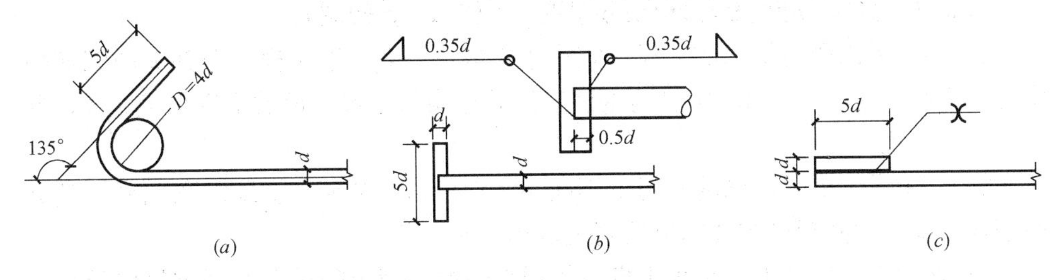

图3-5 纵向钢筋机械锚固构造

(a) 末端带135°弯钩；(b) 末端与钢板穿板角焊；(c) 末端与短钢筋双面贴焊

3.2.3 柱箍筋和拉筋弯钩构造

柱及其他受压构件中的周边箍筋应作成封闭式；箍筋的末端应做弯钩，弯钩形式应符合设计要求。如箍筋钢筋为光圆钢筋，其弯钩的弯弧内直径D不应小于直径的2.5倍；对于335MPa级、400MPa级带肋钢筋，不应小于直径的4倍；500MPa级带肋钢筋，当直径$d \leqslant 25$mm时，不应小于钢筋直径的6倍；当直径$d > 25$mm时，不应小于钢筋直径的7倍。

有抗震要求的结构构件，箍筋弯钩的平直部分长度不应小于箍筋直径的10倍或75mm中最大值。对于无抗震要求的结构，箍筋弯钩按90°/180°或90°/90°形式加工；对于有抗震要求或受扭的结构可按135°/135°形式加工，如图3-6所示。

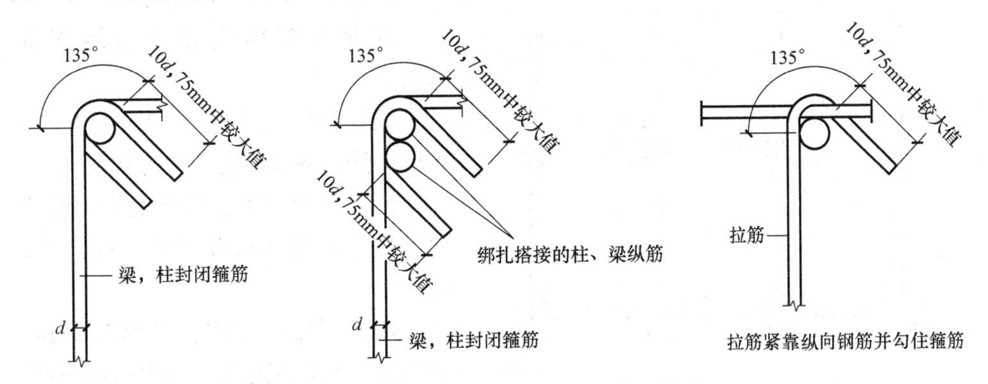

图3-6 抗震结构柱箍筋和拉筋弯钩构造

钢筋混凝土结构构件的抗震设计，根据设防烈度、结构类型和房屋高度，抗震等级分为一、二、三、四级，应符合相应的计算和构造措施要求，并应符合钢筋混凝土结构抗震等级表的规定。框架柱上下两端箍筋应加密，加密区箍筋的最大间距和最小直径见表 3-2。

柱箍筋基本参数表 **表 3-2**

抗震等级	箍筋最大间距	箍筋最小直径
一	纵向钢筋直径的 6 倍和 100mm 中的较小值	10mm
二	纵向钢筋直径的 8 倍和 100mm 中的较小值	8mm
三(四)	纵向钢筋直径的 8 倍和 150mm(柱根 100mm)中的较小值	6mm(柱根 8mm)

3.2.4 柱中纵向受力钢筋的配置，应符合下列规定：

1）柱中纵向受力钢筋的直径不宜小于 12mm，不少于 4 根，全部纵向钢筋的配置率不宜大于 5%；圆柱中纵向钢筋宜沿周边均匀布置，根数不宜少于 8 根，且不应少于 6 根。

2）柱中纵向受力钢筋的净间距不应小于 50mm；对水平浇筑的预制柱，其纵向钢筋的最小净间距可按柱的有关规定取用。

3）在偏心受压柱中，垂直于弯矩作用平面的侧面上的纵向受力钢筋以及轴心受压柱中各边的纵向受力钢筋，其中距不宜大于 30mm。

4）在偏心受压柱的截面高度 h>600mm 时，在柱的侧面上应设置直径为10～16mm 的纵向构造钢筋，并相应设置复合箍筋或拉筋。

3.3 框架柱

柱是承受压力和弯矩的构件，一般分为纵向钢筋与箍筋。柱中纵向钢筋用来帮助混凝土承受压力，箍筋能阻止混凝土的横向变形，且稍能提高混凝土抗压强度，还可以使纵向钢筋定位，组成钢筋骨架。

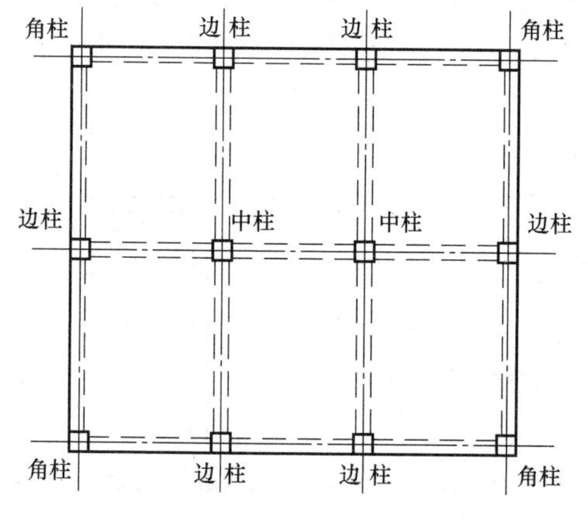

图 3-7 框架柱示意图

3.3.1 框架柱的概念

框架柱钢筋主要分为纵筋和箍筋。

纵筋按楼层位置不同分可分为：顶层钢筋、中层钢筋、底层钢筋。

框架柱中的钢筋按所处的位置不同中柱、边柱和角柱三种，如图 3-7 所示。

柱纵筋连接方式包括绑扎搭接、机械连接和焊接连接。柱箍筋按钢筋级别、直径、间距注写，当为抗震时用斜线“/”区分柱端箍筋加密区与柱身非加密区内箍筋不同间距。如柱全高为一种间距时则不用“/”；圆柱采用螺旋箍筋时需在箍筋前加“L”。

抗震框架柱纵向钢筋连接构造如图 3-8 所示。

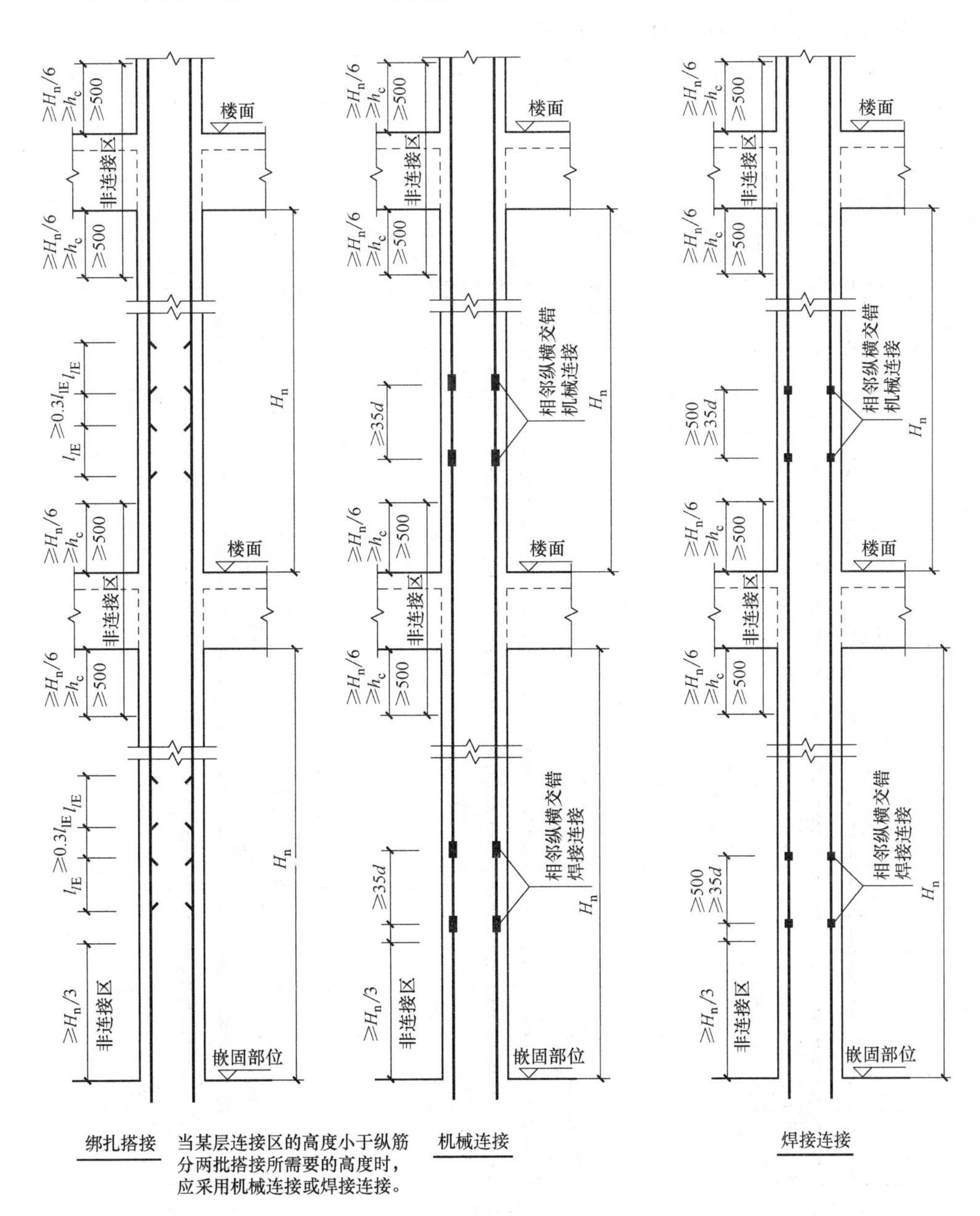

图 3-8　抗震 KZ 纵向钢筋连接构造

注：

1. 柱相邻纵向钢筋连接接头要相互错开。在同一截面内钢筋接头面积百分率不应大于 50%。

2. 框架柱纵向钢筋直径 $d>28$ 时，以及偏心受拉柱内的纵筋，不宜采用绑扎搭接接头。设计者应在柱平法结构施工图中注明偏心受拉柱的平面位置及所在层数。

3. 机械连接和焊接接头的类型及质量应符合国家现行有关标准的规定。

4. 图中 h_c为柱截面长边尺寸（圆柱为截面直径），H_n为所在楼层的柱净高。

3.3.2 钢筋工程量计算的简化

实际工程中的计算，我们在预算中不考虑主筋错层搭接的问题，因为对钢筋总量没有影响。只在计算箍筋加密区长度时考虑错层搭接。简化模型如图 3-9 所示。

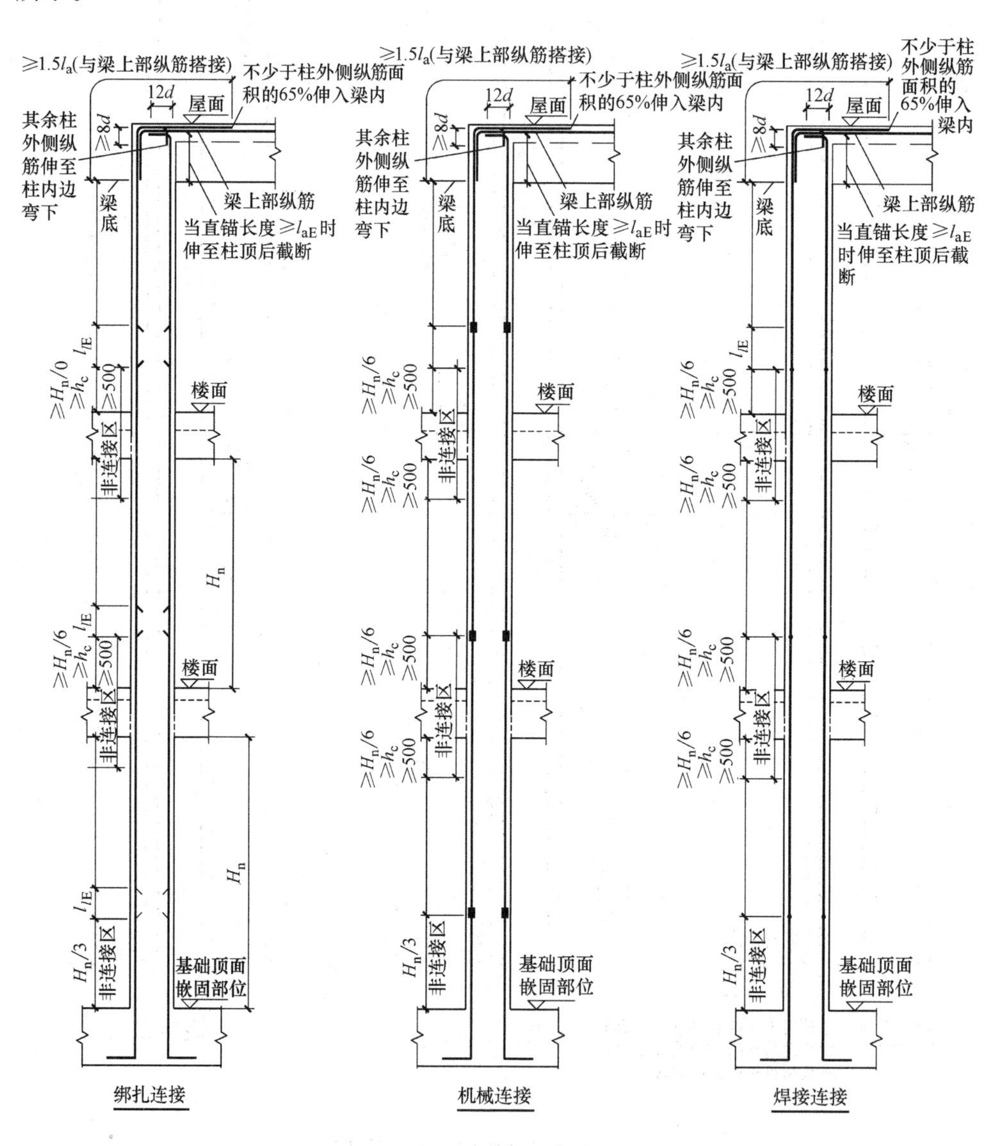

图 3-9 柱纵筋计算模型的简化

3.3.3 框架柱（KZ）纵筋工程量计算

框架柱要计算的钢筋工程量主要为两种类型的钢筋——纵筋和箍筋。

框架柱要计算的主要钢筋种类如图 3-10 所示。

3.3.4 框架柱（KZ）纵筋

（1）基础插筋

当基础高度 $1200>h_j\geqslant l_{aE}$（大偏心受压为 1400）时，如图 3-11 所示。基础插筋竖直长度伸至基础底板或筏形底部（中部）钢筋网上，水平弯折长度取 max［6d，150mm］；当基础高度 $h_j<l_{aE}$且$\geqslant$ max［0.6l_{aE}，20d］时，基础插筋竖直长度伸至基础底板或筏形底部（中部）钢筋网上，水平弯折长度取 max［6d，150mm］。

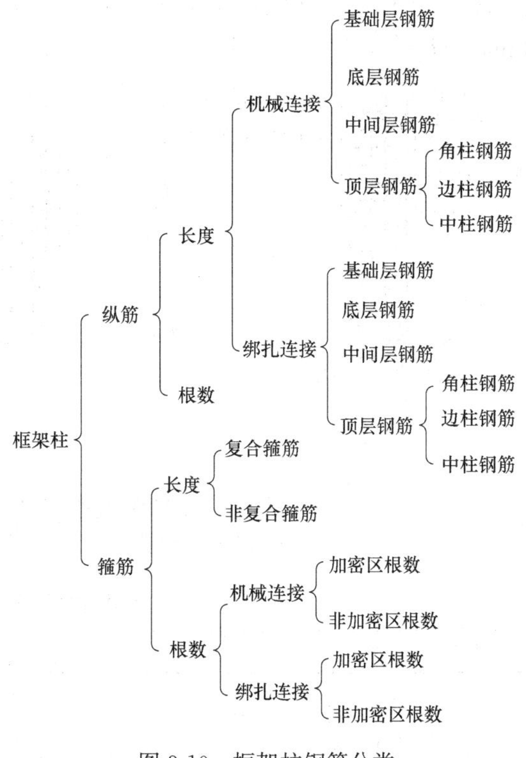

图 3-10　框架柱钢筋分类

当柱为轴心受压或小偏心受压，独立基础与条形基础高度 $h_j\geqslant 1200$mm（大偏心受压为 1400）时，可仅将柱四角纵筋伸至基础底板钢筋网上，其他纵筋锚固在基础顶面下 l_{aE}即可。

当筏形基础中部有双向钢筋网，且顶部至中部钢筋网高度满足上述高度值，也可将柱四角纵筋伸至筏形基础中部钢筋网上，其他纵筋锚固在基础顶面下 l_{aE}。

框架柱纵筋有绑扎搭接、机械连接、焊接连接三种连接方式。柱相邻纵向钢筋连接接头相互错开，在同一连接区段内钢筋接头面积百分率不宜大于 50%，受压钢筋直径>28mm 时不宜采用绑扎搭接。h_c为柱截面长边尺寸（圆柱为截面直径）。l_{lE}为纵向受拉钢筋抗震搭接长度，具体取值见 16G101 图集。

柱插筋采用绑扎连接时，纵向钢筋接头中心错开间距为不小于 1.3 倍的 l_{lE}搭接长度；柱插筋采用机械连接时，纵向钢筋接头错开间距$\geqslant$35d；柱插筋采用焊接连接时，纵向钢筋接头错开间距$\geqslant$max［500mm，35d］。由于接头错开间距不影响钢筋计算的总工程量，当计算钢筋总工程量时可不考虑错层搭接问题（图 3-11）。

基础插筋长度计算公式：

基础插筋长度＝弯折长度 a＋竖直长度 h_1＋基础插筋露出长度

计算公式取值见表 3-3。

（2）地下室柱纵筋计算

对于地下室层柱的非连接区，当基础顶面为嵌固部位时，柱纵筋于基础顶面的非连接区长度为（$H_{n1}/3$）＋l_{lE}；当基础顶面非嵌固部位时，柱纵筋于基础顶面的非连接区长度为 max［$H_{n1}/6$，h_c，500］＋l_{lE}。

对于上层柱的非连接区，当上层结构为嵌固部位时，柱纵筋的非连接区长度

为 $(H_{n2}/3)+l_{lE}$；当上层结构非嵌固部位时，柱纵筋于上层结构的非连接区长度为 $\max[H_{n2}/6，h_c，500]+l_{lE}$。

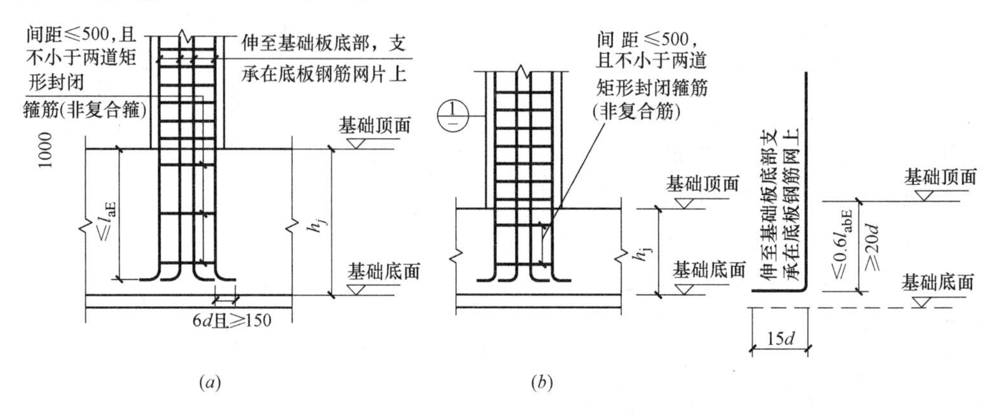

图 3-11　柱插筋在基础平板中的锚固示意图

（a）基础高度满足直锚；（b）基础高度不满足直锚

基础插筋取值表　　**表 3-3**

计算部位	类型	长度	判断条件
弯折长度(a)	独立基础 筏板基础	max[6d,150]	基础高度≥1200 的角筋
		0	基础高度≥1200 的中部筋
		max[6d,150]	基础高度 $1200>h_j\geq l_{aE}$
		15d	基础高度 $h_j<l_{aE}$，且 $h_1\geq(0.6l_{abE},20d)$
竖直长度(h_1)	独立基础 筏板基础	h_j-c	基础高度≥1200 的角筋
		l_{aE}	基础高度≥1200 的中部筋
	独立基础	h_j-c	基础高度 $1200>h_j\geq l_{aE}$
	筏板基础	h_j-c	无中间层钢筋网片，且 $1200>h_j\geq l_{aE}$
		$0.5h_j$	有中间层钢筋网片，且 $1200>0.5h_j\geq l_{aE}$
基础插筋露出长度	机械连接 焊接连接	$\max[H_n/6,h_c,500]$	嵌固部位不在基础顶面
		$H_n/3$	嵌固部位在基础顶面
	绑扎连接	$\max[H_n/6,h_c,500]+l_{lE}$	嵌固部位不在基础顶面
		$H_n/3+l_{lE}$	嵌固部位在基础顶面

注：h_c 为柱截面长边尺寸（圆柱为截面直径）；H_n 为当前楼层柱净高。

地下室柱纵筋构造如图 3-12 所示。

结构的嵌固部位应在图纸的层高表中注明：嵌固部位在基础顶面时，无需注明；嵌固部位不在基础顶面时，用双细线注明；嵌固部位不在地下室顶板，但需考虑实际存在的嵌固作用时，用双虚线注明。

地下室纵筋计算公式：

地下室纵筋长度＝地下室层高－本层非连接区＋上层非连接区

计算公式取值见表 3-4。

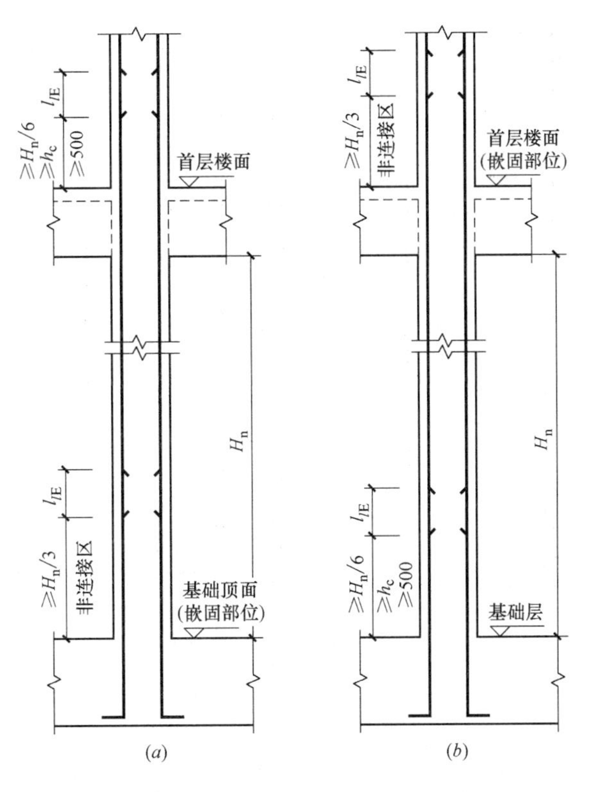

图 3-12　地下室柱纵筋构造

(a) 嵌固部位在基础顶面；(b) 嵌固部位在首层

地下室层纵筋取值表　　表 3-4

计算部位	类型	长度	判断条件
本层非连接区	机械连接、焊接连接	$\max[H_{n1}/6, h_c, 500]$	嵌固部位不在基础顶面
		$H_{n1}/3$	嵌固部位在基础顶面
	绑扎连接	$\max[H_{n1}/6, h_c, 500]+l_{lE}$	嵌固部位不在基础顶面
		$H_{n1}/3+l_{lE}$	嵌固部位在基础顶面
上层非连接区	机械连接、焊接连接	$\max[H_{n2}/6, h_c, 500]$	上部结构非嵌固部位
		$H_{n2}/3$	上部结构为嵌固部位
	绑扎连接	$\max[H_{n2}/6, h_c, 500]+l_{lE}$	上部结构非嵌固部位
		$H_{n2}/3+l_{lE}$	上部结构为嵌固部位

注：h_c为柱截面长边尺寸（圆柱为截面直径）；H_{n1}为当前楼层柱净高；H_{n2}为上层楼层的柱净高。

(3) 首层柱纵筋计算

首层柱纵筋构造如图 3-13 所示。

首层纵筋计算公式：

首层纵筋长度＝首层层高－本层非连接区＋上层非连接区

计算公式取值见表 3-5。

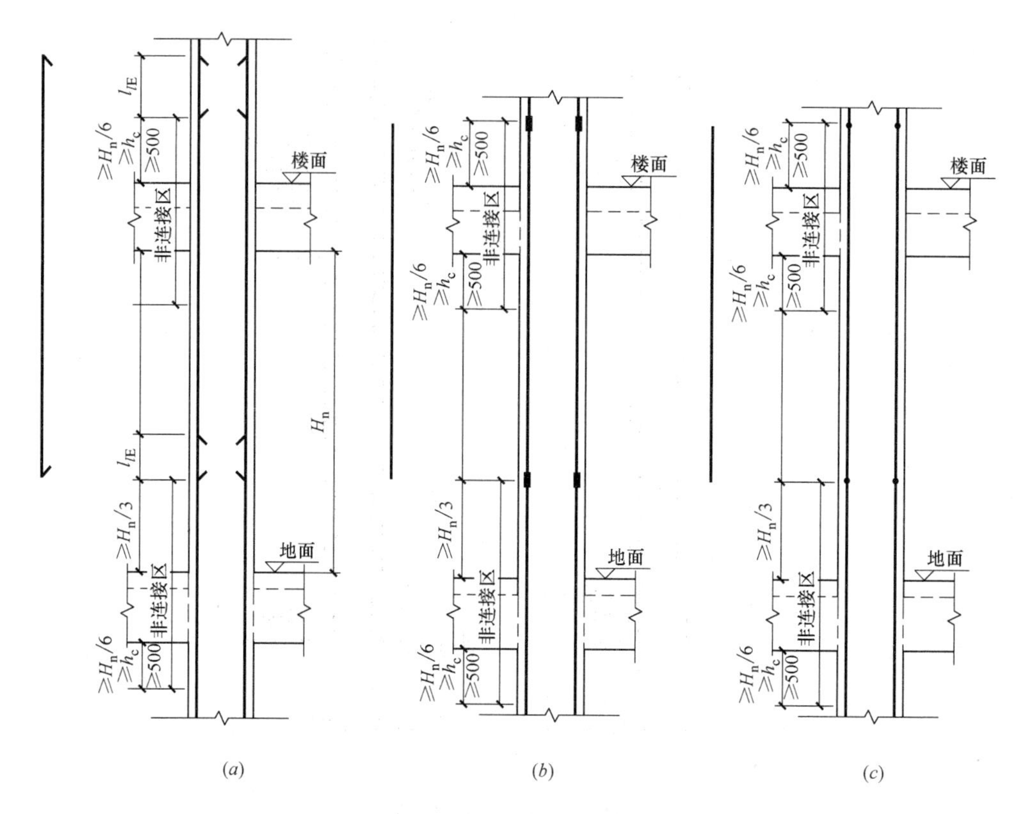

图 3-13　首层柱纵筋构造示意图

(a) 绑扎连接；(b) 机械连接；(c) 焊接连接

首层纵筋取值表　　**表 3-5**

计算部位	类型	长度	判断条件
本层非连接区	机械连接、焊接连接	$\max[H_{n1}/6, h_c, 500]$	嵌固部位不在首层楼面
		$H_{n1}/3$	嵌固部位在首层楼面
	绑扎连接	$\max[H_{n1}/6, h_c, 500]+l_{lE}$	嵌固部位不在首层楼面
		$H_{n1}/3+l_{lE}$	嵌固部位在首层楼面
上层非连接区	机械连接、焊接连接	$\max[H_{n2}/6, h_c, 500]$	
	绑扎连接	$\max[H_{n2}/6, h_c, 500]+l_{lE}$	

注：表中 h_c 为柱截面长边尺寸（圆柱为截面直径）；H_{n1} 为当前楼层柱净高；H_{n2} 为上层楼层的柱净高。

(4) 中间层柱纵筋长度

中间层柱纵筋构造如图 3-14 所示。

中间层钢筋计算公式：

中间层纵筋长度＝中间层层高－本层非连接区＋上层非连接区

计算公式取值见表 3-6。

(5) 顶层柱纵筋长度

顶层钢筋根据所弯的方向不同，分为向梁筋（就近弯向梁的一侧）、向边筋

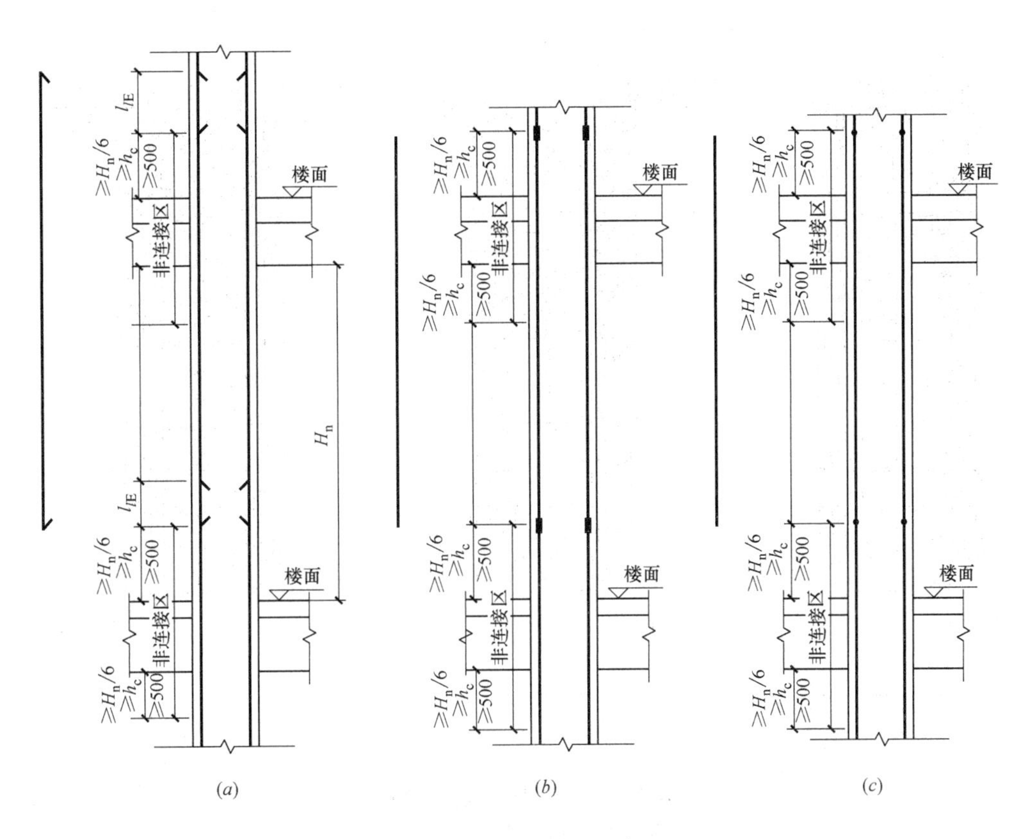

图 3-14 中间层纵筋示意图

(a) 绑扎连接；(b) 机械连接；(c) 焊接连接

(弯向远离的对边那一侧)、远梁筋（弯向远离的那一侧的梁)。位于柱角处的向梁筋，称为角部向梁筋，位于非角部的向梁筋，称为中部向梁筋。

中间层纵筋取值表 **表 3-6**

计算部位	类型	长度	判断条件
本层非连接区	机械连接、焊接连接	$\max[H_{n1}/6, h_c, 500]$	非连接区均为 $\max[H_n/6, h_c, 500]$
	绑扎连接	$\max[H_{n1}/6, h_c, 500]+l_{lE}$	
上层非连接区	机械连接、焊接连接	$\max[H_{n2}/6, h_c, 500]$	
	绑扎连接	$\max[H_{n2}/6, h_c, 500]+l_{lE}$	

注：表中 h_c 为柱截面长边尺寸（圆柱为截面直径）；H_{n1} 为当前楼层柱净高；H_{n2} 为上层楼层的柱净高。

1) 顶层边柱和边柱

框架顶层端节点处，可将柱外侧纵向钢筋的相应部分弯入梁内作梁上部钢筋使用，如图 3-15 所示，从梁底算起 $1.5l_{abE}$ 超过柱内侧边缘；其中，伸入梁内的外侧纵向钢筋截面面积不宜小于外侧纵向钢筋全部截面面积的 65%。梁宽范围以外的柱外侧纵向钢筋宜沿节点顶部伸至柱内边，并向下弯折不小于 $8d$ 后截断；当柱纵向钢筋位于柱顶第二层时，可不向下弯折。

顶层柱主筋构造示意图如图 3-15 所示。顶层边柱主筋构造如图 3-16 所示。

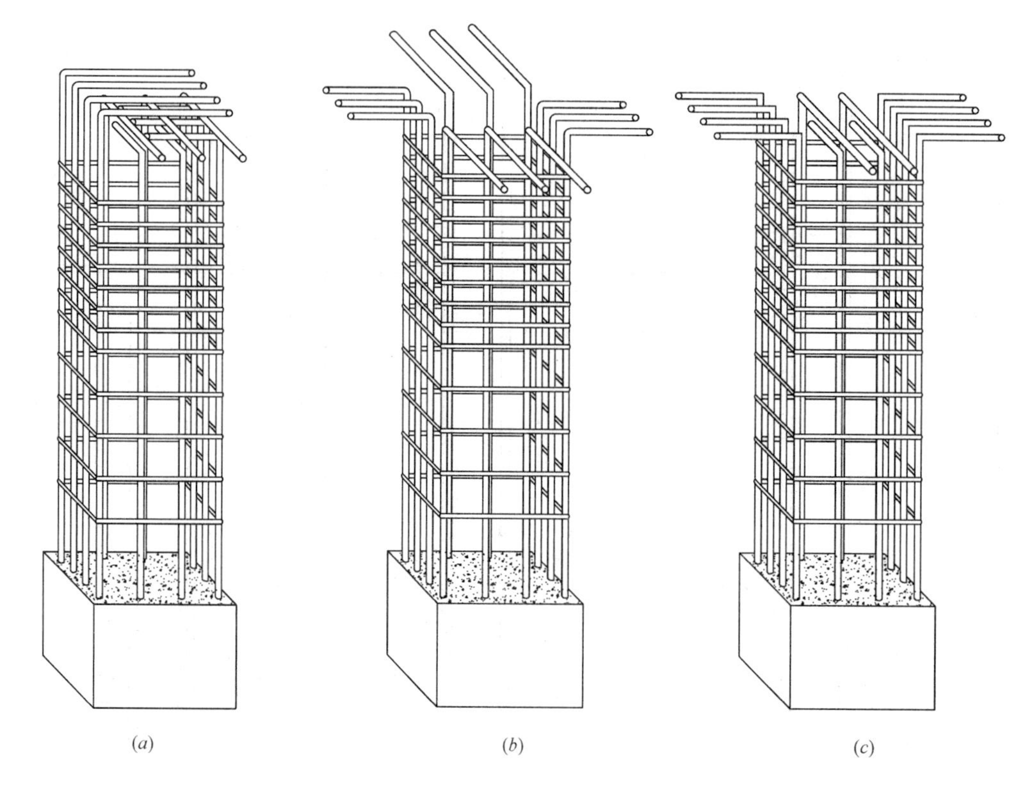

图 3-15　顶层柱主筋实际构造

（a）角柱；（b）中柱；（c）边柱

顶层角柱纵筋计算公式：

① 纵筋长度＝顶层层高－顶层楼面距接头距离－梁高＋1.5l_{abE}

② 纵筋长度＝顶层层高－顶层楼面距接头距离－保护层厚度＋柱宽－2×保护层厚度＋8d

③ 纵筋长度＝顶层层高－顶层楼面距接头距离－保护层厚度＋柱宽－2×保护层厚度

④ 纵筋长度＝顶层层高－顶层楼面距接头距离－保护层厚度＋12d

⑤ 纵筋长度＝顶层层高－顶层楼面距接头距离－保护层厚度（梁高≥l_{aE}）

式中：

l_{abE}、l_{aE}取值见 16G101 图集中相关规定。

顶层楼面距接头距离：① 当为绑扎搭接时：非连接区 max（$H_n/6$，h_c，50)＋搭接长度 l_{lE}

② 当为机械连接时：非连接区 max（$H_n/6$，h_c，500）

③ 当为焊接连接时：非连接区 max（$H_n/6$，h_c，500）

边柱与角柱的纵筋区别：

比角柱多一面①号筋；比角柱多一面②号筋；剩余的全是④号筋。

2）顶层中柱

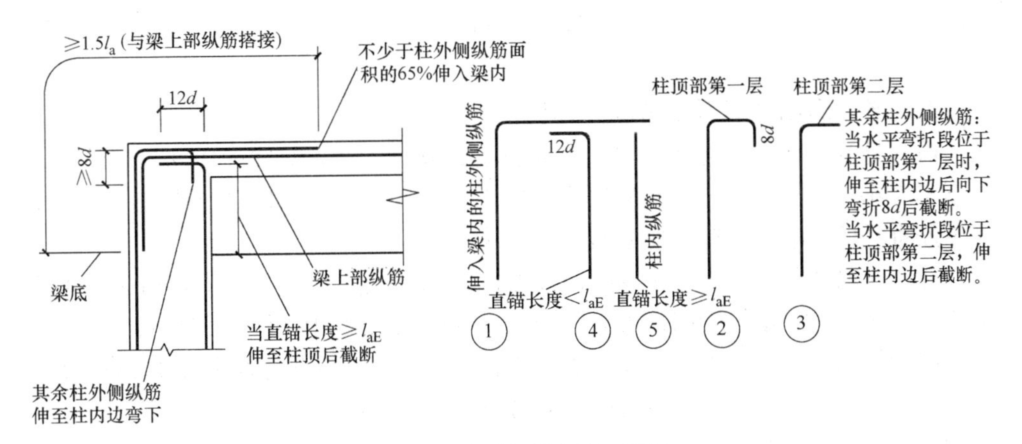

图 3-16　顶层主筋构造示意图

顶层中柱纵向钢筋的锚固，应符合下列规定：

当顶层节点处，梁的高度≥l_{aE}时，顶层中柱纵向钢筋可用直线方式锚入顶层节点，且柱纵向钢筋必须伸至柱顶。顶层中柱主筋构造如图 3-17（*d*）所示。

当顶层节点处，0.5l_{abE}≤梁的高度<l_{aE}时，柱纵向钢筋应伸至柱顶并向节点内水平弯折 12d，如图 3-17（*a*）所示；当顶层节点处，0.5l_{abE}≤梁的高度<l_{aE}，且柱顶有板厚≥100mm 的现浇板时，柱纵向钢筋也可向外弯折 12d，如图 3-17（*b*）所示。

当顶层节点处，0.5l_{abE}≤梁的高度<l_{aE}时，顶层中柱纵向钢筋可在端头加锚头，顶层中柱主筋构造如图 3-17（*d*）所示。

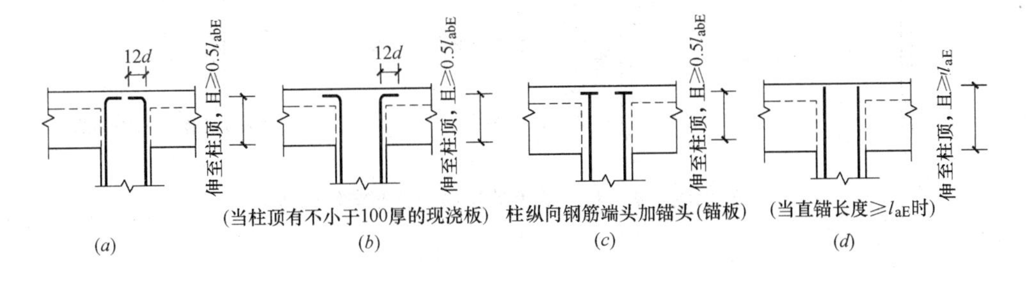

图 3-17　顶层中柱柱筋构造

当 0.5l_{abE}≤梁的高度<l_{aE}，顶层中柱纵筋计算公式：

纵筋长度＝顶层层高－顶层楼面距接头距离－保护层厚度＋12d

当梁的高度≥l_{aE}，顶层中柱纵筋计算公式：

纵筋长度＝顶层层高－顶层楼面距接头距离－保护层厚度

式中　l_{abE}、l_{aE}——取值查询 16G101 图集相关表格。

顶层楼面距接头距离：①当为绑扎搭接时：非连接区 max（H_n/6，h_c，500)＋搭接长度 l_{lE}

②当为机械连接时：非连接区 max（H_n/6，h_c，500）

③当为焊接连接时：非连接区 max（$H_n/6$，h_c，500）

3.3.5 箍筋计算及其相关知识

（1）柱及其他受压构件中的周边箍筋应做成封闭式；对圆柱中的箍筋，搭接长度不应小于锚固长度 l_a，且末端应做成 135°弯钩，弯钩末段平直段长度不应小于箍筋直径的 5 倍，弯钩长度见图 3-18。

（2）箍筋间距不应大于 400mm 及构件截面的短边尺寸，在绑扎的骨架中不应大于 15d（d 为纵向受力钢筋的最小直径），在焊接的骨架中不应大于 20d。

（3）箍筋直径不应小于 $d/4$，且不应小于 6mm（d 为纵向钢筋的最大直径）。

（4）当柱中全部纵向受力钢筋的配筋率大于 2%时，箍筋直径不应小于 8mm，间距不应大于纵向受力钢筋最小直径的 10 倍；且不应大于 200mm；箍筋末端应做成 135°弯钩且弯钩末端平直段长度不应小于箍筋直径的 10 倍；箍筋也可焊成封闭环式。

（5）当柱截面短边尺寸大于 400mm 且各边纵向钢筋多于 3 根时，或当柱截面短边尺寸不大于 400mm，但各边纵向钢筋多于 4 根时，应设置复合箍筋，如图 3-18、图 3-19 所示。

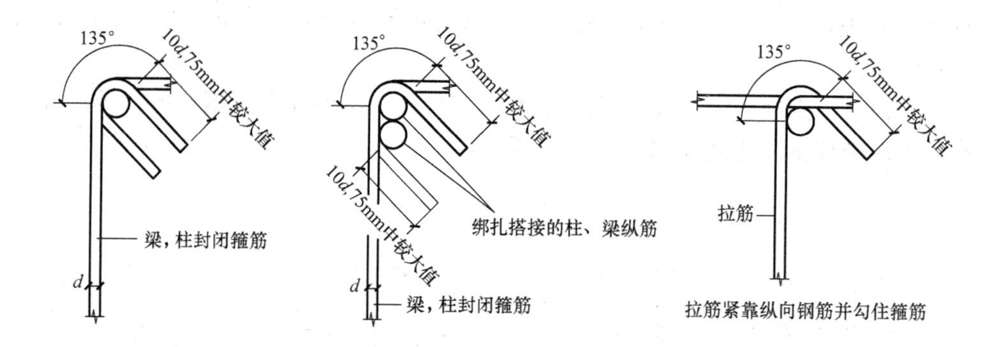

图 3-18　梁、柱、剪力墙箍筋和拉筋弯钩构造

3.3.6 非复合筋长度计算

各种非复合筋计算如下（图 3-19）：

1 号图一字形箍筋长：

$L=a+2\times$弯钩长$+d$

2 号图矩形箍筋长：

$L=2\times(a+b)+2\times$弯钩长$+4d$

3 号图圆形箍筋长：

$L=3.1416\times a+2\times$弯钩长$+b$

4 号图平行四边形箍筋长：

$L=2\times\sqrt{a^2+b^2}+2\times$弯钩长$+4d$

5 号图六边形箍筋长：

$L=2\times a+2\times\sqrt{(c-a)^2+b^2}+2\times$弯钩长$+6d$

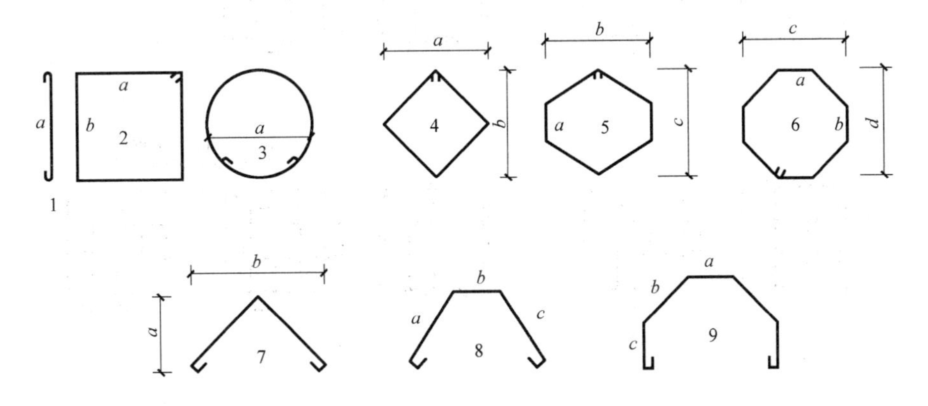

图 3-19　非复合筋示意图

6 号图八边形箍筋长：

$L=2\times(a+b)+2\times\sqrt{(c-a)^2+(d-b)^2}+2\times$弯钩长$+8d$

7 号图转角形箍筋长：

$L=2\times\sqrt{a^2+b^2}+2\times$弯钩长$+3d$

8 号图八字形箍筋长：

$L=a+b+c+2\times$弯钩长$+4d$

9 号图门字形箍筋长：

$L=a+2\times(b+c)+2\times$弯钩长$+6d$

3.3.7　复合箍筋长度计算

柱中箍筋的示意图如图 3-20 所示。

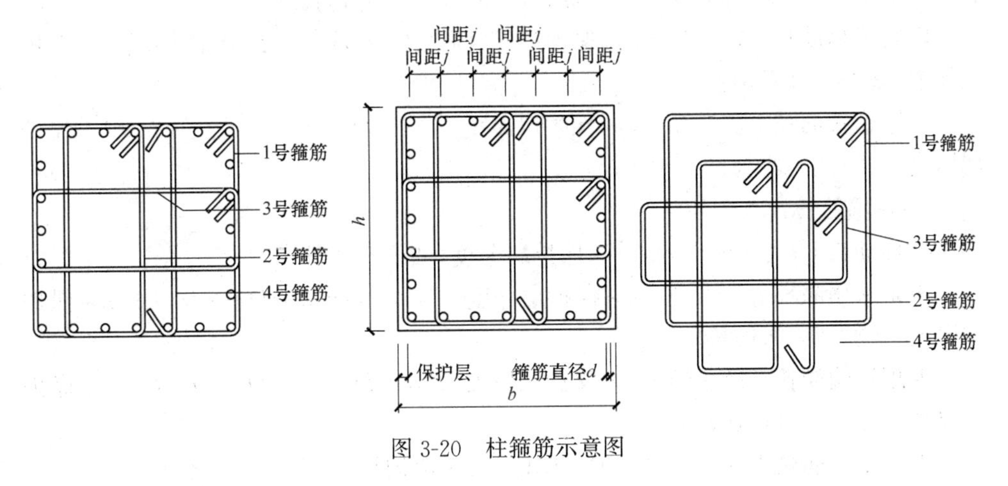

图 3-20　柱箍筋示意图

其他矩形箍筋复合形式如图 3-21 所示。

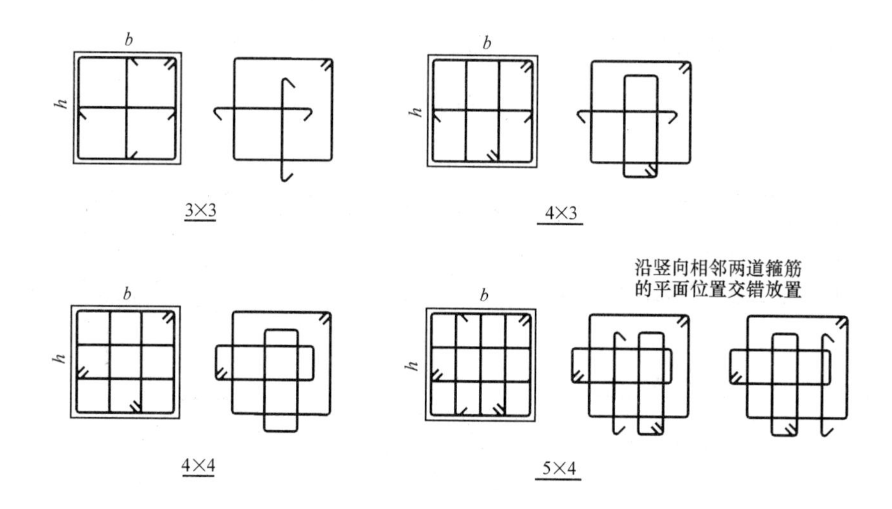

图 3-21 矩形复合筋构造示意图

3×3 箍筋长：

外箍筋长 L=2×(b+h)−8×保护层厚度+2×弯钩长

内一字箍筋长=(h−2×保护层厚度+2×弯钩长)+(b−2×保护层厚度+2×弯钩长)

一个弯钩长：max[10d，75mm]+1.9d

4×3 箍筋长：

外箍筋长 L=2×(b+h)−8×保护层厚度+2×弯钩长

内矩形箍筋长 L=[(b−2×保护层厚度−2d−D)÷3+D+2d+h−2×保护层厚度]×2+2×弯钩长

内一字箍筋长 L=b−2×保护层厚度+2×弯钩长

4×4 箍筋长：

外箍筋长 L=2×(b+h)−8×保护层厚度+2×弯钩长

内矩形箍筋长 $L1$=[(b−2×保护层厚度−2d−D)÷3+D+2d+h−2×保护层厚度]×2+2×弯钩长

内矩形箍筋长 $L2$=[(h−2×保护层厚度−2d−D)÷3+D+2d+h−2×保护层厚度]×2+2×弯钩长

5×4 箍筋长：

外箍筋长 L=2×(b+h)−8×保护层厚度+2×弯钩长

内矩形箍筋长 $L1$=[(b−2×保护层厚度−2d−D)÷3+D+2d+h−2×保护层厚度]×2+2×弯钩长

内矩形箍筋长 $L2$=[(h−2×保护层厚度−2d−D)÷4+D+2d+h−2×保护层厚度]×2+2×弯钩长

内一字箍筋长 L=b−2×保护层厚度+2×弯钩长

更多矩形箍筋复合形式如图 3-22 所示。

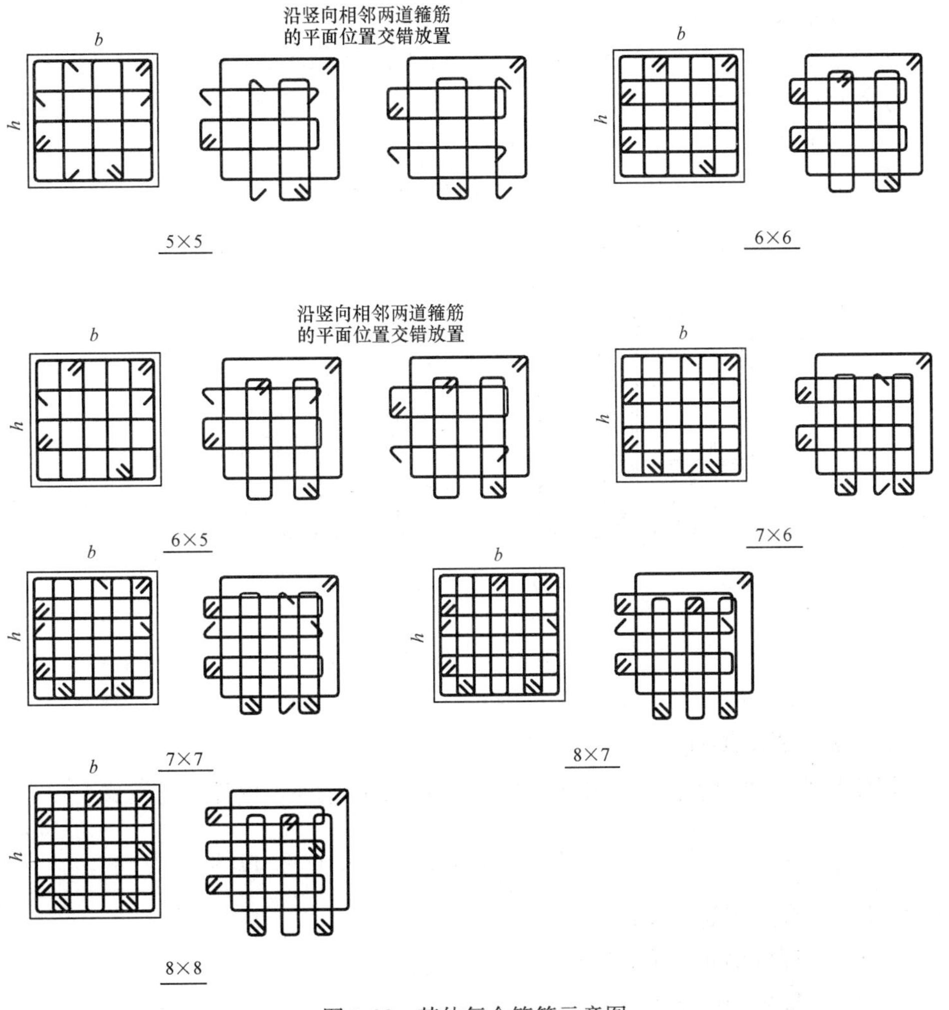

图 3-22 其他复合箍筋示意图

【例 3-4】 试计算如图 3-23 所示的一根复合箍筋的长度。柱截面 600mm×600mm，混凝土强度等级为 C25，环境类别为：一类环境，纵筋为 24 Φ 25，箍筋为Φ 12@200。

解：

1）单根箍筋长度

1 号箍筋长度＝（b＋h）×2－保护层厚度×8＋1.9d×2＋max（10d，75mm）×2

1 号箍筋长度＝(600＋600)×2－20×8＋1.9×12×2＋20×12＝2525.6mm

2 号箍筋长度＝[(b－保护层厚度×2－2d－D)/6×2＋D＋2d] ×2＋（h－保护层厚度×2)×2＋1.9d×2＋max（10d，75mm)×2

2 号箍筋长度＝[(600－20×2－2×12－25)/6×2＋25＋2×12]×2＋(h－20×2)×2＋1.9×12×2＋20×12＝439＋1120＋96＋45.6＋240＝1844.6mm

因为 b=h，所有 3 号箍筋长度同 2 号箍筋。

3 号箍筋长度＝1844.6mm

4 号箍筋长度＝(h－保护层厚度×2)＋1.9d×2＋max(10d,75mm)×2

4 号箍筋长度＝(600－20×2)＋1.9×12×2＋20×12＝845.6mm

2）箍筋总长度：

2525.6＋1844.6＋1844.6＋845.6＝7060.4mm

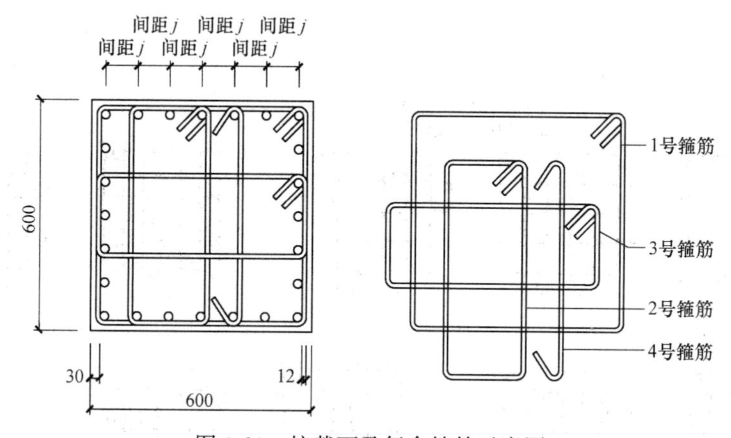

图 3-23　柱截面及复合箍筋示意图

3.3.8　螺旋箍筋

螺旋箍筋主要用于桩、圆柱等（图 3-24）。螺旋钢筋长度计算见下式：

$$L=\sqrt{H^2+\left(\pi D\times\frac{H}{a}\right)^2}+\max(l_{aE},300\text{mm})+11.9d\times 2$$

式中 L——螺旋钢筋长度；

H——螺旋钢筋铅垂高度；

D——螺旋钢筋水平投影直径；

a——螺旋钢筋间距；

l_{aE}——受拉钢筋抗震锚固长度。

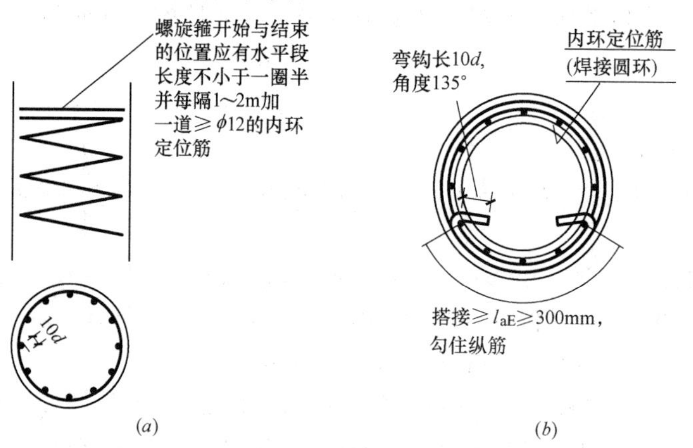

图 3-24　螺旋箍筋构造示意图

（a）端部构造；（b）搭接构造

【例 3-5】 如图 3-25 所示，柱混凝土强度等级为 C30，抗震等级二级，圆柱直径为 600mm，柱保护层厚度为 20mm，螺旋钢筋铅垂高度 $H=5.5$m，螺旋钢筋直径为 8mm，螺旋钢筋间距 $a=200$mm，计算该圆柱螺旋箍筋总长度。

解： 螺旋钢筋水平投影直径 $D=600-20\times2=560\text{mm}=0.560\text{m}$

$$L=\sqrt{5.50^2+\left(\pi\times0.56\times\left(\frac{5.50}{0.20}\right)\right)^2}+35\times0.008+11.9\times2\times0.008=50.01\text{m}$$

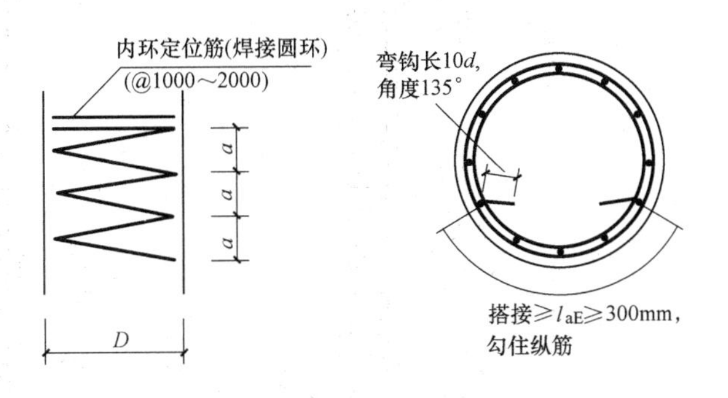

图 3-25　螺旋箍筋详图

3.3.9　箍筋加密区

箍筋加密区范围如图 3-26 所示。

(1) 首层柱或地下室层箍筋范围

1) 首柱或地下室层箍筋范围的加密区有三个非连接区及刚性地面加密区：

① 下部的箍筋加密区长度，当基础顶面为嵌固部位时，连接区长度为 $H_n/3$；当嵌固部位不在基础顶面时，连接区长度为 $\max[H_n/6，h_c，500]$；

② 在梁下加密区范围取 $\max[H_n/6，h_c，500]$；

③ 梁节点范围内加密；

④ 刚性地面加密，当柱底部存在刚性地面时，刚性地面及上下 500mm 范围内需进行加密。刚性层地面与首层其他箍筋加密区的关系有三种情况。

A. 刚性地面在非连接区以外时，刚性地面加密区单独计算。

B. 非连接区完全覆盖刚性地面区域，按非连接区箍筋加密计算。

C. 非连接区与刚性地面部分重叠，根据重叠后的数值计算箍筋根数。

2) 首层柱或地下室层箍筋范围的非加密区：

非加密区长度=层高-加密区总长度

(2) 首层以上柱箍筋范围

首层以上柱箍筋加密区范围如下：

① 上、下部的箍筋加密区长度均取 $\max[H_n/6，h_c，500]$；

② 梁节点范围内加密；

③ 如果该柱采用绑扎搭接，搭接接头百分率为 50%时，则搭接连接范围

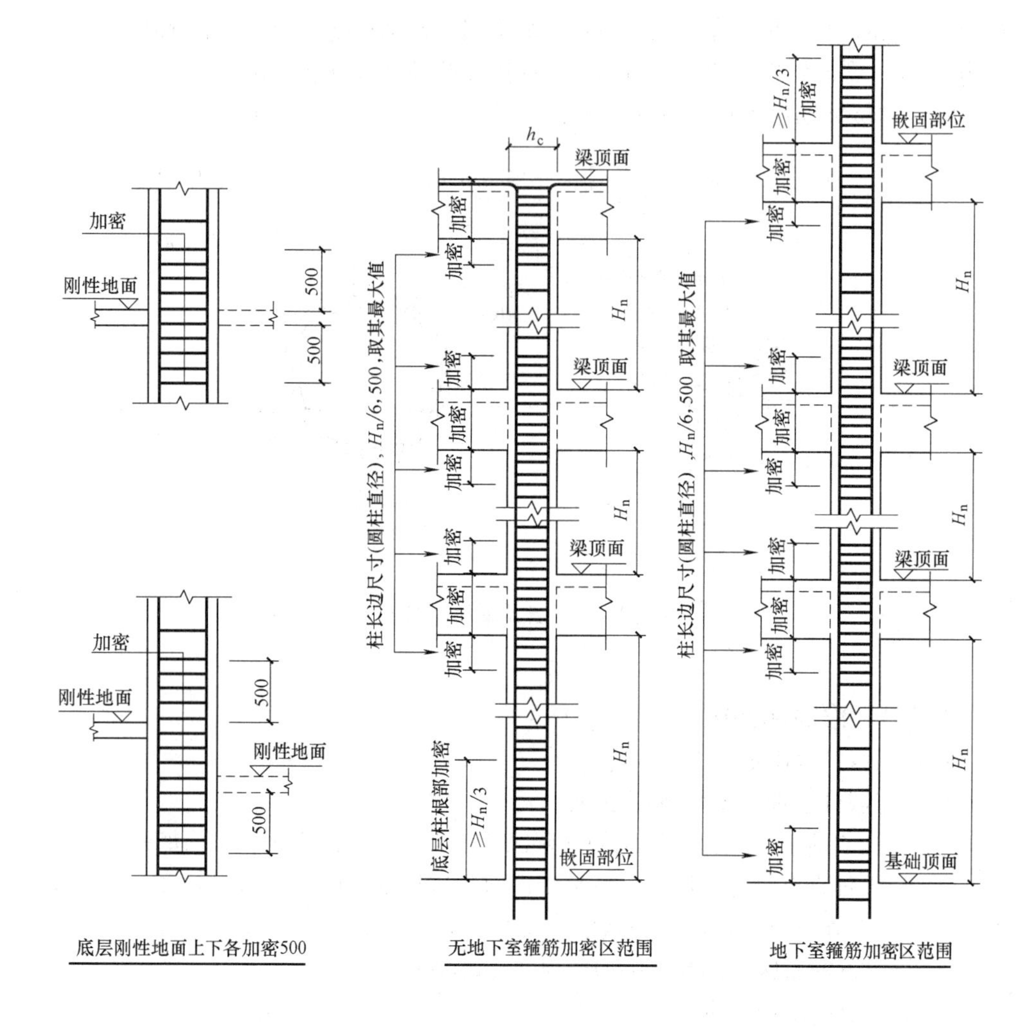

图 3-26 柱箍筋加密区示意图

注：

1. 除具体工程设计注有全高加密箍筋的柱之外，一至四级抗震等级的柱箍筋按本图所示加密区范围加密。

2. 搭接区内箍筋直径不小于 $d/4$（d 为搭接钢筋最大直径），间距不应小于 100 及 $5d$（d 为搭接钢筋最小直径）。

3. 本图所含的柱箍筋加密区范围及构造适用于抗震框架柱、剪力墙上柱和梁上柱。图中梁顶标高亦为剪力墙上柱根部位置的墙顶标高。

4. H_n为所在楼层的柱净高。

2.3l_{lE}内需箍筋加密，加密间距为 min[5d，100mm]

（3）箍筋根数

地下室一层或首层箍筋根数计算公式：

$$箍筋根数=\frac{柱下部箍筋加密区长度}{加密间距}+\frac{梁下加密区长度}{加密间距}+$$

$$\frac{\text{节点梁高}}{\text{加密间距}}+\frac{\text{非加密区}}{\text{非加密间距}}+1$$

式中：柱下部箍筋加密长度如为绑扎搭接时，在 $H_n/3$（基础顶面为嵌固部位）的基础上或 $\max[H_n/6,\ h_c,\ 500]$=（基础顶面非嵌固部位）基础上增加 $2.3l_{lE}$ 的长度。

【例 3-6】 如图 3-27、图 3-28 所示有一层地下室的框架结构。三级抗震等级，梁板柱采用 C25 混凝土，纵向钢筋为普通 HRB335 级钢，纵筋直径 25mm，层高 4.5m，柱截尺寸为 750mm×750mm；梁高为 700mm，直径为 25mm，现求各层箍筋的根数。

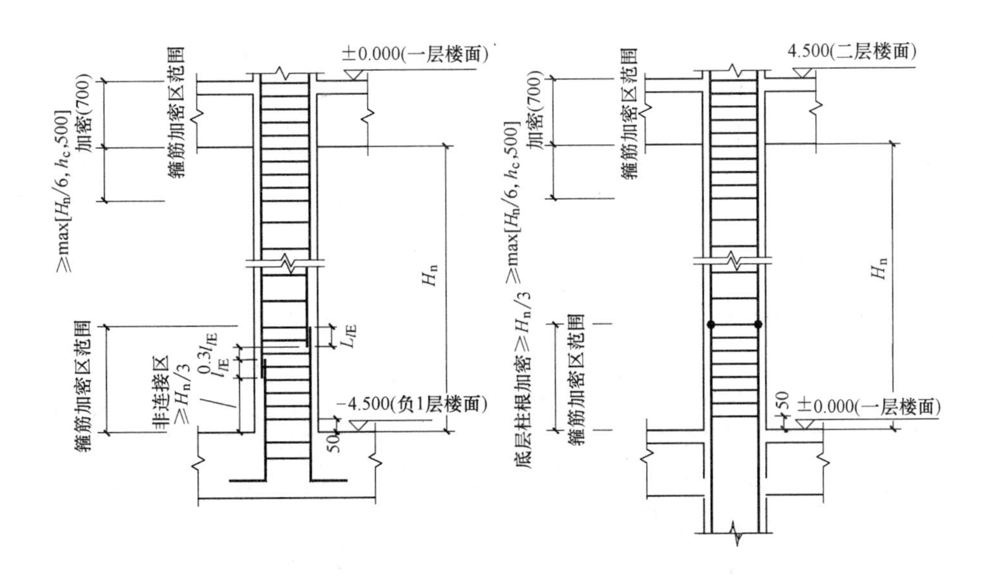

图 3-27　地下室和一层柱示意图

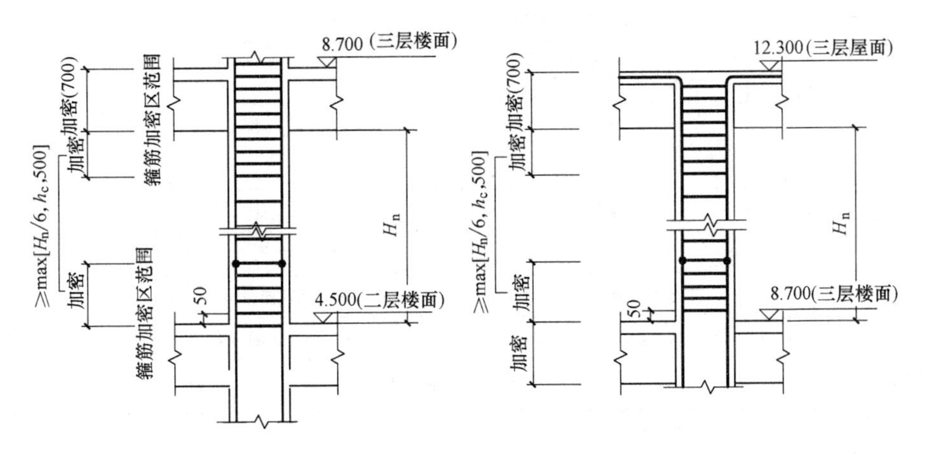

图 3-28　二层和三层柱示意图

1）负一层钢筋计算判断见表 3-7。

负一层箍筋根数计算表 **表 3-7**

<table>
<tr><td colspan="5">按绑扎连接计算</td></tr>
<tr><td>加密部位</td><td>加密范围</td><td>加密长度</td><td>加密长度合计</td><td>加密判断</td></tr>
<tr><td>基础根部</td><td>$H_n/3$</td><td>(4500−700)/3=1267</td><td rowspan="3">1267+2415+1450=5132</td><td rowspan="3">因 5132>4500，所以采取全高加密</td></tr>
<tr><td>搭接范围</td><td>$2.3\times42d$</td><td>2.3×42×25=2415</td></tr>
<tr><td>梁下部位+梁高范围</td><td>max[H_n/6，h_c，500]+梁高</td><td>750+700</td></tr>
<tr><td colspan="5">负一层钢筋根数计算</td></tr>
<tr><td>计算方法</td><td colspan="4">根数=负一层层高/加密区间距+1</td></tr>
<tr><td rowspan="2">计算过程</td><td>负一层层高</td><td>第一根钢筋距基础顶面的距离</td><td>加密间距</td><td>结果</td></tr>
<tr><td>4500</td><td>50</td><td>100</td><td>46</td></tr>
<tr><td>计算公式</td><td colspan="4">4500÷100+1=46</td></tr>
<tr><td>说明</td><td colspan="4">1、2、3、4 号箍筋均为 46 根</td></tr>
</table>

2）首层箍筋根数计算判断见表 3-8。

首层箍筋根数计算表 **表 3-8**

<table>
<tr><td colspan="5">按焊接连接计算</td></tr>
<tr><td>部位</td><td>是否加密</td><td>箍筋布置范围</td><td>计算公式</td><td>根数合计</td></tr>
<tr><td rowspan="3">首层根部</td><td rowspan="3">加密区</td><td>$H_n/3$</td><td>加密区长度/加密间距</td><td rowspan="13">13+8+7+9+1=38 根</td></tr>
<tr><td>3800/3</td><td rowspan="2">1267/100≈13 根</td></tr>
<tr><td>1267</td></tr>
<tr><td rowspan="4">梁下部位</td><td rowspan="4">加密区</td><td>max[H_n/6，h_c，500]</td><td>加密区长度/加密间距</td></tr>
<tr><td>max[750，3800/6，500]</td><td rowspan="3">750/100=7.5≈8 根</td></tr>
<tr><td>max[750，633，500]</td></tr>
<tr><td>750</td></tr>
<tr><td rowspan="2">梁高范围</td><td rowspan="2">加密区</td><td>梁高</td><td>梁高/加密间距</td></tr>
<tr><td>700</td><td>700/100=7 根</td></tr>
<tr><td rowspan="2">中间部位</td><td rowspan="2">非加密区</td><td>层高−加密区长度合计</td><td>非加密区长度/非加密间距</td></tr>
<tr><td>4500−1267−750−700=1783</td><td>1783/200≈9 根</td></tr>
<tr><td>说明</td><td colspan="4">1、2、3、4 号箍筋均为 38 根</td></tr>
</table>

3）2 层箍筋根数计算判断见表 3-9。

3 层箍筋根数计算判断见表 3-10。

2 层箍筋根数计算表 **表 3-9**

按焊接连接计算				
部位	是否加密	箍筋布置范围	计算公式	根数合计
2 层根部	加密区	max[H_n/6,h_c,500]	加密区长度/加密间距	8+8+7+10+1=34 根
		max[750,3500/6,500]	750/100≈8 根	
		max[750,583,500)		
		750		
梁下部位	加密区	max[H_n/6,h_c,500]	加密区长度/加密间距	
		max[750,3500/6,500]	750/100=7.5≈8 根	
		max[750,583,500)		
		750		
梁高范围	加密区	梁高	梁高/加密间距	
		700	700/100=7 根	
中间部位	非加密区	层高－加密区长度合计	非加密区长度/非加密间距	
		4200－750－750－700=2000	2000/200≈10 根	
说明	1、2、3、4 号箍筋均为 34 根			

3 层箍筋根数计算表 **表 3-10**

按焊接连接计算				
部位	是否加密	箍筋布置范围	计算公式	根数合计
3 层根部	加密区	max[H_n/6,h_c,500]	加密区长度/加密间距	8+8+7+7+1=31 根
		max[750,2900/6,500]	750/100≈8 根	
		max [750,483,500]		
		750		
梁下部位	加密区	max[H_n/6,h_c,500]	加密区长度/加密间距	
		max[H_n/6,h_c,500]	750/100=7.5≈8 根	
		max[750,483,500]		
		750		
梁高范围	加密区	梁高	梁高/加密间距	
		700	700/100=7	
中间部位	非加密区	层高－加密区长度合计	非加密区长度/非加密间距	
		3600－750－750－700=1400	1400/200=7 根	
说明	1、2、3、4 号箍筋均为 31 根			

3.4 纵向钢筋变化处理

3.4.1 上层柱钢筋比下层多

(1) 当位于中间层时，见图 3-29。

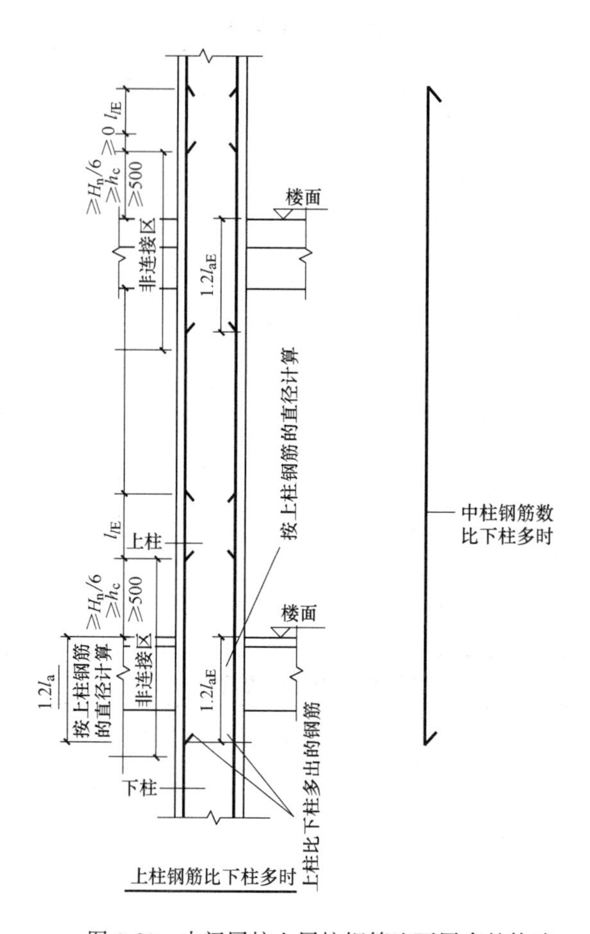

图 3-29　中间层柱上层柱钢筋比下层多的构造

纵筋长度：

上层纵筋长度＝1.2l_{aE}＋层高＋上层楼面距接头距离

其中，上层楼面距接头距离：①当为绑扎搭接时：非连接区 max[H_n/6，h_c，500]

搭接长度 l_{lE}

②当为机械连接时：非连接区 max[H_n/6，h_c，500]

③当为焊接连接时：非连接区 max[H_n/6，h_c，500]

（2）当位于顶层时

1）当位于顶层角柱或边柱时，见图 3-30 及图 3-31。

①纵筋长度＝1.2l_{aE}＋顶层层高－梁高＋1.5l_{abE}

l_{aE}、l_{abE}长度取值见 16G101 图集中相关规定。

②纵筋长度＝1.2l_{aE}＋顶层层高－保护层厚度＋柱宽－2×保护层厚度＋8d

③纵筋长度＝1.2l_{aE}＋顶层层高－保护层厚度＋柱宽－2×保护层厚度

④纵筋长度＝1.2l_{aE}＋顶层层高－保护层厚度＋柱宽＋12d

⑤纵筋长度＝1.2l_{aE}＋顶层层高－保护层厚度

图 3-31 中采用绑扎搭接，也可采用机械连接或对焊连接的形式。

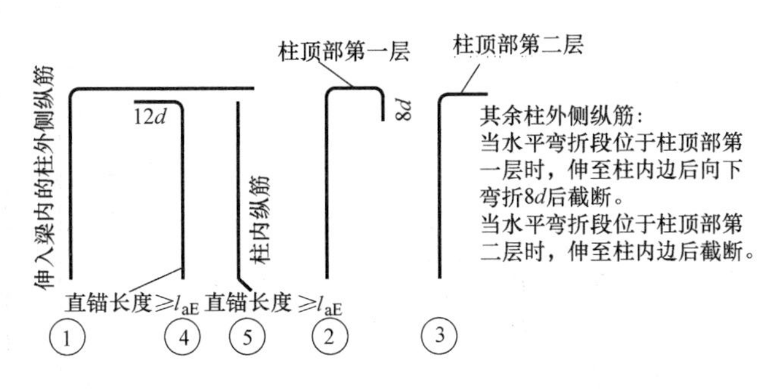

图 3-30　顶层角柱及边柱主筋构造

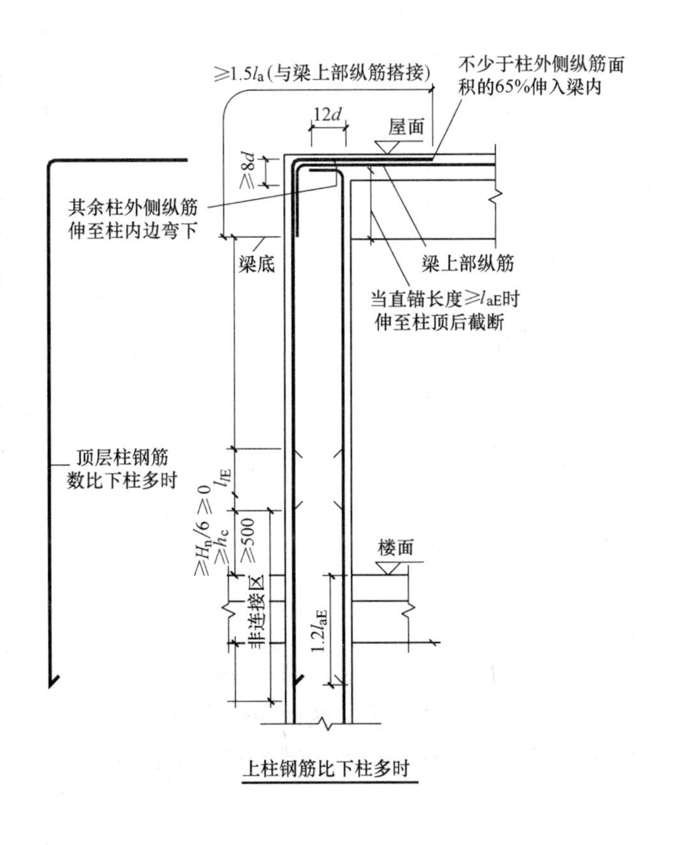

图 3-31　顶层角柱及边柱上层柱钢筋比下层多的构造

2）当位于顶层中柱时，见图 3-32。

顶层纵筋长度计算公式：

顶层纵筋长度＝$1.2l_{aE}$＋顶层层高－保护层厚度＋$12d$

3.4.2　上层柱钢筋直径比下层钢筋直径大

（1）位于负一层中柱（图 3-33）

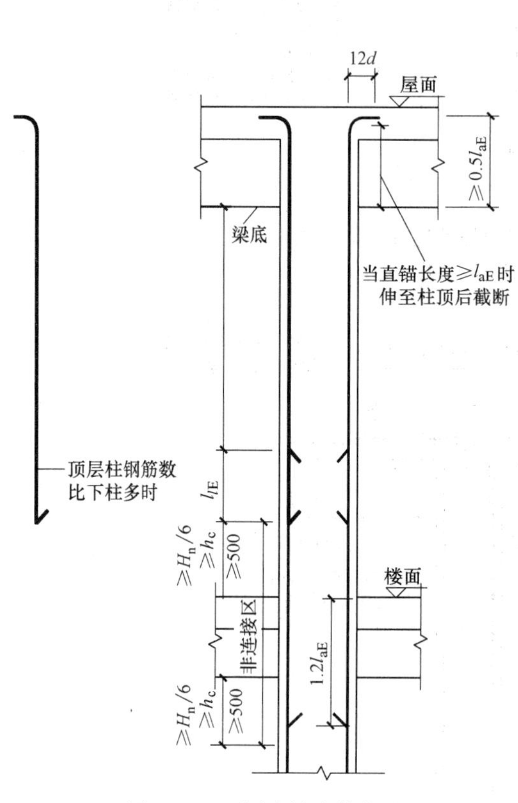

图 3-32　顶层中柱主筋构造

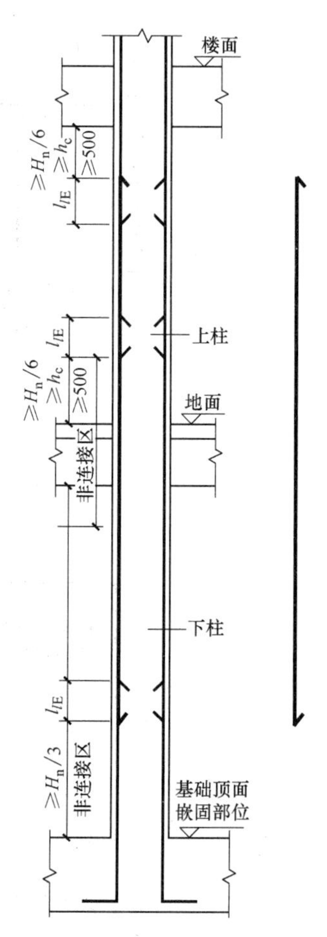

图 3-33　上层柱钢筋直径比下层钢筋直径大

纵筋长度：

纵筋长度＝负一层层高－基础顶面距接头距离＋上层楼面距接头距离

其中，基础顶面距接头距离：①当为绑扎搭接时：非连接区 $H_n/3$＋搭接长度 l_{lE}

②当为机械连接时：非连接区 $H_n/3$

③当为焊接连接时：非连接区 $H_n/3$

上层楼面距接头距离：①当为绑扎搭接时：$H_n-\max[H_n/6, h_c, 500]$＋搭接长度 l_{lE}

②当为机械连接时：$H_n-\max[H_n/6, h_c, 500]$

③当为焊接连接时：$H_n-\max[H_n/6, h_c, 500]$

（2）当位于中间层中柱时

纵筋长度①＝本层层高－本层楼面距接头距离＋上层楼面距接头距离

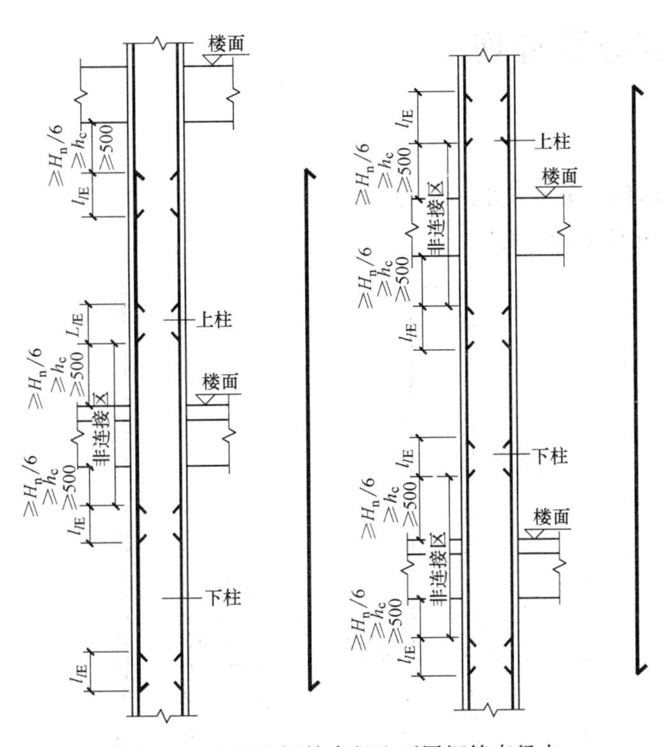

图 3-34　上层柱钢筋直径比下层钢筋直径大

本层楼面距接头距离：①当为绑扎搭接时：非连接区 $\max[H_n/6, h_c, 500]$ ＋搭接长度 l_{lE}

②当为机械连接时：非连接区 $\max[H_n/6, h_c, 500]$

③当为焊接连接时：非连接区 $\max[H_n/6, h_c, 500]$

上层楼面距接头距离：①当为绑扎搭接时：$H_n - \max[H_n/6, h_c, 500]$ ＋搭接长度 l_{lE}

②当为机械连接时：$H_n - \max[H_n/6, h_c, 500]$

③当为焊接连接时：$H_n - \max[H_n/6, h_c, 500]$

（3）位于顶层边柱或角柱（图 3-35）

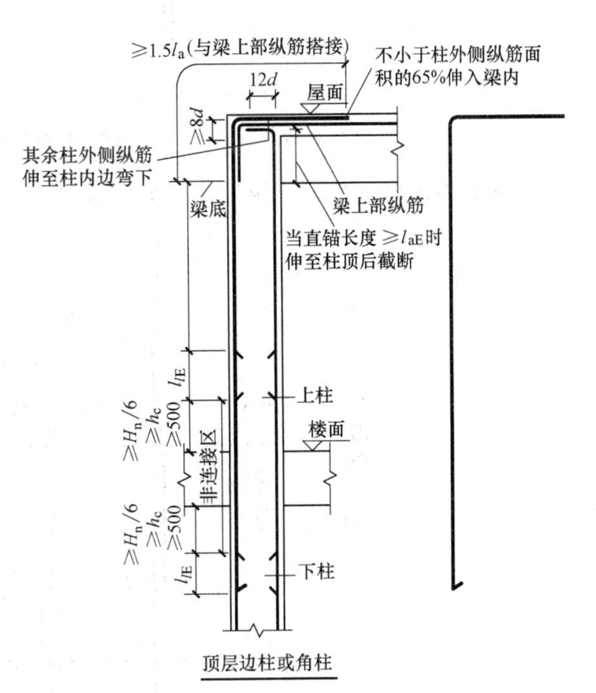

图 3-35　上层柱钢筋直径比下层钢筋直径大时

3.5 柱变截面处理

3.5.1 $c/h_b \leqslant 1/6$ 的情况（图 3-36）

计算方法同柱主筋计算。

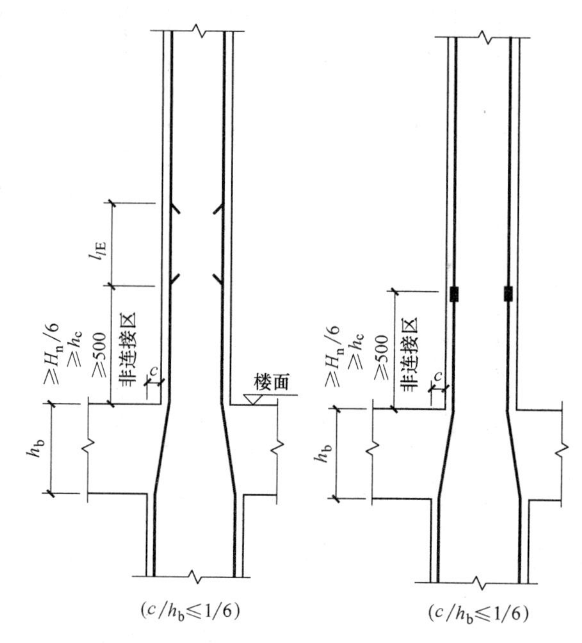

图 3-36 当 $c/h_b \leqslant 1/6$ 时，柱纵筋的构造示意图

当纵筋为搭接连接时，纵筋长度如图 3-37 所示。

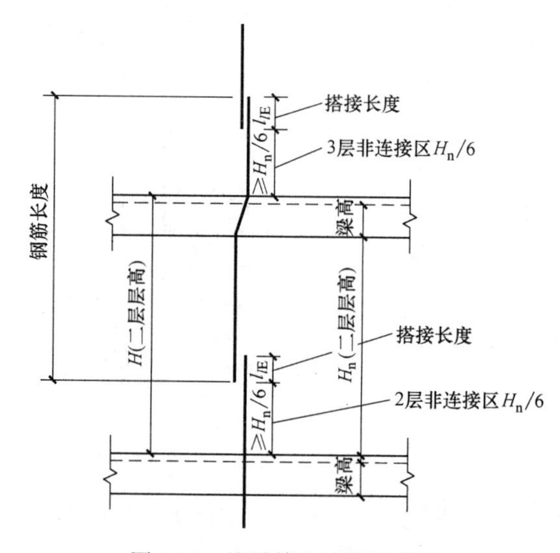

图 3-37 柱纵筋的计算示意图

纵筋长度：

纵筋长度=二层层高－二层非连接区+3层非连接区+搭接长度 l_{lE}

3.5.2 $c/h_b>1/6$ 情况（图 3-38）

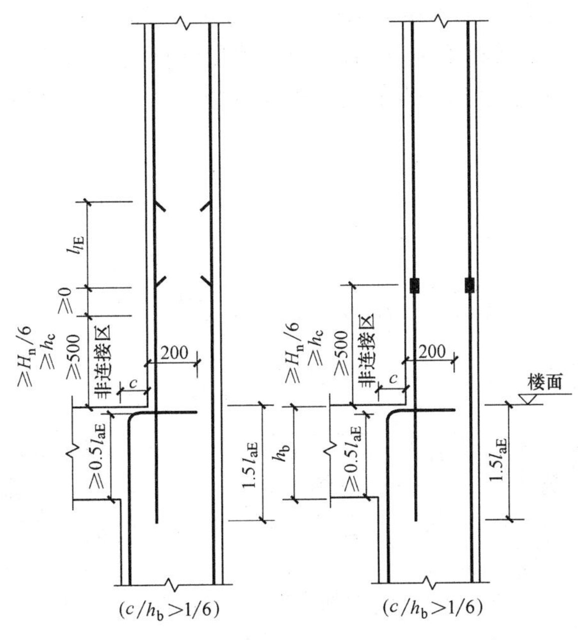

图 3-38　当 $c/h_b>1/6$ 时的柱纵筋构造示意图

纵筋长度：

纵筋长度=本层层高+上层楼面距接头距离+1.5l_{aE}

其中，上层楼面距接头距离：①当为绑扎搭接时：非连接区 max[$H_n/6$，h_c，500]+搭接长度 l_{lE}

②当为机械连接时：非连接区 max[$H_n/6$，h_c，500]

③当为焊接连接时：非连接区 max[$H_n/6$，h_c，500]

3.6 梁上柱纵筋

梁上柱插筋长度（图 3-39）：

梁上柱插筋长度=弯钩长度 a+竖直长度 h_1+梁顶面距接头的距离

式中　弯钩长度 a——15d；

竖直长度 h_1——伸至梁底，且≥max[0.6l_{abE}，20d]

l_{abE}——长度取值见 16G101 图集中相

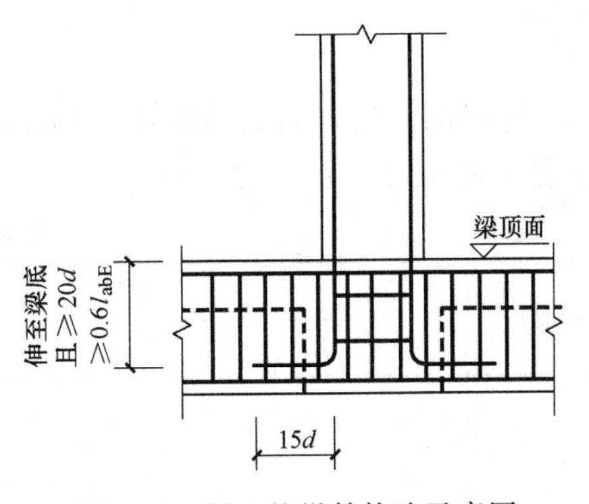

图 3-39　梁上柱纵筋构造示意图

关规定。

梁顶面距接头距离：①当为绑扎搭接时：非连接区 max[$H_n/6$，h_c，500]+搭接长度 l_{lE}

②当为机械连接时：非连接区 max[$H_n/6$，h_c，500]

③当为焊接连接时：非连接区 max[$H_n/6$，h_c，500]

【例 3-7】 根据本教材第 10 章的钢筋工程量计算实训图纸：某拆迁安置房 16 号楼工程，要求手工计算工程的角柱、边柱及中柱各一个，计算框架柱如图 3-40 所示。

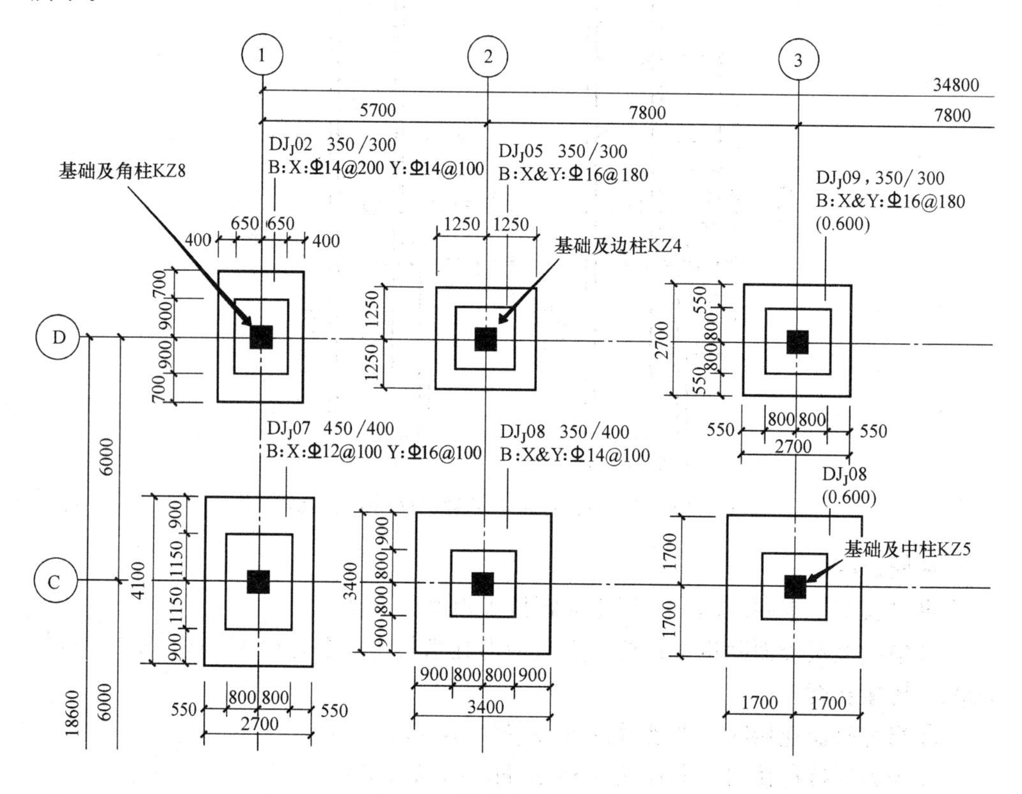

图 3-40 计算框架柱示意图

计算前，先查阅基础编号及尺寸、配筋等信息。对于框架柱，查阅框架柱配筋表（表 3-11、表 3-12）。

桩基础配筋表 **表 3-11**

基础编号	基础尺寸							配筋		
	A	B	H	A_1	B_1	h_1	h_2	①	②	③
J-2	3200	2100	650	1800	1300	350	300	Φ 14@100	Φ 14@200	3 支同柱箍筋
J-5	2500	2500	650	1500	1500	350	300	Φ 16@180	Φ 16@180	3 支同柱箍筋
J-8	3400	3400	750	2000	2000	350	400	Φ 14@100	Φ 14@100	3 支同柱箍筋

框架柱配筋表 **表 3-12**

框架柱配筋表								
柱号	标高(m)	$b \times h$	全部纵筋	角筋	b边一侧中部筋	h边一侧中部筋	箍筋类型号	箍筋
KZ4	基础顶面～－0.200	500×500	12 Φ 18				1(4×4)	Φ 10@100/200
	－0.200～14.350	500×500	12 Φ 18				1(4×4)	Φ 8@100/200
KZ5	基础顶面～3.550	500×500		4 Φ 20	2 Φ 18	2 Φ 18	1(4×4)	Φ 10@100/200
	3.550～14.350	500×500	12 Φ 18				1(4×4)	Φ 8@100/200
KZ8	基础顶面～3.550	500×500		4 Φ 22	2 Φ 20	2 Φ 20	1(4×4)	Φ 8@100/200
	3.550～14.350	500×500		4 Φ 22	2 Φ 18	2 Φ 18	1(4×4)	Φ 8@100/200

解：（1）计算 J-2 插筋及 KZ8 纵筋

1）J-2 基础插筋长度：

H_n＝5－0.2－0.5（梁高）－0.65（基础高）＝3.65m

由于 h_j 高度为 650mm≥l_{aE}（$33d=33\times18=594$mm），所以 $a=\max[6d, 150]=150$mm

长度计算公式＝(弯折长度 a＋竖直长度 h_1＋基础插筋露出长度)×根数

4 Φ 22：[0.15＋(0.65－0.04)＋3.65/3]×4＝7.907m

8 Φ 20：[0.15＋(0.65－0.04)＋3.65/3] ×8＝15.814m

KZ8 的柱纵筋：

2）基础顶面～第一层

一层 H_n＝3.75－0.6＝3.15m

基础层纵筋长度＝基础层层高－本层非连接区＋上层非连接区

4 Φ 22：[3.65－3.65/3＋max(0.50,0.50,0.525)]×4＝11.832m

8 Φ 20：[3.65－3.65/3＋0.525] ×8＝22.664m

3）第一层～第二层

二层 H_n＝3.6－0.6＝3.0m

首层纵筋长度＝首层层高－本层非连接区＋上层非连接区

4 Φ 22L：[3.75 － max（0.50，0.50，0.525）＋ max（0.50，0.50，0.50）]× 4＝14.900m

8 Φ 20：[3.75 － max（0.50，0.50，0.525）＋ max（0.50，0.50，0.50）]× 8＝29.800m

4）第二层～屋面

KZ8 为角柱，所以柱外侧钢筋包括角筋①筋 3 Φ 22、4 根中部①筋 4 Φ 18 按从梁底锚入梁内 1.5l_{aE}计算。计算公式如下：

角筋①筋长＝[(二层～顶层层高)－二层 max[H_n/6,h_c,500]－顶层梁高＋1.5l_{aE}] ×根数

中部①筋长＝[(二层～顶层层高)－二层 max[H_n/6,h_c,500]－顶层梁高＋

$1.5l_{aE}$］×根数

柱内侧钢筋包括角筋②筋 1 Φ 22、4 根中部②筋 4 Φ 18 按从伸至距柱顶一个保护层厚度后弯折 $12d$ 计算。计算公式如下：

角筋②筋长＝［(二层～顶层层高)－二层 max［$H_n/6$，h_c，500］－保护层厚度＋$12d$］×根数

中部②筋长＝［(二层～顶层层高)－二层 max［$H_n/6$，h_c，500］－保护层厚度＋$12d$］×根数

角筋①3 Φ 22 长度＝［(14.35－3.55)－max(0.50，0.50，0.50)－0.60＋1.5×30×0.022 ］×3＝32.070m

中部筋①4 Φ 18 长度＝［(14.35－3.55)－0.50－0.60＋1.5×30×0.018 ］×4＝42.040m

角筋②1 Φ 22 长度＝(14.35－3.55)－max(0.50，0.50，0.50)－0.02＋12×0.022＝10.544m

中部筋②4 Φ 18 长度＝［(14.35－3.55)－max(0.50，0.50，0.50)－0.02＋12×0.022］×4＝41.984m

柱中Φ 22 的总质量：

(7.907＋11.832＋14.900＋32.070＋10.544)×2.984＝230.523kg

柱中Φ 20 的质量：

(15.814＋22.664＋29.800)×2.466＝168.374kg

柱中Φ 18 的质量：

(42.040＋41.984) × 1.998＝167.880kg

(2) KZ8 箍筋长度、根数及质量：

1) 基础顶面～3.550m

外肢箍：0.5×4－0.02×8＋11.9×0.008×2＝2.030m

内箍筋：［(0.5－0.020×2－0.008×2－0.022)/3＋0.020＋0.008×2＋0.50－0.02×2］×2＋23.8×0.008＝1.464m

合计：外肢箍＋内箍筋×2＝2.030＋1.464×2＝4.958m

2) 3.55～14.350m

外肢箍：0.5×4－0.02×8＋11.9×0.008×2＝2.030m

内箍筋：［(0.5－0.020×2－0.008×2－0.022)/3＋0.018＋0.008×2＋0.50－0.02×2］×2＋23.8×0.008＝1.460m

合计：外肢箍＋内箍筋×2＝2.030＋1.460×2＝4.950m

3) 箍筋根数

① 基础插筋 2 根非复合箍筋。

② 基础层箍筋：

基础层 H_n＝5－0.2－0.5－0.65＝3.65m

下部加密区：3.65/3÷0.1＝13 根（向上取整）

上部加密区：{max［3.65/6，0.50，0.50］＋0.60} ÷0.1＝13 根(向上取整)

中部非加密区：{3.65－3.65/3－max[3.65/6，0.50，0.50]－0.60}/0.2＝6 根（向上取整）

基础层箍筋合计＝13＋13＋7＋1＝34 根

③ 首层箍筋：

首层 H_n＝3.75－0.6＝3.15m

下部加密区：max[3.15/6，0.50，0.50]÷0.1＝6 根

上部加密区：{max[3.15/6，0.50，0.50]＋0.60} ÷0.1＝12 根

中部非加密区：{3.75－max[3.15/6，0.50，0.50]－max[3.55/6，0.50，0.50]－0.60}/0.2＝11 根

首层箍筋合计＝6＋12＋11＋1＝30 根

④ 二层～四层箍筋：

二层～四层 H_n＝3.60－0.6＝3.00m

下部加密区：max[3.00/6，0.50，0.50]÷0.1＝5 根

上部加密区：{max[3.00/6，0.50，0.50]＋0.60}÷0.1＝11 根

中部非加密区：{3.60－max [3.00/6，0.50，0.50]－max [3.00/6，0.50，0.50] －0.60}/0.2＝10 根

二层～四层箍筋合计＝(5＋11＋10＋1)×3＝81 根

⑤ 箍筋工程量：

箍筋长度：2×2.030＋(34＋30)×4.958＋81×4.950 ＝722.322m

箍筋质量：722.322×0.395＝285.317kg

（3）计算 J-5 插筋及 KZ4 纵筋

基础层～屋面纵筋长度：

KZ4 为边柱，所以柱外侧钢筋包括角筋①筋 2 ⌀ 18、2 根中部①筋 2 ⌀ 18 从梁底锚入梁内 $1.5l_{aE}$计算。计算公式如下：

角筋①筋长＝[弯折长度 a＋竖直长度 h_1＋(基础层～顶层层高)－顶层梁高＋$1.5l_{aE}$] ×根数

中部①筋长＝角筋①筋长

柱内侧钢筋包括角筋②筋 2 ⌀ 18、中部②筋 6 ⌀ 18 伸至距柱顶一个保护层厚度后弯折 $12d$ 计算。计算公式如下：

角筋②筋长＝[弯折长度 a＋竖直长度 h_1＋(基础层～顶层层高)－保护层厚度＋$12d$]×根数

中部②筋长＝角筋②筋长

由于 h_j 高度为 650mm≥l_{aE} （$33d$＝33×18＝594mm)，所以 a＝max[$6d$，150]＝150mm

KZ4 柱纵筋长度：

4 ⌀ 18：{0.15＋(0.65－0.04)＋(14.35＋5－0.65)－0.60＋1.5×30×0.018}×4＝78.680m

8 ⌀ 18：{0.15＋(0.65－0.04)＋(14.35＋5－0.65)－0.02＋12×0.018}×

8＝157.248m

柱中Φ18的质量为：

(78.680＋157.248)×1.998＝471.384kg

（4）KZ4箍筋长度、根数及质量

1）基础顶面～首层

外肢箍：0.5×4－0.02×8＋11.9×0.010×2＝2.078m

内箍筋：[(0.5－0.020×2－0.010×2－0.018)/3＋0.018＋0.010×2＋0.50－0.02×2]×2＋23.8×0.010＝1.515m

合计：外肢箍＋内箍筋×2＝2.078＋1.515×2＝5.108m

2）首层～四层

外肢箍：0.5×4－0.02×8＋11.9×0.008×2＝2.030m

内箍筋：[(0.5－0.020×2－0.008×2－0.018)/3＋0.018＋0.008×2＋0.50－0.02×2]×2＋23.8×0.008＝1.462m

合计：外肢箍＋内箍筋×2＝2.030＋1.462×2＝4.954m

由于J-5基础深度同J-2，KZ4和KZ8截面尺寸及梁高相同。

所以箍筋根数相同。

Φ10箍筋长度：2×2.078＋34×5.108＝177.828m

Φ10箍筋质量：177.828×0.617＝109.720kg

Φ8箍筋长度：101×4.954＝500.354m

Φ8箍筋质量：500.354×0.395＝197.640kg

箍筋质量合计：109.720＋197.640＝307.36kg

（5）计算J-8插筋及KZ5纵筋

1）J-8基础插筋长度

H_n＝5－0.2－0.5（梁高）－0.75（基础高）＝3.55m

由于h_j高度为650mm≥l_{aE}（$33d=33\times18=594$mm），所以$a=\max[6d, 150]=150$mm

长度计算公式＝(弯折长度a＋竖直长度h_1＋基础插筋露出长度)×根数

4Φ20:[0.15＋(0.75－0.04)＋3.55/3]×4＝8.172m

8Φ18:[0.15＋(0.75－0.04)＋3.55/3]×8＝16.344m

2）基础顶面～首层纵筋长度

一层H_n＝3.75－0.6＝3.15m

基础层纵筋长度＝基础层层高－本层非连接区＋上层非连接区

4Φ20:[3.55－3.55/3＋max(0.50,0.50,0.525)]×4＝11.568m

8Φ18:[3.55－3.55/3＋0.525]×8＝23.136m

3）首层顶面～二层纵筋长度

二层H_n＝3.60－0.6＝3.00m

首层纵筋长度＝首层层高－本层非连接区＋上层非连接区

4Φ20:[3.75－max(0.50,0.50,0.525)＋max(0.50,0.50,0.50)]×

4＝14.90m

8 Φ 18：[3.75 － max（0.50，0.50，0.525）＋ max（0.50，0.50，0.50）]×8＝29.80m

4）二层～第四层纵筋长度

KZ4 为中柱，钢筋为角筋 4 Φ 18 与中部筋 8 Φ 18 伸至距柱顶一个保护层厚度后弯折 12d 计算。计算公式如下：

角筋筋长＝[（二层～顶层层高）－二层非连接区－保护层厚度＋12d]×根数

中部筋长＝角筋筋长

KZ5 首层～第四层纵筋长度：

4 Φ 18：{（14.35－3.55）－max（0.50，0.50，0.50）－0.02＋12×0.018}×4＝41.984m

8 Φ 18 ：{（14.35－3.55）－max（0.50，0.50，0.50）－0.02＋12×0.018}×8＝83.968m

柱中Φ 20 的质量为：

（8.172＋11.568＋14.90）×2.466＝85.422kg

柱中Φ 18 的质量为：

（16.344＋23.136＋29.80＋41.984＋83.968）× 1.998＝390.074kg

（6）KZ5 箍筋长度、根数及质量

1）基础顶面～3.55m

外肢箍：0.5×4－0.02×8＋11.9×0.010×2＝2.078m

内箍筋：[（0.5－0.020×2－0.010×2－0.020）/3＋0.018＋0.010×2＋0.50－0.02×2] ×2＋23.8×0.010＝1.514m

合计：外肢箍＋内箍筋×2＝2.078＋1.514×2＝5.106m

2）3.55m ～14.350m

外肢箍：0.5×4－0.02×8＋11.9×0.008×2＝2.030m

内箍筋：[（0.5－0.020×2－0.008×2－0.018）/3＋0.018＋0.008×2＋0.50－0.02×2] ×2＋23.8×0.008＝1.462m

合计：外肢箍＋内箍筋×2＝2.030＋1.462×2＝4.954m

3）箍筋根数

① 基础插筋 2 根非复合箍筋。

② 基础层箍筋

基础层：H_n＝5－0.2－0.5－0.75＝3.55m

下部加密区：3.55/3÷0.1＝12 根（向上取整）

上部加密区：{max[3.55/6，0.50，0.50]＋0.50} ÷0.1＝11 根（向上取整）

中部非加密区：{3.55－3.55/3－max[3.55/6，0.50，0.50]－0.50}/0.2＝7 根（向上取整）

基础层箍筋合计＝12＋11＋7＋1＝31 根

③ 首层～第四层箍筋

由于首层～第四层中 KZ5 和 KZ8 截面尺寸及梁高相同，所以首层～第四层箍筋根数相同。

④ 箍筋工程量

ϕ10 箍筋长度：2×2.078+(31+30)×5.106=315.622m

ϕ10 箍筋质量：315.622×0.617=194.739kg

ϕ8 箍筋长度：81×4.954=401.274m

ϕ8 箍筋质量：401.274×0.395=158.503kg

箍筋质量合计：194.739+158.503=353.242kg

本章习题

1. 框架柱基础插筋的构造种类有哪几种？计算方法是什么？

2. 简述梁上柱 LZ 在柱根处的纵筋构造？

3. 刚性地面的定义是什么？简述底层框架柱两侧有高差的刚性地面中箍筋加密区的构造？

4. 在 16G101 平法图集中，框架柱的嵌固部位如何确定？在设计图纸中的表示方法是什么？

5. 框架柱外肢箍的计算方法是什么？内肢箍的计算方法是什么？不同箍数的内肢箍计算方法的共同点有哪些？

6. 框架柱中，上下层柱纵筋根数不同时，其构造特点是什么？

7. 框架柱变截面位置，纵筋的构造及长度计算方式是什么？

8. 顶层框架柱中角柱、边柱位置柱纵筋的构造要求与特点是什么？

9. 框架柱纵筋不同的连接方式（绑扎连接、机械连接、焊接连接）对箍筋根数的计算的影响因素是什么？

4

梁钢筋工程量计算

关键知识点：

1. 梁钢筋的种类；
2. 梁各种钢筋的平法识图；
3. 梁内各种钢筋的计算方法。

教学建议：

建议教师从梁的简单受力情况分析梁钢筋的布置原则，让学生理解梁钢筋的作用，教学中应注意施工图纸复杂性对钢筋识图的影响，梁钢筋工程量计算两个主要问题就是：连接和锚固，应使学生认识到什么情况宜连接，什么情况宜锚固。还应说明计算箍筋根数时采用的取整方法。

本章教学难点在于梁钢筋在端支座的锚固长度计算，图集中对于这个知识点有详细说明，教师应正确理解图集，并向学生讲解造价算法与施工做法的区别。

4.1 梁平法施工图的识读

梁在整个建筑结构中是主要的结构构件之一，其特点是：两端由支座支承，承受的外力以横向力和剪力为主，变形以弯曲为主。梁的这些受力特点使梁的受力钢筋较之承受外力以竖向力为主的柱的受力钢筋更加多样化。在施工图中，梁钢筋信息也较柱钢筋信息更加繁杂，所以正确读取施工图中有关梁以及梁筋的信息显得尤为重要。那么针对平法施工图的识读，本节将分为四部分内容进行讲述：

1. 梁平法施工图的表示方法。
2. 梁的类型与编号。
3. 梁的截面尺寸。

4. 梁钢筋类型及其在平法施工图中的表示。

4.1.1 梁平法施工图的表示方法

梁平法施工图系在梁平面布置图上采用平面注写方式或截面注写方式表达。梁平法施工图的特点即是以平面注写方式为主，截面注写方式为辅。识读平法施工图已经成为工程人员必备的基本能力，本节主要介绍梁的平面注写方式。

梁平法施工图中的平面注写方式系在梁平面布置图上，在不同编号的梁上注写该梁的截面尺寸和配筋具体数值的方式来表达梁平法施工图。平面注写包括集中标注与原位标注，集中标注表达梁的通用数值，原位标注表达梁的特殊数值，当集中标注中的某项数值不适用于梁的某部位时，则将该项数值原位标注（即出现集中标注与原位标注不一致的情况）。施工与计算钢筋工程量时原位标注优先。

图 4-1 所示为某工程第 3 号框架梁的平面注写示例，从图中可见梁的集中标注内容包括梁编号、梁截面尺寸、梁钢筋和梁顶面高差等信息，原位标注中主要包括该跨特有的信息，例如该跨截面发生变化时的梁截面尺寸、梁的支座负筋、下部通长筋等特殊信息。下面就分为梁编号、梁截面尺寸、梁钢筋三部分进行说明。

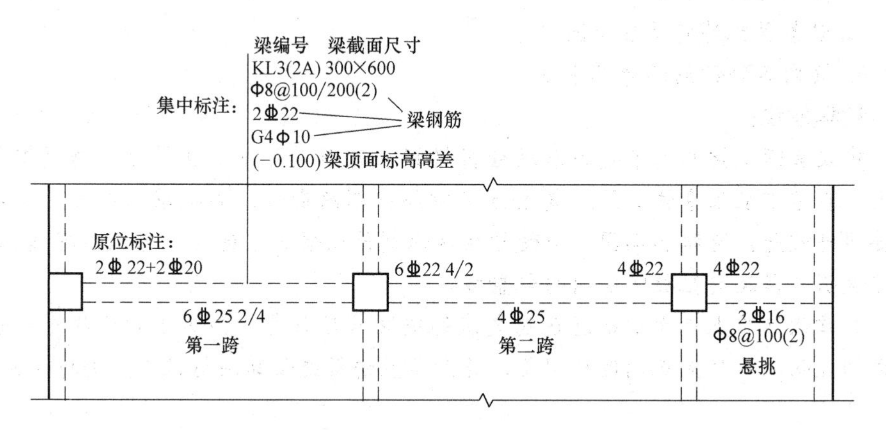

图 4-1 梁平面注写方法示例

4.1.2 梁的编号

梁编号由梁类型、代号、序号、跨数及有无悬挑代号组成。梁编号内容见表 4-1。

梁编号　　表 4-1

梁类型	代号	序号	跨数及是否带悬挑
楼层框架梁	KL	××	(××)、(××A)或(××B)
屋面框架梁	WKL	××	(××)、(××A)或(××B)
框支梁	KZL	××	(××)、(××A)或(××B)

续表

梁类型	代号	序号	跨数及是否带悬挑
非框架梁	L	××	(××)、(××A)或(××B)
悬挑梁	XL	××	
井字梁	JZL	××	(××)、(××A)或(××B)

注：(××A) 为一端有悬挑；(××B) 为两端有悬挑，悬挑不计入跨数。

图 4-1 中集中标注内容中的梁编号内容 KL3（2A）表示第 3 号楼层框架梁，2 跨，一端带悬挑；如果梁编号内容为 L6（5B）则表示第 6 号非框架梁，5 跨，两端带悬挑。纯悬挑梁表示如：XL1，无跨数。

4.1.3 梁的截面尺寸

1. 等截面梁

梁截面尺寸用 $b \times h$ 表示，其中 b 梁宽，h 为梁高，对现浇钢筋混凝土有梁板，梁高 h 应算至板顶。

2. 加腋梁

梁截面尺寸既要注写非加腋部位的梁截面尺寸又要注写加腋部位的尺寸，梁加腋分为竖向加腋和水平加腋。

(1) 梁竖向加腋注写为 $b \times h$。Y$c_1 \times c_2$表示，其中 Y 表示竖向加腋，c_1、c_2表示腋长与腋高（图 4-2）。

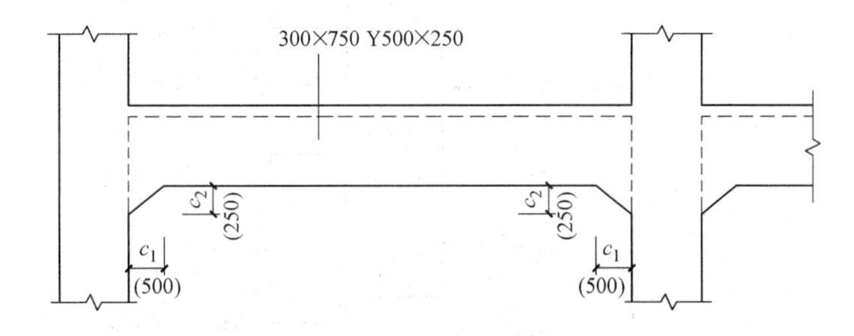

图 4-2 竖向加腋截面尺寸注写示意图

(2) 梁水平加腋注写为 $b \times h$。PY$c_1 \times c_2$表示，其中 PY 表示水平加腋，c_1、c_2表示腋长与腋高（图 4-3）。

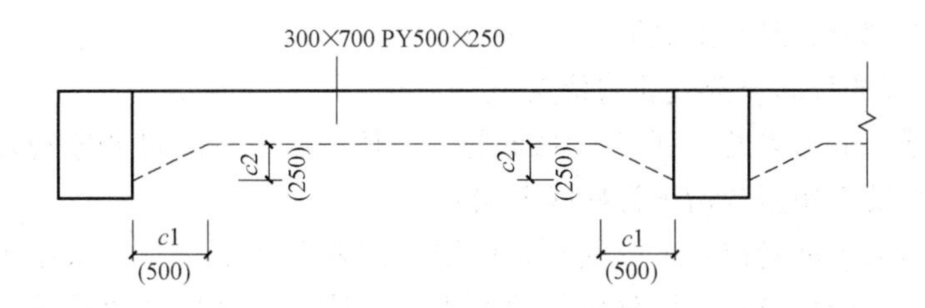

图 4-3 水平加腋截面尺寸注写示意图

3. 变截面悬挑梁

当悬挑梁根部和端部的高度不同时，用斜线分隔根部与端部的高度值，即为 $b \times h_1 / h_2$（图 4-4）。

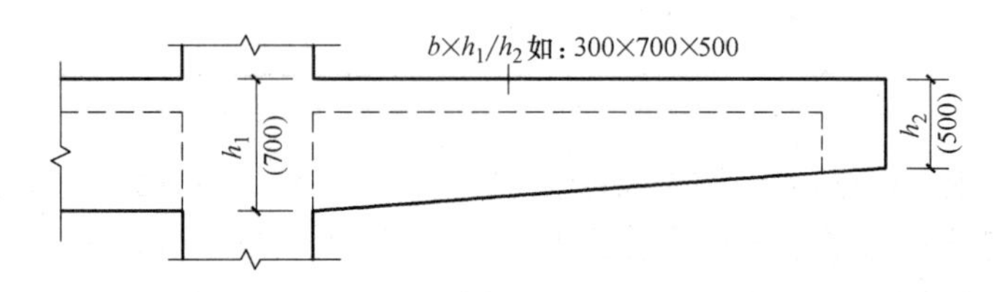

图 4-4　悬挑梁不等高截面尺寸注写示意图

4.1.4　梁的钢筋种类及其在平法施工图中的表示

1. 梁的钢筋种类

梁的钢筋总体上可以分为纵向钢筋、箍筋、拉筋、吊筋四种，其中纵向钢筋根据钢筋的位置不同可以分为上部纵筋、侧面纵筋和下部纵筋，上部纵筋包括上部通长筋、非贯通筋和架立筋；侧面纵筋包括构造钢筋和受扭钢筋；下部钢筋包括下部通长筋和下部未伸入支座钢筋。钢筋分类、注写方式及示意图见图 4-5～图 4-7。

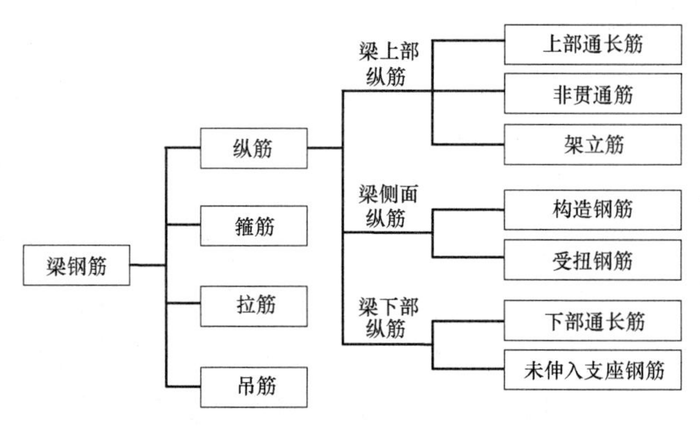

图 4-5　梁钢筋分类图

2. 梁的上部纵筋

梁的上部纵筋（图 4-8）包括上部通长筋、架立筋、非贯通筋。

（1）梁上部通长筋与架立筋

1）梁上部通长筋与架立筋的特点

梁上部通长筋为梁的上部受力钢筋之一，其特点是钢筋贯通梁跨，钢筋端部锚入支座（梁的支座多数情况为柱或者墙）。

由于梁多为下部受拉，上部受压，所以上部钢筋较下部少，采用多支箍筋时上部无法固定，需要另外架设钢筋与箍筋绑扎，那么这个另外架设的钢筋就是架立筋。架立筋一般出现在梁的上部，设计时不做受力考虑，架立筋一般出现在三

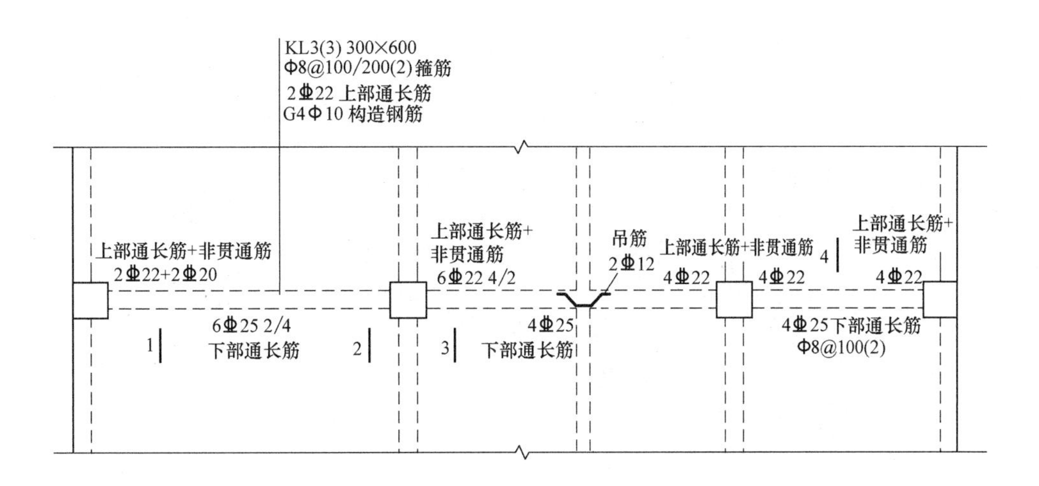

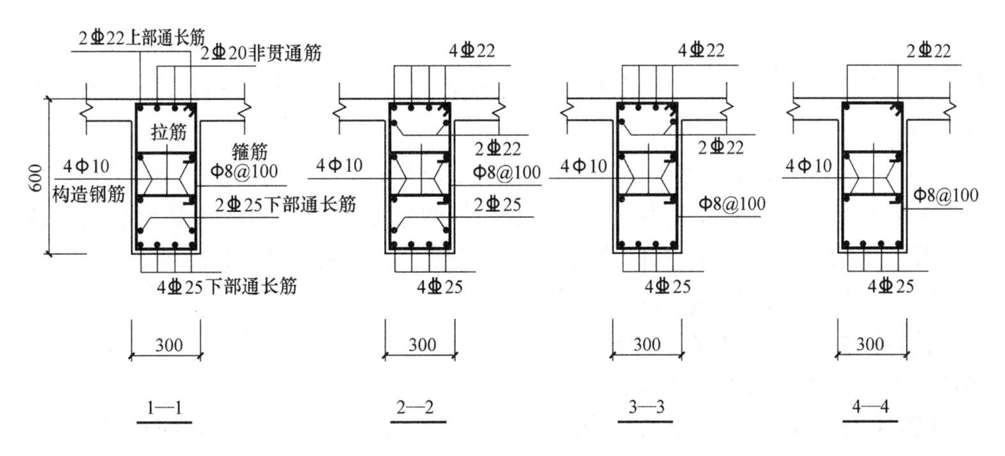

图 4-6　梁平面整体表示方法与截面注写示例

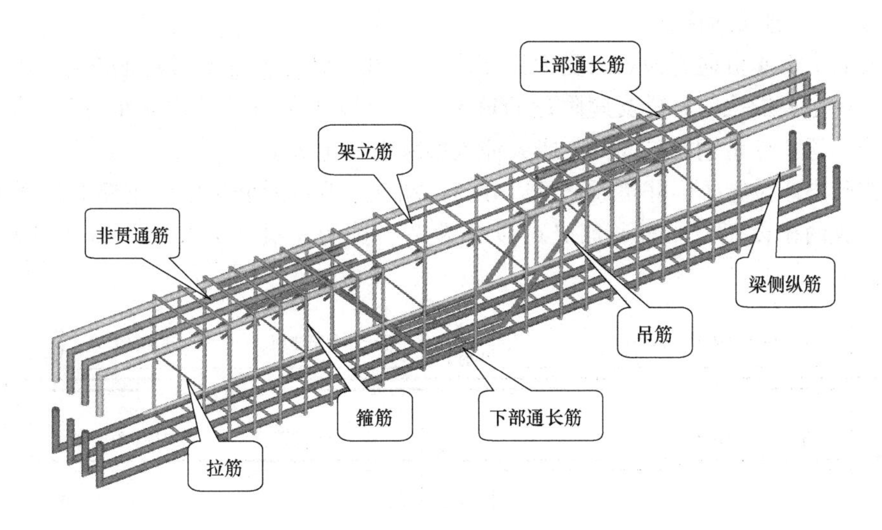

图 4-7　梁主要钢筋立体示意图

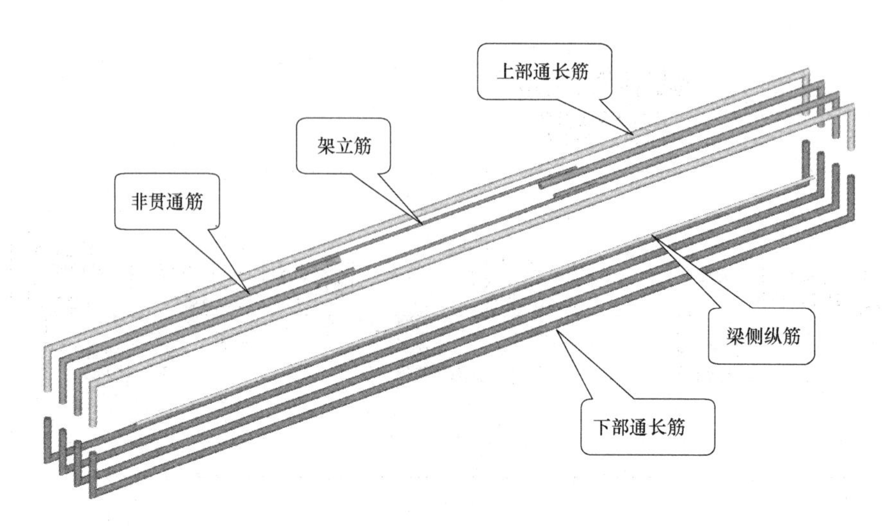

图 4-8 纵向钢筋立体示意图

肢箍以上的梁，常用在连接梁上部非贯通筋，架立筋与非贯通筋的搭接长度为 150mm。

框架梁上部通长筋与架立筋的规格与根数应根据结构受力要求及箍筋肢数等构造要求而定，一般来讲，当箍筋采用双肢箍时框架梁的上部通长筋至少应有两根，若采用四肢箍时，可采用 4 根上部通长筋或者 2 根通长筋+2 根架立筋。

2）上部通长筋和架立筋的标注含义

【例 4-1】 图 4-6 梁的集中标注中 2 ⌀ 22 的钢筋表示：2 根直径为 22mm，钢筋种类为 HRB400 的上部通长筋。

【例 4-2】 梁的集中标注上部通长位置为 2 ⌀ 22+（2 ⌀ 12）的钢筋表示：2 ⌀ 22表示上部通长筋，2 ⌀ 12 表示架立筋。

（2）非贯通筋

1）非贯通筋的特点

梁的上部非贯通筋为梁的受力钢筋之一。由于梁的上部非贯通筋在梁的受力条件下，主要抵抗的是梁支座附近的负弯矩，所以非贯通筋又称支座负筋。非贯通筋的设置特点是钢筋锚固到支座并伸入梁跨内一定长度。

按照支座位置不同非贯通筋可以分为：端支座非贯通筋和中间支座非贯通筋；如果分成两排设置，非贯通筋又可以分为第一排的非贯通筋和第二排非贯通筋（图 4-9）。

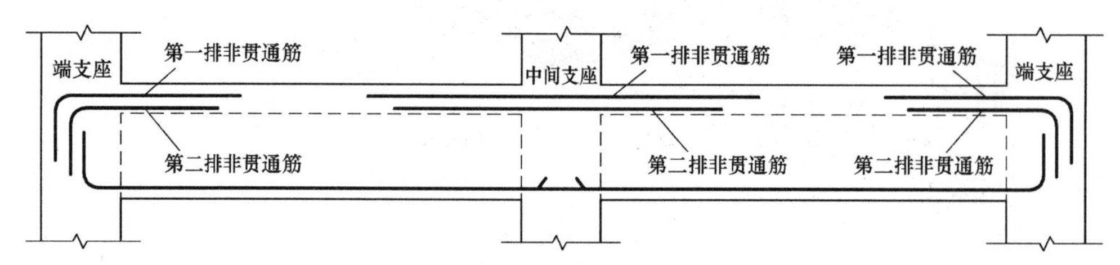

图 4-9 梁上部非贯通筋示意图

2）非贯通筋的标注含义

非贯通筋的标注主要采用原位标注的形式，标注的位置为梁支座左、右端的上方。例如图 4-6 中截面 1 处的原位标注为 2 Φ 22＋2 Φ 20，下面通过两个实例来说明非贯通筋标注的含义。

【例 4-3】 如图 4-6 中截面 1 处的原位标注为 2 Φ 22＋2 Φ 20 表示 2 Φ 22 为上部通长筋，2 Φ 20 为非贯通筋。

【例 4-4】 如图 4-6 中截面 3 处的原位标注为 6 Φ 22 4/2 表示此处钢筋有两排，上一排钢筋为 4 Φ 22，下一排钢筋为 2 Φ 22，上一排中的 2 Φ 22 为上部通长筋，非贯通筋分为两排，上一排为 2 Φ 22 下一排为 2 Φ 22。

应该注意的是，当中间支座原位标注只标注一侧的钢筋（例如图 4-6 中的 6 Φ 22 4/2），支座另一侧的钢筋与标注的一侧相同（对称布置）。

3. 梁的下部纵筋

梁的下部纵筋（图 4-8）包括下部通长筋和非伸入支座钢筋。

（1）下部通长筋

梁下部通长筋为梁的主要受力钢筋之一，其特点是钢筋贯通梁跨，钢筋端部锚入支座。

当梁不同跨的下部通长筋不同时，原位标注的位置在平面图中梁的跨中下部，例如图 4-6 中梁的左跨跨中下部原位标注 6 Φ 25 2/4 表示下部通长筋为 6 Φ 25，钢筋设置两排，上排 2 根，下排 4 根。

当梁的不同跨下部通长筋相同时，也可以在集中标注中体现，即为集中标注中上部通长筋后面的钢筋即为下部通长筋。

（2）未伸入支座钢筋

梁下部未伸入支座钢筋设置的位置在梁下部跨中，钢筋两端未伸入支座（图 4-10）。

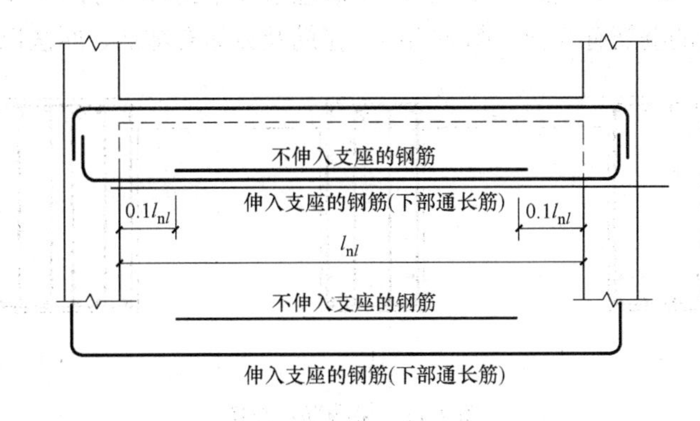

图 4-10　不伸入支座钢筋构造

梁下部纵筋不全部伸入支座时，将梁支座下部纵筋减少的数量写在括号内。

【例 4-5】 梁下部钢筋注写为 6 Φ 25 2(－2)/4，则表示上排纵筋为 2 Φ 25，且不伸入支座，下一排 4 Φ 25，全部伸入支座。

【例 4-6】 梁下部钢筋注写为 2Φ22+3Φ20(−3)/5Φ22，则表示上排纵筋为 2Φ22+3Φ20，其中 3Φ20 不伸入支座，2Φ22 伸入支座，下一排 5Φ22，全部伸入支座。

4. 梁的侧面纵筋

梁的侧面纵筋（图 4-7、图 4-8）包括构造钢筋和受扭钢筋。

1）构造钢筋

构造钢筋又称构造筋、腰筋，是在梁腹板高度 h_w≥450mm 时，在梁的两个侧面应沿高度配置的纵向构造钢筋。在梁中以符号“G”打头标注，图 4-6 中集中标注 G4Φ10 表示为梁两个侧面共设置构造钢筋 4 根，每侧 2 根，钢筋直径为 10mm。

2）受扭钢筋

若要满足构件的受扭承载力，则需设受扭钢筋。在梁中以符号“N”开头标注，若某梁中集中标注 NΦ20 表示为梁两个侧面共设置受扭钢筋 6 根，每侧 3 根，钢筋直径为 20mm。当梁设置受扭钢筋时不再重复设置构造钢筋。

5. 梁的箍筋

（1）箍筋的作用

梁箍筋的作用是满足梁斜截面的抗剪强度，并与受力的纵向钢筋和受压区混凝土共同工作。此外箍筋还可以用来固定纵向钢筋的位置，箍筋与纵向钢筋构成了钢筋骨架。

（2）箍筋的肢数

箍筋的肢数是梁同一截面内高度方向（一般为竖向）箍筋的根数，矩形梁的箍筋按照箍筋的肢数分为单肢箍、双肢箍、四肢箍、六肢箍等。

单肢箍一般用在小截面梁，由于梁宽度小，梁内产生的剪力较小，故采用单肢箍即可，这类箍筋形似拉筋，高度方向的箍筋有 1 根。双肢箍为单个封闭箍筋，高度方向的箍筋有 2 根（图 4-11*a*）。四肢箍包括两个封闭箍筋（1 个外箍和 1 个内箍），高度方向的箍筋有 4 根（图 4-11*b*）。六肢箍包括 3 个封闭箍筋（1 个外箍和 2 个内箍），高度方向的箍筋有 6 根（图 4-11*c*）。箍筋肢数如有增加，叫法以此类推。

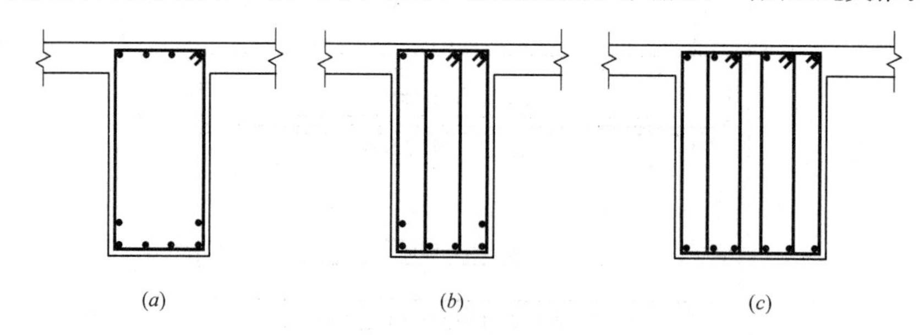

图 4-11 梁箍筋示意图

（*a*）双肢箍；（*b*）四肢箍；（*c*）六肢箍

（3）箍筋的标注含义

【例 4-7】 图 4-12 中箍筋的标注为Φ8@100/200（2）表示箍筋为 HPB300 钢筋，直径 8mm，加密区间距为 100mm，非加密区间距为 200mm 的双肢箍。

【例 4-8】 Φ 8@100（4）/200（2），表示箍筋为 HPB300 钢筋，直径 8mm，加密区间距 100mm，四肢箍，非加密区间距 200mm，双肢箍。

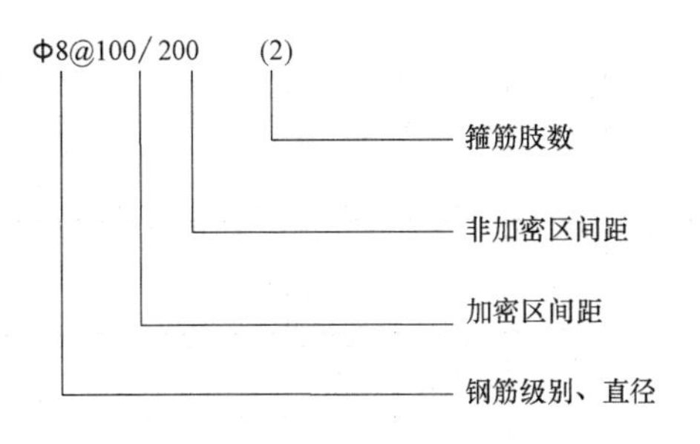

图 4-12 箍筋标注含义

【例 4-9】 15Φ10@150/200（4），表示箍筋为 HPB300 钢筋，直径 10mm；梁的两端各有 15 个四肢箍，间距为 150mm；梁跨中部分箍筋间距为 200mm，为四肢箍。

15Φ12@100（4）/200（2），表示箍筋为 HPB300 钢筋，直径 12mm，梁的两端各有 15 个四肢箍，间距为 100mm；梁跨中部分，间距为 200mm，双肢箍。

6. 梁的拉筋

拉筋主要作用是勾住梁的侧面纵筋及箍筋。在施工图中，拉筋一般以文字或表格的方式说明。

7. 梁的吊筋

吊筋（图 4-7）的作用是由于梁的某部受到大的集中荷载作用，为了使梁体不产生局部严重破坏而加强的钢筋，吊筋设置的位置一般在次梁与主梁相交处，以及梁上柱和梁相交处。

4.2 梁钢筋工程量计算

4.2.1 梁的上部钢筋

1. 上部通长筋

(1) 楼层框架梁的上部通长筋

由图 4-13 可以看出，上部通长筋贯通全跨，钢筋两端锚入支座。钢筋单根长度 l 可由下式计算：

$$l = L_t + l_{m左} + l_{m右} \tag{4-1}$$

式中 L_t——该梁的通跨净跨长（mm）；可以通过梁的平面标注、支座宽度以及支座与轴线位置来确定；

$l_{m左}$——钢筋锚入梁左端支座的长度（mm）；

$l_{m右}$——钢筋锚入梁右端支座的长度（mm）。

注：以上钢筋长度的计算未考虑钢筋绑扎连接时的搭接长度，梁的上部通长筋连接位置在跨中，而梁的下部通长筋连接位置在支座附近两侧，若需要计算搭接长度，只需要将钢筋搭接长度 l_{lE}（l_l）乘以搭接点的个数即可。

由于楼层框架梁的上部通长筋锚入梁端左、右支座的长度 $l_{m左}$、$l_{m右}$ 计算方法相同，所以本书以下采用 l_m 综合表示钢筋锚入支座的长度。

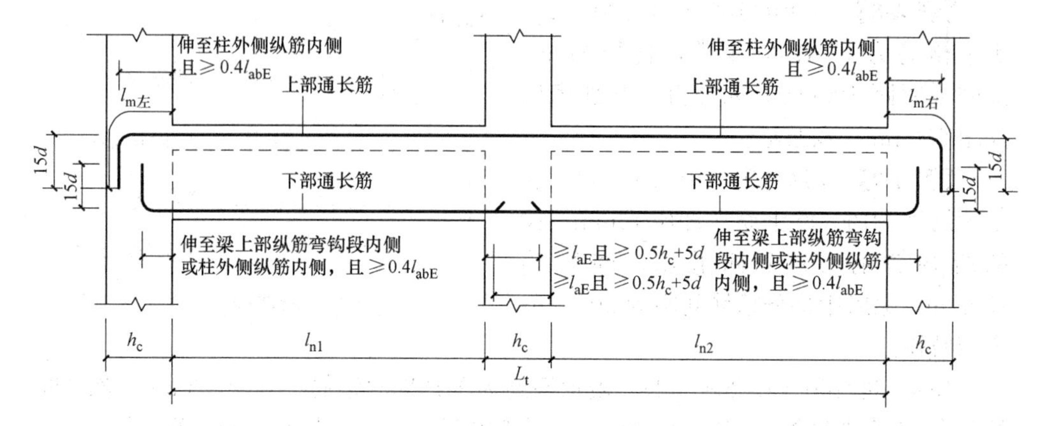

图 4-13　楼层框架梁上部通长筋、下部通长筋构造

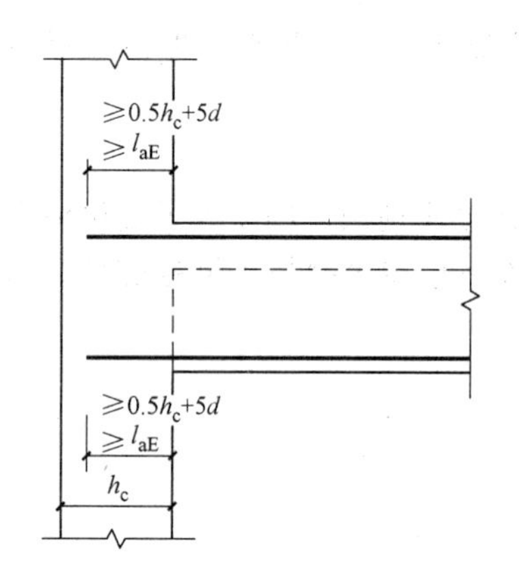

图 4-14　梁纵向钢筋在端支座直锚

l_m的计算与钢筋锚入支座的方式有关，钢筋锚入支座的方式又根据支座宽度 h_c的不同可以分为直锚（图 4-14）和弯锚（见图 4-13），l_m的计算分为两种情况：

1）当 $h_c-c\leqslant\max(l_{aE},\ 0.5h_c+5d)$ 时，表明支座宽度不满足钢筋直锚的要求，所以钢筋锚固方式采用弯锚。钢筋锚入支座的长度 $l_m=h_c-c+15d$。

2）当 $h_c-c\geqslant\max(l_{aE},\ 0.5h_c+5d)$ 时，表明支座宽度满足钢筋直锚的要求，所以钢筋锚固方式可采用直锚。钢筋锚入支座的长度 $l_m=\max(l_{aE},\ 0.5h_c+5d)$。

综上所述，l_m的长度可由下式计算：

$$l_m=\begin{cases}\text{当 } h_c-c\geqslant\max(l_{aE},0.5h_c+5d)\text{ 时弯锚}, l_m=h_c-c+15d\\ \text{当 } h_c-c\geqslant\max(l_{aE},0.5h_c+5d)\text{ 时直锚}, l_m=\max(l_{aE},0.5h_c+5d)\end{cases}$$

式中　d——为上部通长筋直径（mm）；

c——混凝土钢筋保护层厚度（mm）；

h_c——当梁的两端支座为柱时，h_c表示柱截面沿着框架（梁延伸）方向的高度（mm），当梁的两端支座为剪力墙时，支座宽度即为剪力墙的厚度。

注：钢筋工程的手工算量原则宜简不宜繁，计算结果只要满足工程量的精度要求即可。例如：l_m的计算没有考虑梁钢筋锚入柱内时和柱内纵筋的位置关系，因为在计算精度上完全可以满足要求。

【例 4-10】 楼层框架梁 KL3 的信息如图 4-15 所示，已知该层所有的柱截面尺寸均为 600mm×600mm（图中轴线标注在柱中心线上），梁、柱混凝土钢筋保护层厚度均为 30mm，根据构件的混凝土强度以及框架的抗震等级（三级），确定

HRB400 的受拉钢筋的锚固长度 $l_{abE}=37d$，抗震锚固长度 $l_{aE}=36.8d$；试计算 KL3 上部通长筋的质量。

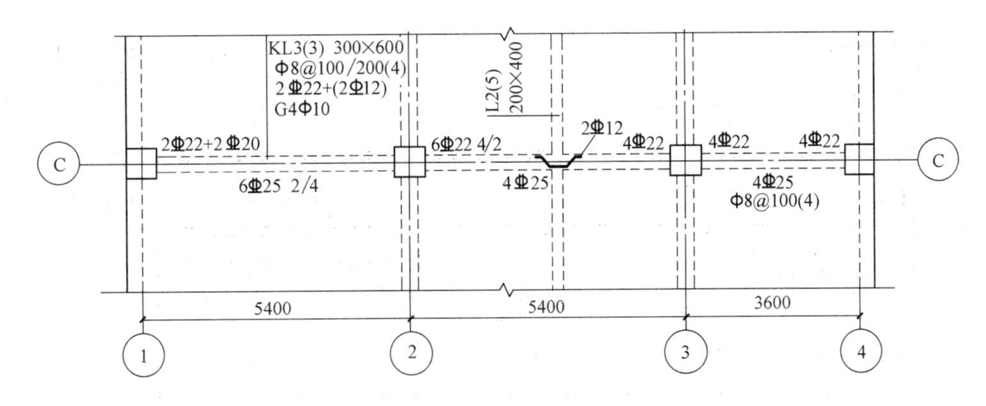

图 4-15

【解】 上部通长筋 2Φ22，根据图纸中给定信息，计算结果如下：

∵$l_{aE}=36.8d=36.8\times22=810$mm；$0.5h_c+5d=0.5\times600+5\times22=410$mm；

∴$\max(l_{aE}, 0.5h_c+5d)=810$mm；

∵$h_c-c=600-30=570\text{mm}<\max(l_{aE}, 0.5h_c+5d)$，

∴梁上部钢筋锚入支座方式采用弯锚，钢筋锚入梁左、右端支座的长度均为 $l_m=h_c-c+15d=600-30+15\times22=900$mm。

上部通长筋单根长为：

$l=L_t+l_{m左}+l_{m右}=5400\times2+3600-300\times2+900\times2=15600$mm；

上部通长筋的质量为：

$m=2\times15.6\times0.006165\times22^2=93.10$kg。

3）非抗震楼层框架梁的上部通长筋

非抗震楼层框架梁的上部通长筋计算的方法与抗震楼层框架梁的上部通长筋相似，钢筋单根长度 l 可由式（4-1）计算。

非抗震楼层框架梁上部通长筋的 l_m 与抗震楼层框架梁上部通长筋的 l_m 略有不同，区别在于抗震楼层框架梁的上部通长筋计算采用的是受拉钢筋的抗震锚固长度 l_{aE}，而非抗震楼层框架梁的上部通长筋计算采用的是受拉钢筋的锚固长度 l_a，具体计算时将式（4-2）中的 l_{aE} 改成 l_a 即可，计算公式如下：

$$l_m=\begin{cases}当\ h_c-c\leqslant\max(l_a,0.5h_c+5d)时弯锚, l_m=h_c-c+15d\\ 当\ h_c-c\leqslant\max(l_a,0.5h_c+5d)时直锚, l_m=\max(l_a,0.5h_c+5d)\end{cases} \tag{4-2}$$

（2）屋面框架梁的上部通长筋

抗震屋面框架梁的上部通长筋（图 4-16）计算中，上部通长筋单根长度 l 仍可由式（4-1）计算。抗震屋面框架梁的 l_m 与抗震楼层框架梁的 l_m 不同，其 l_m 可

由下式计算：

$$l_m = h_c - c + h_b - c \tag{4-3}$$

式中　h_b——梁的高度（mm）。

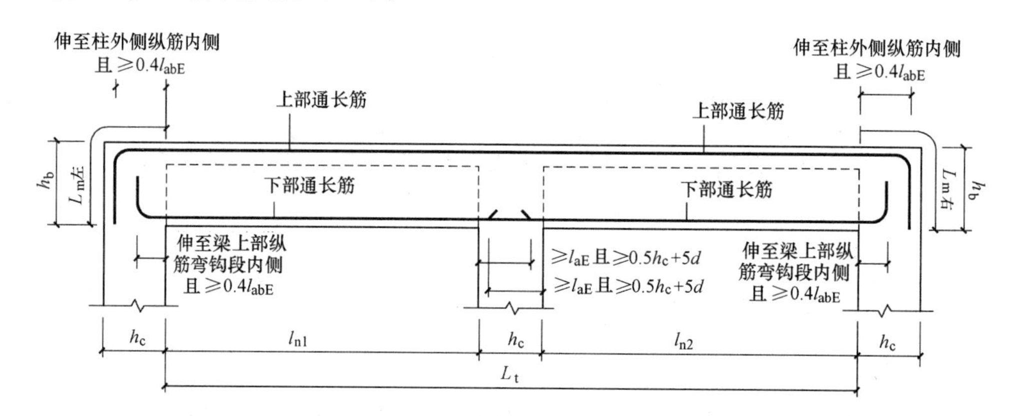

图 4-16　屋面框架梁上部通长筋、下部通长筋构造

【例 4-11】 若将例 4-10 中的 KL3 改为 WKL3（楼层框架梁变为屋面框架梁），其余条件不变，试计算上部通长筋的工程量。

解：计算屋面框架梁的上部通长筋 2 Φ 22，屋面框架梁的上部通长筋与楼层框架梁上部通长筋的区别就在于 l_m，根据已知条件（图 4-15）和式 4-4 得出上部通长筋锚入梁左、右端支座的长度均为：

$l_m = h_c - c + h_b - c = 600 - 30 + 600 - 30 = 1140\text{mm}$；

上部通长筋单根长为：

$l = L_t + l_{m左} + l_{m右} = 5400 \times 2 + 3600 - 300 \times 2 + 1140 \times 2 = 16080\text{mm}$；

上部通长筋的质量为：

$m = 2 \times 16.08 \times 0.006165 \times 22^2 = 95.96\text{kg}$

（3）非框架梁的上部通长筋

非框架梁的作用是将楼板传递的荷载传递给框架梁。非框架梁与框架梁相交，非框架梁称为次梁，框架梁称为主梁。非框架梁的上部通长筋的单根长度 l 仍可由式（4-1）计算。钢筋锚入支座的长度 l_m 可由下式计算：

$$l_m = b - c + 15d \tag{4-4}$$

式中　b——非框架梁的支座（框架梁）的宽度（mm）。

2. 非贯通筋

（1）梁端支座的非贯通筋

端支座的非贯通筋特点是钢筋一侧端部锚入支座，另一侧伸入跨中（图 4-17），其在支座外的挑出长度受到梁净跨长 l_n 与非贯通筋设置位置的影响，在第一排设置的非贯通筋挑出长度为该跨净跨长的 1/3，在第二排设置的非贯通筋挑出长度为该跨净跨长的 1/4，梁第 i 跨端支座的非贯通筋长度可由下式计算：

第一排非贯通筋：

$$l = l_m + \frac{l_{ni}}{3} \tag{4-5}$$

第二排非贯通筋：$$l=l_m+\frac{l_{ni}}{4} \tag{4-6}$$

式中 l_{ni}——梁第 i 跨的净跨长（mm）。

非贯通筋锚入支座的长度 l_m 则与上部通长筋相同，可由式（4-3）、式（4-4）计算。

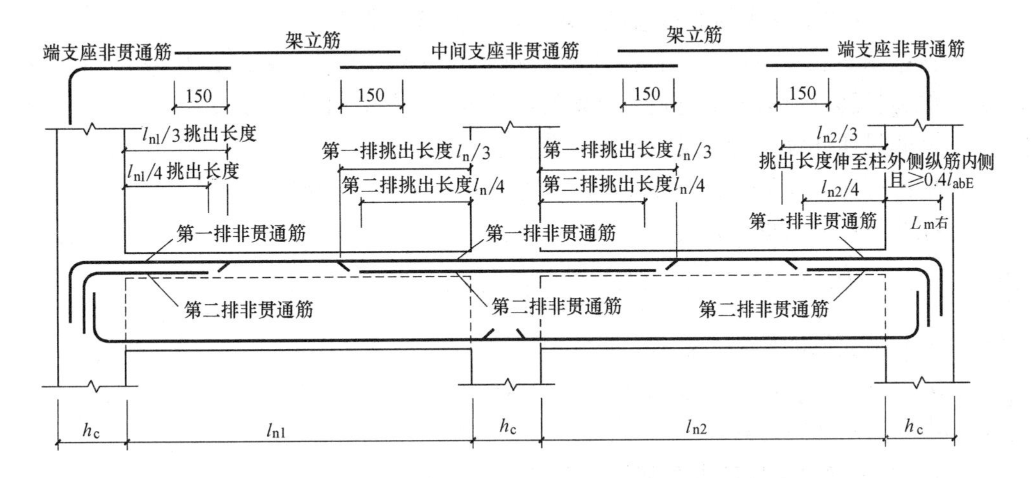

图 4-17 非贯通筋、架立筋构造

（2）梁中间支座的非贯通筋

中间支座的非贯通筋特点是钢筋贯通支座，两端均伸入跨中，其在支座外的挑出长度与端支座的非贯通筋相同（图 4-17），钢筋长度可由下式计算：

第一排非贯通筋：$$l=h_c+\frac{2l_n}{3} \tag{4-7}$$

第二排非贯通筋：$$l=h_c+\frac{l_n}{2} \tag{4-8}$$

式中 l_n——为该梁的中间支座处左跨 l_{ni}、右跨 l_{ni+1} 的较大值（mm），$l_n=\max(l_{n1}, l_{n2})$。

【例 4-12】 根据例 4-10 给出的各种条件与图 4-15，试计算 KL3 非贯通筋的质量。

解： 首先分析 KL3 的非贯通筋特点，在①、②、③、④轴线上的支座均有非贯通筋，其中 1、4 轴线上支座的非贯通筋为端支座非贯通筋，②、③轴线上支座的非贯通筋为中间支座非贯通筋，下面分别进行计算。

端支座非贯通筋：

1）①轴线上支座的非贯通筋 2Φ20

根据图 4-15，可以看出在该支座原位标注为 2Φ22+2Φ20，其中 2Φ22 应为上部通长筋，所以非贯通筋为 2Φ20，位置第一排。

端支座的非贯通筋的 l_m 与上部通长筋的 l_m 算法相同式（4-2），该非贯通筋锚入梁左端支座的长度为：

$l_m=h_c-c+15d=600-30+15\times20=870$mm。

根据式 4-5 计算此非贯通筋的单根长为：

$$l=l_{\mathrm{m}}+\frac{l_{\mathrm{n}i}}{3}=870+\frac{5400-300\times 2}{3}=2470\mathrm{mm}。$$

该非贯通筋的质量为：

$m=2\times 2.47\times 0.006165\times 20^2=12.18\mathrm{kg}$。

2）④轴线上支座的非贯通筋 2Φ22，位置第一排。

根据图 4-15，可以看出在该支座右侧上方原位标注为 4Φ22，其中 2Φ22 应为上部通长筋，所以非贯通筋为 2Φ22，位置第一排，计算过程如下：

该非贯通筋锚入梁左端支座的长度为：

$l_{\mathrm{m}}=h_{\mathrm{c}}-c+15d=600-30+15\times 22=900\mathrm{mm}$。

该非贯通筋的单根长为：

$$l=l_{\mathrm{m}}+\frac{l_{\mathrm{n}i}}{3}=900+\frac{3600-300\times 2}{3}=1900\mathrm{mm}。$$

该非贯通筋的质量为：

$m=2\times 1.9\times 0.006165\times 22^2=11.34\mathrm{kg}$。

中间支座非贯通筋：

1）②轴线上支座的非贯通筋 4Φ22 2/2

根据图 4-15，可以看出在该支座右侧上方原位标注为 6Φ22 2/2，其中上排的 2Φ22 应为上部通长筋，所以非贯通筋为 4Φ22 2/2，钢筋设置两排，第一排为 2Φ22，第二排为 2Φ22。计算过程如下：

① 第一排非贯通筋 2Φ22

$l_{\mathrm{n}}=\max(l_{\mathrm{n}1},\ l_{\mathrm{n}2})=5400-600=4800\mathrm{mm}$；

根据式（4-7）计算该支座第一排负筋单根长度为：

$$l=h_{\mathrm{c}}+\frac{2l_{\mathrm{n}}}{3}=600+(2\times 4800)\div 3=3800\mathrm{mm}。$$

② 该支座第二排非贯通筋 2Φ22

根据式（4-8）计算该支座第二排负筋单根长度为：

$$l=h_{\mathrm{c}}+\frac{l_{\mathrm{n}}}{2}=600+4800\div 2=3000\mathrm{mm}。$$

③ 该非贯通筋的质量为：

$m=(2\times 3.8+2\times 3.0)\times 0.006165\times 22^2=40.58\mathrm{kg}$。

2）③轴线上支座的非贯通筋 2Φ22，位置第一排：

根据图 4-15，可以看出在该支座右侧上方原位标注为 4Φ22，其中 2Φ22 应为上部通长筋，所以非贯通筋为 2Φ22，位置第一排，计算过程如下：

$l_{\mathrm{n}}=\max(l_{\mathrm{n}2},l_{\mathrm{n}3})=\max(4800,3000)=4800\mathrm{mm}$；

根据式（4-7）计算该支座第一排负筋单根长度为：

$$l=h_{\mathrm{c}}+\frac{2l_{\mathrm{n}}}{3}=600+(2\times 4800)\div 3=3800\mathrm{mm}。$$

该非贯通筋的质量为：

$m=2\times3.8\times0.006165\times22^2=22.68\text{kg}$

3. 架立筋

图 4-17 中，架立筋连接了梁某一跨左右两端的非贯通筋，架立筋与非贯通筋的搭接长度为 150mm。架立筋的单根长度即为梁某跨净跨长 l_{ni}减去该跨梁左右段非贯通筋的挑出长度再加上两端的搭接长度 300mm。

【例 4-13】 根据例 4-10 的条件与图 4-15，计算 KL3 架立筋（2 Φ 12）的质量。

解：由图 4-15 中可以看出，集中标注中有 2 Φ 22+(2 Φ 12)，其中 2 Φ 12 即为架立筋，该架立筋在框架梁 KL3 的 3 跨均有配置。

第一跨中的架立筋的单根长度为：

$l=4800-(2\times4800)\div3+300=1900\text{mm}$；

第二跨中的架立筋的单根长度与同第一跨为：

$l=1900\text{mm}$；

第三跨中的架立筋的单根长度为：

$l=3000-4800\div3-3000\div3+300=700\text{mm}$；

该架立筋的质量为：

$m=2\times(1.9\times2+0.7)\times0.006165\times12^2=7.99\text{kg}$。

4.2.2 梁的下部钢筋

1. 下部通长筋

下部通长筋的计算方法与上部通长筋相同，可采用式（4-1）计算，但是下部通长筋由于梁每跨受力和弯矩的大小不同，在同一根梁内，不同的跨下部通长筋变化较大，计算过程较上部通长筋更为复杂，具体表现在钢筋锚入支座长度 l_m 的计算。

由于上部通长筋一般情况下会贯通整根梁，不存在钢筋锚固到中间支座的情况，而下部通长筋有不同跨钢筋数量或者直径发生变化的情况，这就导致了下部通长筋即会锚入到端支座又可能锚入到中间支座。锚入到端支座的 l_m 计算方法与上部通长筋的 l_m 相同，采用式（4-2）计算。由于中间支座有足够的空间使钢筋在支座中直锚，所以锚入到中间支座的 l_m 按照直锚长度计算（图 4-18），即 $l_m=\max(l_{aE},\ 0.5h_c+5d)$。

【例 4-14】 根据例 4-10 的已知条件与图 4-15，计算 KL3 下部通长筋的质量。

解：通过图 4-15 可以看出，KL3 的下部通长筋第一跨原位标注为 6 Φ 25 2/4，第二跨、第三跨原位标注均为 4 Φ 25，采用相同钢筋拉通计算的原则，KL3 的下部通长筋中有 4 Φ 25 贯通整根梁（3 跨），第一跨中还有 2 Φ 25（上排）的钢筋。所以 4 Φ 25 的下部通长筋安装钢筋锚入两端支座进行计算，第一跨剩余的 2 Φ 25 安装一端锚入端支座（判断弯锚或者直锚），一端锚入中间支座进行计算（直锚）。

1）贯通整根梁（3 跨）的下部通长筋 4 Φ 25

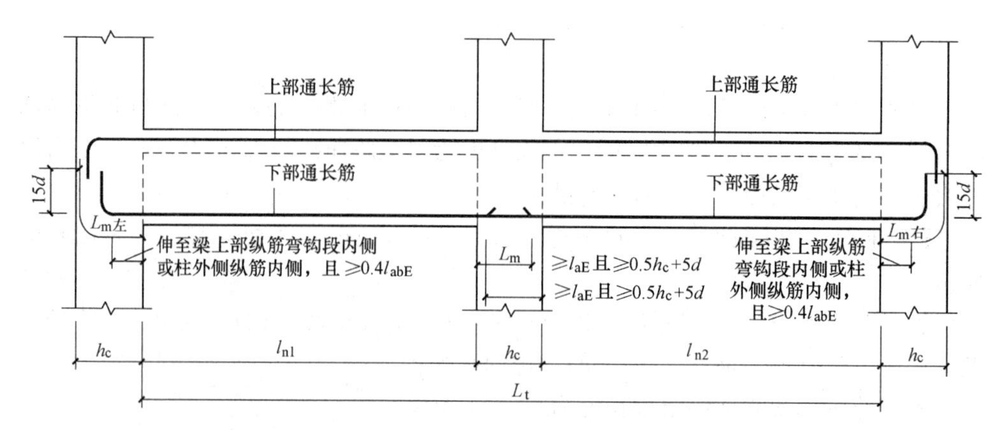

图 4-18　下部通长筋构造

钢筋简图：375　14940　375

计算方法同上部通长筋。

∵$l_{aE}=36.8d=36.8\times25=920\text{mm}$；$0.5h_c+5d=0.5\times600+5\times25=425\text{mm}$；

∴$\max(l_{aE},0.5h_c+5d)=920\text{mm}$；

∵$h_c-c=600-30=570\text{mm}<\max(l_{aE},\ 0.5h_c+5d)$，

∴下部钢筋锚入端支座方式采用弯锚，钢筋锚入梁左、右端支座的长度均为$l_m=h_c-c+15d=600-30+15\times25=945\text{mm}$。

该下部通长筋单根长为：

$l=L_t+l_{m左}+l_{m右}=5400\times2+3600-300\times2+945\times2=15690\text{mm}$；

该下部通长筋的质量为：

$m=4\times15.69\times0.006165\times22^2=241.82\text{kg}$。

2）贯通第 1 跨的下部通长筋 2 ⌀ 25（上排）

钢筋简图：375　6290

左端锚入端支座（弯锚）$l_m=h_c-c+15d=945\text{mm}$

右端锚入中间支座（直锚）$l_m=\max(l_{aE},0.5h_c+5d)=920\text{mm}$

该下部通长筋单根长为：

$l=L_t+l_{m左}+l_{m右}=5400-300\times2+945+920=6665\text{mm}$；

该下部通长筋的质量为：

$m=2\times6.67\times0.006165\times25^2=51.40\text{kg}$；

3）KL3 下部通长筋的总质量

$m=241.82+51.40=293.22\text{kg}$。

若 KL3 中 2 ⌀ 25（上排）位于第二跨，表明该钢筋两端均锚入中间支座，锚入长度 l_m 可按照直锚长度计算，即 $l_m=\max(l_{aE},0.5h_c+5d)=920\text{mm}$。

2. 下部不伸入支座钢筋

梁的下部不伸入支座钢筋特点是只在梁下部跨中部分配置，钢筋两端不伸入

到支座，钢筋端部距离支座内侧边缘距离为 $0.1l_{ni}$（图 4-10），其中 l_{ni} 为该梁第 i 跨的净跨长。

梁的下部不伸入支座钢筋的单根长度为：

$$l=0.8l_{ni} \tag{4-9}$$

【例 4-15】 根据图 4-19，计算 KL3 下部不伸入支座钢筋的质量。图中轴线均标注在柱的中心线上。

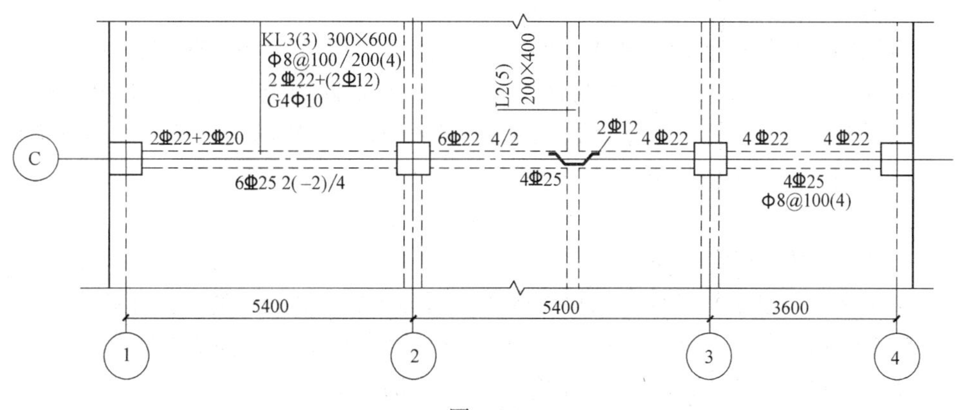

图 4-19

解： 通过图 4-19 可以看出框架梁 KL3 的下部钢筋第一跨原位标注为 6 Φ 25 2 (−2)/4，其表示含义为：上排纵筋为 2 Φ 25，且不伸入支座，下一排 4 Φ 25，全部伸入支座。其余梁跨则未配置不伸入支座钢筋。计算过程如下：

框架梁 KL3 的下部不伸入支座钢筋 2 Φ 25（上排）单根长度为：

$l=0.8l_{ni}=0.8\times(5400-600)=3840\text{mm}$；

该不伸入支座钢筋的质量为：

$m=2\times3.84\times0.006165\times25^2=29.59\text{kg}$。

4.2.3 梁的侧面钢筋和拉筋

1. 构造钢筋

根据国家建筑标准设计图集 16G101-1 规定，当梁腹板高度 $h_w\geqslant450\text{mm}$ 时，在梁的两个侧面应沿高度配置纵向构造钢筋；纵向构造钢筋间距 $a\leqslant200\text{mm}$（图 4-20），梁侧面构造钢筋的搭接和锚固长度可取 $15d$。梁侧面构造钢筋单根长度可

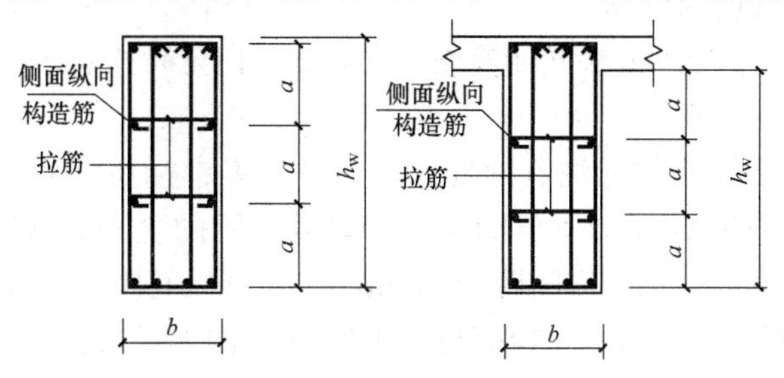

图 4-20 梁侧面纵向构造筋和拉筋

以由式（4-1）计算，式中的 l_m 可取 $15d$。

2. 受扭钢筋

如果梁侧面配置有受扭钢筋，其位置与梁侧面构造钢筋重复，此时受扭钢筋的直径不小于构造钢筋时，受扭钢筋可以替代构造钢筋，梁侧面受扭钢筋的搭接长度为 l_{lE}（抗震）或 l_l（非抗震），其锚固长度为 l_{aE} 或 l_a。梁侧面受扭钢筋单根长度可以由式（4-1）计算，式中的 l_m 取 l_{aE}（抗震条件）或 l_a（非抗震条件）。

3. 拉筋

根据国家建筑标准设计图集 16G101-1 规定，当梁宽≤350mm 时，拉筋直径为 6mm；梁宽＞350mm 时，拉筋直径为 8mm，拉筋间距为非加密区箍筋间距的 2 倍。当设有多排拉筋时，上下两排拉筋竖向错开设置。拉筋的计算方法与箍筋的计算方法相同，其单根长可由下式计算。

$$l=B-2c+2\times11.87d \tag{4-10}$$

式中 B——梁的宽度（mm）。

平法图集中规定：拉筋的间距可按照梁箍筋非加密区间距的 2 倍计算。

【例 4-16】 根据例 4-10 的条件与图 4-15，计算 KL3 侧面构造钢筋 4Φ10 的质量的质量。拉筋采用 6mm 的光圆钢筋，计算拉筋的工程量。

解：1）侧面构造钢筋 4Φ10：

$l_m=15d=150\text{mm}$。

该构造筋单根长为：

$l=L_t+l_{m左}+l_{m右}=5400\times2+3600-300\times2+150\times2=14100\text{mm}$；

该构造筋的质量为：

$m=4\times14.1\times0.006165\times10^2=34.77\text{kg}$。

2）拉筋Φ6@400

单根长：$l=B-2c+2\times11.87d=300-2\times30+2\times11.87\times6=382.44\text{mm}$；

根数：$n=\frac{4800}{400}+1+\frac{4800}{400}+1+\frac{3000}{400}+1=35$

该拉筋的质量为：

$m=35\times0.382\times0.006165\times6^2=2.97\text{kg}$。

4.2.4 梁的箍筋

1. 箍筋单根长度的计算

梁箍筋单根长度计算方法同柱箍筋，见第 3 章柱箍筋长度计算。

2. 箍筋根数的计算

图 4-19 中关于箍筋的标注有两处：一处位于集中标注区Φ8@100/200（4），一处位于梁第 3 跨的原位标注Φ8@100（4），其表示的含义为 KL3 第 1 跨、第 2 跨的箍筋为直径 8mm，加密区间距 100mm，非加密区间距 200mm 的四肢箍；梁第 3 跨的箍筋直径为 8mm，一种箍筋间距 100mm 的四肢箍。对于梁箍筋有两种箍筋间距的情况可以按照图 4-21 进行计算。计算公式如下：

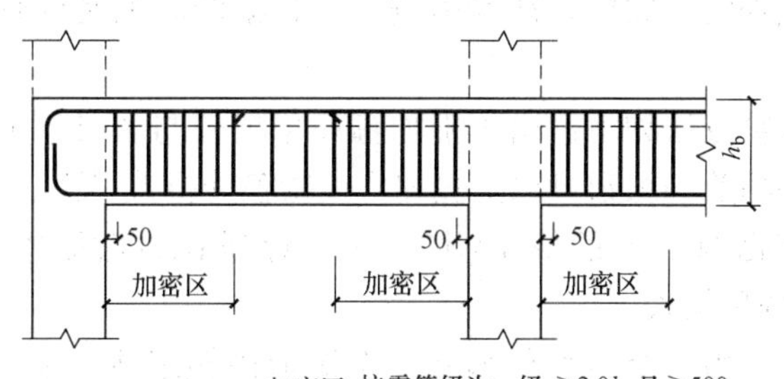

图 4-21 抗震框架梁 KL、WKL 箍筋加密区范围

框架梁、屋面框架梁两种箍筋间距某跨箍筋根数：

$$n=n_1\times2+n_2 \tag{4-11}$$

$$n_1=\frac{l_1-50}{s_1}+1 \tag{4-12}$$

$$n_2=\frac{l_2}{s_2}-1 \tag{4-13}$$

$$l_1=\begin{cases}\text{抗震等级为一级}:l_1=\max(2.0h_b,500)\\ \text{抗震等级为二～四级}:l_1=\max(1.5h_b,500)\end{cases} \tag{4-14}$$

$$l_2=l_n-l_1\times2 \tag{4-15}$$

式中 n——为梁某跨箍筋根数（根）；

n_1——为该梁某跨单侧加密区箍筋根数（根）；

n_2——为该梁某跨非加密区箍筋根数（根）；

l_1——为该梁某跨单侧加密区长度（mm）；

l_2——为该梁某跨非加密区长度（mm）；

s_1——为该梁某跨加密区间距（mm）；

s_2——为该梁某跨非加密区间距（mm）。

3. 附加箍筋

附加箍筋是在梁上有集中力的情况下设置的，通常设置在主次梁交接处，附加箍筋在施工图中主要通过梁平面图中标注及文字说明来体现，附加箍筋的直径、肢数同主梁箍筋，附加箍筋根数需要设计指定。通过图 4-22 可以看出，附加箍筋

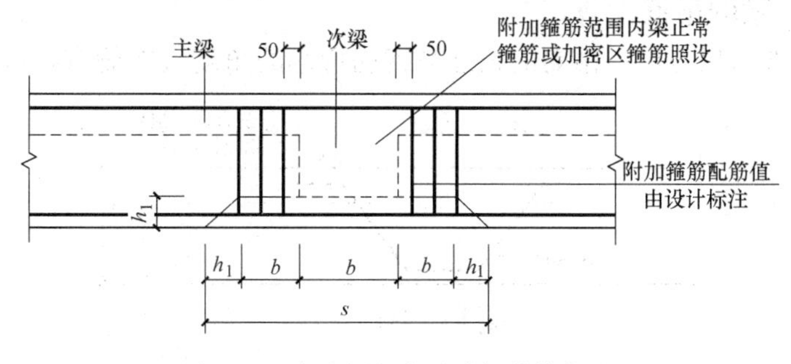

图 4-22 主次梁相交处附加箍筋构造

设置在主次梁交点处的主梁中，次梁两侧，并且梁的非加密区箍筋和加密区箍筋照设。

附加箍筋的计算方法如下：由于附加箍筋单根长与主梁箍筋一致，根数由设计标注，所以附加箍筋的根数可以直接加到主梁箍筋根数里面。

【例 4-17】 根据例 4-10 的条件与图 4-15，计算 KL3 箍筋的质量。

解：1）箍筋的单根长

箍筋为四肢箍，由一个矩形外箍和一个矩形内箍组成，箍筋级别直径为Φ 8，若按照箍筋的中心线进行计算，该箍筋的单根长为：

$$l=(300+600)\times2-8\times30-4\times8+11.87\times8\times2+(600-2\times30-8)\times2$$
$$+\left(\frac{300-2\times30-2\times8-25}{3}+25+8\right)\times2+11.87\times8\times2=3651\text{mm}$$

2）箍筋的根数

通过图 4-15 梁的箍筋左一跨、左二跨中为两种箍筋间距构造（加密区间距 100mm，非加密区间距 200mm），左三跨中为一种箍筋间距构造（间距 100mm）。箍筋根数计算如下：

① 左一跨：$l_1=\max(1.5h_b，500)=900\text{mm}$；

$n_1=\dfrac{l_1-50}{s_1}+1=\dfrac{900-50}{100}+1=10$ 根；

$n_2=\dfrac{l_2}{s_2}-1=\dfrac{l_n-2\times l_1}{s_2}-1=\dfrac{5400-600-1800}{200}-1=14$ 根；

$n=n_1\times2+n_2=10\times2+14=34$ 根。

② 左二跨：同左一跨，$l_1=900\text{mm}$，$n=34$ 根。

③ 左三跨（一种箍筋间距 100mm）：$l_n=3600-600=3000\text{mm}$，

一种箍筋间距的箍筋根数：$n=\dfrac{l_n}{s}+1=\dfrac{3000}{100}+1=31$ 根。

④ 根据图纸说明设计采用的附加箍筋根数为 6 根。

⑤ 箍筋总根数为 $34\times2+31+6=105$ 根。

3）箍筋的质量

$m=105\times3.65\times0.006165\times8^2=151.22\text{kg}$。

4.2.5 梁的吊筋

由图 4-23 可以看出，吊筋的长度与钢筋弯起的角度、钢筋直径以及次梁的宽

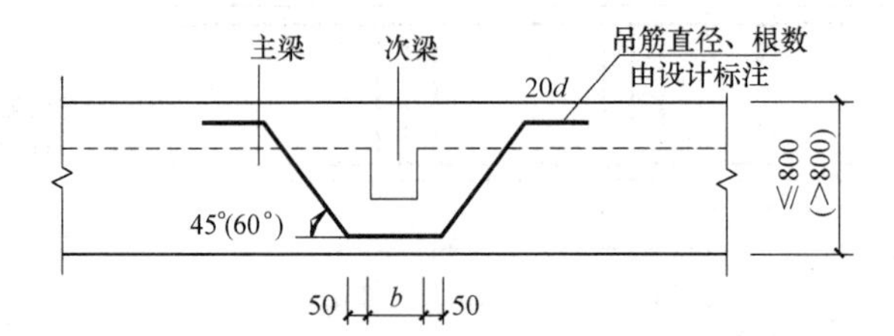

图 4-23 主次梁相交处吊筋构造

度有关。当梁高大于800mm时弯起角度取60°；当梁高小于等于800mm时，弯起角度取45°，吊筋的单根长可由下式计算。

$$l=\begin{cases}h_b\leqslant 800\text{mm 时}:l=b+100+40d+2\sqrt{2}(h_b-2c)\\ h_b>80\text{mm 时}:l=b+100+40d+\dfrac{4\sqrt{3}}{3}(h_b-2c)\end{cases} \quad (4\text{-}16)$$

吊筋的根数由设计人员根据结构设计结果在施工图纸中标注或者说明。

【例4-18】 根据例4-10的条件与图4-15，计算KL3中吊筋的2Φ12质量。

解： 1）2Φ12吊筋的单根长

KL3的梁高$h_b=600\text{mm}<800\text{mm}$，吊筋弯起角度为45°，所以单根长为：

$$\begin{aligned}l&=b+100+40d+2\sqrt{2}(h_b-2c)\\&=200+100+40\times 12+2\sqrt{2}(600-2\times 30)=2307\text{mm}\end{aligned}$$

2）吊筋的根数为2根；

3）吊筋的质量

$m=2\times 2.307\times 0.006165\times 12^2=4.10\text{kg}$。

本章习题

1. 梁的钢筋有哪些？梁的受力钢筋有哪些？
2. 梁的受力情况是什么样的？它与梁钢筋的设置有什么联系？
3. 楼层框架梁上部通长筋与屋面框架梁有何区别？
4. 梁架立筋的作用是什么？如何计算？
5. 梁的箍筋与柱的箍筋有哪些区别？
6. 梁的跨数如何确定？如何确定主梁与次梁？
7. 当梁截面发生变化时，梁的纵向钢筋应如何设置？

5

板钢筋工程量的计算

关键知识点：

1. 板钢筋的种类；
2. 板各种钢筋的平法识图；
3. 板内各种钢筋的计算方法。

教学建议：

建议教师从板的简单受力情况分析板钢筋的布置原则，让学生理解钢筋的作用。教学中应注意施工图纸复杂性对钢筋识图的影响。本章内容在第4章梁钢筋工程量计算之后，由于学生已经有了梁钢筋计算的基础，板钢筋工程量计算，可以适当减少课时。板钢筋与梁钢筋最大不同是板的钢筋都需要计算根数，而梁的钢筋只有箍筋需要计算根数，所以板筋根数计算时要注意根数结果采用的取整方法。板的支座负筋应注意标准尺寸的位置。

5.1 板平法施工图的识读

5.1.1 板平法施工图的表示方法

板平法施工图是指在楼面板和屋面板布置图上，采用平面注写的表达方式。板平面注写主要包括板块集中标注和板支座原位标注。板平法施工图中集中标注的内容为：板块编号、板厚、贯通纵筋，以及当板面标高不同时的标高高差（图5-1)。板原位标注主要在支座位置，其内容为：板支座上部非贯通纵筋和悬挑板上部受力钢筋。

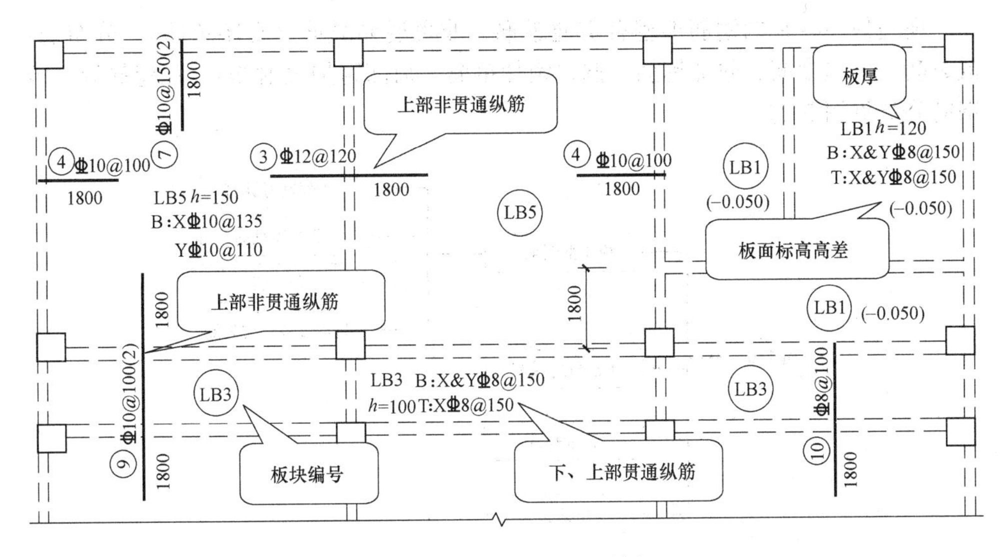

图 5-1 板平法施工图示例

5.1.2 板的类型与编号

(现浇板)按照建筑部位分有楼面板、屋面板和悬挑板,板编号由板类型、代号和序号组成,具体内容见表 5-1。

板编号 **表 5-1**

板类型	代号	序号
楼面板	LB	××
屋面板	WB	××
悬挑板	XB	××

5.1.3 板的厚度及标高

板厚注写为 h=×××(为垂直于板面的厚度);当悬挑板的端部改变截面厚度时,用斜线分隔根部与端部的高度值,注写为 h=×××/×××;设计已在图注中统一注明板厚时,可以不将板厚注写在板的集中标注范围内。图 5-1 中注写为 h=120 即为 LB1 板块板的厚度为 120mm。

板面标高高差是指相对于结构层楼面标高的高差,应将其注写在括号内,且有高差则注,无高差不注。图 5-1 板块 LB1 就注写了(−0.050)表示 LB1 板块相对于此层楼面标高降低了 50mm;其他板块没有注写,即表示这些板块的标高与此层楼面标高相同。

5.1.4 板的钢筋

1. 板的钢筋种类

现浇板中存在的钢筋类型有贯通纵筋、非贯通筋纵筋（支座负筋）、分布筋、抗裂筋、抗温度筋、附加钢筋（洞口附加钢筋、角部附加放射筋）、马凳筋等。板钢筋分类见图 5-2。

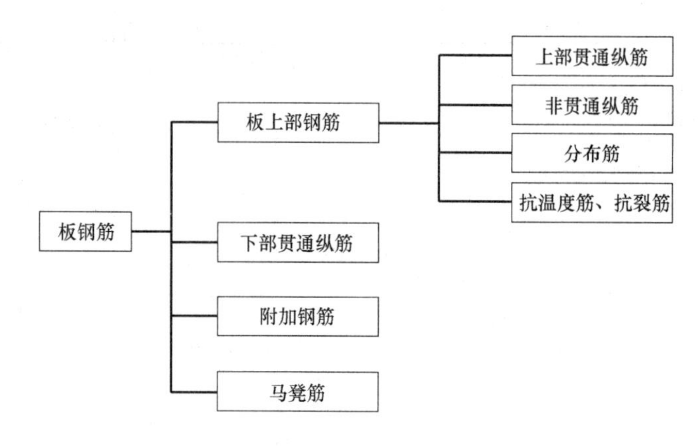

图 5-2　板钢筋分类图

2. 板的贯通纵筋

板的贯通纵筋包括：上部贯通纵筋和下部贯通纵筋。板的贯通纵筋是板的主要受力钢筋，其特点是贯通整个板块，钢筋锚入支座（梁），形成双向的钢筋网（图 5-3）；上、下部贯通纵筋就构成了双层双向的钢筋网。

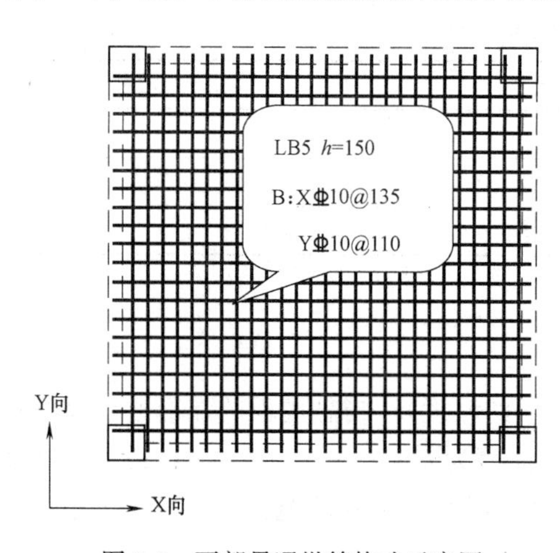

图 5-3　下部贯通纵筋构造示意图

由于板的贯通纵筋有两个方向，为方便设计表达和施工识图，规定结构平面的坐标方向为：当两向轴网正交布置时，图面从左至右为 X 向，从下至上为 Y 向（图 5-3）；当轴网转折时，局部坐标方向顺轴网转折角度做相应转折；当轴网向心布置时，切向为 X 向，径向为 Y 向。此外，对于平面布置比较复杂的区域，如轴网转折交界区域、向心布置的核心区域等，其平面坐标方向应由设计者另行规定并在图上明确表示。

贯通纵筋按板块的下部和上部分别注写（当板块上部不设贯通纵筋时则不注），并以 B 代表下部，以 T 代表上部，B、T 分别代表下部与上部；X 向贯通纵筋以 X 开头，Y 向贯通纵筋以 Y 开头，两向贯通纵筋配置相同时则以 X、Y 开头。当为单向板时，分布筋可不必注写，而在图中统一注明。

【例 5-1】 图 5-1 中 LB1 板块集中标注钢筋部分注写为：B：X&Y Φ 8@150；T：X&Y Φ 8@150，其中 B：X&Y Φ 8@150 表示板块下部为贯通纵筋，X 方向和

Y 方向钢筋的直径为 8mm，间距 150mm；T：X&Y ⌀ 8@150 表示板块上部为贯通纵筋，X 方向和 Y 方向钢筋的直径为 8mm，间距 150mm。

【例 5-2】 图 5-1 中 LB5 板块集中标注钢筋部分注写为 B：X ⌀ 10@135；Y ⌀ 10@110，表示此板块下部为贯通纵筋，X 方向钢筋的直径为 10mm，间距 135mm；和 Y 方向钢筋的直径为 10mm，间距 110mm。

当在某些板内（例如在悬挑板 XB 的下部）配置有构造钢筋时，则 X 向以 X_c，Y 向以 Y_c开头注写。例如，一悬挑板标注为：XB1 h=150/100 B：X_c&Y_c⌀ 8@200 时，表示 1 号悬挑板，板根部厚 150mm，板端部厚 100mm，板下部配置构造钢筋双向均为⌀ 8@200。

当 Y 向采用放射配筋时（切向为 X 向，径向为 Y 向），设计者应注明配筋间距的定位尺寸。

当贯通筋采用两种规格钢筋"隔一布一"方式时，表达为 ϕxx/yy@xxx，表示直径为 xx 的钢筋的间距为 xxx 的 2 倍；直径 yy 的钢筋的间距为 xxx 的 2 倍。例如，当贯通筋标注为 B：X ⌀ 10/12@150 时，表示该板块的下部贯通纵筋 X 方向的为⌀ 10 与⌀ 12 的钢筋隔一布一，⌀ 10 与⌀ 12 的钢筋间距为 150mm，⌀ 10 钢筋的间距为 300mm，⌀ 12 钢筋的间距为 300mm。

3. 板的非贯通纵筋（支座负筋）

板的非贯通筋与梁的非贯通筋受力情况相似，主要抵抗的是支座附近的负弯矩，所以非贯通筋又称支座负筋。非贯通筋的设置特点是钢筋锚固到支座（梁）并伸入板跨内一定长度。

按照支座位置不同非贯通筋可以分为端支座非贯通筋和中间支座非贯通筋（图 5-4），非贯通筋布置见图 5-5。

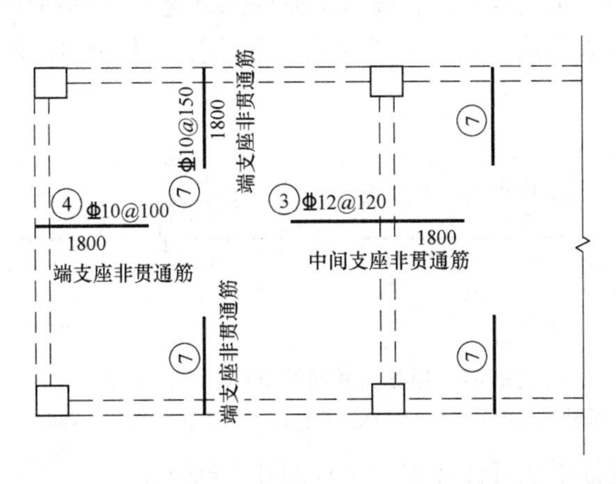

图 5-4 板上部非贯通纵筋平法施工图

板上部非贯通筋是通过原位标注的形式来表现的，原位标注中的标注内容（图 5-6）包括：钢筋编号、钢筋级别、钢筋直径、钢筋间距、钢筋布置跨数、钢筋伸出长度。

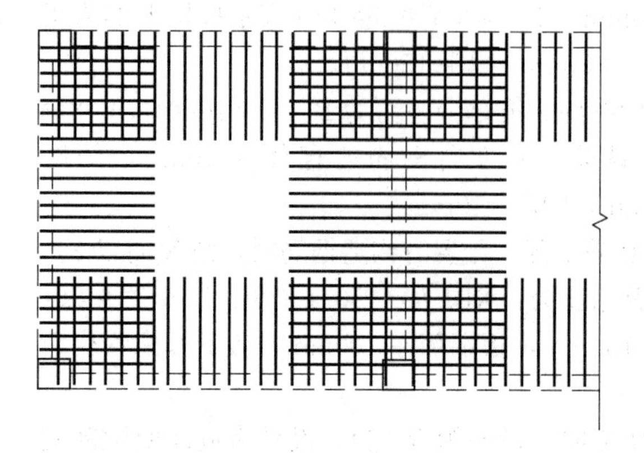

图 5-5　板上部非贯通纵筋布置施工图

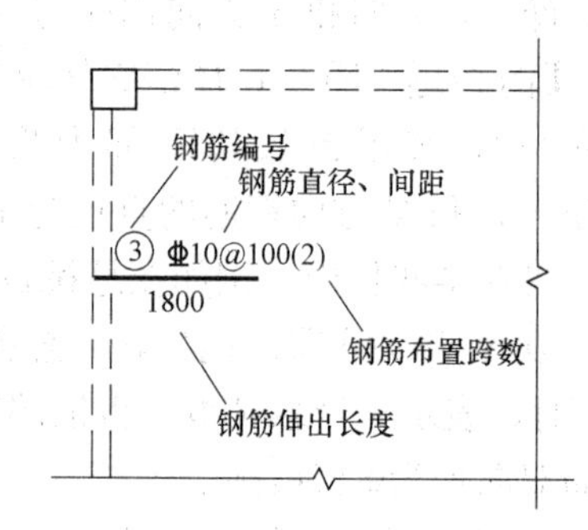

图 5-6　板上部非贯通纵筋平法标注含义

钢筋编号的作用是同编号的钢筋各种属性相同，在同一张施工图中，同编号的钢筋内容只需标注一次，其他钢筋只标注钢筋编号即可（图 5-4 中⑦号钢筋）。

钢筋布置的跨数表示该非贯通筋在板中分布的跨数，板的跨数是以支座（梁）来确定的。图 5-6 中的③非贯通筋标注为Φ 10@100（2），表示该非贯通筋沿 y 向（垂直钢筋延伸方向）分布，分布范围为 2 跨板。若标注为Φ 10@100（2A），则表示该非贯通筋沿着垂直钢筋延伸方向分布，分布范围为 2 跨板带一悬挑板。

钢筋伸出长度表示非贯通筋伸入板内的长度，根据国家建筑标准设计图集 16G101-1 规定：板支座上部非贯通筋伸出长度为自支座中线向跨内的伸出长度（图 5-7*a*）。按照 16G101-1 中的规定，图 5-6 中的③非贯通筋伸出长度为 1800mm，表示钢筋从支座中线算起的伸出长度为 1800mm。但在实际施工图的设计工作中，设计人员习惯于将非贯通筋伸出长度从支座内侧算起（图 5-7*b*），所以在识读施工图时需要注意设计人员是否已给定板非贯通筋的标注大样图，若给定则应按图进行施工和计算。

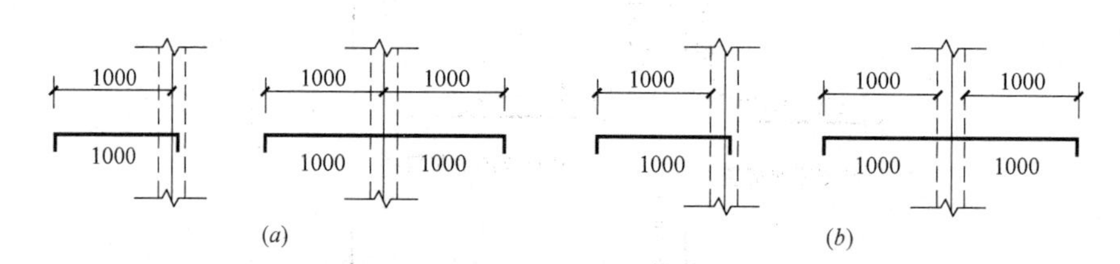

图 5-7　板非贯通筋伸出长度标注含义

（*a*）非贯通筋伸出长度从支座中心线起算；（*b*）非贯通筋伸出长度从支座内侧起算

板上部非贯通筋平法标注还需要注意的几个问题是：

当中间支座上部非贯通纵筋向支座两侧对称伸出时，可仅在支座一侧线段下方标注伸出长度，另一侧不标注，见图 5-8。当向支座两侧非对称伸出时，应分别在支座两侧线段下方注写伸出长度，见图 5-9。对线段画至对边贯通全跨或贯通全悬挑长度的上部通长纵筋，贯通全跨或伸出至全悬挑一侧的长度值不注，只注明非贯通筋另一侧的伸出长度值，见图 5-10。

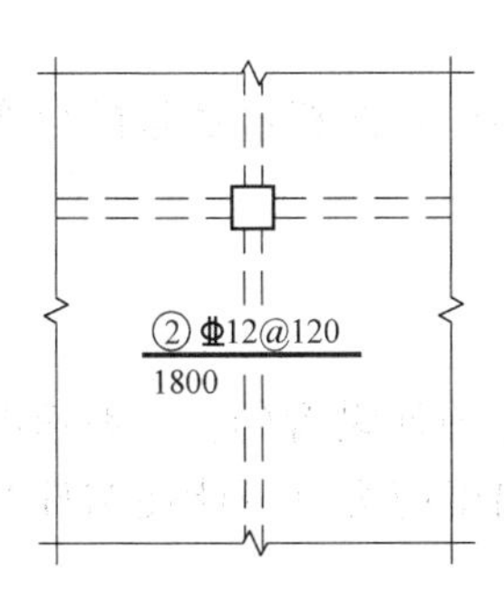

图 5-8　板非贯通筋对称伸出

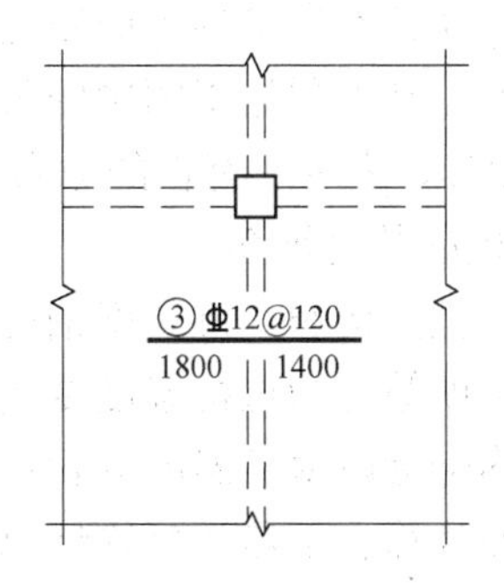

图 5-9　板非贯通筋非对称伸出

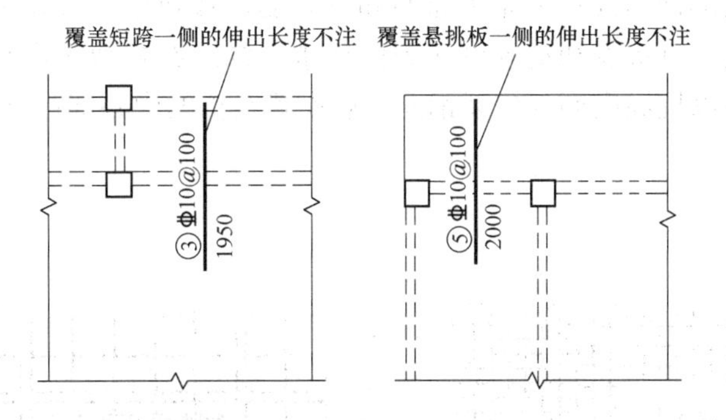

图 5-10　支座非贯通筋贯通全跨或伸出至悬挑端

4. 板的构造分布钢筋

板的构造筋和分布筋的共同的特点是：钢筋设置不做受力考虑。构造筋的作用是在混凝土结构设计中满足构造要求的配筋，而分布筋的作用主要是固定主要受力钢筋，使受力筋形成整体受力，起到了分布的作用。分布筋的两种设置情况见图 5-11。板的构造筋或分布筋应由设计者在图中注明，一般是以文字说明的方

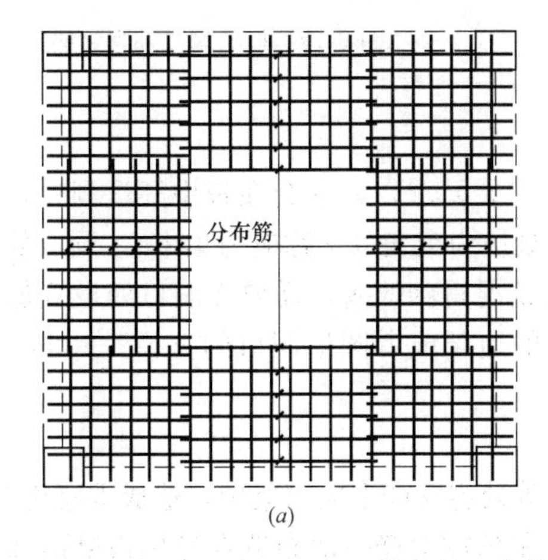

(a)

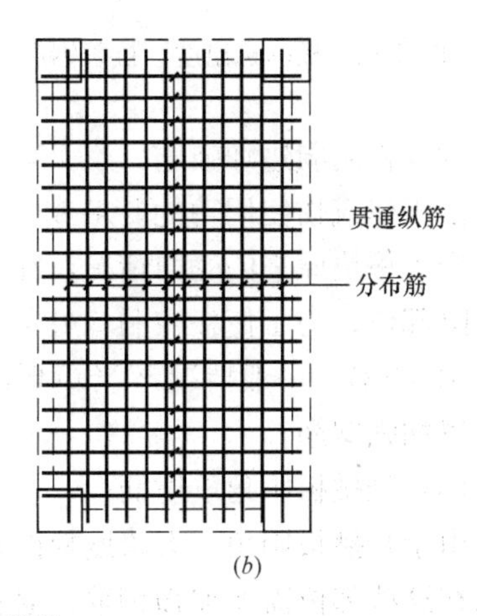

(b)

图 5-11　分布筋的设置

(a) 与非贯通筋垂直绑扎的分布筋；(b) 单向板中长方向的分布筋

式体现，而并不在结构平面布置图中画出。

例如：某工程施工图中的某层结构平面布置图中，注释说明板的分布筋均采用Φ 6@250，表示所有板的分布筋均为Φ 6@250。

5. 板的其他钢筋

（1）板的抗裂、抗温度钢筋

抗温度筋是为抵抗温度变化在构件内产生的应力而设置的。一般情况下，构件配筋均会考虑由于温度变化产生的应力，但当温度应力有可能使构件产生裂缝而又不便计算、不需计算等情况时就按构造配置。

构件产生裂缝原因很多，不只是温度变化引起。如地基沉降、其他相关构配件变形、应力集中等都可引起裂缝。为抵抗这些效应引起的裂缝常配置有抗裂筋。

有些板块上部钢筋设置了非贯通筋和分布筋，板块中心部位的上部则没有钢筋，如果此板块又有抗裂和抗温度应力的要求，则应在板块中心设置上部的温度筋与抗裂筋，所以抗温度筋与抗裂钢筋一般设置在板的中心部位（图 5-12），属于板的上部钢筋。

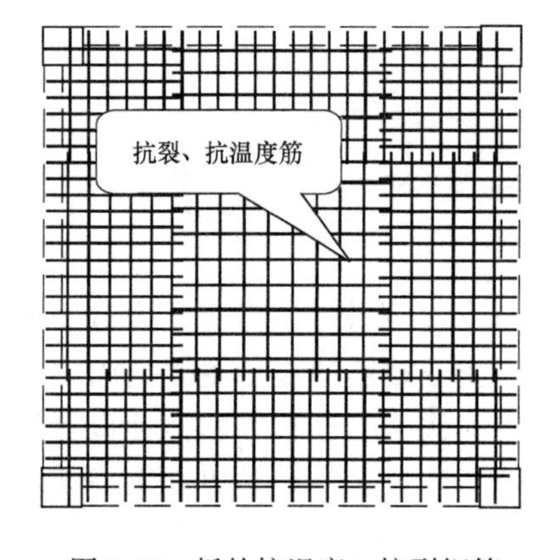

图 5-12　板的抗温度、抗裂钢筋

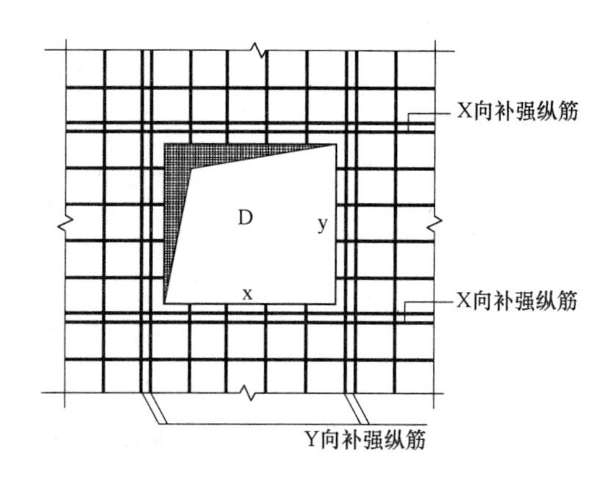

图 5-13　板的洞口补强钢筋

（2）板洞洞边加强筋

由于建筑物使用功能要求或者管线安装要求，常常会在板中开设洞口，这样就改变了板块原来的受力情况，在洞口处应力突变（又称应力集中），洞口处就成为危险部位，为了使板在洞口处的受力情况得到改善，需要在洞口处设置加强钢筋（图 5-13）。一般情况下当矩形洞口的边长或者圆形洞口的直径＞300mm 时，须设置加强钢筋。

（3）悬挑板阳角放射筋

由于悬挑板阳角、大跨度板的角部等处容易产生应力集中，造成混凝土开裂，所以在这些部位需要加强钢筋。悬挑板阳角放射筋一般布置在悬挑板挑出部分的阳角处，呈放射状布置（图 5-14）。

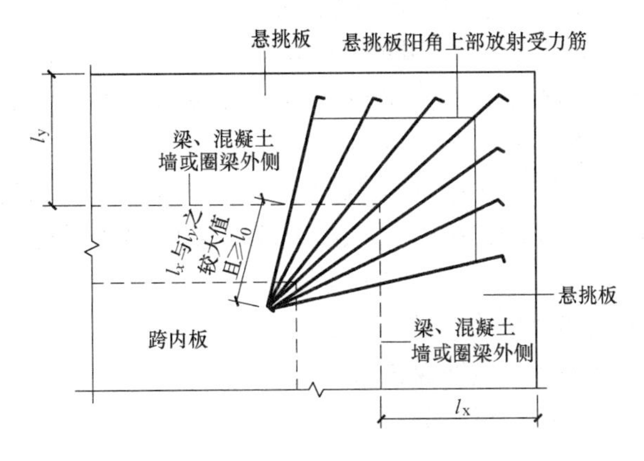

图 5-14　悬挑板阳角放射筋

5.2　板钢筋工程量计算

5.2.1　板的贯通纵筋

1. 板的上部贯通纵筋

（1）板上部贯通纵筋单根长度的计算

由图 5-15 可以看出，板上部贯通纵筋贯通全跨，钢筋两端锚入支座（梁或者墙），可见板上部贯通筋的计算与梁上部通长筋类似，采用梁上部通长筋的计算方法，得出板上部贯通纵筋的单根长度 l 如下：

$$l=L_{tb}+l_{m左}+l_{m右} \tag{5-1}$$

式中　L_{tb}——该板沿着钢筋延伸方向的通跨净跨长（mm）；

$l_{m左}$——钢筋锚入板左端支座的长度（mm）；

$l_{m右}$——钢筋锚入板右端支座的长度（mm）。

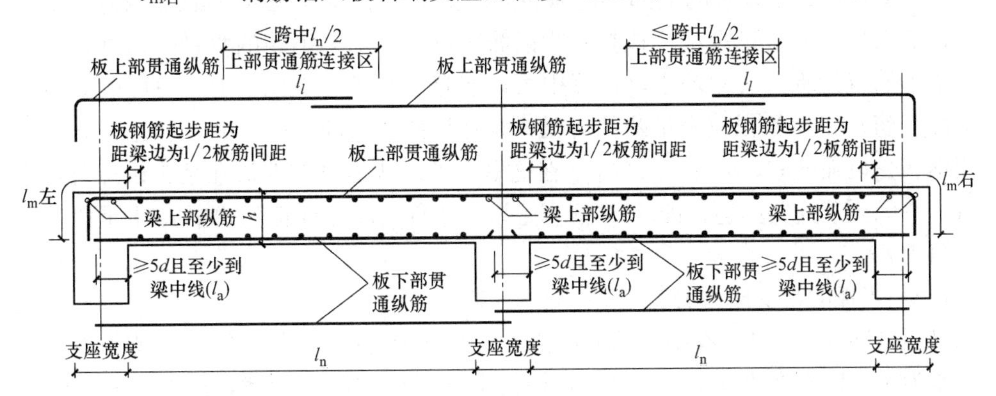

图 5-15　板上部贯通纵筋、下部贯通纵筋构造

（2）上部贯通纵筋锚入支座长度 l_m 的计算

由于板的 $l_{m左}$、$l_{m右}$ 计算方法相同，所以本书以下采用 l_m 综合表示 $l_{m左}$、$l_{m右}$。板上部贯通纵筋的 l_m 根据支座的不同略有不同，下面分为不同支座来说明。

1）当板的端支座为梁时（图 5-16*a*）

通过图 5-16*a* 可以看出，钢筋弯锚入支座（梁），水平段的长度为梁宽减去一个梁的保护层厚度，竖直段为 15*d*，那么板上部贯通纵筋锚入梁的长度如下：

$$l_m = b - c + 15d \tag{5-2}$$

式中 d——为上部通长筋直径（mm）；

c——支座混凝土钢筋保护层厚度（mm）；

b——板的支座（梁）的宽度（mm）。

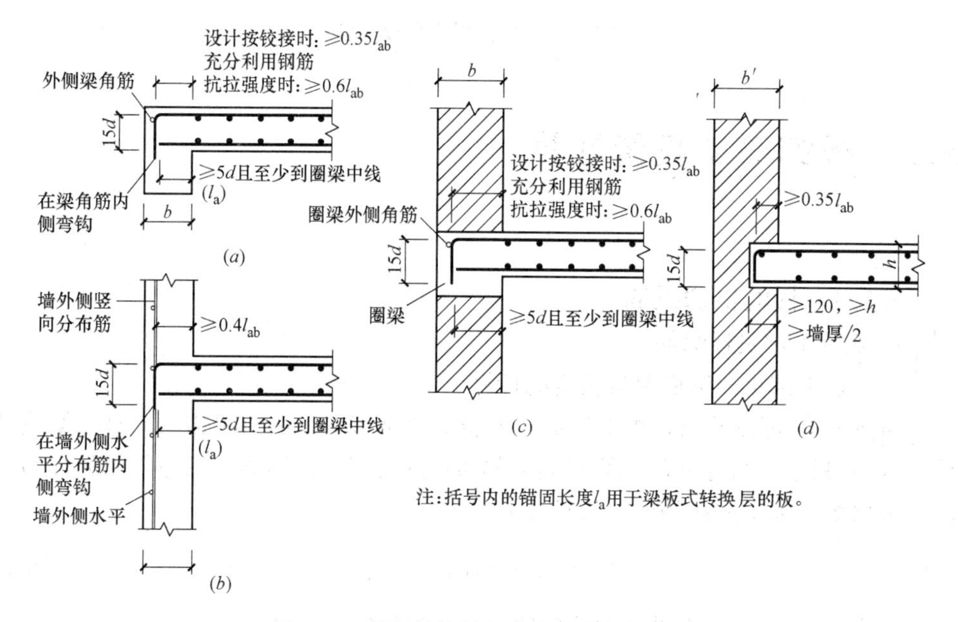

图 5-16 板钢筋在端部支座的锚固构造

（*a*）端部支座为梁；（*b*）端部支座为剪力墙；（*c*）端部支座为砌体墙的圈梁；（*d*）端部支座为砌体墙

需要说明的是，板的上部贯通纵筋伸入支座（梁），并在梁的纵筋内侧向下弯折，那么板上部钢筋的 l_m 应该扣除梁钢筋所占（一个梁钢筋的直径）尺寸，但是由于钢筋直径所占尺寸较小，计算中可以忽略。另外，在图 5-16*a* 中可以看出板上部钢筋 l_m 的水平段应满足两种情况：设计按照铰接时，$b-c \geqslant 0.35l_{ab}$；充分利用钢筋受拉强度时，$b-c \geqslant 0.6l_{ab}$。在这里，可以认为设计人员在结构设计时，应首先考虑到了这些问题，即 $b-c$ 恒满足以上条件，故在计算公式中 l_m 水平段的长度恒为 $b-c$。

2）当板的端支座为剪力墙时（图 5-16*b*）

通过图 5-16*b* 可以看出，钢筋弯锚入支座（剪力墙），其弯锚的构造与板的端支座为梁时区别在于 $b-c \geqslant 0.4l_{ab}$，根据上面对此问题的阐述，l_m 的水平段恒为 $b-c$，故 l_m 仍可采用式（5-2）计算，计算时只需将式中的 b 代换为剪力墙的厚度即可。

3）当板的端支座为砌体墙的圈梁时（图 5-16*c*）

通过图 5-16*c* 可以看出，钢筋弯锚入支座（圈梁），板上部贯通纵筋锚入梁的长度 l_m 的计算方法与当板支座为梁时完全相同，故 l_m 采用式（5-2）计算。计算时只需将式中的 b 代换为圈梁的宽度即可。

4）当板的端支座为砌体墙时（图 5-16*d*）

通过图 5-16*d* 可以看出，l_m 的长度与板伸入砌体墙的长度有关，板伸入砌体墙的板头长度既要大于 120mm，又要大于板厚 h，又要大于墙厚的一半。l_m 可采用下式计算。

$$l_m = \max\left(120, h, \frac{b'}{2}\right) - c + 15d \tag{5-3}$$

式中 h——板的厚度（mm）；

b'——砌体墙的厚度（mm）。

（3）板上部贯通纵筋根数的计算

板中距离支座（梁或墙）最近钢筋与支座内侧边缘的距离称为起步距。板所有钢筋的根数均与起步距有关。在设计和施工习惯中，起步距一般有 4 种情况：①起步距为 50mm；②起步距为一个保护层厚度；③起步距为板筋距离梁角筋为 1/2 板筋间距；④起步距为 1/2 板筋间距；国家建筑标准设计图集 16G101-1 统一规定：起步距为 1/2 板筋间距。板的上部贯通纵筋根数按下式计算：

$$n_i = \frac{l_{ni} - s}{s} + 1 \tag{5-4}$$

式中 n_i——为板第 i 跨上部贯通纵筋根数（根）；

l_{ni}——为板第 i 跨的净跨长度（mm）；

s——为板筋间距（mm）。

【例 5-3】 某层板的信息如图 5-17 所示，已知该层所有的梁的宽度均为 300mm（图中轴线标注在梁的中心线上），梁混凝土钢筋保护层厚度均为 20mm，板混凝土钢筋保护层厚度均为 15mm，试计算 LB1 上部贯通纵筋的质量。

解： 根据图 5-17 可以看出，LB1 有 3 个板块，而上部贯通筋连接位置位于板跨中部，采用焊接或者机械连接，将上部贯通筋拉通计算。

（1）X 方向上部贯通筋⌀ 8@150

钢筋锚入支座（梁）的长度：

$l_m = b - c + 15d = 300 - 20 + 15 \times 8 = 400$mm；

板的通跨净跨长：

$L_{tb} = 3000 + 4200 - 300 = 6900$mm；

X 向上部贯通筋单根长：

$l = L_{tb} + l_{m左} + l_{m右} = L_{tb} + 2l_m = 6900 + 2 \times 400 = 7700$mm；

X 向上部贯通筋的根数：

$$n_i = \frac{l_{ni} - s}{s} + 1 = \frac{6900 - 1800 - 300 - 150}{150} + 1 + \frac{1800 - 300 - 150}{150} + 1 = 42 \text{ 根。}$$

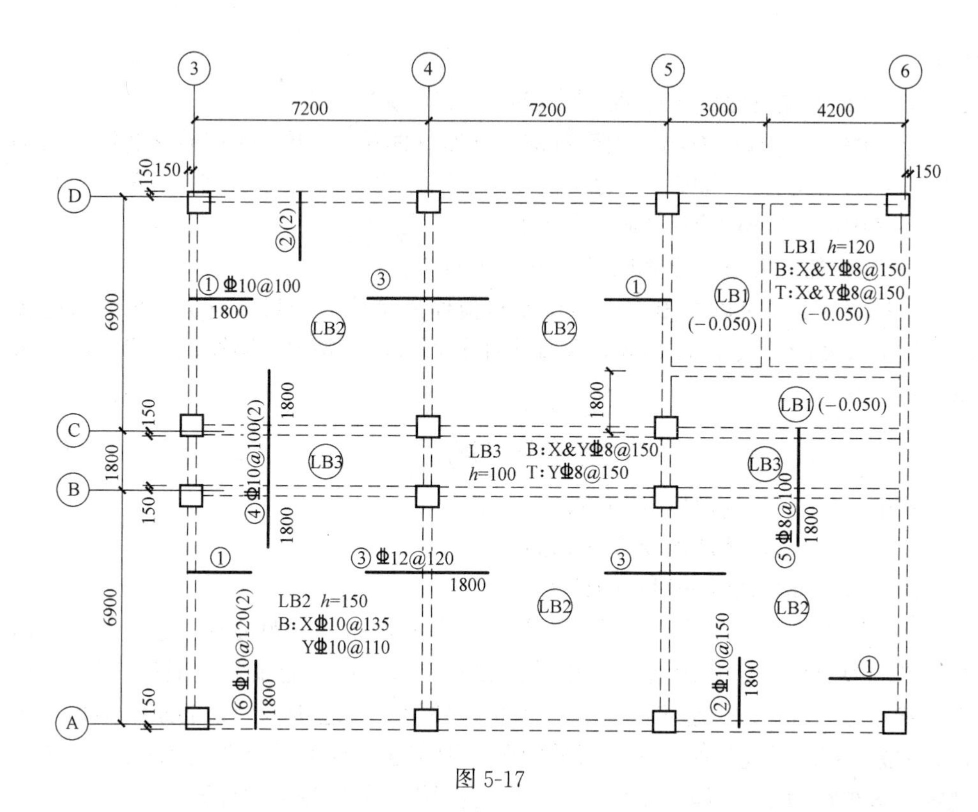

图 5-17

(2) Y 方向上部贯通筋Φ 8@150

钢筋锚入支座（梁）的长度：

$l_m = b - c + 15d = 300 - 20 + 15 \times 8 = 400\text{mm}$；

板的通跨净跨长：

$L_{tb} = 6900 - 300 = 6600\text{mm}$；

Y 向上部贯通筋单根长：

$l = L_{tb} + l_{m左} + l_{m右} = L_{tb} + 2l_m = 6600 + 2 \times 400 = 7400\text{mm}$；

Y 向上部贯通筋的根数：

$n_i = \frac{l_{ni} - s}{s} + 1 = \frac{3000 - 300 - 150}{150} + 1 + \frac{4200 - 300 - 150}{150} + 1 = 44$ 根。

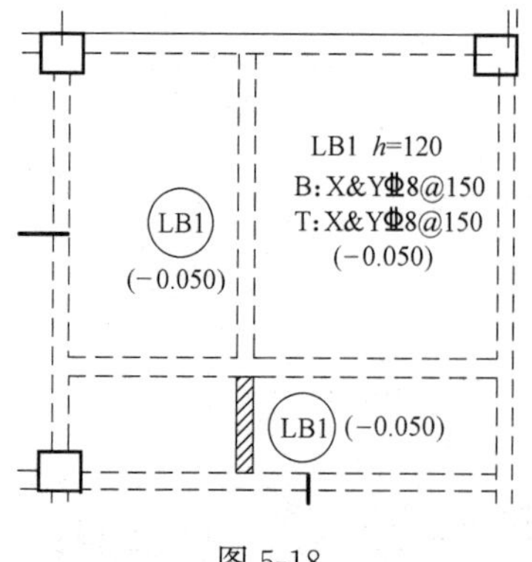

图 5-18

在 Y 向上部贯通筋上面的算法中，钢筋是按照拉通来计算，计算根数的时候扣除了中间的梁，但是在扣梁的时候，位置在下的板块也被扣除了（图 5-18 中阴影部分），所以这部分钢筋应该单独进行计算。

被扣除部分钢筋的单根长：

$$l = L_{tb} + 2l_m = 1800 - 300 + 2 \times 400 = 2300\text{mm}$$

被扣除部分钢筋的根数：$n_i = \frac{300 + 150}{150} -$

1=2 根。

（3）LB1 上部贯通筋的质量

$$m=(7.7\times42+7.4\times44+2.3\times2)\times0.006165\times8^2=257.88\text{kg}$$

2. 板的下部贯通纵筋

下部贯通纵筋根数的计算方法与上部贯通纵筋完全相同，下部贯通纵筋单根长度的计算方法与上部贯通纵筋类似，也可采用式（5-1）计算，但下部贯通纵筋锚入支座的长度 l_m 与上部贯通纵筋有较大差别，下部贯通纵筋锚入支座的长度 l_m 如下：

（1）当板的端支座为梁时（图 5-16a）

通过图 5-16a 可以看出，下部贯通纵筋直锚入支座（梁），锚入的长度既要≥5d，又要至少伸至梁的中心线。l_m 可按下式计算：

$$l_m=\max\left(\frac{b}{2},5d\right) \tag{5-5}$$

式中 d——为上部通长筋直径（mm）；

c——混凝土钢筋保护层厚度（mm）；

b——板的支座（梁）的宽度（mm）。

（2）当板的端支座为圈梁与剪力墙时（图 5-16b、c）

通过图 5-16b、c 可以看出，钢筋弯锚入支座（圈梁与剪力墙），板上部贯通纵筋锚入梁的长度 l_m 的计算方法与当板支座为梁时完全相同，故 l_m 采用式（5-5）计算。计算时只需将式中的 b 代换为圈梁或剪力墙的宽度即可。

（3）当板的端支座为砌体墙时（图 5-16d）

通过图 5-16d 可以看出，下部贯通纵筋 l_m 的长度即为板伸入砌体墙的长度，l_m 可采用下式计算。

$$l_m=\max\left(120,h,\frac{b'}{2}\right)-c' \tag{5-6}$$

式中 h——板的厚度（mm）；

b'——砌体墙的厚度（mm）；

c'——板的混凝土钢筋保护层厚度（mm）。

【例 5-4】 某层板的信息如图 5-17 所示，已知条件同例 5-3，试计算 LB2 下部贯通纵筋的质量。

解： 根据图 5-17 可以看出，LB2 有 5 个板块，每个板块尺寸相同，而下部贯通筋连接位置位于板支座处，可将各个板块中的下部贯通筋单独计算，计算的最后结果乘以 5。

（1）X 方向下部贯通筋Φ 10@135

钢筋锚入支座（梁）的长度：

$l_m=\max\left(\frac{b}{2}，5d\right)=\max\left(\frac{300}{2}，50\right)=150\text{mm}$；

板的通跨净跨长：

$L_{tb}=7200-300=6900\text{mm}$；

X 向下部贯通筋单根长：

$l=L_{tb}+l_{m左}+l_{m右}=L_{tb}+2l_m=6900+2\times150=7200\text{mm}$；

X 向下部贯通筋的根数（单块板）：

$n_i=\dfrac{l_{ni}-s}{s}+1=\dfrac{6900-300-135}{135}+1=49$ 根。

（2）Y 方向下部贯通筋⌀ 10@110

钢筋锚入支座（梁）的长度：

$l_m=\max\left(\dfrac{b}{2},\ 5d\right)=\max\left(\dfrac{300}{2},\ 50\right)=150\text{mm}$；

板的通跨净跨长：

$L_{tb}=6900-300=6600\text{mm}$；

Y 向下部贯通筋单根长：

$l=L_{tb}+l_{m左}+l_{m右}=L_{tb}+2l_m=6600+2\times150=6900\text{mm}$；

Y 向下部贯通筋的根数（单块板）：

$n_i=\dfrac{l_{ni}-s}{s}+1=\dfrac{7200-300-110}{110}+1=63$ 根。

（3）LB2 下部贯通筋的质量

$m=(7.2\times49+6.9\times63)\times5\times0.006165\times10^2=2427.47\text{kg}$

5.2.2 板的支座上部非贯通纵筋（支座负筋）

1. 板上部非贯通纵筋单根长度的计算

板的上部非贯通筋构造按照钢筋位于支座位置的不同可以分为：端支座非贯通纵筋和中间支座非贯通筋，见图 5-19。端支座非贯通筋一端锚入支座，一端伸入板内一定长度并向下弯折；中间支座非贯通筋横穿中间支座，两端伸入板内并向下弯折。板上部非贯通筋的单根长度计算方法如下：

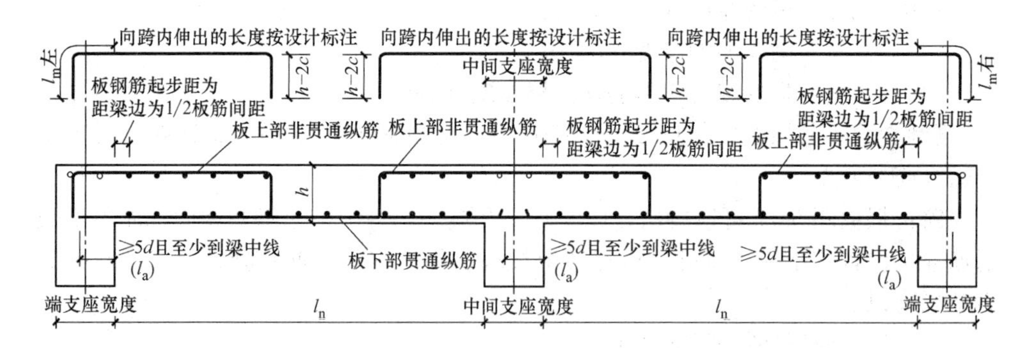

图 5-19 板上部非贯通筋构造

（1）端支座非贯通筋

板的端支座非贯通筋锚入支座的长度 l_m 则与板的上部贯通纵筋相同，可由式（5-2）、式（5-3）计算。非贯通纵筋向板内伸出的长度按设计标注，由于非贯通筋向板内伸出的长度起算点不同（图 5-7），造成计算结果也有差异，所以应分不同起算点的两种情况来计算非贯通筋的单根长度 l。

$$l=\begin{cases}\text{钢筋伸出长度从支座中心起算：}l_m-\dfrac{b}{2}+h-2c'+l_s\\ \text{钢筋伸出长度从支座内侧起算：}l_m+h-2c'+l_s\end{cases}\tag{5-7}$$

式中　l_s——设计标注的非贯通筋向板内伸出长度（mm）；在图 5-7（a）、图 5-7（b）中，l_s 即等于 1000mm；

c'——板的混凝土钢筋保护层厚度（mm）；

b——板的支座（梁）的宽度（mm）；

h——板的厚度（mm）。

（2）中间支座非贯通筋

中间支座非贯通筋的单根长度为：

$$l=\begin{cases}\text{钢筋伸出长度从支座中心起算：}\quad l_{s1}+l_{s2}+2(h-2c')\\ \text{钢筋伸出长度从支座内侧起算：}\quad l_{s1}+l_{s2}+b+2(h-2c')\end{cases}\tag{5-8}$$

式中　l_{s1}、l_{s2}——设计标注的中间支座非贯通筋向板内伸出左、右两端的长度（mm）；在图 5-9 中，l_{s1} 等于 1800mm，l_{s2} 等于 1400mm。

上部非贯通筋的根数计算方法与上部贯通筋根数计算方法相同，见式 5-4。

【例 5-5】 某层板的信息如图 5-17 所示，已知条件同例 5-3，非贯通筋伸出长度标注标至梁的中心线，试计算①、③、④号上部非贯通纵筋的质量。

解：（1）①号上部非贯通纵筋Φ 10@100

根据图 5-17 可以看出①号上部非贯通纵筋有 4 处，每处①号筋的长度、根数均一致。

钢筋锚入支座（梁）的长度：

$l_m=b-c+15d=300-20+15\times10=430$mm；

非贯通伸出板内长度：$l_s=1800$mm（标注标至梁中心线）；

单根长：$l=l_m-\dfrac{b}{2}+h-2c'+l_s=430-\dfrac{300}{2}+150-15\times2+1800=2200$mm；

根数（1 处）：$n_i=\dfrac{l_{ni}-s}{s}+1=\dfrac{6900-300-100}{100}+1=66$ 根。

① 号上部非贯通纵筋的质量：

$$m=2.2\times66\times4\times0.006165\times10^2=358.06\text{kg}$$

（2）③号上部非贯通纵筋Φ 12@120

根据图 5-17 可以看出③号上部非贯通纵筋有 3 处，每处③号筋的长度、根数均一致。

非贯通伸出板内长度：$l_{s1}=l_{s2}=1800$mm（标注标至梁中心线）；

单根长：$l=l_{s1}+l_{s2}+2(h-2c')=1800+1800\times2\times(150-2\times15)=3840$mm；

根数（1 处）：$n_i=\dfrac{l_{ni}-s}{s}+1=\dfrac{6900-300-120}{120}+1=55$ 根。

③ 号上部非贯通纵筋的质量：

$m=3.84\times55\times3\times0.006165\times12^2=562.48$kg。

（3）④号上部非贯通纵筋Φ 10@100

根据图 5-17 可以看出④号上部非贯通纵筋分布范围为③～⑤轴线间（两跨板）。

非贯通伸出板内长度：$l_{s1}+l_{s2}=1800$mm（标注标至梁中心线）；

单根长：$l=1800\times3+2\times(150-2\times15)=5640$mm；

根数（1 跨）：$n_i=\dfrac{l_{ni}-s}{s}+1=\dfrac{7200-300-100}{100}+1=69$ 根。

④ 号上部非贯通纵筋的质量：

$n=5.64\times69\times2\times0.006165\times10^2=479.83$kg。

5.2.3 板的分布钢筋

在本章第一节中列举了两种板的分布钢筋，一种是单向板时，分布筋为板长方向的钢筋，这种钢筋的计算方法与板的贯通纵筋相同，即：当分布筋为板上部钢筋时，其计算方法同上部贯通纵筋；当分布筋为板的下部钢筋时，其计算方法同下部贯通纵筋。下面主要来阐述与板上部非贯通筋垂直绑扎的分布筋，这种钢筋习惯称为负筋分布筋。

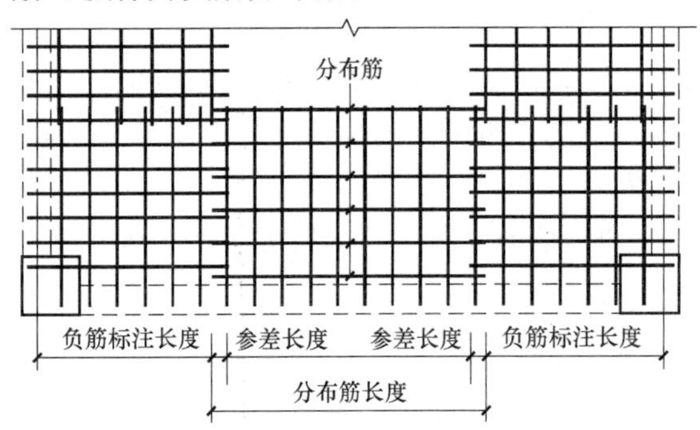

图 5-20 负筋分布筋长度示意图

通过图 5-20 可以看出，分布筋的长度与非贯通筋（支座负筋）的标注长度、板净跨长 l_n 以及分布筋和非贯通筋的参差长度有关。根据国家建筑标准设计图集 16G101-1 规定：参差长度为 150mm，通常又将参差长度称为搭接长度。另外由于非贯通筋伸出板内的长度起算点不同，分布筋的长度也受到影响，故应分不同起算点的两种情况来计算负筋分布筋的单根长度 l。

$$l=\begin{cases}\text{钢筋伸出长度从支座中心起算：} & l_n+\dfrac{b_1}{2}+\dfrac{b_2}{2}-l_{s1}-l_{s2}+300\\ \text{钢筋伸出长度从支座内侧起算：} & l_n+-l_{s1}-l_{s2}+300\end{cases}\quad(5\text{-}9)$$

式中 l_{s1}、l_{s2}——与分布筋两端搭接的非贯通筋向板内伸出长度（mm）；

l_n——板的净跨长（mm）；

b_1、b_2——该跨板两端支座的宽度（mm）。

分布筋的根数计算应以负筋伸出板内的净长度计算，可以采用负筋伸出板内的净长度减去分布筋起步距，除以分布筋间距后“+1”求得。

【例 5-6】 某层板的信息如图 5-17 所示，已知条件同例 5-3，图纸中说明：未注明的分布筋为Φ 8@250，非贯通筋伸出长度标注标至梁的中心线，试计算Ⓐ轴线上⑥号非贯通纵筋的分布筋的质量。

解：从图 5-17 中可看出⑥号非贯通纵筋分布两跨，其分布筋也在这两跨内有分布。上部非贯通筋伸出长度从支座中心起算。

分布筋的单根长为：

$$l=l_n+\frac{b_1}{2}+\frac{b_2}{2}-l_{s1}-l_{s2}+300=7200-300+300-1800\times2+300=3900\text{mm};$$

根数（单跨）：$n=\left(1800-150-\frac{250}{2}\right)\div250+1=7.1\approx8$ 根；

质量：$m=3.9\times8\times2\times0.006165\times8^2=24.62\text{kg}$

5.2.4 板的其他钢筋

1. 板的抗裂、抗温度钢筋

是否设板的抗温度筋、抗裂钢筋以及这两种钢筋的规格由设计者确定，这两种钢筋的单根长计算方法与板的分布筋相同，在这里不再赘述，但是参差长度（搭接长度）略有区别，抗裂构造钢筋自身及其与受力主筋搭接长度为 150，抗温度筋自身及其与受力主筋搭接长度为 l_l。

抗裂钢筋、抗温度筋的根数应以板的净跨长度减掉两侧负筋伸出板内的净长度，然后除以该钢筋的间距再减掉一根。

2. 板洞洞边加强筋

国家建筑标准设计图集 16G101-1 规定：当设计注写补强钢筋时，应按注写的规格、数量与长度值补强。当设计未注写时，X 向、Y 向分别按每边配置两根直径不小于 12 且不小于同向被切断纵向钢筋总面积的 50%补强，补强钢筋与被切断钢筋布置一层面。X 向、Y 向补强纵筋伸入支座的锚固方式同板中钢筋，当不伸入支座时，设计应标注。板洞加强筋应分两层配置。

下面根据某工程板洞洞边加强钢筋的大样图来分析洞边加强筋的计算方法。

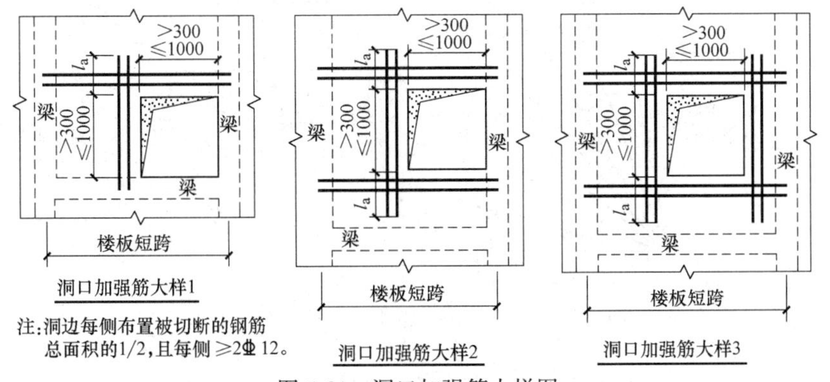

图 5-21　洞口加强筋大样图

图 5-21 中，3 个大样图共同点是短跨方向的加强筋伸入支座，钢筋锚入支座的长度应与板上部贯通筋或者下部贯通筋相同，长跨方向的加强筋根据洞口位置不同略有区别。在图 5-21 大样 1 中，洞口的两个垂直的边缘靠近支座，此时长跨方向的加强筋一端锚入支座，一端从洞口边缘伸出板内 l_a。在图 5-21 大样 2 中，洞口的两个边缘均为支座，此时长跨方向的加强筋一端锚入支座，一端从洞口边

缘伸出板内 l_a。洞口在板长跨方向上远离支座，此时长跨方向的加强筋两端从洞口边缘伸出板内 l_a。

板洞加强筋的根数除了每侧的根数按设计标注外也与板洞的位置有关，图5-21中，大样 1 洞口位于板的角部，洞口两侧钢筋加强；大样 2 板洞位于板边，靠近一侧支座，洞口三侧钢筋加强，大样 3 板洞位于板的中部，洞口四侧钢筋加强。

3. 悬挑板阳角放射筋

图 5-22 中，放射筋有①、④两种构造，这两种构造区别在于①号筋伸入到跨内板，从支座外侧算起的伸出长度为 l_y、l_x、l_a三者取大值；而④号筋只伸入到支座内，从支座外侧算起的伸出长度为：钢筋在支座内的水平长度加上 $15d$；由于各种钢筋的角度不同，钢筋伸入支座中的水平长度与钢筋伸入悬挑板中的长度不是定值，计算中较为繁琐，但是在施工中的习惯是将放射筋按照最长的那根进行放样，所有放射筋尺寸相同，这样施工和计算都方便了，也满足钢筋锚固要求，这样做法换来的结果是钢筋的工程量略有增加。最长的那根放射筋可以按照 45°进行计算，具体方法不再详述。

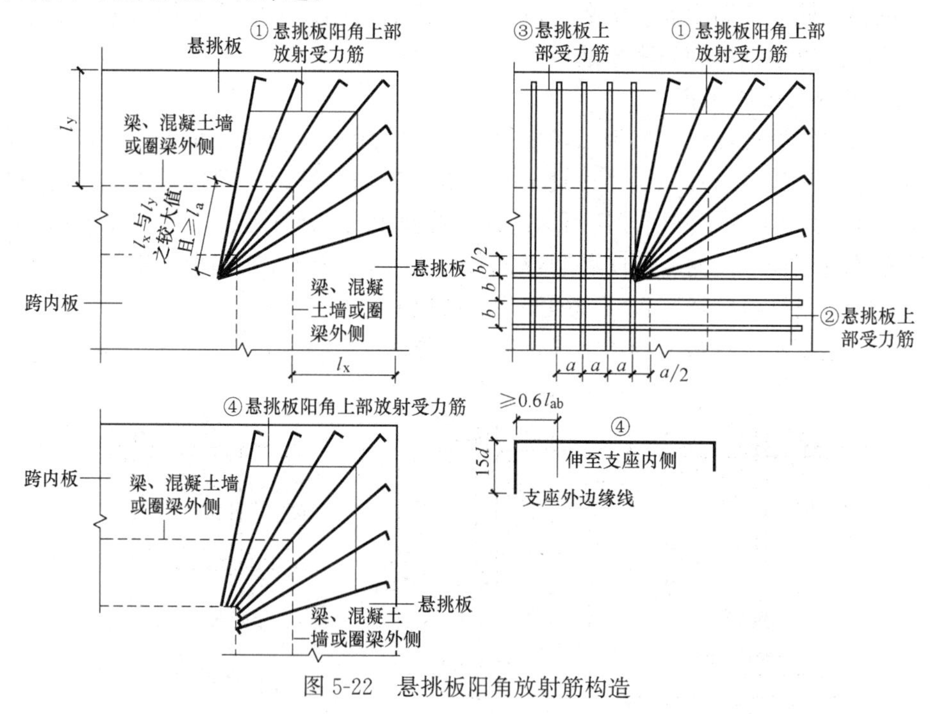

图 5-22　悬挑板阳角放射筋构造

本章习题

1. 板的钢筋有哪些?
2. 板的分布筋作用是什么?
3. 板的抗裂、抗温度筋作用是什么?
4. 板的附加钢筋有哪些?
5. 计算图 5-17 的中所有的钢筋工程量。

6

剪力墙钢筋工程量计算

关键知识点：

1. 剪力墙墙身、墙梁、墙柱构件编号识读。

2. 平法施工图中剪力墙墙身、墙梁、墙柱构件中配筋注写方式识读及相关规定。

3. 剪力墙墙身、墙梁、墙柱构件中钢筋工程量计算的基本方法及实例。

教学建议：

1. 贯彻工学结合的教学指导思想，讲练结合，用一套实际的房屋建筑施工图纸讲授剪力墙墙身、墙梁、墙柱构件中钢筋工程量的计算方法。理论课程讲授之后，进行剪力墙墙身、墙梁、墙柱构件钢筋工程量计算实际训练。

2. 到钢筋施工的工地现场进行讲解，使学生能够建立感性认识，具备剪力墙墙身、墙梁、墙柱构件钢筋工程量计算知识的能力。

6.1 剪力墙平法施工图的识读

剪力墙结构是用钢筋混凝土墙板来代替框架结构中的梁柱，能承担各类荷载引起的内力，并能有效控制结构的水平力的结构形式。这种结构在高层建筑中被大量运用。

6.1.1 剪力墙的构成与分类

（1）剪力墙结构体系的类型及适用范围

1）框架-剪力墙结构。是由框架与剪力墙组合而成的结构体系，适用于需要有局部大空间的建筑，这时在局部大空间部分采用框架结构，同时又可用剪力墙来提高建筑物的抗侧能力，从而满足高层建筑的要求。

2）普通剪力墙结构。全部由剪力墙组成的结构体系。

3）当底层需要大空间时，采用框架结构支撑上部剪力墙，就形成框支剪力墙。在地震区，不容许采用纯粹的框支剪力墙结构。

（2）剪力墙的分类

为满足使用要求，剪力墙常开有门窗洞口。根据洞口是否存在，洞口的大小将剪力墙分为整体剪力墙、小开口整体剪力墙、双肢墙（多肢墙）和壁式框架等几种类型。

剪力墙主要由墙身、墙柱、墙梁三大构件构成，外加洞口共由四个组成部分，其中墙柱包括暗柱、端柱、扶壁柱等几种，墙梁包括暗梁、连梁、边框梁等几种。

6.1.2 剪力墙钢筋

根据剪力墙的结构构成，现将剪力墙钢筋分类如下：

剪力墙墙身钢筋有水平分布筋、垂直分布筋、拉筋和洞口加强筋；墙柱和墙梁钢筋主要有纵筋和箍筋。

6.1.3 剪力墙施工图的表示方法

剪力墙的施工图表示方法有列表注写和截面注写两种表达方式。

在剪力墙平法施工图中，应注明各结构层的楼面标高、结构层高及相应的结构层号，并且还应注明上部结构嵌固部位位置。对于轴线未居中的剪力墙及端柱，尚应注明其偏心定位尺寸。

1. 列表注写

列表注写是在剪力墙平法施工图中，分别将剪力墙墙身、墙柱、墙梁进行编号，并分别绘制剪力墙墙身表、墙柱表、墙梁表，并对应于剪力墙墙身、墙柱、墙梁编号分别在表中绘制截面配筋图并注写截面几何尺寸与具体配筋值。

（1）墙身列表注写

1）墙身编号

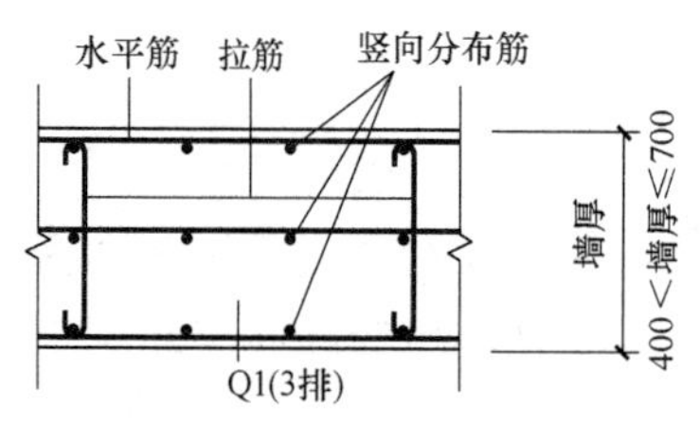

图 6-1　剪力墙三排配筋图

墙身编号由墙身代号、序号及墙身所配置的水平与竖向钢筋的排数组成，其中排数注写括号内。如：Q1（3 排），其中：字母“Q”代表墙身代号；数字“1”代表墙身序号；字母“Q”与数字“1”合起来为 Q1，称作 1 号剪力墙；“（3 排）”代表墙身水平筋与竖向分布筋各为三排，具体见图 6-1。

当墙身所设置的水平筋与竖向分布筋的排数为 2 时，排数可省略不注写，如 Q1，代表 1 号剪力墙墙身水平筋与竖向分布筋各为两排。

2）墙身起止标高

墙身起止标高注写，如果墙身截面及配筋没有变化，一般是自墙身根部（一般指基础顶部）向上注写到墙顶，如果墙身截面或者配筋有变化，墙身起止标高需要分段注写，注写时以墙身变截面或者配筋改变处为分界线。具体见表 6-1。

标高－0.030～11.370m 剪力墙柱身表 **表 6-1**

截面			
编号	YBZ1	YBZ2	YBZ3
标高	－0.030～11.370	－0.030～11.370	－0.030～11.370
纵筋	18 Φ 22	20 Φ 20	20 Φ 20
箍筋	Φ 10@100	Φ 10@100	Φ 10@100

截面				
编号	YBZ4	YBZ5	YBZ6	YBZ7
标高	－0.030～11.370	－0.030～11.370	－0.030～11.370	－0.030～11.370
纵筋	28 Φ 20	24 Φ 20	22 Φ 20	24 Φ 20
箍筋	Φ 10@100	Φ 10@100	Φ 10@100	Φ 10@100

3）墙厚注写

在墙身列表注写中，在墙身编号、标高之后，要注写墙厚，具体见表 6-2。

4）墙身水平分布筋及竖向分布筋注写

在墙身列表注写中，要注写一排水平分布筋和竖向分布筋的规格与间距，水平分布筋和竖向分布筋的排数见墙身编号（表 6-2）。

剪力墙墙身配筋表 **表 6-2**

编号	标高	墙厚	水平分布筋	垂直分布筋	拉筋
Q1	－0.030～29.370	300	Φ 12@200	Φ 12@200	Φ 6@600@600（矩形）
	29.370～57.870	250	Φ 12@200	Φ 12@200	Φ 6@600@600（矩形）
Q2	－0.030～29.370	250	Φ 10@200	Φ 10@200	Φ 6@600@600（矩形）
	29.370～57.870	200	Φ 10@200	Φ 10@200	Φ 6@600@600（矩形）

5）拉筋注写

在墙身列表注写中，拉筋首先要注明其是按“双向”或者“梅花双向”方式布置，然后再注写拉筋规格和间距，间距包括竖向分布筋间距和水平分布筋间距，如：Φ 6@600@600（表 6-2）。

（2）墙柱列表注写

在墙柱列表注写中，要表达墙柱编号、起止标高、纵筋及箍筋，除此之外还要绘制墙柱截面配筋图，标注墙柱几何尺寸。

1）墙柱编号

墙柱分为：约束边缘构件、构造边缘构件、非边缘暗柱、扶壁柱等，其中约束边缘构件包括：约束边缘暗柱、约束边缘端柱、约束边缘翼墙、约束边缘转角墙四种；构造边缘构件包括：构造边缘暗柱、构造边缘端柱、构造边缘翼墙、构造边缘转角墙四种。

墙柱编号由墙柱代号、序号组成，如 YBZ1，代表约束边缘构件 1；GBZ1，代表构造边缘构件 1。墙柱具体编号见表 6-3。

墙柱编号表 **表 6-3**

墙柱类型	代号	序号
约束边缘暗柱	YAZ	××
约束边缘端柱	YDZ	××
约束边缘翼墙(柱)	YYZ	××
约束边缘转角墙(柱)	YJZ	××
构造边缘暗柱	GAZ	××
构造边缘端柱	GDZ	××
构造边缘翼墙(柱)	GYZ	××
构造边缘转角墙(柱)	GJZ	××
非边缘暗柱	AZ	××
扶壁柱	FBZ	××

2）墙柱起止标高注写

墙柱起止标高注写，如果墙柱截面及配筋没有变化，一般是自墙柱根部（墙柱根部一般指基础顶部，部分框支剪力墙结构，为框支梁顶部）向上注写到柱顶，如果墙柱截面或者配筋有变化，墙柱起止标高需要分段注写，注写时以墙柱变截面、配筋改变处（截面未变）或者截面与配筋均改变处为分界线（表 6-1）。

3）墙柱纵筋和箍筋注写

在墙柱列表注写中，要注写各段墙柱的纵筋及箍筋，纵筋要注写其总配筋值及规格，箍筋要注写其规格及间距（表 6-1），约束边缘构件，除了要注写阴影部位的箍筋外，还需要在剪力墙平面布置图中注写非阴影区内布置的拉筋（或者箍筋）。

4）绘制截面配筋图

在墙柱列表注写中，应绘制墙柱配筋图，标注墙柱几何尺寸（表 6-1）。

① 约束边缘构件及构造边缘构件需要注明阴影部分几何尺寸。

② 扶壁柱及非边缘暗柱要标注其几何尺寸。

（3）墙梁列表注写

在墙梁平法施工图列表注写中要表达墙梁编号，墙梁所在楼层号、墙梁顶面相对标高高差以及墙梁截面尺寸和配筋等内容。

1）墙梁编号

墙梁分为连梁、暗梁、边框梁等几种类型，其编号由墙梁类型代号和序号组成，如：LL9（JX）1，代表 1 号连梁（交叉斜筋配筋）。

墙梁具体编号见表 6-4。

2）墙梁所在楼层号注写

见平法施工图列表注写，见表 6-5。

墙梁编号表　　表 6-4

墙梁类型	代号	序号
连梁(无交叉暗撑及无交叉钢筋)	LL	××
有对角暗撑配筋的连梁	LL(JC)	××
有交叉斜配筋的连梁	LL(JX)	××
高跨比不小于5的连梁	LLk	××
集中对角斜配筋的连梁	LL(DX)	××
暗梁	AL	××
边框梁	BKL	××

剪力墙梁表　　表 6-5

编号	所在楼层号	梁顶相对标高高差	梁截面($b\times h$)	上部纵筋	下部纵筋	箍筋
LL1	2-9		300×1800	4Φ22	4Φ22	Φ10@150(2)
	10-屋面		250×1500	4Φ22	4Φ22	Φ10@150(2)
LL2	2-9		300×1400	4Φ22	4Φ22	Φ10@100(2)
	10-屋面		250×1100	4Φ22	4Φ22	Φ10@100(2)
LL3	2-9		250×1200	3Φ22	3Φ22	Φ10@120(2)
	10-屋面		200×1100	3Φ22	3Φ22	Φ10@120(2)

3）墙梁顶面相对标高高差注写

墙梁顶面相对标高高差是指墙梁相对于其所在结构层楼面标高高差值，当无高差时可不注写。

4）墙梁截面尺寸及钢筋注写

墙梁截面尺寸用 $b\times h$ 方式表达，字母“b”代表墙梁宽，字母“h”代表墙梁高，如 300×2000，代表墙梁宽 300mm，墙梁高 2000mm。

墙梁钢筋要注写上部纵筋、下部纵筋及箍筋，上部纵筋和下部纵筋要注写其具体配筋规格和数值，墙梁箍筋要注写其规格、间距和肢数（表 6-5）。

（4）剪力墙洞口的表示方法

剪力墙平法施工图无论采用列表注写还是截面注写，剪力墙上的洞口，均可以在剪力墙平面布置图上的洞口原位进行表达。

剪力墙洞口在剪力墙平法施工图中的具体表示方法如下：

首先在剪力墙平法施工图中剪力墙洞口原位处绘制洞口示意，并在洞口中心标注平面定位尺寸。然后在洞口中心位置引注洞口编号、洞口几何尺寸、洞口中心相对标高及洞口补强筋四项内容。

1）洞口编号

洞口编号由代号加序号组成，如矩形洞口表达为 JD ××，“JD”是矩形洞口的代号，“××”是矩形洞口的序号；又如圆形洞口表达为 YD ××，其代表含义同矩形洞口。

2）洞口几何尺寸

矩形洞口表达为 $b\times h$，字母“b”代表洞口宽度，字母“h”代表洞口高度，如 JD1 600×900 表示 1 号矩形洞口，宽 600mm，高 900mm。

圆形洞口表达为 D，字母“D”代表洞口直径，如：YD1 600 表示 1 号圆形洞口，直径为 600mm。

3）洞口中心相对标高

洞口中心相对标高是指洞口中心相对于楼面或者地面的洞口中心高度，高出洞口所在结构层楼面的洞口中心标高表达为正值，低于洞口所在结构层楼面的洞口中心标高表达为负值。如 JD1 600×900 +1500，表示 1 号矩形洞口，洞口中心距本结构层楼面 1500mm。

4）洞口补强筋

根据洞口尺寸、所在位置，剪力墙平面布置图中洞口补强筋注写方式分为以下几种情况：

① 圆形洞口

A. 圆形洞口直径≤300mm，并且位于墙身或暗梁、边框梁上时，要注写圆形洞口每边补强筋的具体数值。

B. 圆形洞口位于连梁中部 1/3 范围时，要注写圆洞上下水平设置的补强筋与箍筋。

C. 当 300mm＜圆形洞口直径≤800mm 时，要注写圆形洞口每边补强筋及环向加强筋。

D. 当圆形洞口直径＞800mm 时：

a. 洞口上下设置补强暗梁时，要注写圆形洞口环向加强筋及洞口上下纵筋与箍筋的具体数值。

b. 当洞口上下为剪力墙连梁时，不注。

c. 洞口竖向两侧设置边缘构件时，此处不注。

圆形洞口直径＞800mm 时，补强筋原位注写内容具体如下：

YD 2 1000 ＋1.500 8 Φ 18 φ 8@200 2 Φ 14，表示 2 号圆洞，直径 1000mm，洞口中心距本结构层楼面 1500mm，洞口上下设置补强暗梁，每边暗梁纵筋为 8 Φ 18，箍筋为φ 8@200，环向加强筋为 2 Φ 14。

② 矩形洞口

A. 矩形洞口宽度和高度均小于等于 800mm 时，要注写洞口每边补强筋的具体数值，如：JD 3 600×300 ＋1.500 2 Φ 18，表示 3 号矩形洞口，每边补强筋均为 2 Φ 18；如果洞口宽度方向和洞口高度方向补强筋不一致，注写方式为 JD 3600×300 ＋1.500 3 Φ 20/3 Φ 16，表示 3 号矩形洞口，洞口宽度方向补强筋均为 3 Φ 20，洞口高度方向补强筋均为 3 Φ 16。

B. 矩形洞口宽度和高度均大于 800mm。

a. 洞口上下设置补强暗梁时，要注写洞口上下纵筋与箍筋的具体数值。

b. 当洞口上下为剪力墙连梁时，不注。

c. 洞口竖向两侧设置边缘构件时，此处不注。

矩形洞口宽度和高度均大于 800mm 补强筋原位注写内容具体如下：

JD 2 1500×1800＋1.500 8 Φ 18 φ 8@200，表示 2 号矩形洞口，洞口宽度为 1500mm，洞口高度为 1800mm，洞口中心距本结构层楼面 1500mm，洞口上下设置补强暗梁，每边暗梁纵筋为 8 Φ 18，箍筋为φ 8@200。

剪力墙平法施工图见图 6-2。

2. 截面注写

截面注写是在剪力墙平法施工图中，对所有墙柱、墙身、墙梁进行编号，并选择适当的比例原位放大剪力墙平面布置图，在相同编号的墙柱、墙身、墙梁中分别选择一根墙柱、一道墙身、一根墙梁将其截面几何尺寸和配筋的具体数值直接注写在原位。具体见剪力墙截面注写平法施工图 6-3。

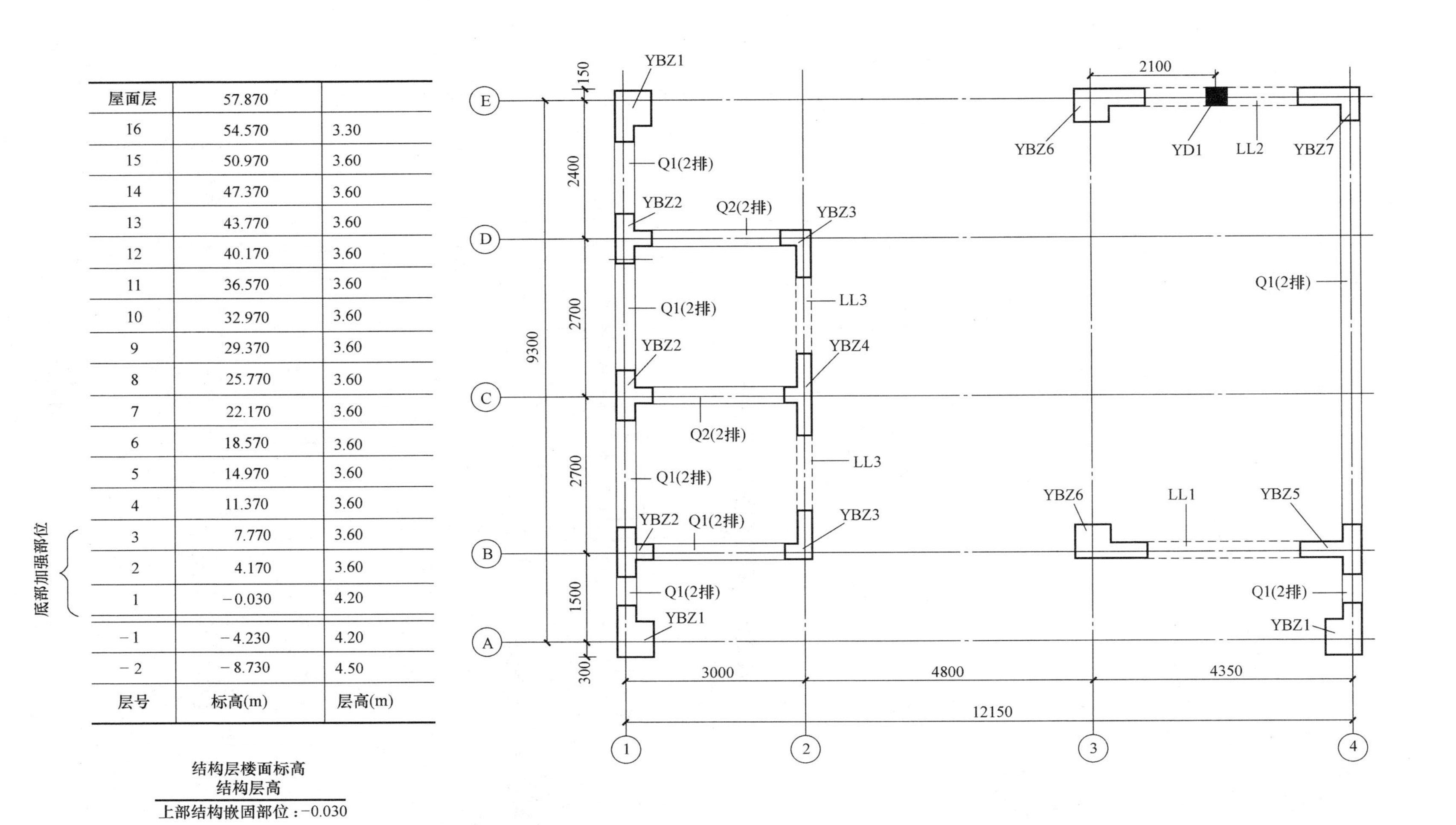

屋面层	57.870	
16	54.570	3.30
15	50.970	3.60
14	47.370	3.60
13	43.770	3.60
12	40.170	3.60
11	36.570	3.60
10	32.970	3.60
9	29.370	3.60
8	25.770	3.60
7	22.170	3.60
6	18.570	3.60
5	14.970	3.60
4	11.370	3.60
3	7.770	3.60
2	4.170	3.60
1	−0.030	4.20
−1	−4.230	4.20
−2	−8.730	4.50
层号	标高(m)	层高(m)

结构层楼面标高
结构层高
上部结构嵌固部位：-0.030

图 6-2　−0.030～7.770 剪力墙平法施工图（列表注写方式）（剪力墙身、剪力墙梁、剪力墙柱分别见表 6-1、表 6-2、表 6-5）

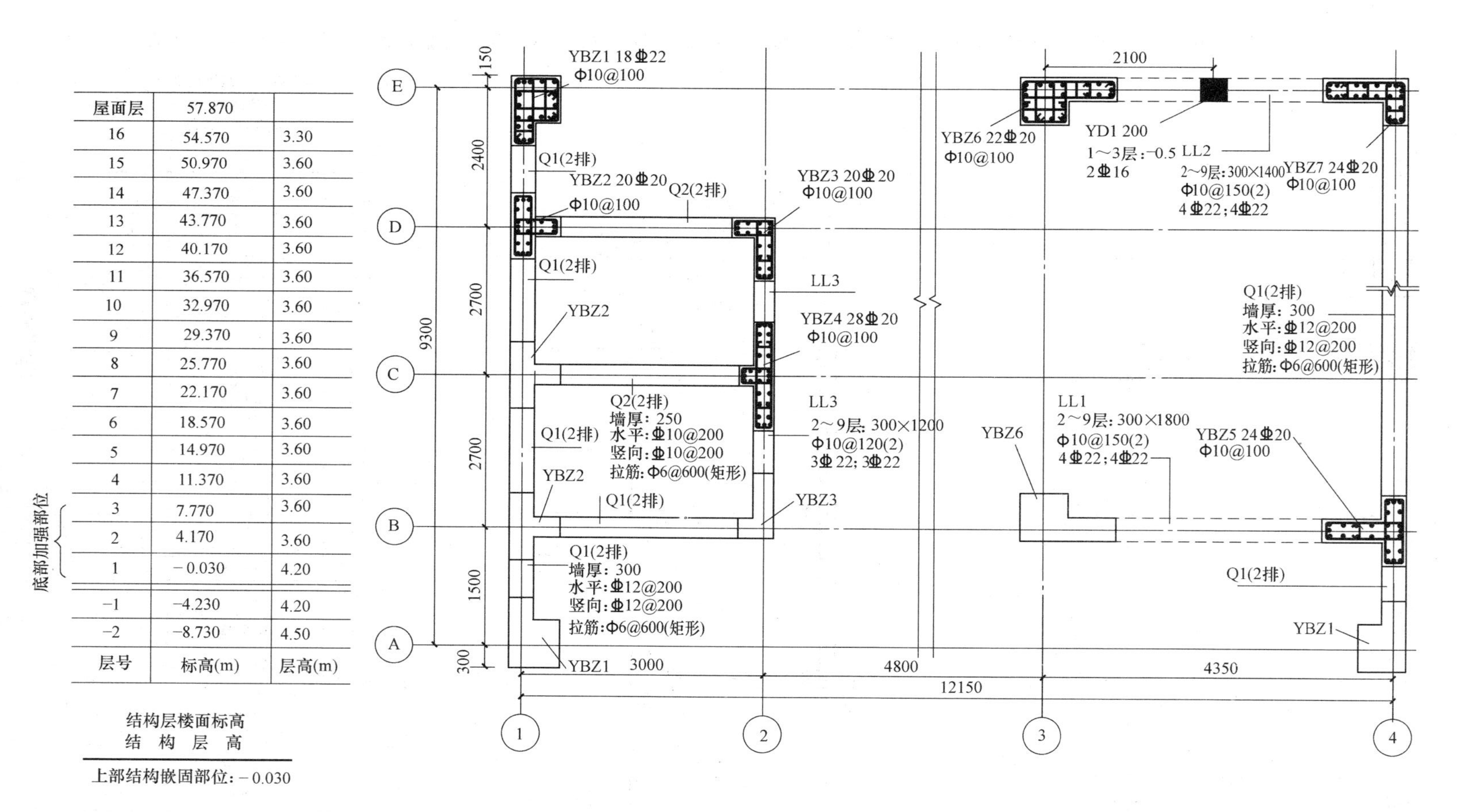

层号	标高(m)	层高(m)
屋面层	57.870	
16	54.570	3.30
15	50.970	3.60
14	47.370	3.60
13	43.770	3.60
12	40.170	3.60
11	36.570	3.60
10	32.970	3.60
9	29.370	3.60
8	25.770	3.60
7	22.170	3.60
6	18.570	3.60
5	14.970	3.60
4	11.370	3.60
3	7.770	3.60
2	4.170	3.60
1	-0.030	4.20
-1	-4.230	4.20
-2	-8.730	4.50

图 6-3 －0.030～7.770 剪力墙平法施工图（截面注写方式）

6.2 剪力墙钢筋工程量计算

6.2.1 剪力墙墙身钢筋工程量计算

1. 剪力墙墙身水平钢筋工程量计算

剪力墙墙身水平筋有双排配筋、三排配筋、四排配筋等情况。下面以剪力墙双排配筋为例介绍抗震时剪力墙水平分布筋工程量计算方法。

(1) 水平钢筋长度计算

剪力墙水平钢筋长度计算分为以下几种情况：

1) 直形墙

① 墙身端部无暗柱时，在墙身端部做封边构造，剪力墙水平钢筋与封边钢筋进行搭接，具体如图 6-4 所示。

墙身水平分布筋单根长度＝墙长－2c－与之搭接的封边钢筋长＋2×剪力墙水平筋与封边钢筋搭接长度＋剪力墙水平钢筋自身搭接长×接头个数

上式中 c 为墙身保护层厚度，剪力墙水平钢筋搭接长度≥1.2l_{aE}

② 墙身端部无暗柱时，剪力墙水平钢筋伸至端部保护层位置弯折，具体如图 6-5 所示。

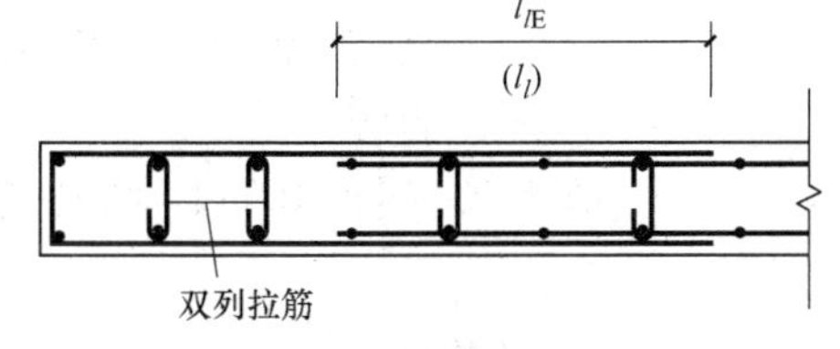

图 6-4　墙身端部无暗柱时，水平钢筋封边构造做法图

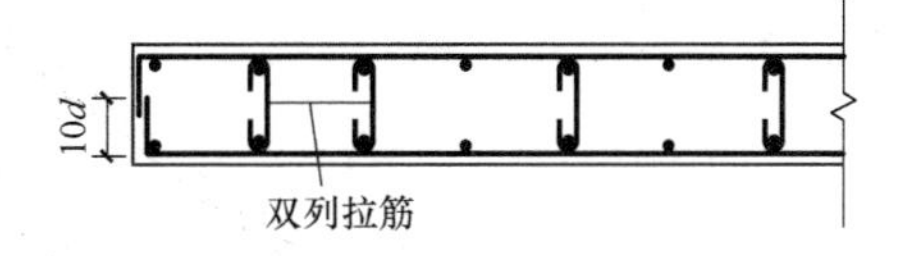

图 6-5　墙身端部无暗柱时，水平钢筋构造做法图

墙身水平分布筋单根长度＝墙长－2c＋2×10d＋剪力墙水平钢筋自身搭接长×接头个数

式中　c——墙身保护层厚度；

d——剪力墙水平钢筋直径；

剪力墙水平钢筋搭接长度≥1.2l_{aE}。

③ 墙身端部有暗柱时，剪力墙水平钢筋伸至端部保护层位置弯折，具体如图 6-6 所示。

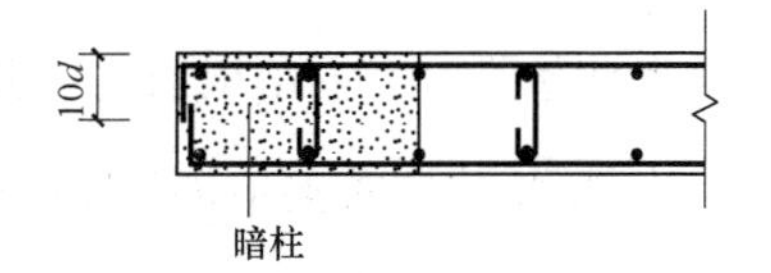

图 6-6　墙身端部有暗柱时，水平钢筋构造做法图

墙身水平分布筋单根长度＝墙长－2c＋2×10d＋剪力墙水平钢筋自身搭接长×接头个数

式中　c——墙身保护层厚度；

d——剪力墙水平钢筋直径；

剪力墙水平钢筋搭接长度≥1.2l_{aE}。

④ 墙身端部为端柱时，剪力墙水平钢筋伸至端柱外侧纵向纵筋内侧位置弯折，如图 6-7（a）所示；当墙体水平筋伸入端柱的直锚长度$\geq l_{aE}(l_a)$时，墙体水平筋可伸入端柱对边竖向钢筋内侧位置截断，不必弯折，如图 6-7（b）所示。

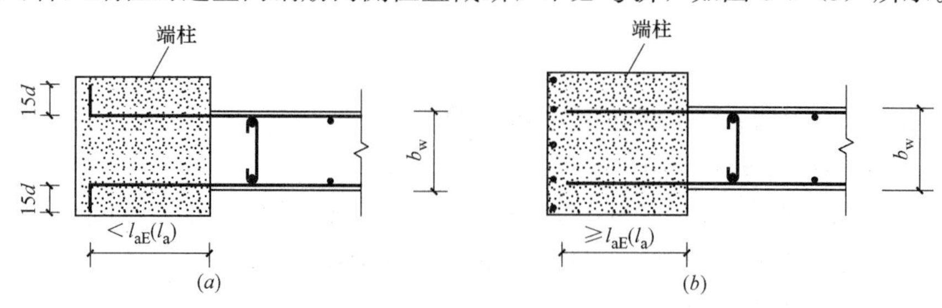

图 6-7 墙身端部有端柱时，水平钢筋构造做法图

A. 当端柱宽$-c<l_{aE}(l_a)$时，

墙身水平分布筋单根长度=墙长$-2c+2\times15d$+剪力墙水平钢筋自身搭接长×接头个数

式中 c——墙身保护层厚度；

d——剪力墙水平钢筋直径。

剪力墙水平钢筋搭接长度$\geq1.2l_{aE}$。

B. 当端柱宽$-c\geq l_{aE}(l_a)$时，

墙身水平分布筋单根长度=墙长$-2c$+剪力墙水平钢筋自身搭接长×接头个数

式中 c——墙身保护层厚度；

d——剪力墙水平钢筋直径；

剪力墙水平钢筋搭接长度$\geq1.2l_{aE}$。

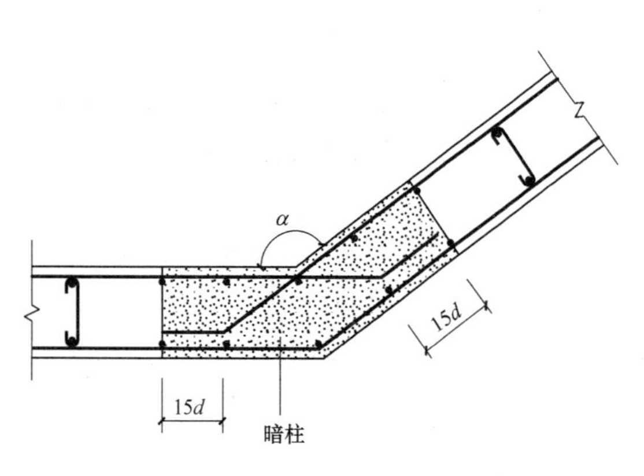

图 6-8 斜角转角墙水平钢筋构造做法图

2）转角墙

① 斜交转角墙。斜交转角墙在转角处外侧水平筋连续通过，内侧水平筋在转角处伸至外墙竖向钢筋内侧边缘后弯折 $15d$，斜交转角墙在转角处水平钢筋构造做法见图 6-8。

外侧水平分布筋单根长度=剪力墙中心线长$+\left[(\text{墙厚}-2c)\div2\times\cot\frac{\alpha}{2}\right]\times2$

内侧水平分布筋单根长度=剪力墙中心线长$+\left[(\text{墙厚}-2c)\sin\alpha-(\text{墙厚}-2c)\div2\times\cot\frac{\alpha}{2}+15d\right]\times2$

② 直角转角墙。转角处为暗柱时，墙身水平钢筋分为以下三种情况：

A. 外侧水平筋连续通过转弯处，内侧水平筋在转角处伸至端部弯折，具体见图 6-9。

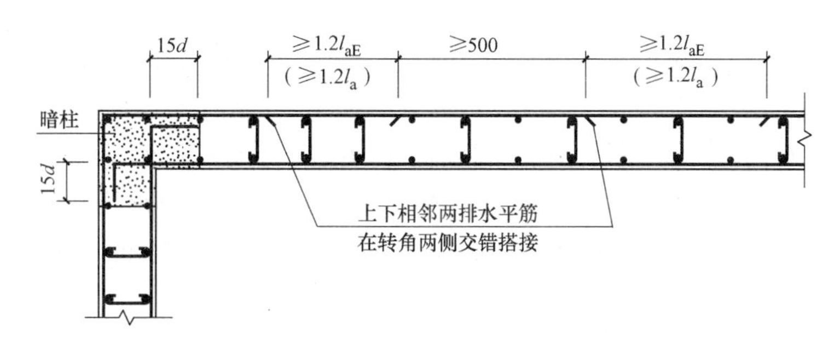

图 6-9 暗柱转角墙水平钢筋构造做法图

外侧水平分布筋单根长度＝墙长－2c＋剪力墙水平钢筋自身搭接长×接头个数

内侧水平钢筋长度＝墙长－2c＋2×15d＋剪力墙水平钢筋自身搭接长×接头个数

B. 外侧水平筋在暗柱范围外连接，内侧水平筋在转角处伸至端部弯折，具体见图 6-10。

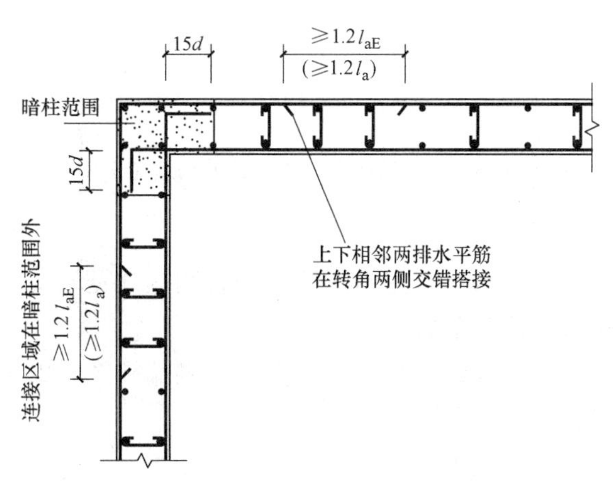

图 6-10 暗柱转角墙水平钢筋构造做法图

外侧水平分布筋单根长＝墙长－2c＋剪力墙水平钢筋自身搭接长×接头个数

内侧水平分布筋筋单根长＝墙长－2c＋2×15d＋剪力墙水平钢筋自身搭接长×接头个数

C. 外侧水平筋在转角处搭接，内侧水平筋在转角处伸至端部弯折，具体见图 6-11。

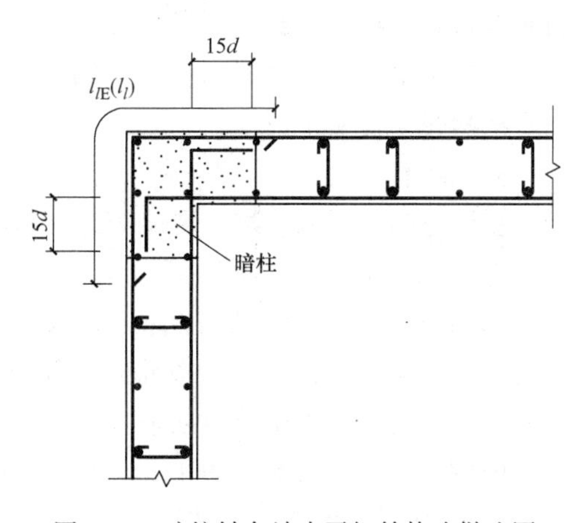

图 6-11 暗柱转角墙水平钢筋构造做法图

外侧水平分布筋单根长＝墙长－2c＋剪力墙水平钢筋自身搭接长×接

头个数$+l_{lE}$

内侧水平分布筋单根长=墙长$-2c+2\times 15d+$剪力墙水平钢筋自身搭接长×接头个数

③ 端柱转角墙。墙身转角处为端柱时，剪力墙水平分布筋伸至端柱外边缘纵筋内侧后弯折，如图 6-12（a）所示；当墙体水平筋伸入端柱的直锚长度$\geqslant l_{aE}$（l_a）时，墙体水平筋可伸入端柱对边竖向钢筋内侧位置截断，不必弯折，如图 6-12（b）所示。

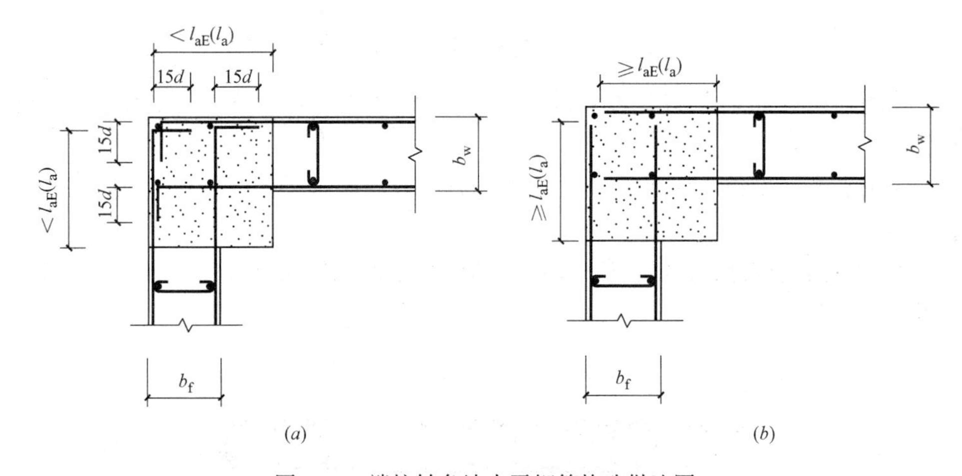

图 6-12　端柱转角墙水平钢筋构造做法图

A. 当端柱宽$-c<l_{aE}$（l_a）时，

外侧水平钢筋长度=墙长+左侧端柱宽+右侧端柱宽$-2c+2\times 15d+$剪力墙水平钢筋自身搭接长×接头个数

内侧水平钢筋长度=墙长+左侧端柱宽+右侧端柱宽$-2c+2\times 15d+$剪力墙水平钢筋自身搭接长×接头个数

B. 当端柱宽$-c\geqslant l_{aE}$（l_a）时，

外侧水平钢筋长度=墙长+左侧端柱宽+右侧端柱宽$-2c+$剪力墙水平钢筋自身搭接长×接头个数

内侧水平钢筋长度=墙长+左侧端柱宽+右侧端柱宽$-2c+$剪力墙水平钢筋自身搭接长×接头个数

3）翼墙

翼墙分暗柱翼墙、端柱翼墙等几种情况，其钢筋工程量计算方法如下：

① 暗柱翼墙

A. 暗柱直角翼墙。暗柱直角翼墙水平钢筋构造如图 6-13 所示，在节点处，通过节点的墙体，其水平分布筋连续通过节点，其工程量计算方法与直形墙、转角墙算法相同；终止于节点的墙体，其水平分布筋在节点处伸至节点外边缘纵向钢筋内侧弯折，弯折长度为 15d（d 为水平分布筋直径），具体计算方法见例 6-1。

B. 暗柱斜交翼墙。暗柱斜交翼墙水平钢筋构造如图 6-14 所示，在节点处，通过节点的墙体，其水平分布筋连续通过节点，其工程量计算方法与直形墙、转角墙算法相同；终止与节点的墙体，其水平分布筋在节点处伸至节点外边缘纵向钢筋内侧后弯折，弯折长度为 $15d$（d 为水平分布筋直径），具体计算方法见例 6-2。

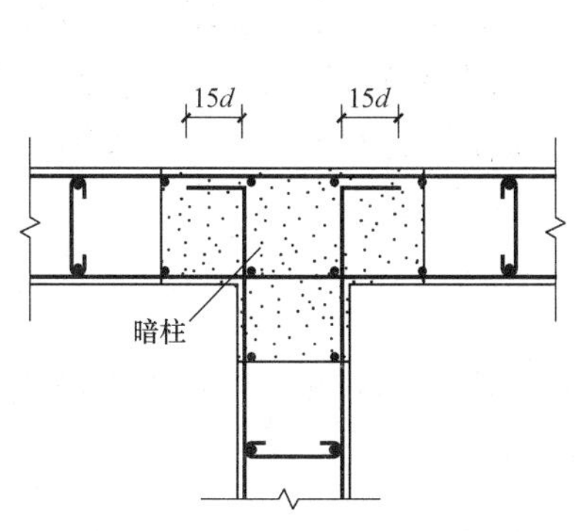

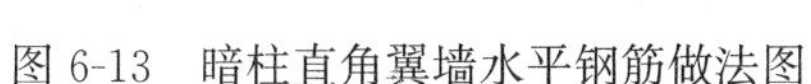

图 6-13　暗柱直角翼墙水平钢筋做法图

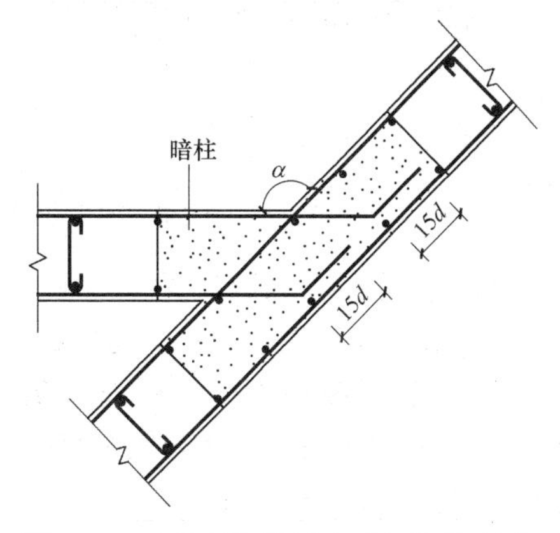

图 6-14　暗柱斜交翼墙水平钢筋做法图

② 端柱翼墙

端柱翼墙水平钢筋构造如图 6-15 所示，与暗柱翼墙相同，在节点处，通过节点的墙体，其水平分布筋连续通过节点，其工程量计算方法与直形墙、转角墙算法相同；终止于节点的墙体，其水平分布筋伸入端柱的直锚长度 $< l_{aE}$ 时，墙体水平筋可伸入端柱对边竖向钢筋内侧位置后弯折 $15d$，如图 6-15（a）所示，当墙体水平筋伸入端柱的直锚长度 $\geqslant l_{aE}(l_a)$ 时，墙体水平筋可伸入端柱对边竖向钢筋内侧位置截断，不必弯折，如图 6-15（b）所示，水平分布筋工程量计算方法与端柱直形墙、端柱转角墙计算方法相同。

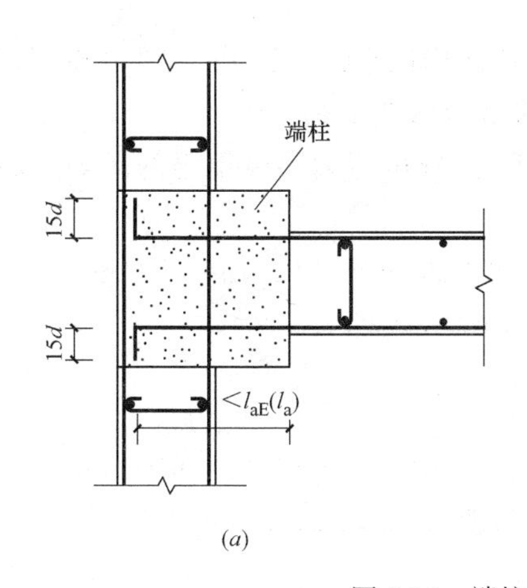

(a)

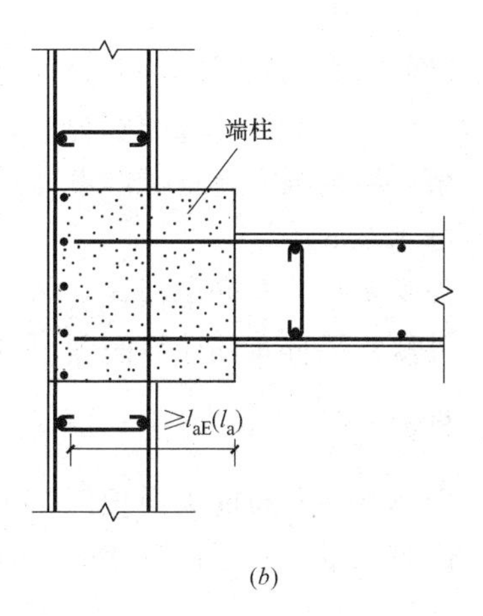

(b)

图 6-15　端柱翼墙水平钢筋做法图

4）水平变截面墙

墙身水平截面未发生变化的一侧，其钢筋工程量计算与墙身截面未发生变化的墙体钢筋工程量计算方法相同。

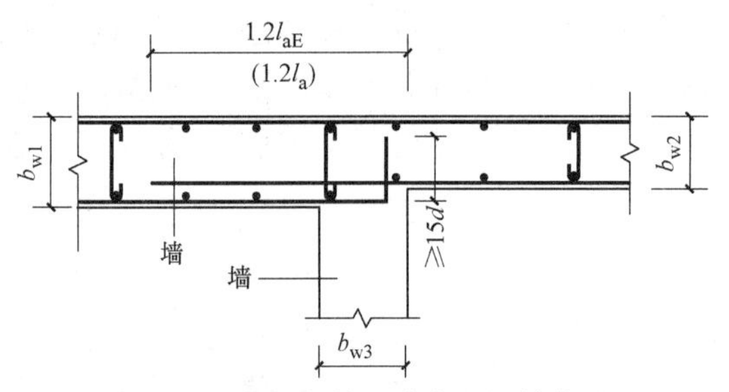

图 6-16　水平变截面墙水平钢筋构造

在变截面一（两）侧墙身水平钢筋需在变截面节点处进行锚固，墙厚较大的墙身水平钢筋在变截面节点处弯锚，锚固长度$=b_{w3}-c+15d$，墙厚较小的墙身水平钢筋在变截面节点处直锚，锚固长度$=1.2l_{aE}$，如图 6-16 所示。

（2）水平钢筋根数计算

1）墙身在基础中水平钢筋根数

① 锚固区横向钢筋：锚固区横向钢筋直径应满足$\geqslant d/4$（d 为插筋最大直径），间距$\leqslant 10d$（d 为插筋最小直径），且$\leqslant$100mm。

$$根数=\frac{h_j-c-100}{\min(10d,100\text{mm})}+1$$

② 墙身在基础中水平钢筋（非锚固区横向钢筋）

墙身在基础中水平钢筋应满足间距$\leqslant$500mm，且不少于两道。

$$根数=\frac{h_j-c-100}{500}+1（不少于两道）$$

$$基础顶面以上各层墙身水平钢筋根数=\frac{层高-水平分布筋间距}{水平分布筋间距}+1$$

（3）水平钢筋质量计算

墙身水平钢筋质量＝水平钢筋单根长×水平钢筋根数×$0.006165d^2$

式中　d——水平钢筋直径。

（4）举例

【例 6-1】 计算图 6-17 剪力墙平法施工图中①轴线 Q1 第一层水平分布钢筋工程量。该工程所处环境类别为二 a，混凝土强度等级为 C30。

解： 根据国家建筑标准设计图集 16G101-1，查得剪力墙中钢筋的混凝土保护层厚度为 20mm。

外侧水平分布筋单根长$=6000+150\times2-2\times20+10\times12\times2=6500$mm

外侧水平分布筋计算简图：120 ⌊ 6260 ⌋ 120

$$根数=\frac{4200-200}{200}+1=21\ 根$$

内侧水平分布筋单根长$=6000+150\times2-2\times20+10\times12\times2=6500$mm

内侧水平分布筋计算简图：120 ⌊ 6260 ⌋ 120

$$根数=\frac{4200-200}{200}+1=21\ 根$$

剪力墙平法施工图中①轴线 Q1 第一层水平分布筋总质量$=6.50\times21\times0.006165\times12^2+6.50\times21\times0.006165\times12^2=242.36$kg

【例 6-2】 计算图 6-17 剪力墙平法施工图中②轴线 Q1 第一层水平分布钢筋工

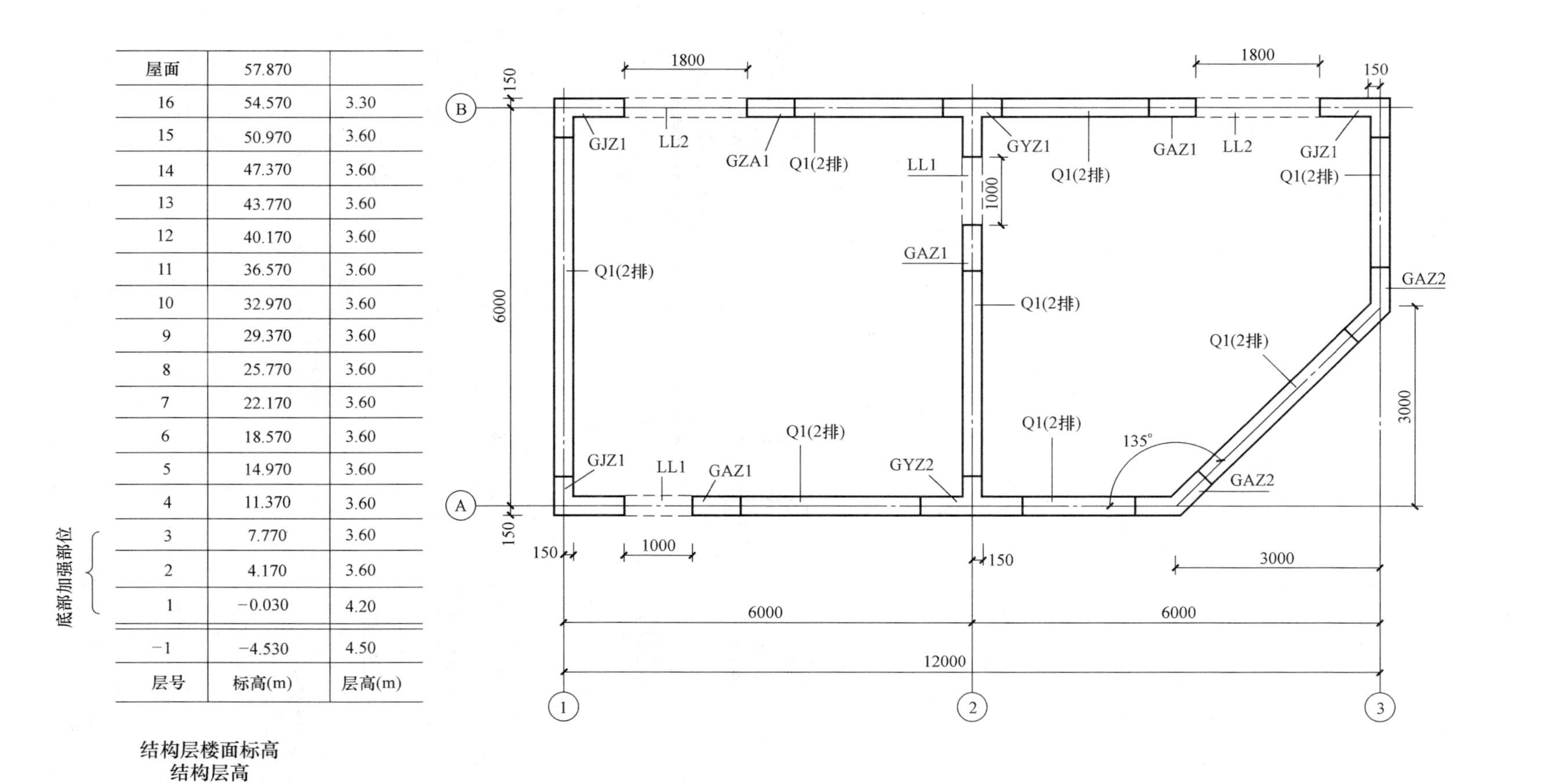

屋面	57.870	
16	54.570	3.30
15	50.970	3.60
14	47.370	3.60
13	43.770	3.60
12	40.170	3.60
11	36.570	3.60
10	32.970	3.60
9	29.370	3.60
8	25.770	3.60
7	22.170	3.60
6	18.570	3.60
5	14.970	3.60
4	11.370	3.60
3	7.770	3.60
2	4.170	3.60
1	−0.030	4.20
−1	−4.530	4.50
层号	标高(m)	层高(m)

结构层楼面标高
结构层高

上部结构嵌固部位:−0.030

图 6-17 −0.030～7.770 剪力墙平法施工图（列表注写方式）（剪力墙身、剪力墙梁、剪力墙柱分别见表 6-6～表 6-8）

程量。该工程所处环境类别为二 a，混凝土强度等级为 C30。LL1 下为 1000mm×2100mm 的矩形洞口。

解：根据国家建筑标准设计图集 16G101-1，查得剪力墙中钢筋的混凝土保护层厚度为 20mm。

A. 洞高范围内水平分布筋

单根长＝6000－150－600－1000＋150－2×20＋15×12＋10×12＝4660mm

水平分布筋计算简图：120 4360 180

一侧水平分布筋根数＝$\dfrac{2100-200}{200}$＋1＝11 根

B. 洞口上方高度范围内水平分布筋

单根长＝6000＋150×2-2×20＋15×12×2＝6620mm

水平分布筋计算简图：180 6260 180

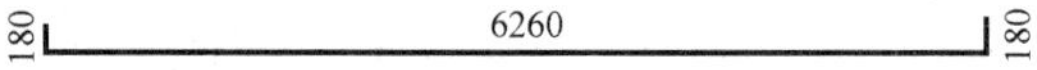

一侧水平分布筋根数＝$\dfrac{2100-200}{200}$＋1＝11 根

剪力墙平法施工图中②轴线 Q1 第一层水平分布筋总质量＝(4.66×11×2＋6.62×11×2)×0.006165×12^2＝220.31kg

标高－0.030～57.870m 剪力墙柱表 **表 6-6**

截面	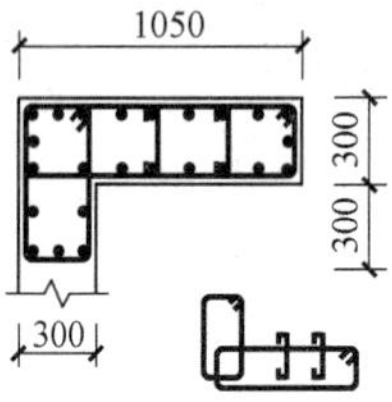 1050, 300, 300, 300	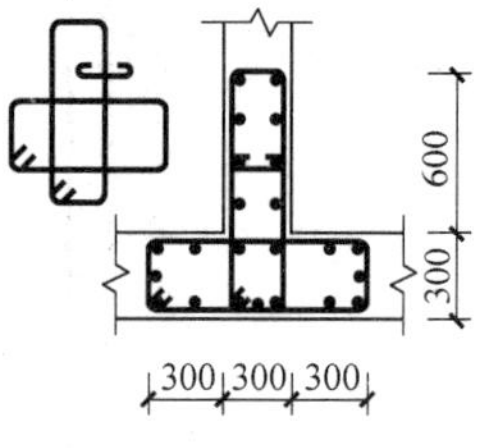 600, 300, 300, 300, 300	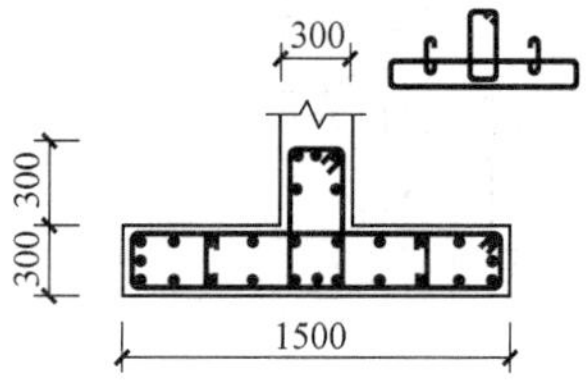 300, 300, 300, 1500
编号	GJZ1	GYZ1	GYZ2
标高	－0.030～57.870	－0.030～57.870	－0.030～57.870
纵筋	24 Φ 20	24 Φ 20	28 Φ 20
箍筋	Φ 10@100	Φ 10@100	Φ 10@100
截面	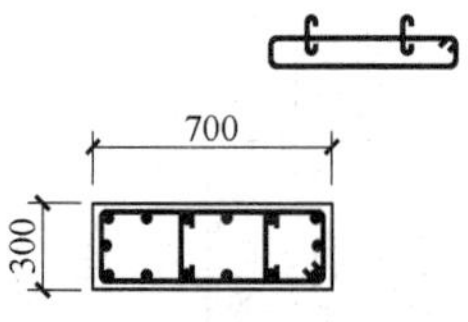 700, 300	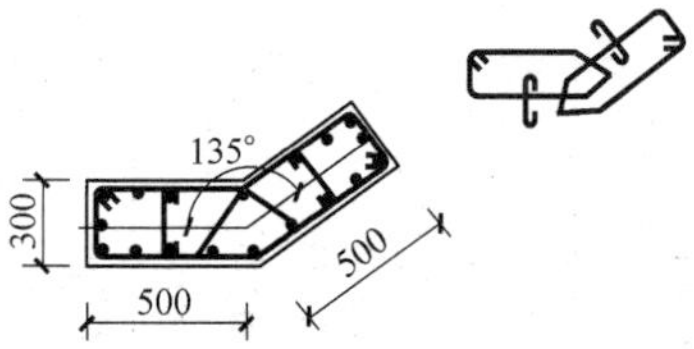 135°, 300, 500, 500	
编号	GAZ1	GAZ2	
标高	－0.030～57.870	－0.030～57.870	
纵筋	14 Φ 20	20 Φ 20	
箍筋	Φ 10@100	Φ 10@100	

剪力墙墙身表　　表 6-7

编号	标高	墙厚	水平分布筋	垂直分布筋	拉筋
Q1	−0.030～29.370	300	Φ 12@200	Φ 12@200	Φ 6@600@600 梅花双向方式布置

剪力墙梁表　　表 6-8

编号	所在楼层号	梁顶相对标高高差	梁截面(b×h)	上部纵筋	下部纵筋	箍筋
LL1	2-9		300×1500	4 Φ 22	4 Φ 22	Φ 10@150(2)
	10-屋面		300×1500	4 Φ 20	4 Φ 20	Φ 10@150(2)
LL2	2-9	0.800	300×2500	4 Φ 25	4 Φ 25	Φ 10@120(2)
	10-屋面	0.800	300×2500	4 Φ 22	4 Φ 22	Φ 10@120(2)

2. 剪力墙墙身竖向钢筋工程量计算

剪力墙竖向分布筋工程量计算分墙插筋、中间层分布筋、顶层分布筋三部分分别计算，计算方法如下：

（1）竖向钢筋长度计算

1）墙身基础插筋长度计算

墙身基础插筋单根长＝基础底部水平弯折长＋基础高度－基础底部保护层厚度＋插筋伸出基础顶部高度

上式中，墙身基础插筋基础底部水平弯折长为 $6d$ 或者 $15d$，当墙身基础插筋位于锚固区时，底部水平弯折长取值为 $15d$；当墙身基础插筋位于非锚固区时，$h_j>l_{aE}$时，底部水平弯折长取值为 $6d$；$h_j\leqslant l_{aE}$时，底部水平弯折长取值为 $15d$。

焊接或者机械连接时，剪力墙竖向分布筋相邻两根插筋伸出基础顶部与上一层钢筋连接接头应错开，机械连接街头错开距离不小于 $35d$，焊接连接接头错开距离大于等于 $35d$，且大于等于 500mm，具体见图 6-18、图 6-19。当剪力墙竖向分布筋采用搭接连接时，一、二级抗震等级剪力墙底部加强部位竖向分布筋相邻两根插筋搭接接头应相互错开，错开距离不小于 500mm；一、二级抗震等级剪力墙非底部加强部位或三、四级抗震等级或非抗震剪力墙竖向分布筋可在同一部位搭接，具体见图 6-20、图 6-21。

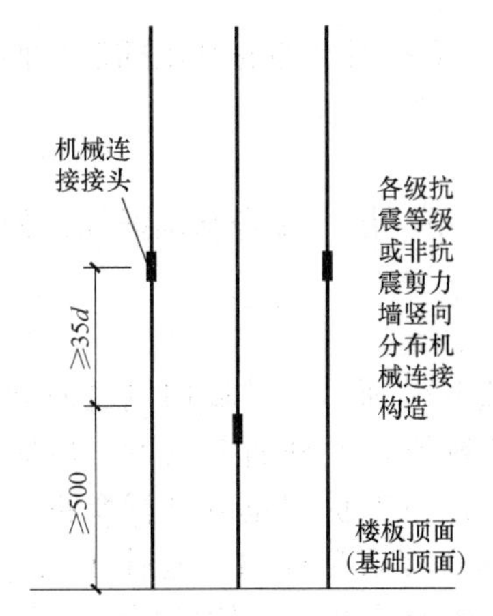

图 6-18　剪力墙竖向分布筋机械连接

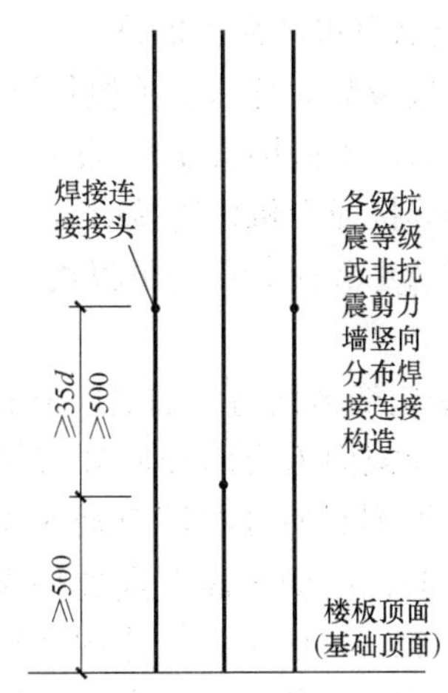

图 6-19　剪力墙竖向分布筋焊接

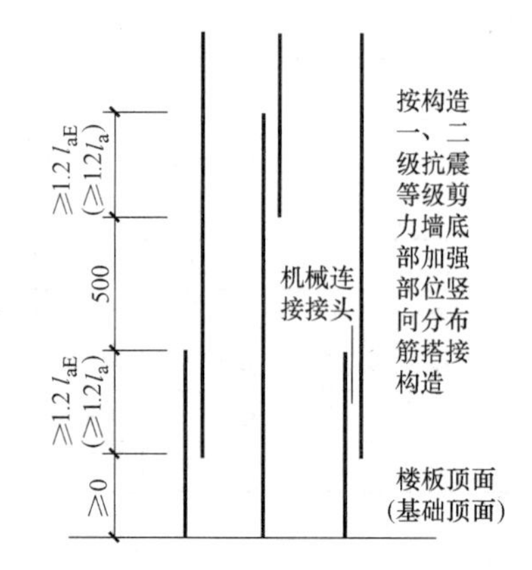

图 6-20 剪力墙竖向分布筋交错搭接

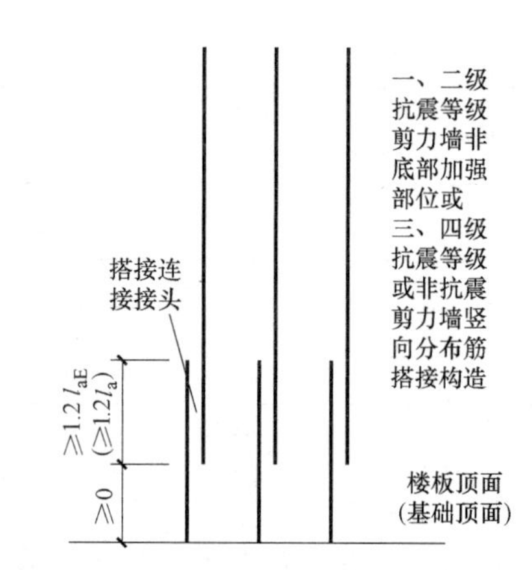

图 6-21 剪力墙竖向分布筋同一部位搭接

2）基础顶部以上各层（顶层除外）墙身竖向钢筋长度计算

采用绑扎连接时：

基础顶部以上各层墙身竖向分布筋单根长＝层高－下一层（墙身基础插筋）伸入本层长度＋本层墙身竖向钢筋深入上一层长度＋搭接长度（1.2l_{aE}）

采用焊接或者机械连接时：

基础顶部以上各层墙身竖向分布筋单根长＝层高－下一层（墙身基础插筋）伸入本层长度＋本层墙身竖向钢筋深入上一层长度

3）剪力墙顶层墙身竖向钢筋长度计算

① 墙顶为屋面板或者楼板

采用绑扎连接时：

顶层墙身竖向分布筋单根长＝层高－下一层（墙身基础插筋）伸入本层长度－保护层厚度＋12d＋搭接长度（1.2l_{aE}）

采用焊接或者机械连接时：

顶层墙身竖向分布筋单根长＝层高－下一层（墙身基础插筋）伸入本层长度－保护层厚度＋12d

② 当墙身顶部为边框梁

顶层墙身竖向分布筋单根长＝墙身净高－下一层（墙身基础插筋）伸入本层长度＋l_{aE}(l_a)＋搭接长度(1.2l_{aE})

采用焊接或者机械连接时

顶层墙身竖向分布筋单根长＝墙身净高－下一层（墙身基础插筋）伸入本层长度＋l_{aE}(l_a)

4）竖向变截面剪力墙竖向分布筋长度计算

竖向变截面剪力墙竖向分布筋构造如图 6-22 所示，外墙内侧竖向截面发生变化时，外侧竖向分布筋直通过节点，可不断开，变截面节点下一层墙体内侧竖向分布筋，在变截面节点处伸至楼板顶面以下保护层位置进行弯折，弯折长度不小于 12d，上一层墙体内侧竖向分布筋自楼板顶面向下延伸 1.2l_{aE}，如图 6-22（a）所示；同理，外墙外侧竖向截面发生变化时，内侧竖向分布筋直通过节点，可不断开，变截面节点下一层墙体外侧竖向分布筋，在变截面节点处伸至楼板顶面以下保护层位置进行弯折，弯折长度不小于 12d，上一层墙体外侧竖向分布筋自楼板顶面向下延伸 1.2l_{aE}，如图 6-22（b）所示；变截面节点下一层的内墙竖向分布筋伸至距楼板顶部一个保护层位置后进行弯折，弯折长度不小于 12d（d 为竖向分布筋直径），上一层墙体竖向分布筋自楼板顶面向下延伸 1.2l_{aE}（l_{aE}为受拉钢筋抗震锚固长度），如图 6-22（c）所示；当内墙一侧截面缩小值不大于 30mm 时，剪力墙竖向分布筋在变截面节点处可不断开，倾斜通过节点向上延伸，如图 6-22（d）所示。

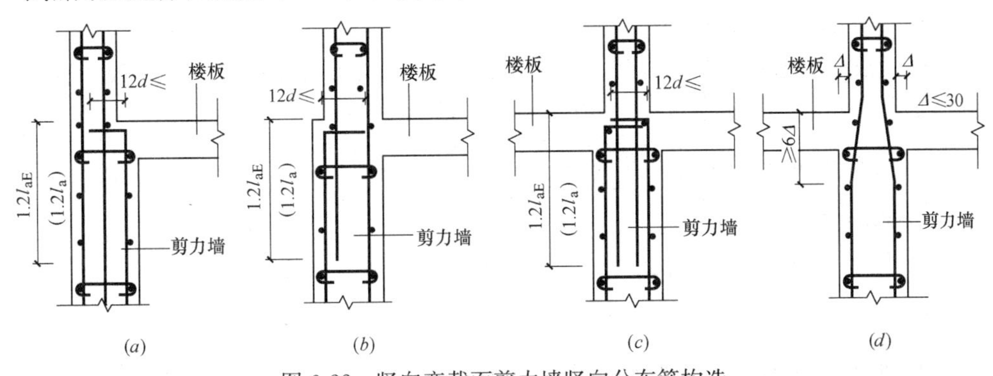

图 6-22　竖向变截面剪力墙竖向分布筋构造

竖向变截面剪力墙竖向分布筋长度计算公式如下：

① 在节点处进行锚固的竖向分布筋长度计算

A. 变截面节点下一层竖向钢筋长度计算

采用绑扎连接时：

竖向分布筋单根长＝本层层高－下一层竖向分布筋伸入本层长度－楼板钢筋保护层厚度 c＋12d(d 竖向分布筋直径)＋搭接长度(1.2l_{aE})

采用焊接或者机械连接时：

竖向分布筋单根长＝本层层高－下一层竖向分布筋伸入本层长度－楼板钢筋保护层厚度 c＋12d(d 竖向分布筋直径)

B. 变截面节点上一层竖向钢筋长度计算

采用绑扎连接时：

竖向分布筋单根长＝本层层高＋节点处锚固长度(1.2l_{aE})＋本层墙身竖向分布筋伸入上一层长度＋搭接长度(1.2l_{aE})

采用焊接或者机械连接时：

竖向分布筋单根长＝本层层高＋节点处锚固长度(1.2l_{aE})＋本层墙身竖向分布筋伸入上一层长度

② 直通过（未断开锚固的）变截面节点的竖向分布筋长度计算方法与剪力墙竖向截面未发生变化的墙体竖向分布筋长度计算方法相同。

（2）竖向钢筋根数计算

$$竖向钢筋根数=\frac{剪力墙净长-竖向钢筋间距}{竖向钢筋间距}+1$$

（3）竖向钢筋质量计算

墙身竖向钢筋质量=竖向钢筋单根长×竖向钢筋根数×$0.006165d^2$

式中 d——竖向钢筋直径（mm）。

（4）举例

【例 6-3】 计算图 6-17 剪力墙平法施工图中①轴线 Q1 竖向分布筋工程量。该工程所处环境类别为二 a 类，混凝土强度等级为 C30，基础类型为筏板基础，厚度为 600mm，墙身基础插筋位于非锚固区，墙身竖向分布筋自基础顶面（楼板顶面）向上伸出长度为 600mm，采用绑扎连接，相邻两根竖向分布筋连接接头需要错开的，错开距离为 500mm。

解： 根据国家建筑标准设计图集 16G101-1，查得剪力墙中钢筋的混凝土保护层厚度为 20mm，通过计算 $l_{aE}=40.25d=40.25\times12=483$mm。

① 墙身竖向分布筋根数$=\frac{6000-150-300-150-300-200}{200}+1=26$ 根

② 墙身竖向分布筋长度

A. 墙身基础插筋单根长度=600−40+6×12+600=1168mm

墙身基础插筋计算简图：72 1096 164

B. 地下 1 层其中一根竖向分布筋长度=4500−600+600+1.2×40.25×12=5080mm。

地下 1 层其中一根竖向分布筋计算简图：5080

地下 1 层与之相邻的另一根竖向分布筋长度=4500−600+600+500+1.2×40.25×12+15×12=5580mm。

地下 1 层与之相邻的另一根竖向分布筋计算简图：5580

C. 地上 1 层其中一根竖向分布筋长度=4200−600+600+1.2×40.25×12=4780mm。

地上 1 层与之相邻的另一根竖向分布筋长度=4200−600−500+600+500+1.2×40.25×12=4780mm。

地上 1 层竖向分布筋计算简图：4780

D. 地上第 2 层其中一根竖向分布筋长度=3600−600+600+1.2×40.25×12=4180mm。

地上第 2 层与之相邻的另一根竖向分布筋长度=3600−600−500+600+500+1.2×40.25×12=4180mm。

地上第 2 层竖向分布筋计算简图：4180

E. 地上第 3 层其中一根竖向分布筋长度=3600−600+600+1.2×40.25×12=4180mm。

地上第 3 层其中一根竖向分布筋计算简图：4180

地上第 3 层与之相邻的另一根竖向分布筋长度=3600−600−500+600+1.2×40.25×12=3680mm。

地上第 3 层与之相邻的另一根竖向分布筋计算简图：3680

F. 地上第 4 层至第 16 层每层竖向分布筋单根长度＝3600－600＋600＋1.2×40.25×12＝4180mm。

地上第 4 层至第 15 层每层竖向分布筋计算简图：4180

G. 16 层竖向分布筋单根长度＝3300－600＋1.2×40.25×12＋15×12＝3460mm。

屋面层竖向分布筋计算简图：3280 180

③ 墙身竖向分布筋质量＝［1.168×26＋5.08×13＋5.58×13＋4.78×26＋4.1×26＋4.18×13＋3.68×13＋4.18×26×12(层)＋3.46×26］×0.006165×12^2＝1683.31kg

3. 剪力墙墙身拉筋工程量计算

(1) 抗震时剪力墙墙身拉筋工程量计算

1) 拉筋长度计算

拉筋长度计算公式：

拉筋单根长度＝墙厚－2×保护层厚度－d＋2×弯钩长(135°弯钩)

2) 拉筋根数计算

拉筋根数计算公式：

拉筋根数＝墙身净面积÷(拉筋横向间距×拉筋纵向间距)

墙身净面积＝墙面积－门窗洞口总面积－暗柱所占面积－暗梁所占面积－连梁所占面积

3) 拉筋质量计算

拉筋质量计算公式：

拉筋质量＝拉筋单根长×拉筋根数×0.006165d^2

式中　d——拉筋直径 (mm)。

4) 举例

【例 6-4】 计算图 6-17 剪力墙平法施工图中①轴线剪力墙墙身拉筋工程量。该工程所处环境类别为二 a 类，混凝土强度等级为 C30。

解： 根据国家建筑标准设计图集 16G101-1，查得剪力墙中钢筋的混凝土保护层厚度为 20mm。

拉筋单根长度＝300－2×20－6＋2×［max(60,75)＋1.87×6］＝426mm

拉筋计算简图：254

拉筋根数＝［(6000－150－300－300－150)×4200］÷(600×600)＝60 根

① 轴线剪力墙墙身第一层拉筋质量＝0.426×60×0.006165×6^2＝5.67kg

4. 剪力墙洞口补强筋工程量计算

(1) 墙身矩形洞口补强筋计算

1) 洞宽和洞高均不大于 800mm 时补强筋计算

洞宽和洞高均不大于 800mm 时补强筋构造如图 6-23 所示。

① 横向补强筋

A. 横向补强筋长度。设计注写补强钢筋时，其工程量按设计注写值计算，当设计未注写时，其工程量按以下方法计算。

横向补强筋长度＝矩形洞口宽度＋2×l_{aE}

式中　l_{aE}——抗震锚固长度。

B. 横向补强筋根数每边两根。

C. 横向补强筋质量：

横向补强筋质量＝横向补强筋单根长×根数×0.006165d^2

式中　d——横向补强筋直径（mm）。

② 纵向补强筋。纵向补强筋工程量计算方法与横向纵向补强筋工程量计算方法相同。

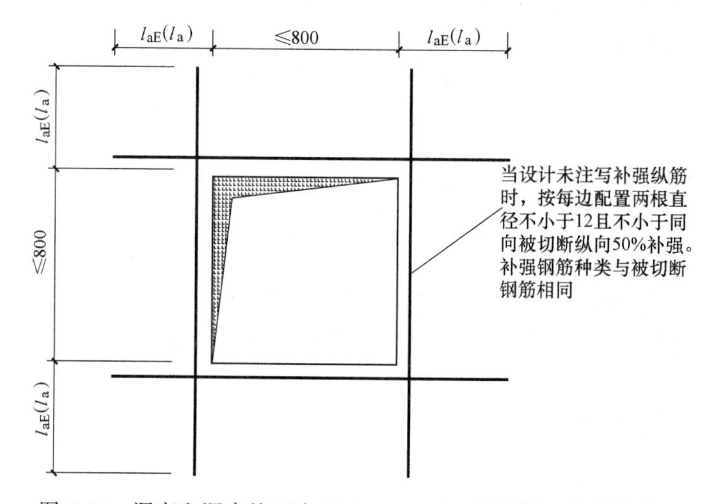

图 6-23　洞宽和洞高均不大于 800mm 时，矩形洞口补强筋构造

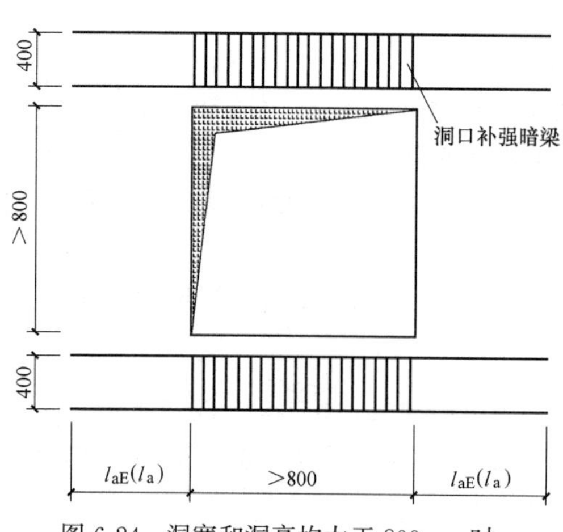

图 6-24　洞宽和洞高均大于 800mm 时，矩形洞口补强暗梁构造

2）洞宽和洞高均大于 800mm 时补强筋计算

洞宽和洞高均不大于 800mm 时补强筋构造如图 6-24 所示。

洞宽和洞高均大于 800mm 时，洞口上下做补强暗梁；当洞口上边或者下边为剪力墙连梁时，不重复设置补强暗梁；洞口竖向两侧设置剪力墙边缘构件；其钢筋工程量按设计标注计算。

（2）墙身圆形洞口补强筋计算

1）圆形洞口直径不大于 300mm 时补强筋计算

圆形洞口直径不大于 300mm 时补强筋构造如图 6-25 所示。

① 补强筋单根长度＝圆洞直径＋2×l_{aE}

式中 l_{aE}——抗震锚固长度。

② 补强筋根数见设计。

③ 补强筋质量：

补强筋质量＝补强筋单根长×根数×0.006165d^2

式中 d——补强筋直径（mm）。

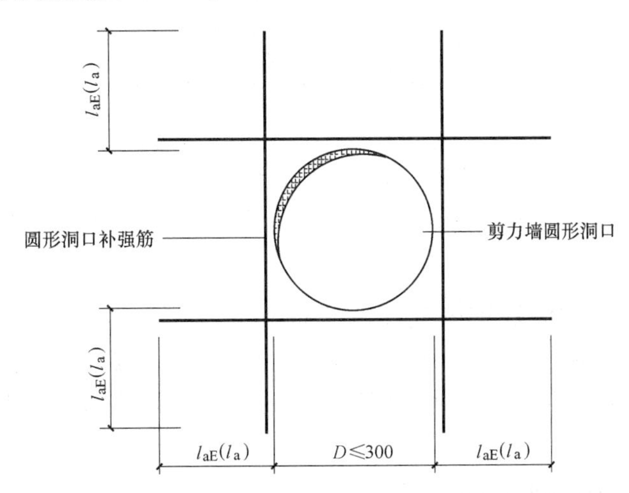

图 6-25 圆形洞口直径不大于 300mm 时补强筋构造

2）圆形洞口直径大于 800mm 时补强筋计算

圆形洞口直径大于 800mm 时补强筋构造如图 6-26 所示。

圆形洞口直径大于 800mm 时，设置环形加强筋，并且洞口上下做补强暗梁；当洞口上边或者下边为剪力墙连梁时，不重复设置补强暗梁；洞口竖向两侧设置剪力墙边缘构件；其钢筋工程量按设计标注计算。被洞口切断的墙体分布筋延伸至距洞口边缘一个保护层厚度位置弯折，弯折长度为：墙厚－2×保护层厚度。

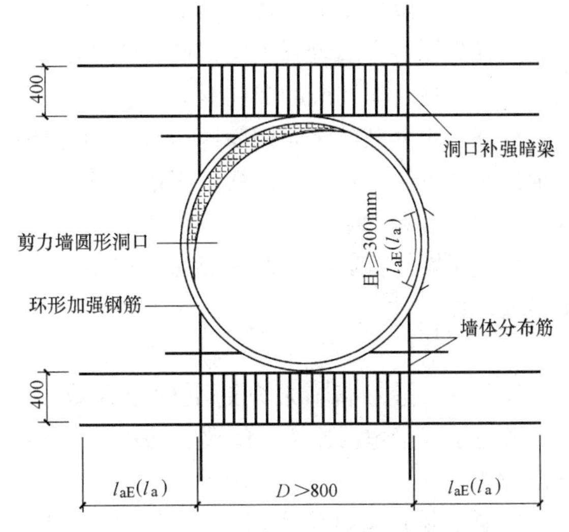

图 6-26 圆形洞口直径大于 800mm 时补强暗梁构造

3）圆形洞口直径大于 300mm 且小于 800mm 时补强筋计算

圆形洞口直径大于 300mm 且小于 800mm 时补强筋构造如图 6-27 所示。

① 补强筋单根长度＝2×(圆洞半径＋保护层厚度)÷$\sqrt{3}$＋2×l_{aE}

② 每侧补强筋根数见设计。

③ 补强筋质量

补强筋质量＝补强筋单根长×根数×0.006165d^2

式中　d——补强筋直径（mm）。

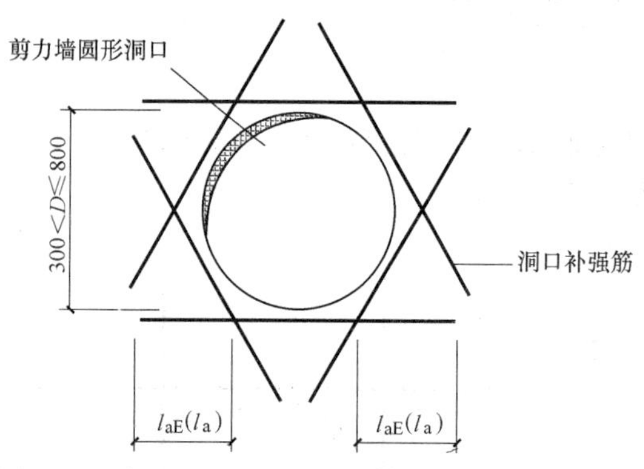

图 6-27　圆形洞口直径大于 300mm 小于等于 800mm 时补强纵筋构造

6.2.2　剪力墙墙柱钢筋工程量计算

墙柱分为约束边缘暗柱、约束边缘端柱、约束边缘翼墙、约束边缘转角墙、构造边缘暗柱、构造边缘端柱、构造边缘翼墙、构造边缘转角墙、非边缘暗柱和扶壁柱共十类。

1. 剪力墙墙柱纵向钢筋

（1）暗柱纵向钢筋

因为暗柱纵向钢筋构造与剪力墙墙身纵向钢筋构造相同，所以暗柱纵向钢筋工程量计算同剪力墙墙身纵向钢筋，详见本章剪力墙墙身纵向钢筋。

（2）端柱、小墙肢的竖向钢筋

端柱、小墙肢的竖向钢筋构造与框架柱相同，因此端柱和小墙肢竖向钢筋工程量计算详见第 3 章　柱钢筋工程量计算。

2. 剪力墙墙柱箍筋

剪力墙墙柱箍筋与框架柱箍筋构造相同，其工程量计算详见第 3 章　柱钢筋工程量计算。

6.2.3　剪力墙墙梁钢筋工程量计算

剪力墙墙梁包括连梁、暗梁、边框梁三种，抗震时剪力墙墙梁钢筋工程量计算方法如下：

1. 剪力墙连梁钢筋计算

（1）连梁上部纵筋

1）连梁端部与较小墙肢相连时，连梁钢筋构造如图 6-28 所示，上部纵筋工程量计算如下：

连梁上部纵筋单根长＝洞口宽＋端部较短墙肢宽－保护层厚度＋$15d$＋max（l_{aE}，600mm）

式中　d——连梁上部纵筋直径（mm）；

l_{aE}——受拉钢筋抗震锚固长度。

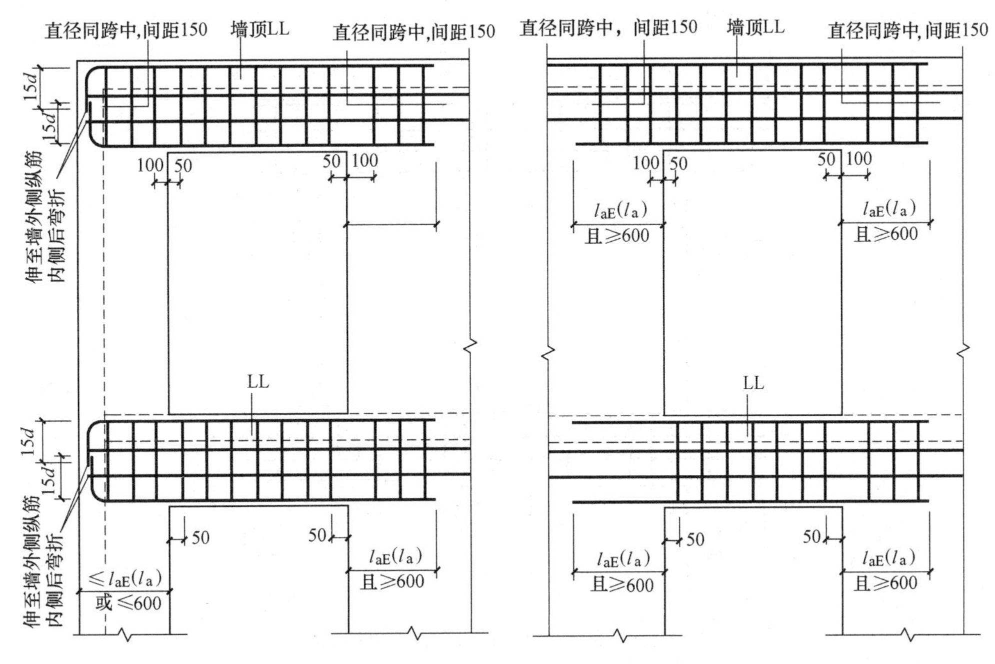

图 6-28　端部墙肢较短的洞口连梁钢筋构造　　　　图 6-29　单洞口连梁（单跨）钢筋构造

质量＝连梁上部纵筋单根长×根数×0.006165d^2

式中　d——连梁上部纵筋直径（mm）。

2）单洞口连梁，连梁钢筋构造如图 6-29 所示，上部纵筋工程量计算如下：

连梁上部纵筋单根长＝洞口宽＋max(l_{aE},600mm)×2

式中　l_{aE}——受拉钢筋抗震锚固长度。

质量＝连梁上部纵筋单根长×根数×0.006165d^2

式中　d——连梁上部纵筋直径（mm）。

3）双洞口连梁，连梁钢筋构造如图 6-30 所示，上部纵筋工程量计算如下：

连梁上部纵筋单根长＝连梁通跨净长＋max(l_{aE},600mm)×2

式中　l_{aE}——受拉钢筋抗震锚固长度。

质量＝连梁上部纵筋单根长×根数×0.006165d^2

式中　d——连梁上部纵筋直径（mm）。

（2）连梁下部纵筋

连梁下部纵筋工程量计算与连梁上部纵筋工程量计算法相同。

（3）连梁箍筋

1）中间层连梁

① 箍筋长度。连梁箍筋长度计算同框架梁箍筋长度计算计算方法相同，具体见第 4 章　梁钢筋工程量计算。

② 箍筋根数：$箍筋根数=\dfrac{洞口宽-100}{箍筋间距}+1$

质量＝箍筋单根长×根数×0.006165d^2

式中　d——连梁箍筋直径（mm）。

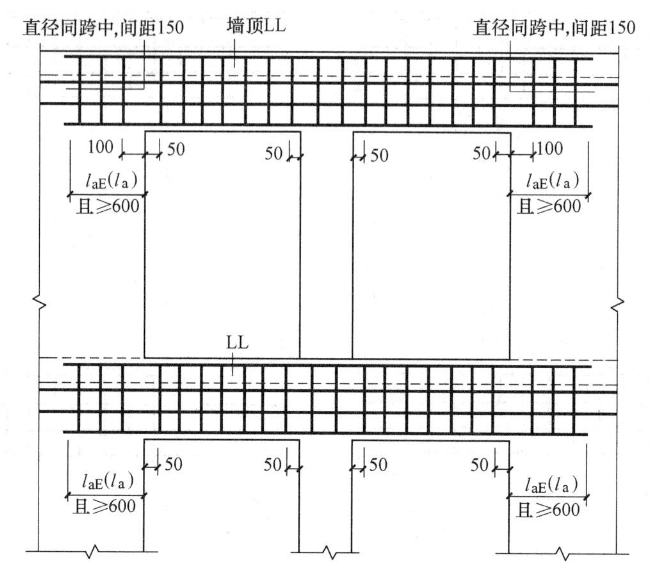

图 6-30　双洞口连梁（双跨）钢筋构造

2）顶层连梁

① 纵筋。顶层连梁上部纵筋和下部纵筋工程量计算与中间层连梁上部纵筋和下部纵筋工程量计算方法相同。

② 箍筋：

A. 连梁端部墙肢较短（墙肢宽度小于等于 l_{aE}或小于等于 600mm）时：

$$箍筋根数=\frac{洞口宽-100}{箍筋间距}+1+\frac{墙肢宽-保护层厚度-100}{150}+1+\frac{右锚固长-100}{150}+1$$

B. 单洞口连梁：

$$箍筋根数=\frac{洞口宽-100}{箍筋间距}+1+\frac{左锚固长-100}{150}+1+\frac{右锚固长-100}{150}+1$$

（4）举例

【例 6-5】 计算图 6-17 所示剪力墙平法施工图中第一层Ⓐ轴线上 LL1 钢筋工程量。该工程所处环境类别为二 a 类，混凝土强度等级为 C30。

解：根据国家建筑标准设计图集 16G101-1，查得剪力墙中钢筋的混凝土保护层厚度为 20mm，通过计算 $l_{aE}=40.25d=40.25\times22=885.5$mm。

上部纵筋单根长＝1000＋885.5×2＝2771mm

上部纵筋单根长＝1000＋885.5×2＝2771mm

纵筋计算简图：2771

箍筋单根长度＝(300＋2500)×2－8×20－4×10＋2×11.87×10＝5637mm

箍筋计算简图：5400

$$箍筋根数=\frac{1000-100}{150}+1=7\ 根$$

第一层Ⓐ轴线上 LL1 纵筋总质量＝2.771×4×2×0.006165×22^2＝66.15kg

第一层Ⓐ轴线上 LL1 箍筋总质量＝5.637×7×0.006165×10^2＝24.33kg

【例 6-6】 计算图 6-17 所示剪力墙平法施工图中屋面层Ⓐ轴线上 LL1 钢筋工程量。该工程所处环境类别为二 a 类，混凝土强度等级为 C30。

解：根据国家建筑标准设计图集 16G101-1，查得剪力墙中钢筋的混凝土保护层厚度为 20mm，通过计算 l_{aE}＝40.25d＝40.25×20＝805mm。

上部纵筋单根长＝1000＋805×2＝2610mm。

上部纵筋单根长＝1000＋805×2＝2610mm。

纵筋计算简图：2610

箍筋单根长度＝(300＋2500)×2－8×20－4×10＋2×11.87×10＝5637mm。

箍筋计算简图：5400

箍筋根数＝$\frac{805-100}{150}+1+\frac{1000-100}{150}+1+\frac{805-100}{150}+1=19$ 根

屋面层Ⓐ轴线上 LL1 纵筋总质量＝2.61×4×2×0.006165×20^2＝51.49kg

屋面层Ⓐ轴线上 LL1 箍筋总质量＝5.637×19×0.006165×10^2＝66.03kg

2. 剪力墙边框梁或者暗梁钢筋工程量计算

剪力墙边框梁或者暗梁钢筋工程量计算与框架结构中梁钢筋工程量计算方法相同，详见第 4 章梁钢筋计算。

本章习题

1. 剪力墙由哪几部分组成？
2. 剪力墙构件的编号如何注写？
3. 剪力墙构件中钢筋种类有哪些？
4. 剪力墙墙柱的种类有哪些，编号分别如何注写？
5. 剪力墙墙柱构件中钢筋种类有哪些？
6. 剪力墙墙梁的种类有哪些，编号分别如何注写？
7. 剪力墙墙梁构件中钢筋种类有哪些？
8. 剪力墙洞口平法标注要标注哪些内容？
9. 计算某工程中负一层电梯井剪力墙墙身、墙柱、墙梁的钢筋工程量。电梯井剪力墙详见图 1、表 1～表 3。

某工程中负一层电梯井采用剪力墙结构，抗震等级为 2 级，混凝土等强度级为 C45，剪力墙中钢筋的混凝土保护层为 20mm，直径不大于 18mm 的钢筋接头采用绑扎连接，直径大于 18mm 的钢筋接头采用焊接连接。墙底基础顶部标高为－3.63m，地下室层高为 3.6m。

剪力墙墙身配筋表 **表 1**

编号	标高	墙厚	水平分布筋	垂直分布筋	拉筋
Q1	－3.630～－0.030	250	⏀12@200	⏀12@200	Φ6@600@600 梅花双向方式布置

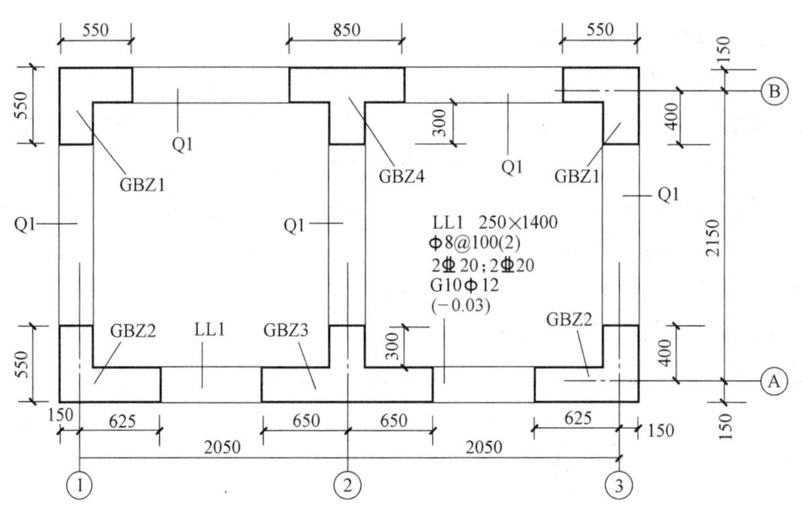

图 1　基础顶面至−0.030 剪力墙墙身、墙柱、墙梁平面布置图

剪力墙墙柱配筋表　　**表 2**

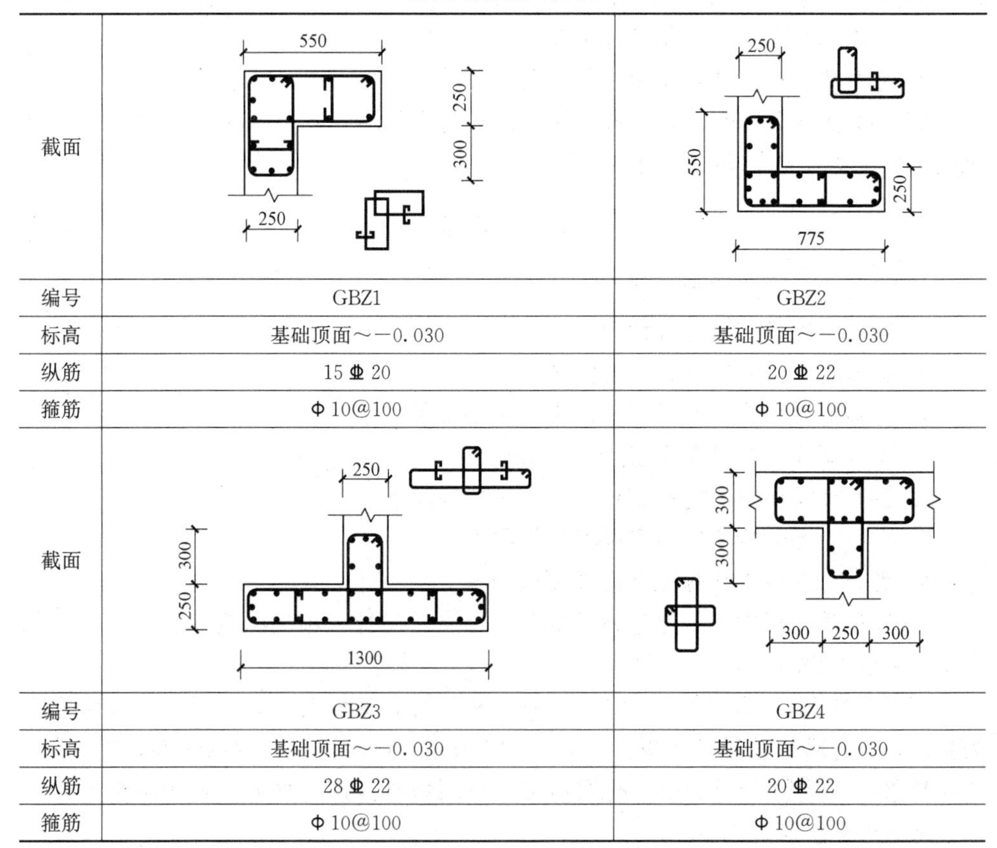

截面	（GBZ1 截面图）	（GBZ2 截面图）
编号	GBZ1	GBZ2
标高	基础顶面～−0.030	基础顶面～−0.030
纵筋	15 Φ 20	20 Φ 22
箍筋	Φ 10@100	Φ 10@100
截面	（GBZ3 截面图）	（GBZ4 截面图）
编号	GBZ3	GBZ4
标高	基础顶面～−0.030	基础顶面～−0.030
纵筋	28 Φ 22	20 Φ 22
箍筋	Φ 10@100	Φ 10@100

剪力墙连梁配筋表　　**表 3**

编号	所在楼层号	梁顶相对标高高差	梁截面($b\times h$)	上部纵筋	下部纵筋	箍筋
LL1	−1	−0.030	250×1400	2 Φ 20	2 Φ 20	Φ 8@100(2)

7

楼梯钢筋工程量计算

关键知识点：

(1) 楼梯类型及其代号、楼梯平面尺寸、楼梯高度及标高的注写。

(2) 楼梯钢筋集中标注、原位标注的注写以及各种楼梯配筋相关规定。

(3) 楼梯各种钢筋工程量计算的基本方法及实例。

教学建议：

(1) 贯彻工学结合的教学指导思想，讲练结合，以一套实际施工图纸，在课程讲授之后，进行楼梯钢筋工程量计算实际训练。

(2) 到钢筋施工的工地进行讲解，使学生能够建立感性认知楼梯钢筋工程量计算知识。

楼梯有预制楼梯和现浇楼梯两大类，这里主要讲述现浇楼梯的钢筋工程量计算。现浇楼梯指每跑整体现浇的楼梯，即板式楼梯。

7.1 板式楼梯类型

根据实际需要板式楼梯共有两组 11 种类型。

第一组板式楼梯有 5 种类型，分别为 AT、BT、CT、DT、ET 型。

第二组板式楼梯有 6 种类型，分别为 FT、GT、HT、JT、KT 和 LT 型。

7.1.1 第一组板式楼梯

第一组板式楼梯有 5 种类型，分别为 AT、BT、CT、DT、ET 型，均为单跑楼梯，见图 7-1。

AT 型楼梯是一跑楼梯；BT 型楼梯是有低端平板的一跑楼梯；CT 型楼梯是有高端平板的一跑楼梯；DT 型楼梯是高低端均有平板的一跑楼梯；ET 型楼梯是有中位平板的一跑楼梯。

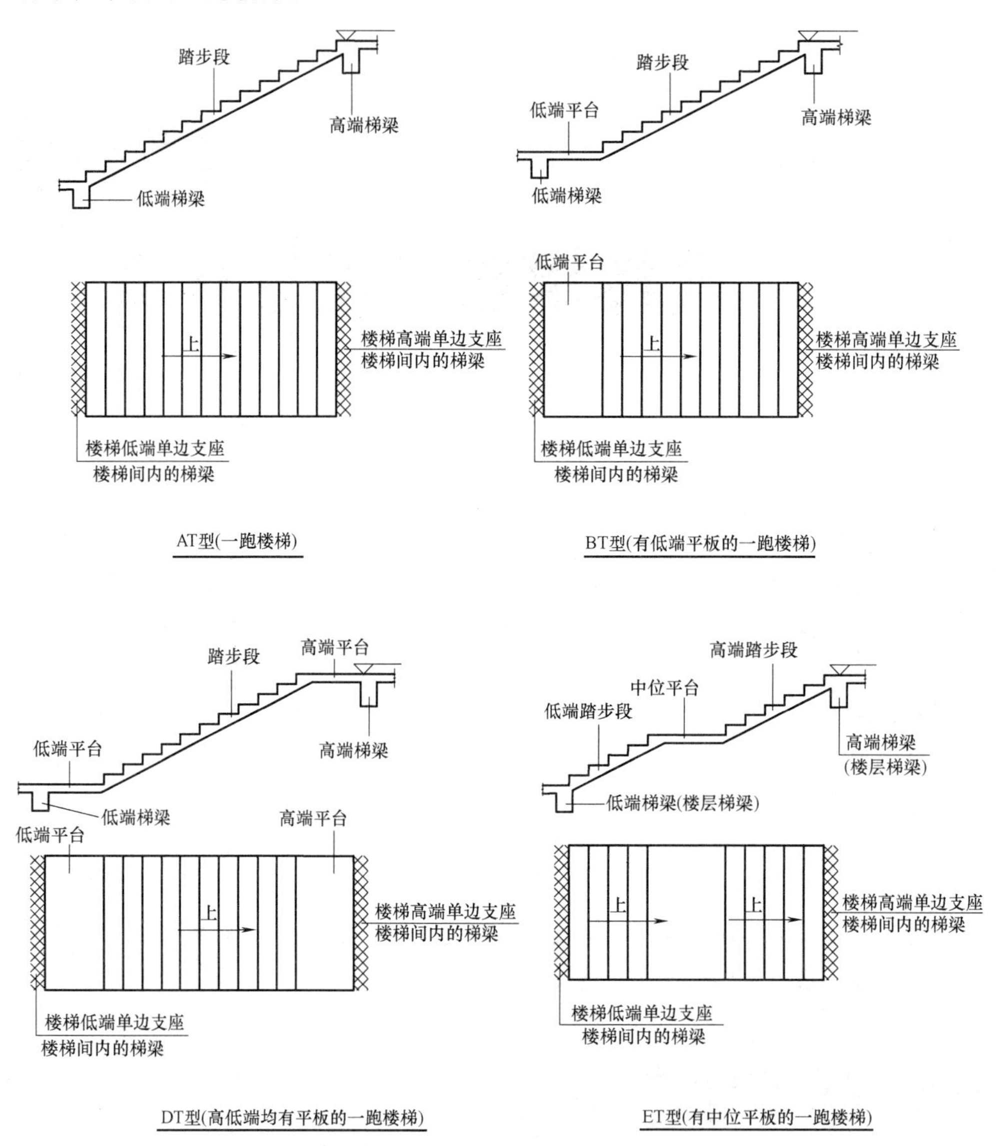

图 7-1　第一组板式楼梯部分示意图

7.1.2　第二组板式楼梯

第二组板式楼梯有 6 种类型，分别为 FT、GT、HT、JT、KT 和 LT 型，均为双跑楼梯，见图 7-2。

FT 型、GT 型楼梯均是有层间和楼层的双跑楼梯，见图 7-2；其余各型（HT、JT、KT 和 LT 型）楼梯与之大同小异。

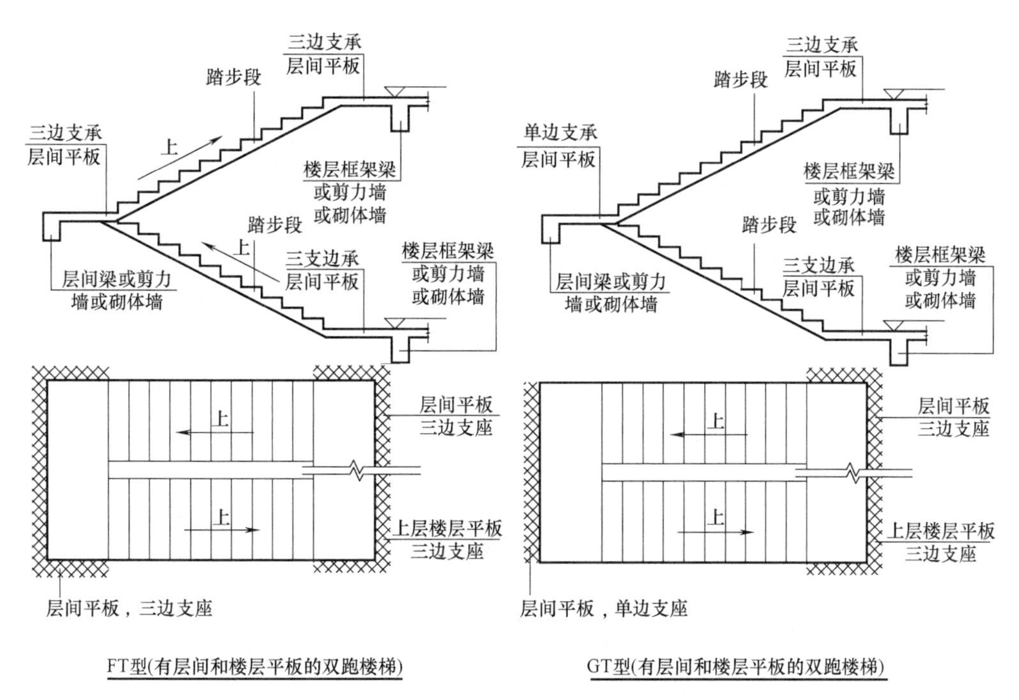

图 7-2 第二组板式楼梯部分示意图

7.2 板式楼梯平面注写

7.2.1 板式楼梯代号注写

如图 7-3 中标注的“AT7，h=120”表示：AT7 表示 AT 型板式楼梯 7 号（7 是顺序号）；h=120 表示梯板的厚度为 120mm。

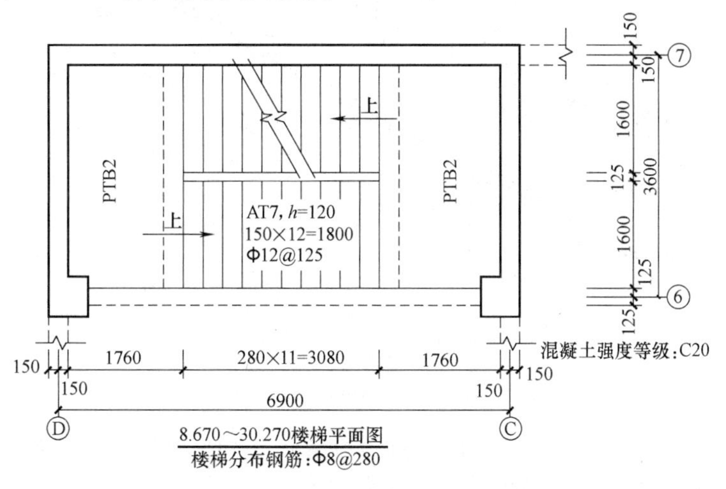

图 7-3 楼梯平面标注图

7.2.2 板式楼梯平面注写

板式楼梯平面尺寸根据施工图纸上标注尺寸确定，见图 7-3。

图 7-3 中，该楼梯是双跑楼梯。整个楼梯间的长度为 6900mm，宽度为 3600mm，每个踏步的宽度为 150mm，共 11 个踏步，楼梯休息平台 PTB2 宽度为 1760mm，楼梯缝宽 125mm，每跑宽度 1600mm，高度 1800mm。

该楼梯共 12 跑、6 层。跑数=(30.27−8.67)÷(1.8×2)×2=12 跑；层数 12÷2=6 层。

7.2.3 板式楼梯高度注写

板式楼梯高度见施工图纸中的集中标注。

如图 7-3 中集中标注的“150×12=1800”表示：150 表示每踏步的宽度为 150mm，12 表示 12 个踏步，1800 表示板式楼梯的高度 1800mm。

7.2.4 板式楼梯钢筋注写

板式楼梯钢筋见施工图纸中的集中标注，见图 7-3。

如图 7-3 中集中标注的“Φ 12 @125”和图名下的“Φ 8@280”表示板式楼梯钢筋。

Φ 12 @125 表示，板底下部纵筋为Φ 12 的钢筋，间距 125mm；Φ 8@280 表示，板底下部纵筋和板面钢筋的负筋的分布钢筋均为Φ 8 的钢筋。板面钢筋的负筋按下部纵筋的 1/2 且不小于Φ 8@200 计算。

各种钢筋的形状见图 7-4。

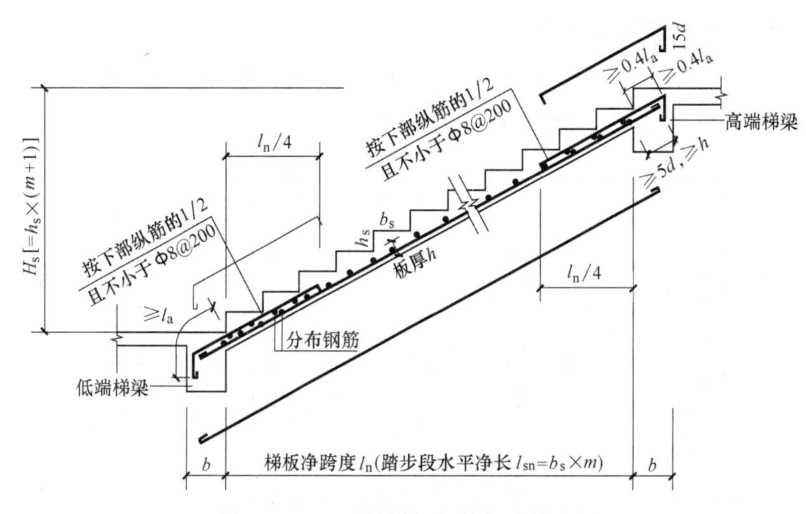

图 7-4 AT 型楼梯板钢筋标准构造图

需要说明的是：板式楼梯钢筋工程量计算，必须根据国家建筑标准设计图集 16G101-2《混凝土结构施工图平面整体表示方法制图规则和构造详图（现浇混凝土板式楼梯)》中，各型（包括 AT、BT、CT、DT、ET、FT、GT、HT、JT、KT 和 LT 型）楼梯板钢筋构造的规定计算。

7.3 板式楼梯钢筋工程量计算举例

计算某工程标高为 8.670～30.270 的楼梯钢筋（图 7-3）工程量。

7.3.1 板式楼梯钢筋工程量计算相关信息

计算板式楼梯钢筋工程量的相关信息如下：

保护层厚度查表确定，楼梯钢筋保护层厚度 20mm；

锚固长度查表确定，$l_{aE}=36d$（设该工程为二级抗震）；

钢筋每米质量查表确定，Φ 12：0.888kg/m；Φ 8：0.395kg/m；

构件数量，该楼梯共 12 跑。跑数=(30.27－8.67)÷(1.8×2)×2=12 跑。

7.3.2 钢筋工程量计算

板式楼梯钢筋包括底筋和面筋两部分。底筋包括板底纵筋及其分布筋两种钢筋，面筋包括负筋及其分布筋两种钢筋。

（1）底筋

1）板底纵筋（Φ 12@125）

钢筋根数=（1.60－0.02×2）÷0.125＋1=13.48≈14 根

钢筋根数计算说明如下：

式中　1.60——楼梯板宽；

0.02×2——钢筋保护层厚度；

0.125——钢筋间距。

钢筋长度=$\sqrt{3.08^2+1.65^2}$＋0.12×2＋12.5×0.012=3.94m

钢筋长度计算说明如下：

式中　$\sqrt{3.08^2+1.65^2}$——楼梯板内的钢筋长度，其中，1.65=11×0.15；

0.12×2——支座内长度。支座内长度按 16G101-2 中 AT 型楼梯的规定计算，支座内长度≥5d=60mm，且≥楼梯板厚，楼梯板厚为 120mm，所以按 120mm 计算；

12.5×0.012——半圆钩长度，按 12.5d 计算，d 是钢筋直径。

钢筋质量=3.94×14×0.888=49.98kg

2）分布钢筋（Φ 8 @280）

钢筋根数=$\sqrt{3.08^2+1.65^2}$÷0.28＋1=13.48≈14 根

钢筋根数计算说明如下：

式中 $\sqrt{3.08^2+1.65^2}$——楼梯板内长度，其中，11×0.15=1.65；

0.28——钢筋间距。

钢筋长度=1.60−0.02×2+12.5×0.008=1.66m

钢筋长度计算说明如下：

式中 1.60——楼梯板宽；

0.02×2——钢筋保护层厚度；

12.5×0.08——半圆钩长度，按 12.5d 计算，d 是钢筋直径。

钢筋质量=1.66×14×0.395=9.18kg

（2）面筋

1）负筋（Φ 10 @170）

根据 16G101-2 楼梯板钢筋构造的规定，负筋“按下部纵筋的 1/2 且不小于Φ 8 @200”计算。该楼梯配置的下部纵筋为Φ 12 @125，所以上部的负筋应配置Φ 10 @170 才能满足其规定。

根据“热轧钢筋单位理论质量表”，查出Φ 12 的钢筋断面积 113.10mm^2；Φ 10 的钢筋断面积 78.54mm^2。设Φ 10 钢筋的间距为@，则：$\frac{113.10}{125}\times\frac{1}{2}=\frac{78.54}{@}$，@=173.61mm，取 170mm。若用Φ 8 的钢筋，Φ 8 的钢筋断面积 50.27mm^2，设Φ 8 钢筋的间距为@，则：$\frac{113.10}{125}\times\frac{1}{2}=\frac{50.27}{@}$，@=111.12mm，取 110mm。本例按Φ 10 钢筋计算。

钢筋根数=(1.60−0.02×2)÷ 0.17+1=10.18≈11 根

钢筋长度（低端）=$\frac{\sqrt{3.08^2+1.65^2}}{4}$+31×0.01+6.25×0.01+直钩(0.12−0.02)=1.35m

钢筋长度（高端）=$\frac{\sqrt{3.08^2+1.65^2}}{4}$+0.4×31×0.01+15×0.01+6.25×0.01+直钩(0.12−0.02)=1.31m

式中 31×0.01——钢筋锚固长度（查表确定，$l_a=31d$）；

6.25×0.01——半圆钩长度；

0.12——楼梯板厚；

0.02×2——钢筋保护层厚度。

钢筋质量=(1.35+1.31)×11×0.617=18.05kg

2）分布筋（Φ 8 @280）

钢筋根数=$\frac{\sqrt{3.08^2+1.65^2}}{4}$÷0.28+1=4.12≈5 根

钢筋长度=1.60−0.02×2+12.5×0.008=1.66m

钢筋质量=1.66×5×2×0.395=6.56kg

分规格统计：

Φ 8 钢筋＝9.18＋6.56＝15.74kg；

Φ 10 钢筋＝18.05kg；

Φ 12 钢筋＝49.98kg。

合计：15.74＋18.05＋49.98＝83.77（kg/跑）

该工程标高为 8.670～30.270 处的楼梯钢筋工程量为：83.77(kg/跑)×12 跑＝1005kg＝1.005t

本章习题

1. 思考楼梯类型及其代号、楼梯平面尺寸、楼梯高度及标高的注写。

2. 思考楼梯钢筋集中标注、原位标注的注写以及各种楼梯配筋相关规定。

3. 计算××拆迁安置房 16 号楼的 1 号楼梯（见图 10-1～图 10-31）的钢筋工程量。

8

预制构件钢筋工程量计算

关键知识点：

（1）标准预制构件钢筋工程量计算方法及实例。

（2）非标准预制构件钢筋工程量计算方法。

教学建议：

贯彻工学结合的教学指导思想，讲练结合，以一套实际施工图纸以及相应的预制构件标准图集，进行预制构件钢筋工程量计算实际训练。

8.1 标准构件

预制构件是指构件在构件加工厂完成构件制作后，运输到施工现场进行装配，使之形成建筑物的构件。在实际中有部分构件是预制构件，如排架结构的建筑物上使用的吊车梁、大型屋面板等。

预制构件一般均为标准构件，有相应的标准图集。在预制构件标准图集中，均有预制构件的钢筋数量和构件体积等相关指标，在计算预制构件钢筋工程量时均可直接利用。

预制构件的钢筋工程量，直接根据预制构件相应标准图集中的指标乘以相应的构件数量计算。其一般计算公式为：

预制构件钢筋工程量＝Σ（构件数量×单件质量）

预制构件钢筋工程量计算，是先根据施工图纸计算出预制构件的数量，再根据标准图集的相关指标查出每个构件的钢筋质量，最后用构件数量乘以每个构件的钢筋质量就得到预制构件钢筋工程量。

【例 8-1】 某单层加工车间平面布置如图 8-1 所示，计算该工程吊车梁和大型屋面板的钢筋工程量。

解： 1）计算预制构件数量

根据施工图纸计算吊车梁和大型屋面板的件数。

吊车梁数量：中跨吊车梁 DLZ-1Z：4 根；边跨吊车梁 DLZ-1B：4 根。

大型屋面板：Y-WB-1Ⅱ：10×4＝40 块。

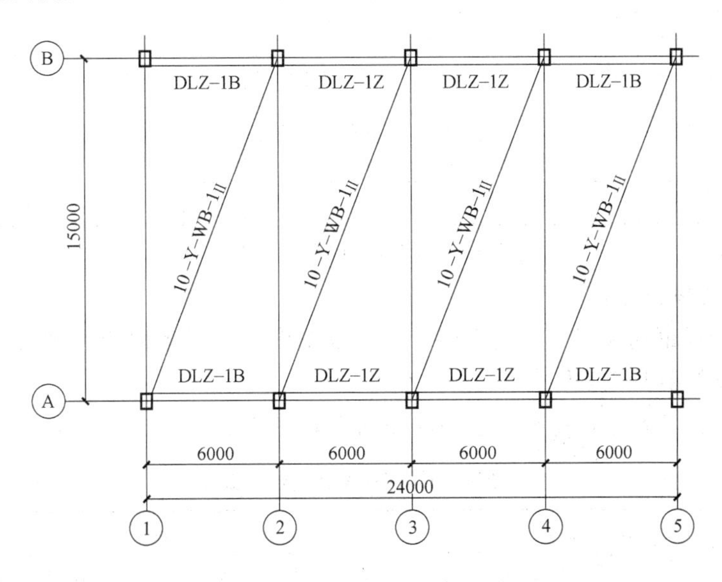

图 8-1 屋面结构平面布置图

2）根据施工图纸选用的预制构件标准图，查用各种钢筋的单件质量。

本工程施工图纸选用标准图集是 04G323-1～2（钢筋混凝土吊车梁）、04G410-1～2（1.5m×6.0m 预应力混凝土屋面板）。吊车梁和大型屋面板标准图集钢筋相关指标见表 8-1、表 8-2。

DLZ-1 钢材用量表 **表 8-1**

梁号	长度或重量	钢材用量								总重(kg)	混凝土用量(m³)
		钢筋						Q235B圆钢	型钢		
		HPB300	HRB335			HRB400					
		Φ16	Φ6	Φ8	Φ10	Φ25	Φ18	ϕ20			
DLZ-1Z	长度(m)	8.08	47.50	70.29	82.60	11.80	12.38			199.70	1.10
	重量(kg)	12.75	10.55	27.76	50.96	45.43	24.74		27.54		
DLZ-1S	长度(m)	8.38	47.50	70.29	82.60	11.80	12.10	0.47		196.20	1.13
	重量(kg)	13.22	10.55	27.76	50.96	45.43	24.18	1.16	22.94		
DLZ-1B	长度(m)	8.38	47.50	70.29	82.60	11.80	12.10	0.94		198.60	1.13
	重量(kg)	13.22	10.55	27.76	50.96	45.43	24.18	2.31	24.14		

注：本表摘自钢筋混凝土吊车梁标准图 04G323-1。

Y-WB-× 钢材用量表 **表 8-2**

板号	长度与重量	钢材用量表								混凝土用量（m³）
		预应力主筋		冷轧带肋钢筋	HPB300 钢筋			型钢	总重（kg）	
		直径	数量	ϕ5	Φ 8	Φ 10	Φ 18	−8×60		
Y-WB-1Ⅱ	长度(m)	^{l}14	12.00	119.76	18.45	3.12	0.2	0.6	44.84	1.28
	重量(kg)		14.52	18.44	7.29	1.93	0.4	2.26		
Y-WB-2Ⅱ	长度(m)	^{l}16	12.00	119.76	18.45	3.12	0.2	0.6	49.28	1.28
	重量(kg)		18.96	18.44	7.29	1.93	0.4	2.26		
Y-WB-3Ⅱ	长度(m)	^{l}18	12.00	119.76	14.1	7.47	0.2	0.6	55.28	1.28
	重量(kg)		24.00	18.44	5.57	4.61	0.4	2.26		
…	…	…	…	…	…	…	…	…	…	…

注：本表摘自 1.5m×6.0m 预应力混凝土屋面板标准图 04G410-1。

3）计算钢筋工程量

预制构件钢筋工程量可用表格计算，表格应根据具体内容具体设计。本工程钢筋工程量计算见表 8-3。

经计算该工程吊车梁和大型屋面板的钢筋用量为 1.763t。

预制构件钢筋工程量计算表 **表 8-3**

序号	构件名称	构件代号	构件数量	钢材用量(kg)								
				Φ 16	Φ 6	Φ 8	Φ 10	Φ 25	Φ 18	Φ 20	型钢	总重
1	吊车梁	DLZ-1Z	4 根	12.75	10.55	27.76	50.96	45.43	24.74	—	27.54	798.92
				51	42.2	111.04	203.84	181.72	98.96	—	110.16	
		DLZ-1S	4 根	13.22	10.55	27.76	50.96	45.43	24.18	1.16	22.94	784.80
				52.88	42.2	111.04	203.84	181.72	96.72	4.64	91.76	
		合计		103.88	84.4	222.08	407.68	363.44	195.68	4.64	201.92	1583.72

序号	构件名称	构件代号	构件数量	钢材用量(kg)						
				Φ 14	Φ 6	Φ 8	Φ 10	Φ 18	型钢	总重
2	屋面板	Y-WB-1Ⅱ	4 块	14.52	18.44	7.29	1.93	0.4	2.26	179.36
				58.08	73.76	29.16	7.72	1.6	9.04	
		合计		58.08	73.76	29.16	7.72	1.6	9.04	179.36
总计										1763.08

注：表中钢材用量栏横线上是构件单件质量，横线下是构件数量乘以构件单件质量的结果。

8.2 非标构件

非标构件钢筋工程量计算方法同相应的现浇构件的计算方法。非标构件必须根据设计的施工图纸，详细计算每种钢筋的工程量。

本 章 习 题

1. 思考标准预制构件与现浇构件的钢筋工程量有什么不同?
2. 非标预制构件怎么计算其钢筋工程量?

9

筏形基础钢筋工程量计算

关键知识点：

（1）筏形基础的类型及其特点。

（2）筏形基础平法施工图的注写方式及识读。

（3）筏型基础的钢筋种类及在平法图集中不同节点处钢筋的构造详图。

（4）筏形基础贯通钢筋与非贯通钢筋的构造形式及计算公式。

（5）基础梁的箍筋长度计算及根数计算。

（6）筏形基础钢筋工程量计算的基本方法及实例。

教学建议：

（1）贯彻工学结合的教学指导思想，讲练合一。以一套实际施工图纸，在课程讲授之后，进行筏形基础钢筋工程量计算实际训练。

（2）到钢筋施工的工地进行讲解，使学生能够建立感性认知筏形基础钢筋工程量计算知识的能力。

本章主要介绍筏形基础在平法图集中的制图规则和相应的构造详图。着重介绍筏形基础中的梁板式筏形基础的平法施工图制图规则与节点构造，及其组成部分中的基础梁、基础平板的钢筋工程量计算方法。平板式筏形基础的制图规则与节点构造及钢筋计算方法与梁板式筏形基础中基础平板的计算方法类似，不再多述。

9.1 梁板式筏形基础平法识图

筏形基础又称满堂基础、筏板基础，一般为高层建筑框架结构或框架-剪力墙结构采用的基础形式，该基础有底面积大，基底压强小，整体性强的特点，能很好地抵抗建筑物不均匀沉降。

筏形基础分为梁板式和平板式筏形基础两种类型，实际工程中根据地基土质、上部结构体系、柱距、荷载大小等确定。

当柱网间距大时，多采用梁板式筏形基础，根据基础梁与基础平板的相对位置可分为“高板位”、“低板位”及“中板位”三种组成形式，如图 9-1、图 9-2 所示。当柱荷载不大、柱距较小时可采用平板式筏形基础，如图 9-3 所示。平板式筏形基础有两种组成形式，一是由柱下板带、跨中板带组成；二是不划分板带，直接由基础平板组成。

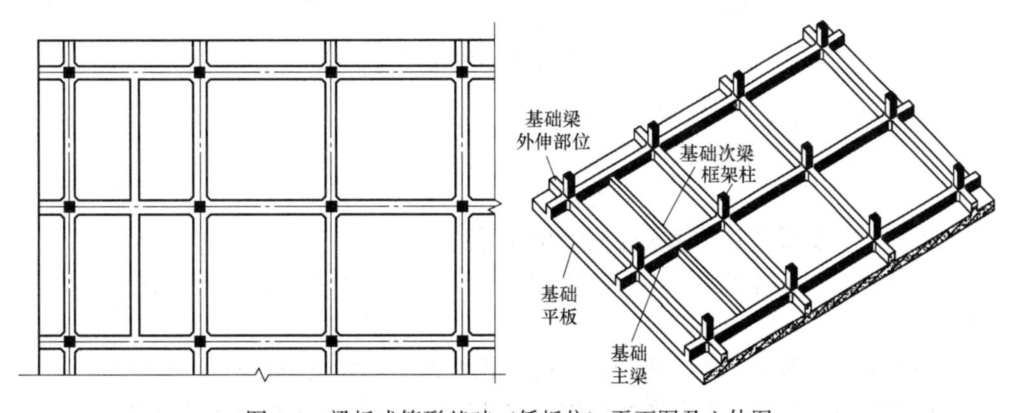

图 9-1 梁板式筏形基础（低板位）平面图及立体图

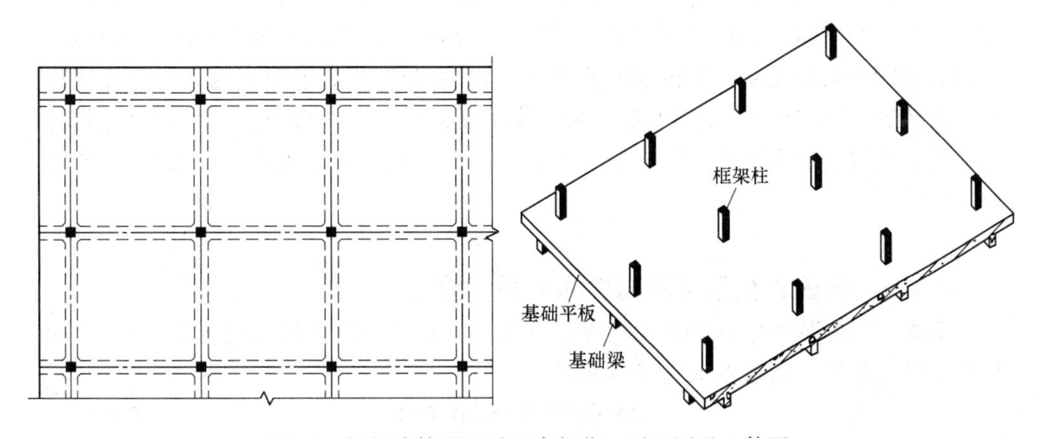

图 9-2 梁板式筏形基础（高板位）平面图及立体图

9.1.1 梁板式筏形基础

梁板式筏形基础由基础主梁、基础次梁、基础平板等构件组成。在 16G101-3 图集中关于筏形基础平方施工图的制图规则主要介绍以下部分内容：

1）梁板式筏形基础构件的平面注写；

2）梁板式筏形基础构件的类型与编号；

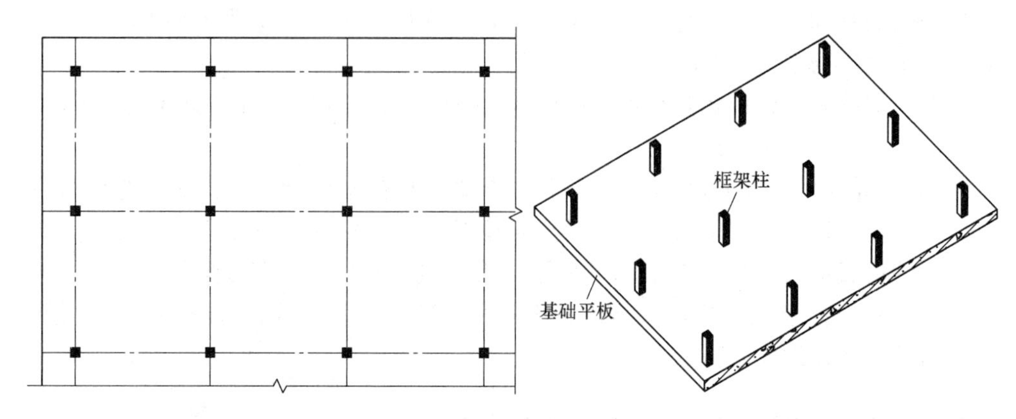

图 9-3 平板式筏形基础平面图及立体图

3）基础主梁与基础次梁的平面注写；

4）梁板式筏形基础平板的平面注写。

9.1.2 梁板式筏形基础构件的平面注写

梁板式筏形基础平法施工图是指用平面注写的方式来表达梁板式筏形基础设计的方法。

梁板式筏形基础以多数相同的基础平板底面标高作为基础底面基准标高。当基础底面标高不同时，需注明与基础底面基准标高不同之处的范围和标高。

在梁板式筏形基础施工图中，根据基础梁与基础平板的相对位置，可以分为“高板位”、“低板位”及“中板位”三种不同位置组合的筏板基础类型。“高板位”指的是基础平板顶与基础梁的顶标高平齐；“低板位”是指基础平板底与基础梁的底标高平齐；“中板位”是指基础平板在基础梁的中部。在设计图中可以通过选注基础梁底面与基础平板底面的标高高差来表达两者间的位置关系，如图 9-1、图 9-2 所示。

9.1.3 梁板式筏形基础构件的类型与编号

梁板式筏形基础中基础主梁、基础次梁及基础平板的编号方式见表 9-1，其标号由代号、序号、跨数及有无外伸构成。

梁板式筏形基础构件编号 **表 9-1**

构件类型	代号	序号	跨数及有无外伸
基础主梁	JL	××	(××)或(××A)或(××B)
基础次梁	JCL	××	(××)或(××A)或(××B)
梁板筏形基础平板	LPB	××	

表 9-1 中，跨数标注为××A，表示为一端有外伸；标注为××B 表示为两端有外伸，外伸部分不计入跨数之内。如 JCL3（6B）：表示第 3 号基础主梁，6 跨，两端还有外伸。

9.1.4 基础主梁与基础次梁的平面注写

基础主梁 JL 与基础 JCL 的平面注写分为集中标注与原位标注两部分。

集中标注的内容里，基础梁编号、截面尺寸、配筋三项为必注内容。基础梁底面相对于筏形基础平板底面标高的高差一项为选注内容。

(1) 基础梁的集中标注

基础梁的集中标注中必注内容有基础梁编号、截面尺寸、配筋三项。选注内容有基础梁底相对于筏形基础平板底高差，如图 9-4、图 9-5 所示。

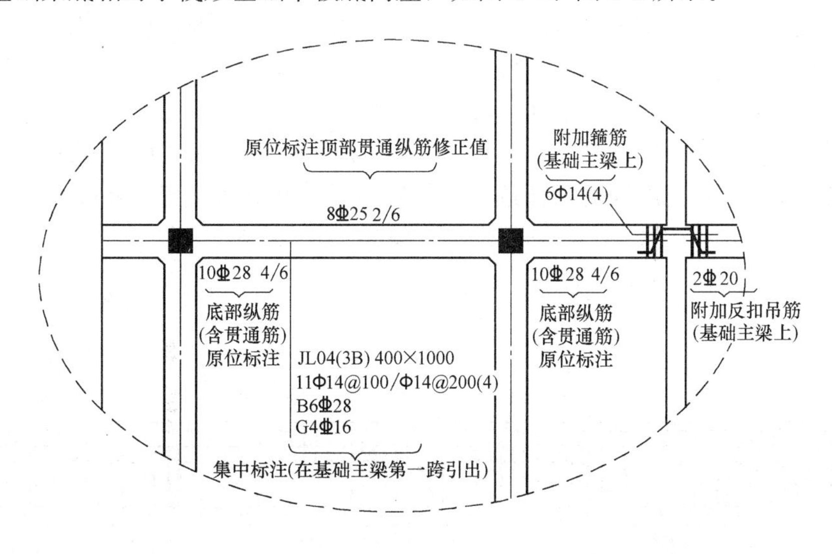

图 9-4 基础梁平法标注

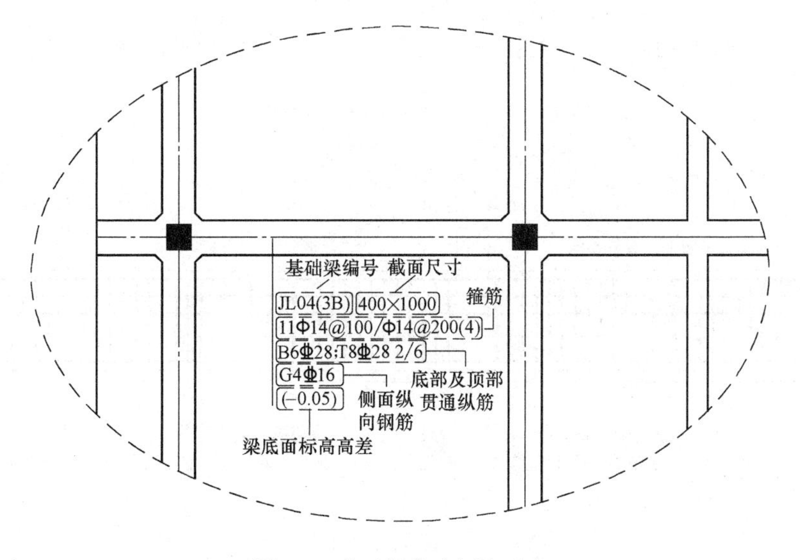

图 9-5 基础梁集中标注示意

1) 基础梁的编号

基础梁的编号由构件类型、代号、序号、跨数等组成，按表 9-1 的规定方式注写。

2）基础梁的截面尺寸

以 $b \times h$ 表示梁截面宽度与高度；当有竖向加腋梁时用 $b \times h \mathrm{Y} c_1 \times c_2$ 表示，其中 c_1 为腋长，c_2 为腋高。

3）基础梁的配筋

① 基础梁的箍筋

当采用一种箍筋间距时，注写钢筋级别、直径、间距与肢数等内容。

当采用两种类型的箍筋时，用“/”分隔不同的箍筋类型，按照从基础梁两端向跨中的顺序注写。先注写第一段箍筋，标注时需要注明第一段箍筋的数量；在斜线分隔符后再注明第二段箍筋，数量不再注写。

两向基础主梁相交的柱下区域，应有一向截面较高的基础主梁箍筋贯通设置；当两向基础主梁高度相同时，任选一向基础主梁箍筋贯通设置。基础主梁及基础次梁的外伸部位，也按第一种箍筋设置，如图 9-6、图 9-7 所示。

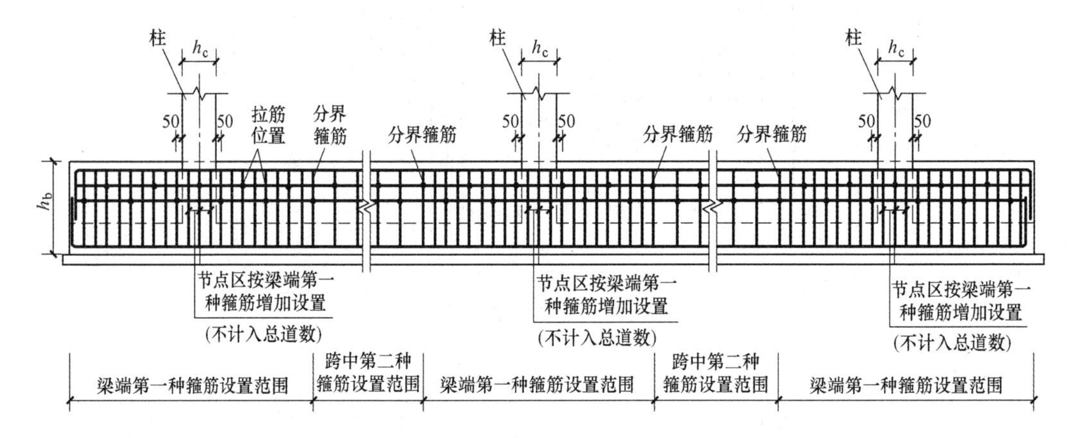

图 9-6　基础主梁箍筋设置图

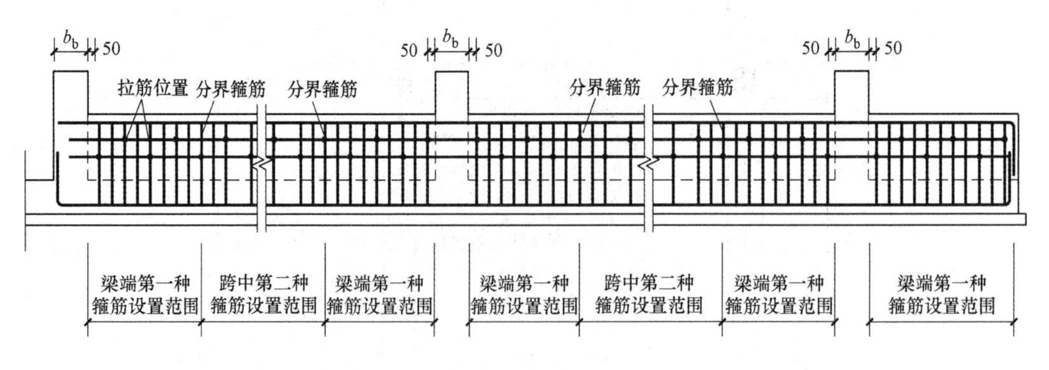

图 9-7　基础次梁箍筋设置图

例如，11Φ18@100/Φ18@200（4），该段注录表示配置 HRB400，直径为 18mm 的箍筋。间距为两种，从梁两端起向跨内按箍筋间距 100mm 两端各设置 11

道，梁跨中部位的箍筋按间距200mm布置，均为4肢箍。

② 基础梁的底部、顶部及侧面纵向钢筋

先注写梁底部贯通纵筋，用字母B开头，底部贯通纵筋的截面面积不应小于底部受力钢筋总截面面积的1/3。当跨中所注根数少于箍筋肢数时，需要在跨中加设架立筋以固定箍筋，注写时，用加号“+”将贯通钢筋与架立筋相联，架立筋注写在加号“+”后面的括号内。

再注写梁顶部贯通纵筋，用字母T表示。注写时在字母T前用分号“;”将底部与顶部纵筋分隔开。

当梁底部与顶部贯通纵筋超过一排时，用斜线“/”将各排纵筋根数自上而下分开。

注写基础梁两侧纵向构造钢筋时，用字母G表示，注写构造钢筋时要注明其两侧的总数。当梁两侧为构造钢筋时，其搭接与锚固长度通常取值为15d。

注写基础梁两侧抗扭纵向钢筋时，用字母N表示，并注明梁两侧的总数。当梁两侧抗扭钢筋时，其锚固长度为l_a，搭接长度为l_l。

【例9-1】 B6⌀28；T8⌀28，表示梁底配置4根HRB400直径28mm的贯通纵筋，梁顶部配置8根HRB400直径28mm的贯通纵筋。

【例9-2】 梁底部贯通纵筋注写为B8⌀32 3/5，表示上一排纵筋为3根HRB400直径32mm的贯通纵筋，下一排为5根HRB400直径32mm的贯通纵筋。

【例9-3】 N8⌀14，表示梁两侧共配置8根HRB400直径14mm的纵向抗扭钢筋，沿截面高度均匀对称设置。

③ 基础梁底面高差

当筏形基础平板底面与基础梁底面有高差时，需将高差注明在括号内。如“高板位”与“中板位”情况下需将高差注明。“低板位”（即基础梁底面与筏形基础平板底面平齐时）无需注明。

9.1.5 基础主梁与基础次梁的原位标注

（1）梁支座底部纵筋

1）原位标注的底部纵筋包括了贯通纵筋与非贯通纵筋的数量。

2）当底部纵筋在一排以上时，用“/”将各排纵筋根数自上而下分开。

3）当同排纵筋有两种直径时，用加号“+”将两种直径的纵筋相连。

4）当梁中间支座两边的底部配筋不同时，需在支座两边分别标注；当梁中间支座两边的底部纵筋相同时，可仅在支座的一边标注配筋值。

5）竖向加腋梁加腋部位钢筋，需在设置加腋的支座处以Y打头注写在括号内。基础梁原位标注如图9-8所示。

【例9-4】 梁支座区域底部纵筋注写为10⌀28 4/6，表示上一排纵筋为4⌀28，下一排纵筋为6⌀28。

【例9-5】 梁支座区域底部纵筋注写为4⌀28+2⌀25，表示一排纵筋由直径28mm与直径25mm两种直径的钢筋组合而成。

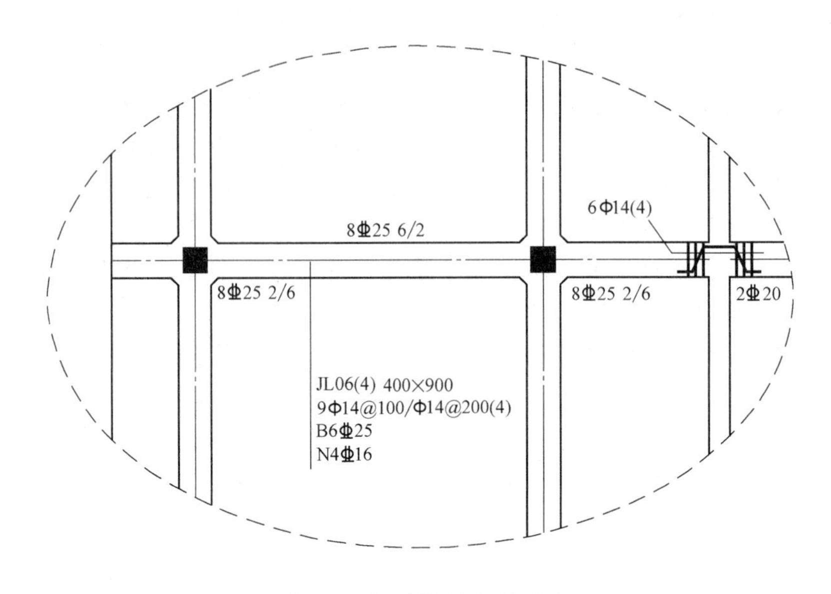

图 9-8 基础梁原位标注示意

【例 9-6】 竖向加腋梁支座处注写为 Y4 Φ 25，表示竖向加腋部位斜纵筋为4 Φ 25。

（2）基础梁附加箍筋或吊筋

附加箍筋及吊筋应将其直接绘制在基础梁上，用线引注总配筋值，附加箍筋肢数注写在括号内。当多数附加箍筋及吊筋相同时，可在基础梁平法施工图统一注明，少数不同情况者，再单独原位引注。

（3）外伸变截面高度

当基础梁外伸部位变截面高度时，在该部位原位注写 $b \times h_1/h_2$，h_1为根部截面高度，h_2为尽端截面高度。

（4）修正内容

当在基础梁上集中标注的某项内容，如梁截面尺寸、箍筋、底部与顶部贯通纵筋或架立筋、梁侧面纵向构造钢筋、梁底面标高高差等不适用于某跨或某外伸部分时，则将其修正内容原位标注在该部位，施工时采取原位标注取值优先的原则。

9.1.6 基础梁底部非贯通纵筋的长度规定

（1）基础主梁柱下区域和基础次梁支座区域底部非贯通纵筋的伸出长度如图 9-9、图 9-10 所示。在平法图集标准构造详图中统一取值为自支座边向跨内伸出至 $l_n/3$ 位置。基础主梁的支座一般为柱，基础次梁的支座一般为基础主梁。

l_n的取值规定为：

1）边跨边支座的底部非贯通纵筋，l_n取本跨的净跨长度值。

2）中间支座的底部非贯通纵筋，l_n取支座两边较大一跨的净跨长度值。

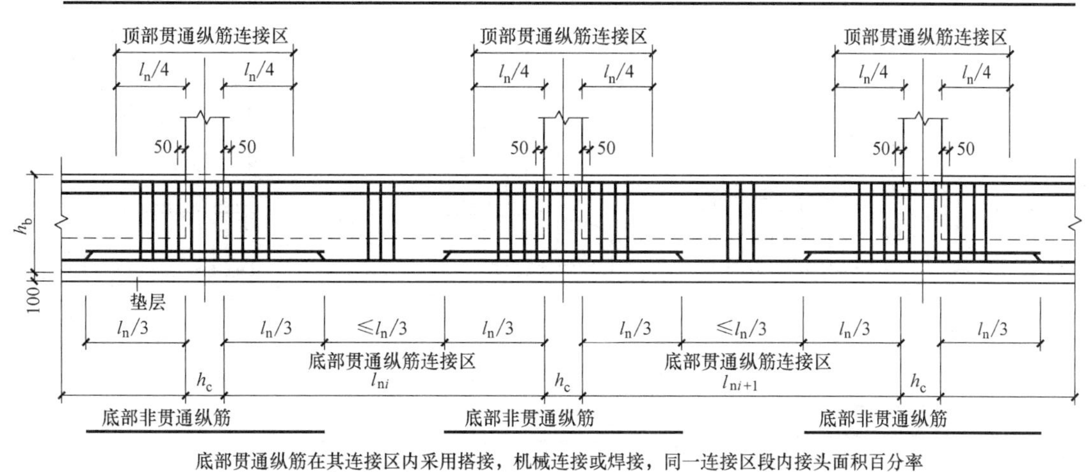

图 9-9　基础主梁底部非贯通纵筋构造图

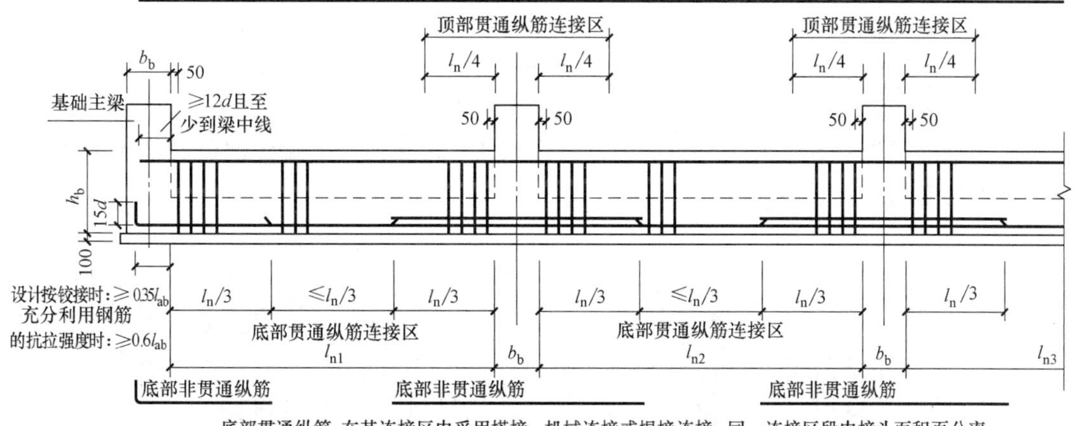

图 9-10　基础次梁底部非贯通纵筋构造图

（2）基础主梁及次梁外伸部位底部纵筋

1）基础主梁端头部位底部纵筋的伸出长度

基础主梁端头部位底部纵筋的伸出长度如图 9-11 所示。

当基础主梁端部等截面或变截面外伸时，上下部最外侧钢筋，伸至梁端头后全部弯折 $12d$，其他排钢筋伸至梁端头后截断，如图 9-11（a）、图 9-11（b）所示。

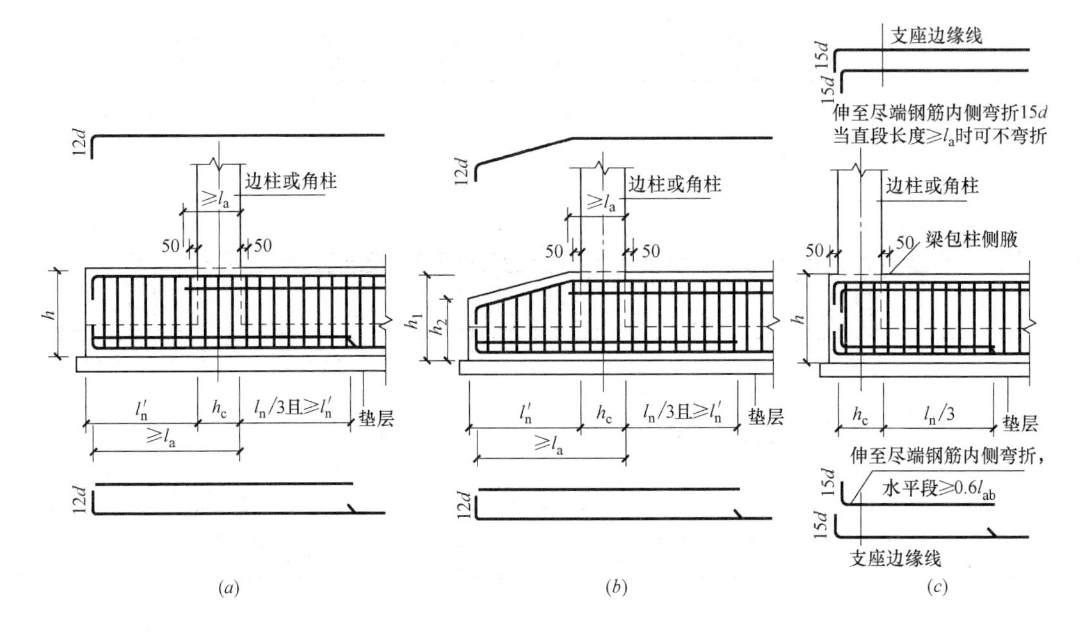

图 9-11　梁板式筏形基础主梁端部外伸部位钢筋构造图

（*a*）端部等截面外伸构造；（*b*）端部变截面外伸构造；（*c*）端部无外伸构造

当基础主梁端部无外伸构造时，上下部最外侧钢筋，伸至梁端头后全部弯折15d，其他排钢筋伸至梁端头后截断，如图 9-11（c）所示。

2）基础次梁端头部位底部纵筋的伸出长度

基础次梁端部等（变）截面外伸构造中，当外伸长度 $l'_n+b_b \geq l_a$（直锚长度）时，基础次梁上下部钢筋应伸至端部后弯折 12d，基础次梁端头部位底部纵筋的伸出长度如图 9-12 所示。

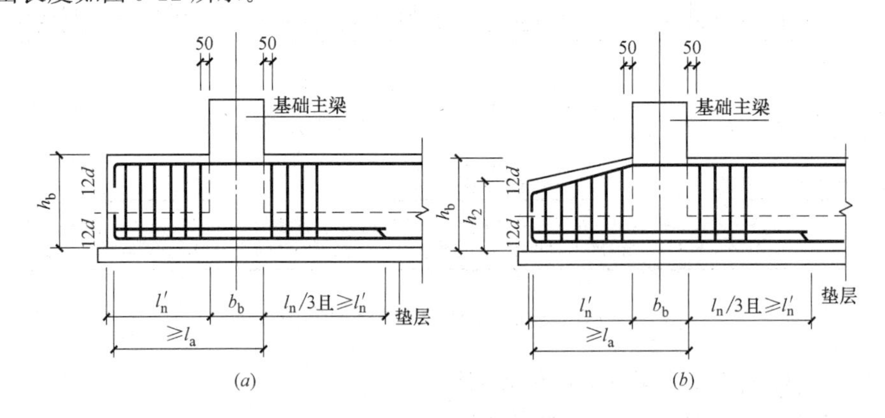

图 9-12　梁板式筏形基础次梁端部外伸部位钢筋构造

（*a*）端部等截面外伸构造；（*b*）端部变截面外伸构造

当外伸长度 $l'_n+b_b<l_a$（直锚长度）时，基础次梁上下部钢筋应伸至端部后弯折 15d，且从梁内边算起水平段长度应≥0.6l_{ab}。

9.1.7 梁板式筏形基础平板的平面注写

梁板式筏形基础平板 LPB 的平面注写分为集中标注和原位标注两部分。

(1) 梁板式筏形基础平板 LPB 的集中标注

在梁板式筏形基础平板 LPB 中，通常将板厚相同、基础平板底部与顶部贯通纵筋配置相同的区域看作同一板区。

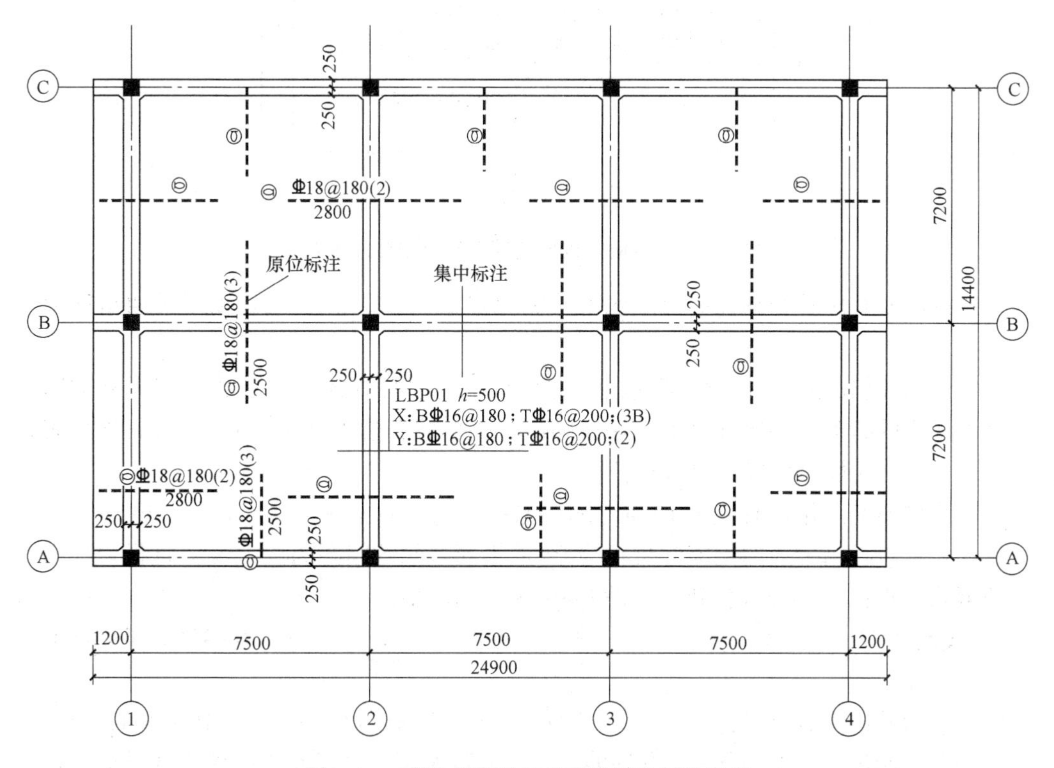

图 9-13 梁板式筏形基础平板平法标注示意

梁板式筏形基础平板 LPB 集中标注的引出位置应选在所表达的板区双向均为第一跨的板上，即从左至右的 X 向与从下至上的 Y 向的双向首跨上。

集中标注的内容包含基础平板的编号、截面尺寸、配筋内容等，如图 9-13、图 9-14 所示。

1) 基础平板的编号

基础平板的编号由构件代号和序号、跨数组成，按表 9-1 的规定方式注写，如 LPB01。

2) 基础平板的截面尺寸

基础平板的截面尺寸主要描述基础平板的厚度，注写时 h=×××表示板厚。

3) 基础平板的配筋及跨数

注写基础平板的底部与顶部贯通纵筋及其跨数及外伸情况。先注写 X 向底部贯通钢筋与顶部贯通钢筋及其跨数和外伸情况，再注写 Y 向底部贯通钢筋与顶部

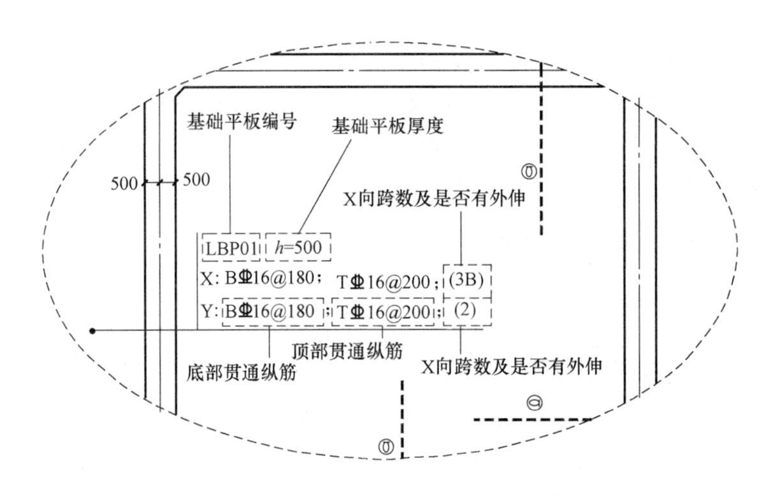

图 9-14　梁板式筏形基础平板集中标注示意

贯通钢筋及其跨数和外伸情况。底部贯通钢筋前用字母 B 开头，顶部贯通钢筋前用字母 T 开头。

贯通纵筋的跨数及外伸情况注写在括号中，注写方式为“跨数及有无外伸”，基础平板的跨数以构成柱网的主轴线为准。无外伸表达为（××），一端有外伸表达为（××A），两端有外伸表达为（××B）。

当贯通筋采用两种规格钢筋“隔一布一”方式时，表达为 A××/yy@×××，表示直径为××的钢筋和直径为 yy 的钢筋之间的间距为×××，直径为××的钢筋、直径为 yy 的钢筋间距分别为×××的两倍。

【例 9-7】 X：BΦ20@150；TΦ18@150（7B）；Y：BΦ20@150；TΦ18@200（5A）

表示基础平板 X 向底部配置Φ20 间距 150 的贯通纵筋，顶部配置Φ18 间距 150 的贯通纵筋，共 7 跨两端有外伸；Y 向底部配置Φ20 间距 150 的贯通纵筋，顶部配置Φ18 间距 200 的贯通纵筋，共 5 跨一端有外伸。

【例 9-8】 Φ12/14@100 表示贯通纵筋为直径 10mm 与直径 12mm 隔一布一，相邻Φ12 与Φ14 之间的距离为 100mm。

（2）梁板式筏形基础平板 LPB 的原位标注

梁板式筏形基础平板 LPB 的原位标注主要用来表达板底附加非贯通纵筋。

1）原位注写位置及内容

板底部原位标注的附加非贯通纵筋，应在配置相同跨的第一跨表达，垂直于基础梁绘制一段中粗虚线，在虚线上注写编号、配筋值、横向布置的跨数及是否布置到外伸部位，如图 9-15 所示。

板底部附加非贯通纵筋自支座中线向两边跨内的伸出长度值注写在线段的下方位置。当该筋沿基础梁对称设置时，仅可标注一侧的长度；当布置在边梁下时，向基础平板外伸部位一侧的伸出长度与方式按标准构造设置。底部附加非贯通筋相同时，可仅详细注写一处位置，其余部位注明编号即可。

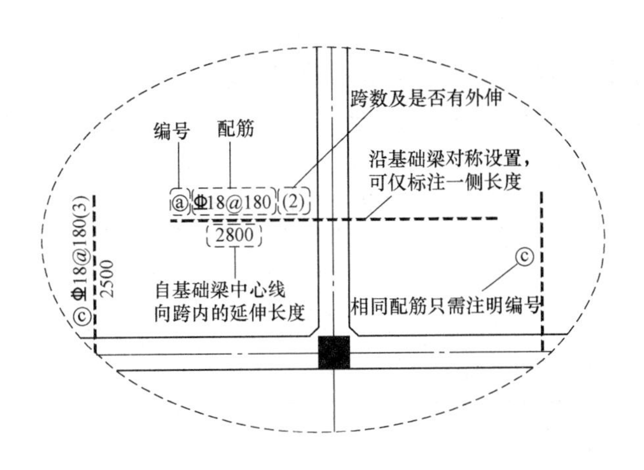

图 9-15 梁板式筏形基础平板原位标注

原位注写的底部附加非贯通纵筋与集中标注的底部贯通钢筋，宜采用“隔一布一”的方式布置。

【例 9-9】 原位注写的基础平板底部附加非贯通纵筋为④Φ 20@300（4），且该 4 跨范围集中标注的底部贯通纵筋为Φ 20@300，即在该 4 跨支座处实际横向设置的底部纵筋合计为Φ 20@150。其他与④号筋相同的底部附加非贯通纵筋只需注明编号④即可。

2）修正内容

当集中标注的某些内容不适用于梁板式筏形基础某板区的某一板跨时，应由设计者在该板跨内注明，施工时采取原位标注取值优先的原则。

3）若干基础平板底部附加非贯通纵筋配置相同

当若干基础梁下基础平板底部附加非贯通纵筋配置相同时，可仅在一根基础梁下做原位标注，并在其他梁上注明“该梁下基础平板底部附加非贯通纵筋同××基础梁”。

9.2 平板式筏形基础平法识图

9.2.1 平板式筏形基础

平板式筏形基础如图 9-16 所示，由柱下板带、跨中板带等构件组成。

9.2.2 平板式筏形基础构件的平面注写

平板式筏形基础平法施工图是指用平面注写的方式来表达平板式筏形基础设计的方法。在绘制基础平面设计图时，应将平板式筏形基础与其所支承的柱、墙一起绘制。当基础底面标高不同时，需注明与基础底面基准标高不同之处的范围和标高。

9.2.3 平板式筏形基础构件的类型与编号

平板式筏形基础的平面注写表达方式由两种，一是划分为柱下板带和跨中板带进行表达；二是按基础平板进行表达。平板式筏形基础构件编号见表 9-2。

平板式筏形基础构件编号　　表 9-2

构件类型	代号	序号	跨数及有无外伸
柱下板带	ZXB	××	(××)或(××A)或(××B)
跨中板带	KZB	××	(××)或(××A)或(××B)
平板式筏形基础平板	BPB	××	

注：表中××A 为一端有外伸；××B 为两端有外伸，外伸部分不计入跨数之内。如 ZXB2（6B），表示第 2 号柱下板带，6 跨，两端还有外伸。

9.2.4 柱下板带、跨中板带的平面注写

柱下板带 ZXB，可视为无箍筋的宽扁梁，其与跨中板带 KZB 的平面注写，可分为集中标注与原位标注两部分内容，如图 9-16 所示。

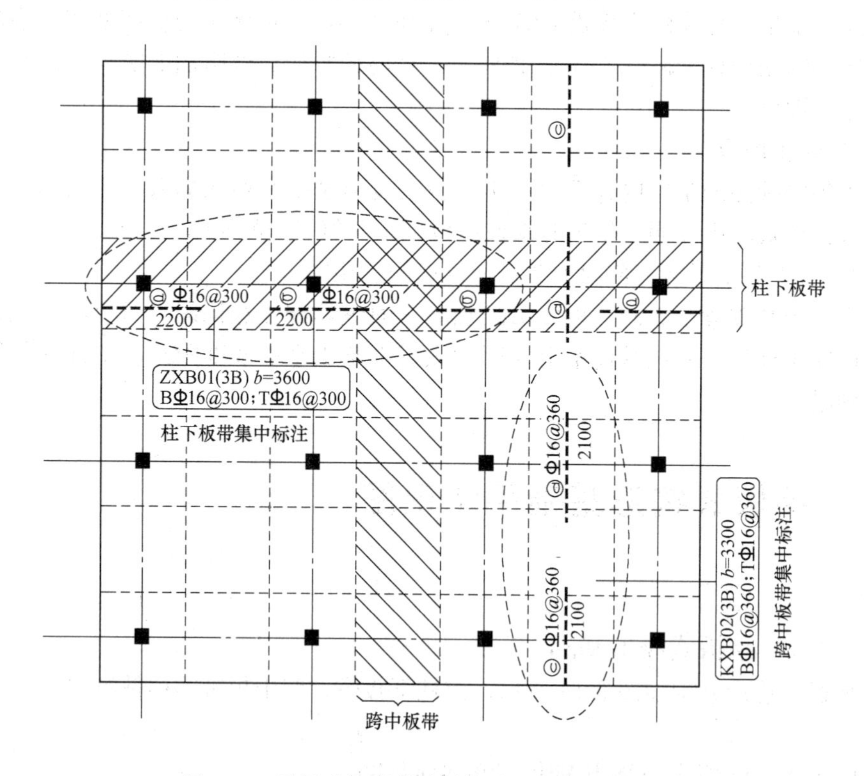

图 9-16　平板式筏形基础平板平面注写方式（一）

（1）柱下板带、跨中板带的集中标注

柱下板带、跨中板带的集中标注应在第一跨引出，即 X 向左端跨，Y 向下端跨引出。引出内容有编号、截面尺寸、底部与顶部贯通纵筋三部分，如图 9-17

所示。

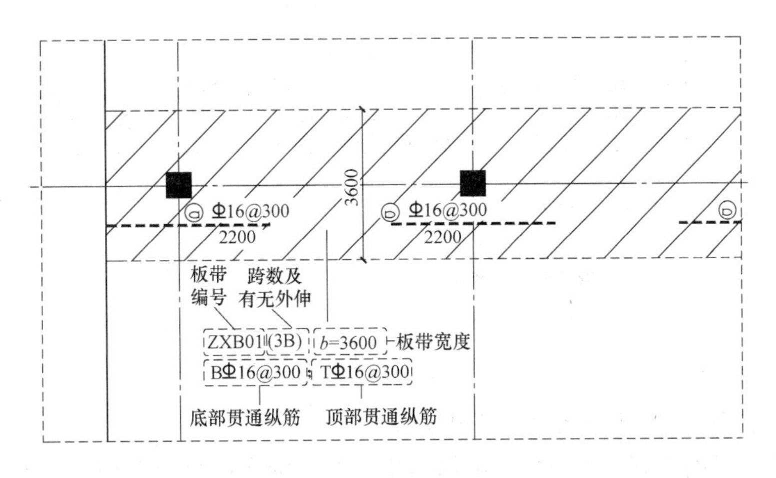

图 9-17　柱下板带集中标注

1）柱下板带、跨中板带的编号

柱下板带、跨中板带的编号由构件代号、序号、跨数组成，按表 9-2 的规定方式注写。如 KZB03（6A），表示 3 号跨中板带，六跨带一端悬挑。

2）柱下板带、跨中板带的截面尺寸

注写截面尺寸主要用来表达板带的宽度，注写 b=××××表示板带宽度。先根据规范与受力要求确定柱下板带宽度，再确定跨中板带宽度，即相邻两平行柱下板带之间的距离。当柱下板带中心线偏离柱中心线时，应在平面图上标注其定位尺寸。

3）柱下板带、跨中板带的底部与顶部贯通纵筋

注写柱下板带、跨中板带的底部与顶部贯通纵筋时，先注写底部贯通钢筋的规格与间距，再注写顶部贯通钢筋的规格与间距，两者间用"；"隔开。底部贯通钢筋前用字母 B 开头，顶部贯通钢筋前用字母 T 开头。

【例 9-10】 B⊈20@200；T⊈22@150 表示板带底部配置 HRB400 直径 20mm 间距 200mm 的贯通纵筋，板带顶部配置 HRB400 直径 22mm 间距 150mm 的贯通纵筋。

（2）柱下板带、跨中板带的原位标注

柱下板带与跨中板带的原位标注内容主要用来表达底部附加非贯通纵筋的信息，如图 9-18 所示。

1）原位注写内容及位置

注写时以一段与板带同向的中粗虚线代表附加非贯通纵筋。在虚线上注写底部附加非贯通纵筋的编号、钢筋级别、直径、间距，以及自柱中线分别向两侧跨内的伸出长度值。其中柱下板带贯穿其柱下区域绘制；跨中板带横贯中线绘制。

当向两侧对称伸出时，长度值可仅在一侧标注，另一侧不注。外伸部位的伸出长度与方式按标准构造。同一板带底部附加非贯通筋相同时，可仅详细注写一

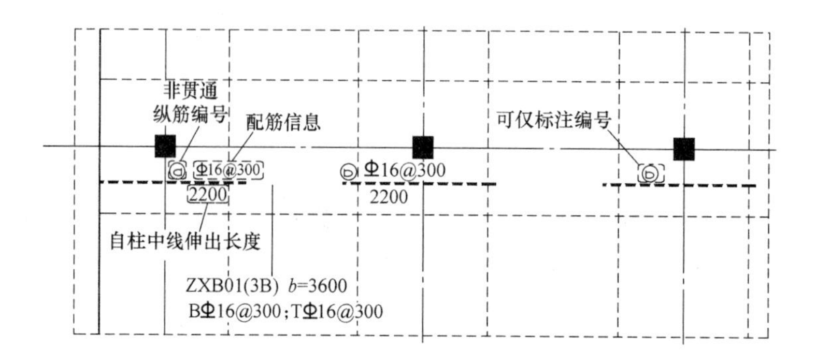

图 9-18　柱下板带原位标注

根钢筋，其余可仅在粗虚线上注明编号即可。

原位注写的底部附加非贯通纵筋与集中标注的底部贯通钢筋，宜采用“隔一布一”的方式布置。

【例 9-11】 柱下区域注写底部附加非贯通纵筋为②Φ20@300，集中标注的底部贯通纵筋也为 BΦ20@300，表示在柱下区域实际设置的底部纵筋合计为Φ20@150。其他部位与②筋相同的底部附加非贯通纵筋只需注明编号②即可。

2）注写修正内容

当在柱下板带、跨中板带上集中标注的某些内容，如截面尺寸、底部与顶部贯通纵筋等不适用于某跨时，应由设计者在该部分注明，施工时采取原位标注取值优先的原则。

9.2.5　平板式筏形基础平板 BPB 的平面注写

平板式筏形基础平板 BPB 的平面注写分为集中标注和原位标注两部分，如图 9-19、图 9-20 所示。

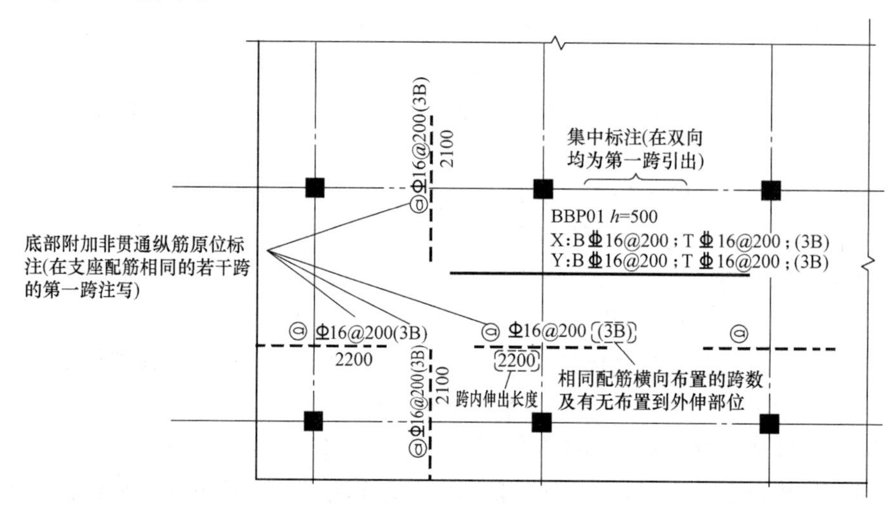

图 9-19　平板式筏形基础平板识图

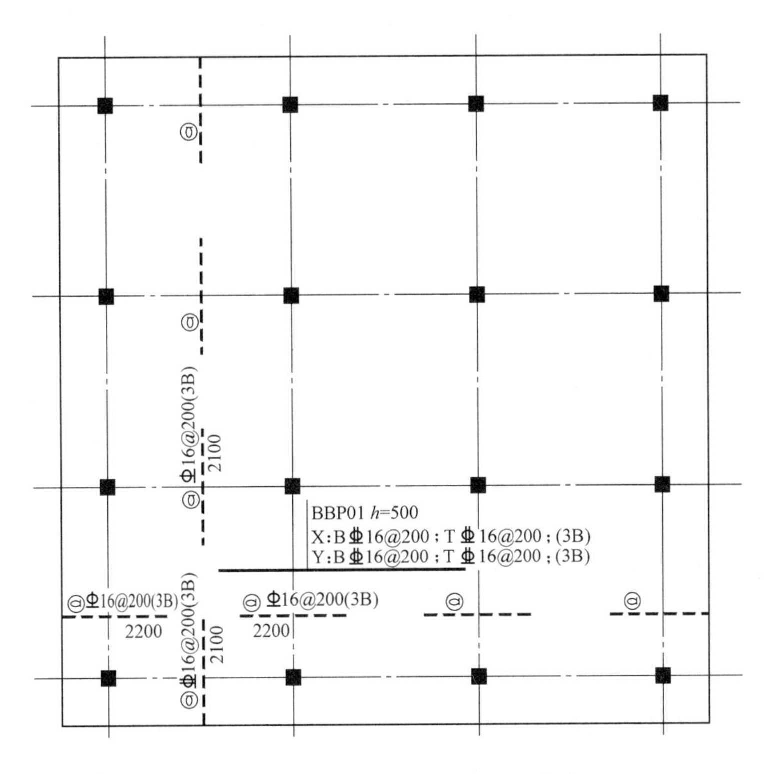

图 9-20　平板式筏形基础平板平面注写方式（二）

基础平板 BPB 的平面注写与柱下板带 ZXB、跨中板带 KZB 的平面注写虽是不同的表达方式，但也可以表达同样的内容。当整片筏形基础配筋比较规律时，宜采用 BPB 的表达方式。

（1）平板式筏形基础平板 BPB 的集中标注

1）基础平板的编号

基础平板的编号由构件代号和序号、跨数组成，按表 9-2 的规定方式注写，如 BPB02。

2）基础平板的截面尺寸、配筋及跨数

平板式筏形基础平板的厚度，注写时 $h=\times\times\times$ 表示板厚。板底部与顶部贯通纵筋及其跨数及外伸注写方式与梁板式筏形基础平板的集中注写方式相同。

（2）平板式筏形基础平板 BPB 的原位标注

1）原位注写位置及内容

板底部原位标注的附加非贯通纵筋，应在配置相同跨的第一跨表达，垂直于基础梁绘制一段中粗虚线，在虚线上注写编号、配筋值、横向布置的跨数及是否布置到外伸部位。注写内容与梁板式筏形基础平板的注写内容相同。

当柱中心线下的底部附加非贯通纵筋沿柱中心线连续若干跨配置相同时，则在该连续跨的第一跨下原位注写，且将同规格配筋连续布置的跨数注在括号内；当有些跨配置不同时，则应分别原位注写。

当某些柱中心线下的基础平板底部附加非贯通纵筋横向配置相同时，可仅在一条中心线下做原位标注，并在其他柱中心线上注明基础平板底部非贯通纵筋同该柱中心线，如图 9-20 所示。

当底部附加非贯通纵筋横向布置在跨内有两种不同间距的底部贯通纵筋区域时，其间距应分别对应为两种，注写形式应与贯通纵筋保持一致，即先注写跨内两端的第一种间距，并在前面加注纵筋根数；再注写跨中部的第二种间距，不需加注根数；两者用“/”分隔。

2）其他内容

平板式筏形基础还应在设计图中注明的内容有：

① 注明板厚。当整片平板式筏形基础有不同板厚时，应分别注明各板厚值及其各自的分布范围。

② 其余注写部分同梁板式筏形基础的要求。

9.3 梁板式筏形基础钢筋构造

9.3.1 基础梁箍筋构造

（1）基础主梁箍筋构造

基础主梁箍筋构造要求如图 9-6 所示。当采用两种箍筋时，用“/”分隔不同箍筋，按照从基础梁两端向跨中的顺序注写，先注写加密箍筋，再注写非加密箍筋。箍筋在基础梁的外伸部位及支座节点内按加密箍筋设置。注写的加密箍筋数量不包括基础梁外伸部位及支座节点内的加密箍筋。

（2）基础次梁箍筋构造

基础次梁箍筋构造要求如图 9-7 所示。先注写加密箍筋，再注写非加密箍筋。箍筋在基础次梁的外伸部位按加密箍筋设置，注写的加密箍筋数量不包括基础梁外伸部位加密箍筋。基础次梁的支座内不设箍筋。

9.3.2 基础主梁钢筋构造

（1）基础主梁纵向钢筋

基础主梁纵向钢筋包含顶部贯通纵筋、底部贯通纵筋与底部非贯通纵筋。

顶部贯通纵筋在梁顶贯通，其连接区在支座中心线左右各 $l_n/4$ 范围内，同一连接区段内接头面积百分率不宜大于 50%。

底部贯通纵筋在梁底贯通，其连接区在梁跨中部位，占梁净长的 1/3。底部非贯通纵筋在梁底布置，在梁中的长度从柱侧算起，左右各 $l_n/3$ 长度。同一连接区段内接头面积百分率不宜大于 50%。

（2）基础主梁端部与外伸部位钢筋构造

基础主梁端部与外伸部位的钢筋构造有：端部等截面外伸构造、端部变截面外伸构造及端部无外伸构造三种类型，如图 9-11 所示。

1）端部等截面外伸构造

当基础主梁端部等截面外伸时，顶部钢筋第一排钢筋伸至基础梁端部后向下弯折 12d；顶部钢筋第二排钢筋由梁伸入边柱（角柱）一个锚固长度 l_a，如图9-11（a）所示。

当 $l'_n+h_c \geq l_a$时，底部钢筋最外侧钢筋伸至基础梁端部后向上弯折 12d；当 $l'_n+h_c < l_a$时，底部钢筋最外侧钢筋伸至基础梁端部后向上弯折 15d，且从柱边算起水平段长度≥$0.6l_{ab}$。底部钢筋内侧第二排钢筋伸至基础梁端部截断。

2）端部变截面外伸构造

基础主梁端部变截面外伸时的构造：除了顶部钢筋沿截面变化布置外，其弯折与截断钢筋构造与等截面外伸构造相同，如图 9-11（b）所示。

3）端部无外伸构造

基础主梁端部无外伸时，顶部与底部钢筋均伸至梁包柱腋端部后竖直弯折 15d。如顶部钢筋在支座内的水平段≥l_a时，可不弯折，如图 9-11（c）所示。

（3）基础主梁底部非贯通钢筋构造

1）底部端部非贯通钢筋

基础主梁端部非贯通钢筋分为：端部等截面外伸构造、端部变截面外伸构造及端部无外伸构造三种类型，在外伸部位及支座的构造如图 9-11 所示。等截面及变截面外伸部位在梁内侧钢筋长度为 $l_n/3$ 或 l'_n中取较大值。端部无外伸构造部位在梁内侧钢筋长度取 $l_n/3$。

2）底部跨中非贯通钢筋

基础主梁跨中非贯通钢筋构造如图 9-21 所示。在基础梁中的长度取值为$l_n/3$，其中跨度值 l_n值为左跨 l_{ni}与右跨 l_{ni+1}之较大者。

基础主梁纵向钢筋长度计算公式可以简化并汇总为表 9-3。

基础主梁纵筋计算公式 **表 9-3**

计算部位	类型	计算公式	说明
底部贯通纵筋	梁端部无外伸	梁净长+柱宽+2×梁包柱侧腋－2c+2×15d	梁包柱侧腋为 50mm，d 为纵筋直径
	梁两端有外伸第一排	梁净长＋梁两端外伸长度＋柱宽－2c+2×12d	梁净长不含梁外伸长度，且 $l'_n+h_c \geq l_a$
	梁两端有外伸第二排	梁净长+梁两端外伸长度+柱宽－2c	
顶部贯通钢筋	梁端部无外伸	梁净长+柱宽+2×梁包柱侧腋－2c+2×15d	
	梁两端有外伸第一排	梁净长＋梁两端外伸长度＋柱宽－2c+2×12d	
	梁两端有外伸第二排	梁净长+2×l_a	

续表

计算部位	类型	计算公式	说明
底部端部非贯通纵筋	梁无外伸第一排	$l_n/3$＋柱宽＋50－c＋15d	l_n为左跨与右跨之较大值，梁包柱侧腋为 50mm
	梁无外伸第二排	$l_n/3$＋柱宽＋50－c	
	梁有外伸第一排	$l_n/3$＋梁外伸长度＋柱宽－c＋12d	
	梁有外伸第二排	$l_n/3$＋梁外伸长度＋柱宽－c	
底部跨中非贯通纵筋	跨中部位	2×$l_n/3$＋柱宽	l_n为左跨与右跨之较大值

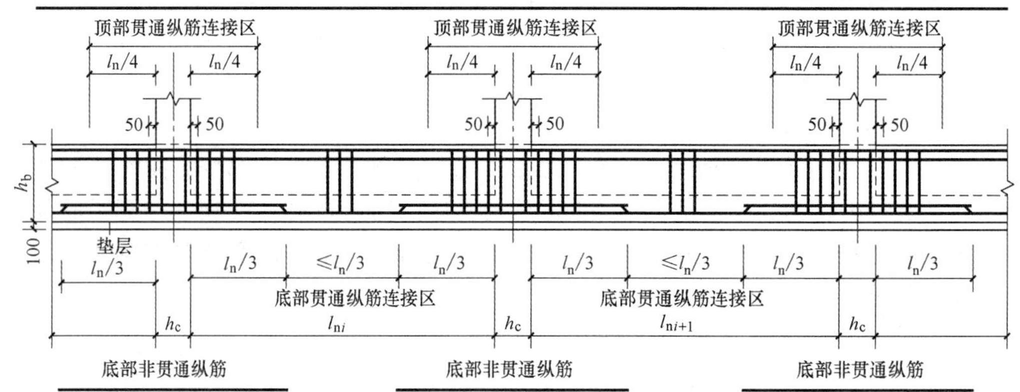

图 9-21　基础主梁 JL 纵向钢筋构造

(4) 基础梁变截面、变标高部位钢筋构造

基础梁变截面、变标高可以分为：梁底有高差、梁顶有高差、梁底与梁顶均有高差及梁在柱两侧宽度不同四种形式。

1) 基础梁底有高差钢筋

截面高的梁底部钢筋沿梁底部斜伸至截面低的梁内，伸入长度为 l_a，低梁底部贯通钢筋伸入高梁变截面处，长度也为 l_a，如图 9-22 所示。

2) 基础梁梁顶有高差

如图 9-23 所示，左侧低梁顶部纵筋伸入柱侧长度为 l_a。右侧高梁顶部第一排纵筋伸至尽端后向下弯折，弯折长度至低梁顶标高向下长度为 l_a；顶部第二排纵筋伸至尽端向下弯折 15d，当在柱中长度≥l_a时，可不弯折。

3) 基础梁梁底与梁顶均有高差

如图 9-24 所示，梁顶部钢筋构造同基础梁梁顶有高差的钢筋构造；梁底部钢筋同基础梁底有高差的钢筋构造。

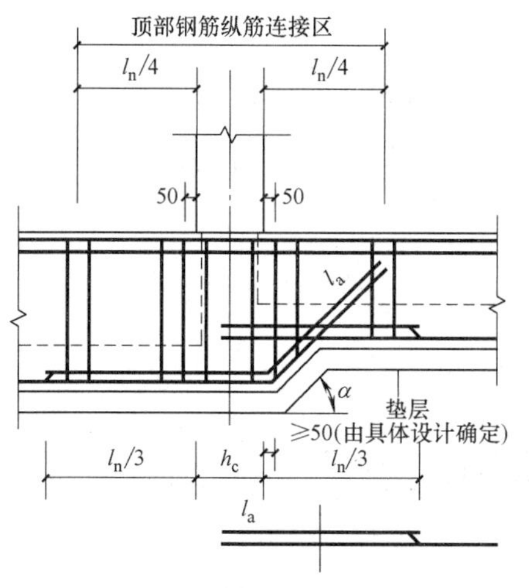

图 9-22 梁底有高差钢筋构造

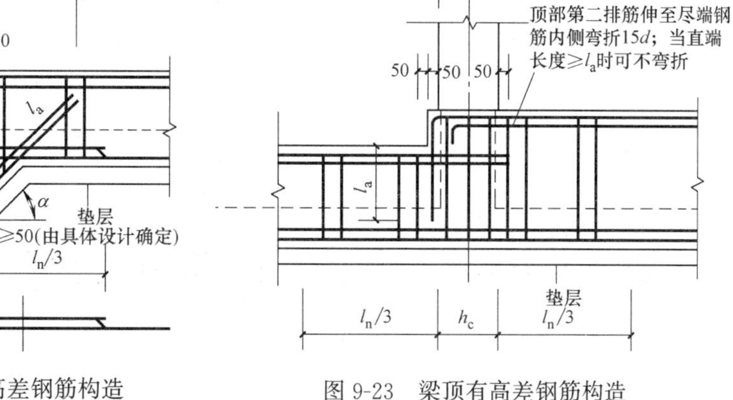

图 9-23 梁顶有高差钢筋构造

4）基础梁在柱两侧宽度不同

当基础梁在柱两侧宽度不同时，宽度大的基础梁内的钢筋均伸入至柱尽端后竖直弯折 15d，如图 9-25 所示。

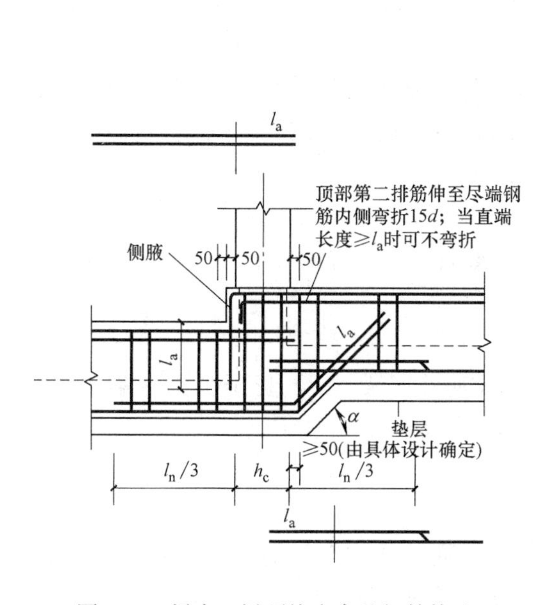

图 9-24 梁底、梁顶均有高差钢筋构造

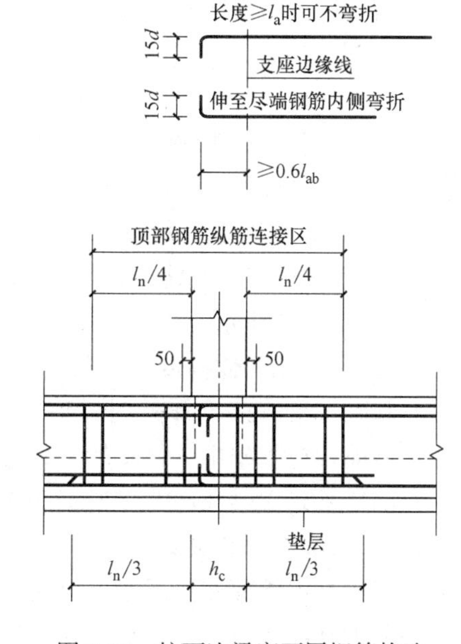

图 9-25 柱两边梁宽不同钢筋构造

9.3.3 基础次梁钢筋构造

（1）基础次梁纵向钢筋

基础次梁纵向钢筋在基础次梁中的设置原则与基础主梁相同。在支座中的锚

固方式及长度根据基础次梁其他节点构造确定，如图 9-10 所示。

（2）基础次梁端部与外伸部位钢筋构造

基础次梁端部与外伸部位的钢筋构造与基础主梁类似，也有如下三种类型：端部等截面外伸构造、端部变截面外伸构造及端部无外伸构造，如图 9-26 所示。

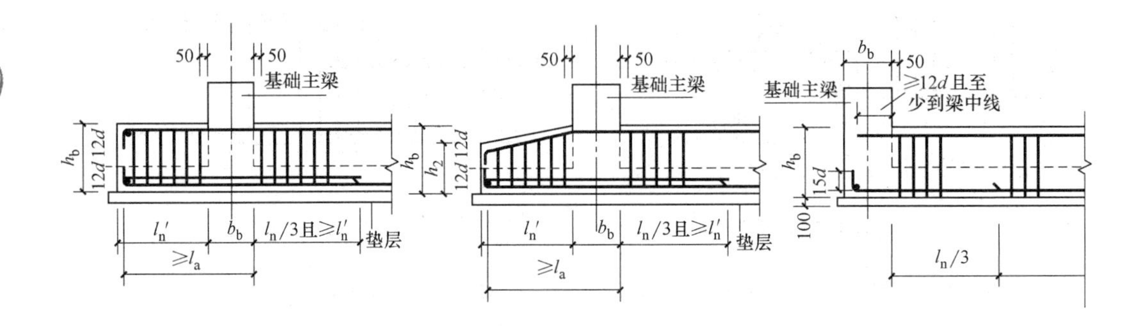

图 9-26　基础次梁端部外伸部位钢筋构造图

（*a*）端部等截面外伸构造；（*b*）端部变截面外伸构造；（*c*）端部无外伸构造

1）端部等截面外伸构造

当基础次梁端部等截面外伸时，顶部钢筋伸至基础次梁端部后向下弯折 12*d*，如图 9-26（*a*）所示。

当 $l_n'+b_b \geq l_a$时，底部钢筋最外侧钢筋伸至基础梁端部后向上弯折 12*d*；当 $l_n'+b_b < l_a$时，底部钢筋最外侧钢筋伸至基础次梁端部后向上弯折 15*d*，且从主梁内边算起水平段长度≥$0.6l_{ab}$。

2）端部变截面外伸构造

基础次梁端部变截面外伸中钢筋弯折与截断构造与端部等截面外伸构造相同，如图 9-26（*b*）所示。

3）端部无外伸构造

基础次梁端部无外伸时，顶部钢筋伸入基础主梁 12*d*，且至少到主梁中线；底部钢筋伸至基础主梁尽端后竖直弯折 15*d*，如图 9-26（*c*）所示。

（3）基础次梁底部非贯通钢筋构造

1）底部端部非贯通钢筋

基础次梁端部非贯通钢筋分为：端部等截面外伸构造、端部变截面外伸构造及端部无外伸构造三种类型，在外伸部位及支座的构造如图 9-26 所示。等截面及变截面外伸部位在梁内侧钢筋长度为 $l_n/3$ 或 l_n'中取较大值。端部无外伸构造部位在梁内侧钢筋长度取 $l_n/3$。

2）底部跨中非贯通钢筋

基础次梁跨中非贯通钢筋构造如图 9-27 所示。在基础次梁中的长度取值为 $l_n/3$，其中跨度值 l_n为左跨 l_{ni}与右跨 l_{ni+1}之中较大者。

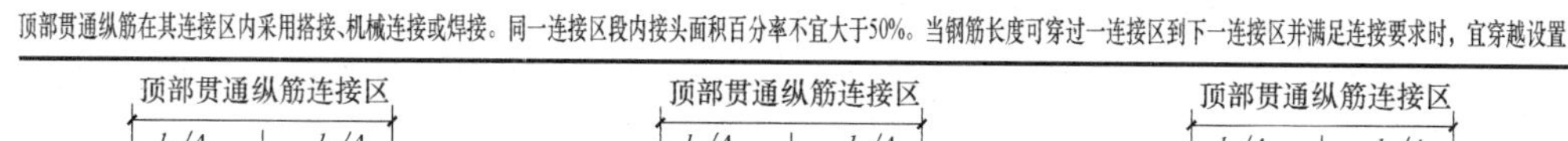

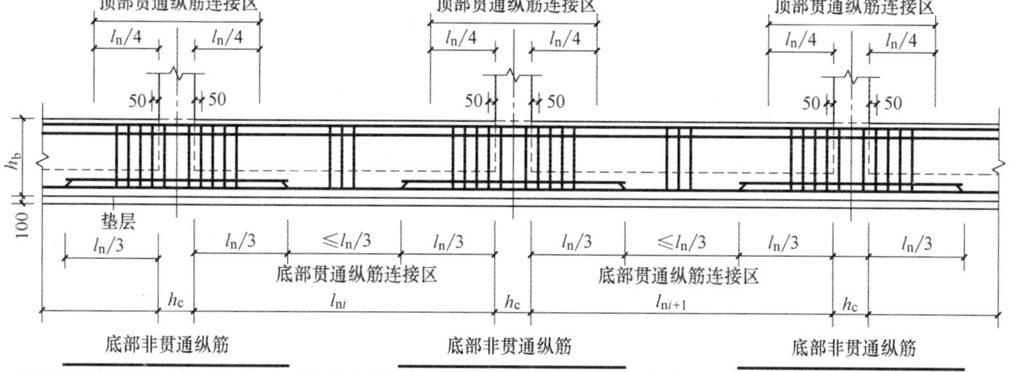

图 9-27　基础次梁 JCL 纵向钢筋构造

基础次梁纵向钢筋长度计算公式可以简化并汇总为表 9-4。

基础次梁纵筋计算公式　　　　**表 9-4**

计算部位	类型	计算公式	说明
底部贯通纵筋	次梁端部无外伸	梁净长＋支座宽－$2c$＋$2\times15d$	支座一般为基础主梁，d 为纵筋直径
	次梁两端有外伸第一排	梁净长＋梁两端外伸长度＋支座宽－$2c$＋$2\times12d$	梁净长不含梁外伸长度
	次梁两端有外伸第二排	梁净长＋梁两端外伸长度＋支座宽－$2c$	
顶部贯通钢筋	次梁端部无外伸	梁净长＋跨中支座宽＋max（$12d$，1/2支座宽）	
	次梁两端有外伸第一排	梁净长＋梁两端外伸长度＋支座宽－$2c$＋$2\times12d$	
	次梁两端有外伸第二排	梁净长＋$2\times l_a$	
底部端部非贯通纵筋	次梁无外伸	$l_n/3$＋支座宽－c＋$15d$	l_n为左跨与右跨之较大值，梁包柱侧腋为 50mm
	次梁有外伸第一排	$l_n/3$＋梁外伸长度＋支座宽－c＋$12d$	
	次梁有外伸第二排	$l_n/3$＋梁外伸长度＋支座－c	
底部跨中非贯通纵筋	跨中部位	$2\times l_n/3$＋支座宽	l_n为左跨与右跨之较大值

9.3.4 基础梁侧面构造钢筋

当梁腹板高度 $h_w \geq 450$mm 时，根据设计需要，要对基础梁两侧对称设置纵向构造钢筋或抗扭钢筋，如图 9-28 所示。

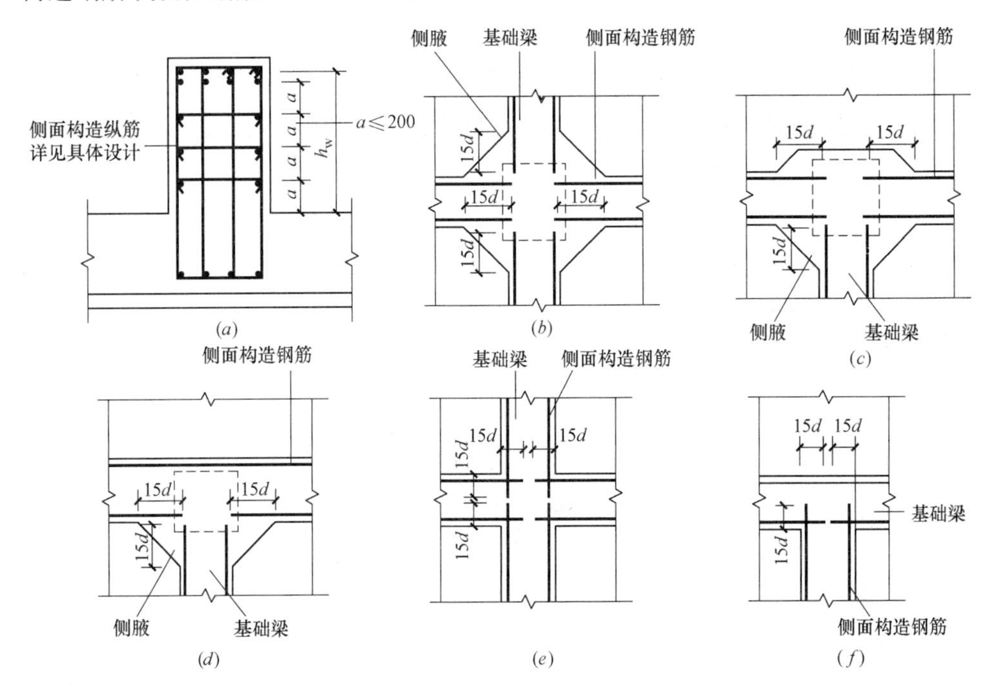

图 9-28 基础梁侧面构造图

(a) 基础梁侧面构造和拉筋；(b) 有柱十字交叉构造；(c) 宽柱丁字交叉构造；(d) 窄柱丁字交叉构造；(e) 无柱十字交叉构造；(f) 无柱丁字交叉构造

当相交位置有柱时，侧面构造纵筋（用字母 G 打头）锚入梁包柱侧腋内 15d，如图 9-29 所示；当无柱时，侧面构造纵筋锚入交叉梁内 15d，如图 9-30 所示。丁字相交的基础梁当相交位置无柱时横梁外侧的构造纵筋应贯通，横梁内侧构造纵筋锚入交叉梁内 15d，如图 9-31 所示。

梁侧钢筋的拉筋间距为箍筋间距的 2 倍，当设有多排拉筋时，上下两排拉筋竖向错开设置，拉筋直径除设计注明外均为 8mm。

基础梁侧面受扭纵筋（用字母 N 打头）的搭接长度为 l_l，锚固长度为 l_a，锚固方式同梁上部纵筋。

侧面构造钢筋计算公式见表 9-5。

侧面构造钢筋计算公式 **表 9-5**

计算部位	类型	计算公式	说明
侧面构造钢筋	相交位置有柱	梁净长－柱侧腋＋2×15d	
	相交位置无柱，且十字相交	梁净长＋2×15d	

续表

计算部位	类型	计算公式	说明
侧面构造钢筋	相交位置无柱，且丁字相交	外侧构造钢筋贯通 内侧构造钢筋长度＝梁净长＋2×15d	
侧面拉筋		梁宽－2c＋max(11.9d,75＋1.9d)	max(11.9d,75＋1.9d)指拉筋的弯钩值

9.3.5 基础梁其他钢筋构造

(1) 基础主梁与柱结合部侧腋构造

基础主梁与柱结合部侧腋构造有：十字交叉构造、丁字交叉构造、无外伸构造、基础梁中心穿柱侧腋构造及基础梁偏心穿柱侧腋构造等几种形式，如图9-29所示。

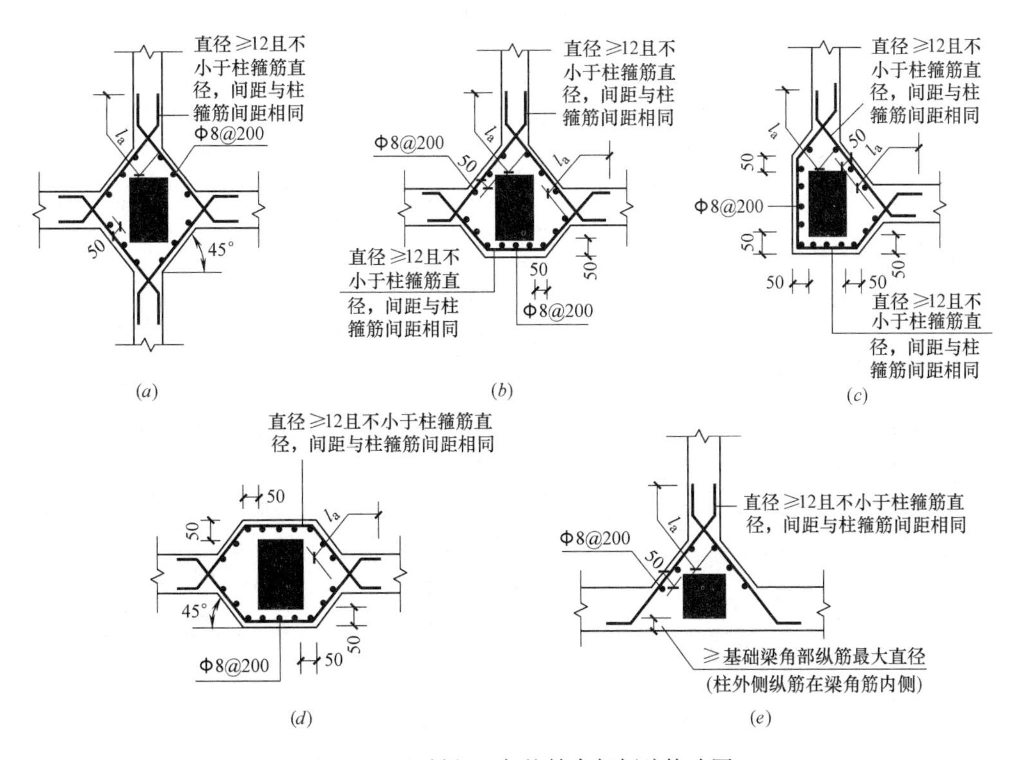

图 9-29 基础梁 JL 与柱结合部侧腋构造图

(a) 十字交叉梁与柱侧腋；(b) 丁字交叉梁与柱侧腋；(c) 无外伸梁与角柱侧腋；(d) 基础梁中心穿柱侧腋；(e) 基础梁偏心穿柱侧腋

其构造要点为：侧腋受力筋直径≥12mm 且不小于柱箍筋直径，间距与柱箍筋间距相同，分布钢筋为Φ 8mm@200，侧腋受力筋锚入基础梁长度为 l_a，侧腋各边宽出柱边尺寸为 50mm。

(2) 基础主梁竖向加腋构造

基础主梁竖向加腋构造如图 9-30 所示。基础主梁竖向加腋部位的钢筋由设计标注，加腋范围的箍筋与基础梁箍筋配置相同，仅箍筋高度随腋高变化。

基础梁的梁柱结合部位所加侧腋顶面与基础梁非竖向加腋端顶面平齐，不随梁竖向加腋的升高而变化。

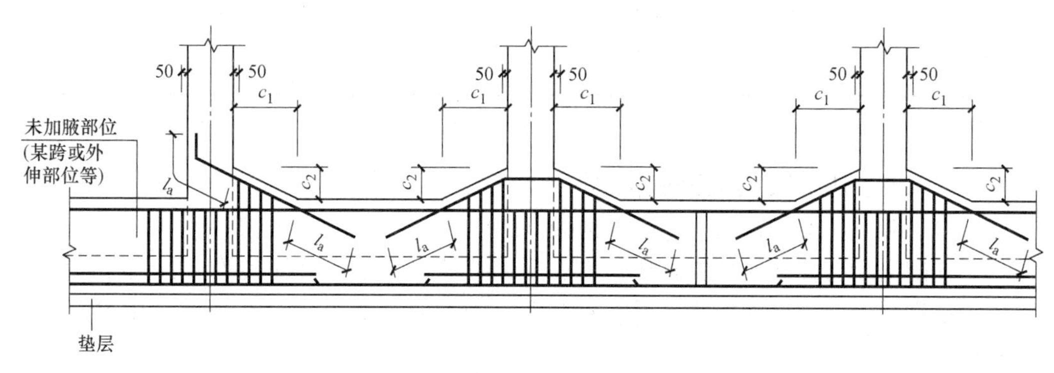

图 9-30　基础主梁 JL 竖向加腋钢筋构造

9.3.6　基础平板 LBP 钢筋构造

（1）基础平板端部与外伸部位钢筋构造

基础平板端部与外伸部位的钢筋构造有：端部等截面外伸构造、端部变截面外伸构造及端部无外伸构造三种类型，如图 9-31 所示。

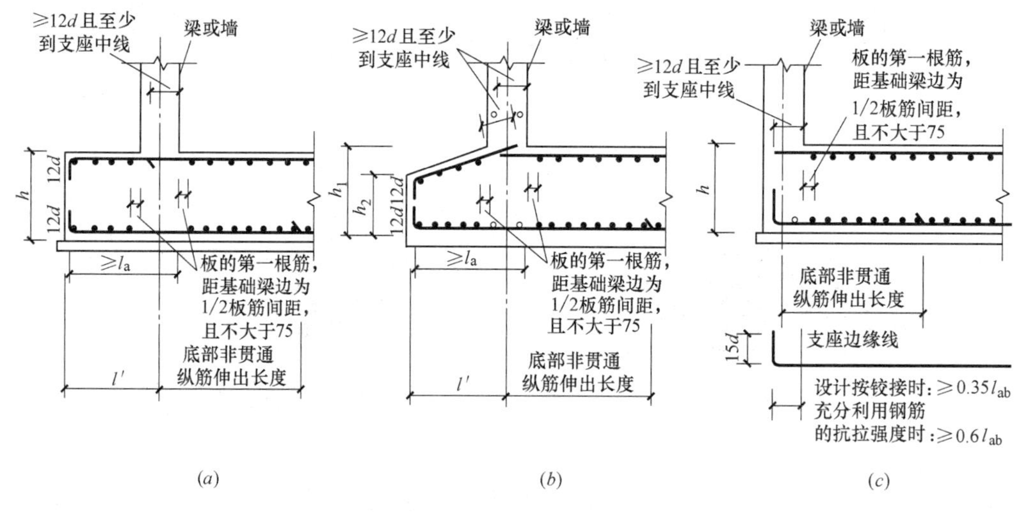

图 9-31　基础平板 LBP 端部与外伸部位构造

（a）端部等截面外伸构造；（b）端部变截面外伸构造；（c）端部无外伸构造

1）端部等截面外伸构造

当基础平板端部等截面外伸时，平板面筋伸至基础平板端部后向下弯折 12d；如图 9-31（a）所示。

当从基础主梁（墙）的中心线边算起的外伸长度 l'≥l_a时，平板底筋伸至基础平板端部后向上弯折 12d；当 $l' \geqslant l_a$ 时，平板底筋伸至基础平板端部后向上弯折 15d，且从梁边算起水平段长度$\geqslant 0.6l_{ab}$。

2）端部变截面外伸构造

基础平板端部变截面外伸时的构造：平板面筋钢筋沿截面变化布置，锚入基础主梁（墙）的长度$\geqslant$12d，且至少到支座中线；平板底筋钢筋构造与等截面外伸底筋构造相同，如图 9-31（b）所示。

3）端部无外伸构造

基础平板端部无外伸时，平板面筋至基础梁（墙）内侧锚入长度$\geqslant$12d，且至少到支座中线；平板底筋伸至基础平板端部后向上弯折 15d，如图 9-31（c）所示。

（2）基础平板底部非贯通钢筋构造

1）底部端部非贯通钢筋

基础平板端部非贯通钢筋分为：端部等截面外伸构造、端部变截面外伸构造及端部无外伸构造三种类型，在外伸部位及支座的构造如图 9-31 所示。等截面及变截面外伸部位在基础梁（墙）内侧钢筋长度自中心线算起按设计给出的值计算。

2）底部跨中非贯通钢筋

基础平板跨中非贯通钢筋构造如图 9-32 所示。自基础梁中心先算起，左右长度按设计给出的值相加。

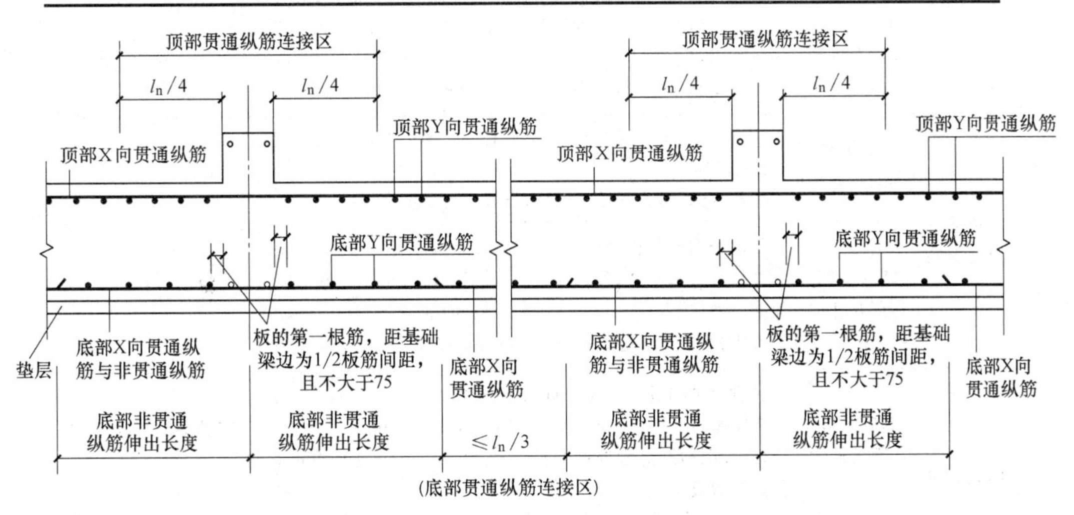

图 9-32　基础平板 LBP 非贯通钢筋构造

（3）基础平板钢筋根数

基础平板的底筋及面筋在整个基础平板内布置，包括基础平板端部外伸部位，在遇到基础梁时的第一根筋，应距基础梁边 1/2 板筋间距，且不大于 75mm 的位置进行布置。

（4）基础平板边缘侧面封边构造

但基础平板端部有外伸时，板边缘侧面封边构造如图 9-33 所示，可采用 U 形筋构造封边方式或纵筋弯钩交错封边方式。

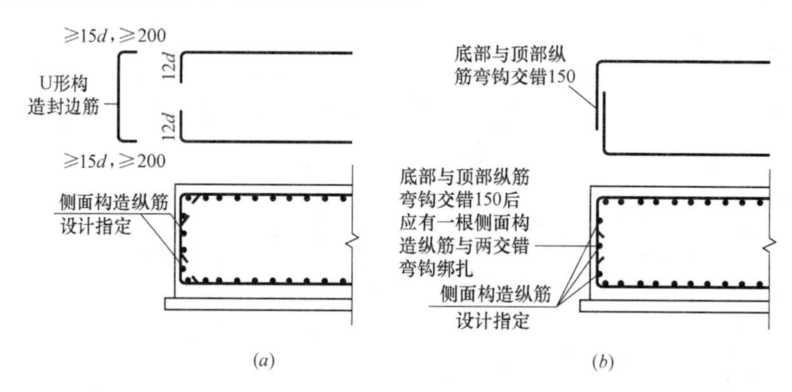

图 9-33　板边缘侧面封边构造
(a) U 形筋构造封边方式；(b) 纵筋弯钩交错封边方式

基础平板钢筋工程量计算公式可以简化并汇总为表 9-6。

基础平板钢筋计算公式　　**表 9-6**

计算部位	类型	计算公式	说明
底部贯通纵筋	基础平板端部无外伸	长度=基础平板总长−2×侧面保护层厚度+2×15d 根数=[板分布长度−2×max(s/2,75mm)]/s+1	s 为钢筋分布距离，起步距离为 max(s/2,75mm)
	基础平板端部有外伸	长度=基础平板总长−2×侧面保护层厚度+2×12d 外伸端根数=[板外伸净长−max(s/2,75mm)−侧面保护层厚度]/s+1 跨中根数=[板分布净长−2×max(s/2,75mm)]/s+1	
顶部贯通钢筋	基础平板端部无外伸	长度=基础平板总长−端部支座长+2×max(12d，1/2 支座宽) 根数=[板分布长度−2×max(s/2,75mm)]/s+1	
	基础平板端部有外伸	长度=基础平板总长−2c+2×12d 外伸端根数=[板外伸净长−max(s/2,75mm)−侧面保护层厚度]/s+1 跨中根数=[板分布净长−2×max(s/2,75mm)]/s+1	
底部端部附加非贯通纵筋	基础平板端部无外伸	长度=伸出长度+支座宽/2−c+15d 跨中根数=[板分布长度−2×max(s/2,75mm)]/s+1 外伸端根数=[板外伸净长−max(s/2,75mm)−侧面保护层厚度]/s+1	伸出长度自中线算起
	基础平板端部有外伸	长度=外伸端净长+伸出平板净长+支座宽−c+12d 跨中根数=[板分布长度−2×max(s/2,75mm)]/s+1 外伸端根数=[板外伸净长−max(s/2,75mm)−侧面保护层厚度]/s+1	伸出平板净长自支座边缘算起 外伸端净长自支座边缘算起
底部跨中附加非贯通纵筋		长度=伸出长度×2 根数=[板分布长度−2×max(s/2,75mm)]/s+1	伸出长度自中线算起

续表

计算部位	类型	计算公式	说明
U形构造封边筋	外伸部位	长度＝板厚－上下保护层厚度＋2×max(15d,200) 根数＝(基础平板长度－2×侧面保护层厚度)/s＋1	
侧面构造纵筋	外伸部位	长度＝基础平板长度－2×侧面保护层厚度	

9.4 筏形基础钢筋计算实例

9.4.1 基础主梁箍筋计算

【例 9-12】 试计算图 9-34 中基础主梁 JL01(2) 的箍筋根数。

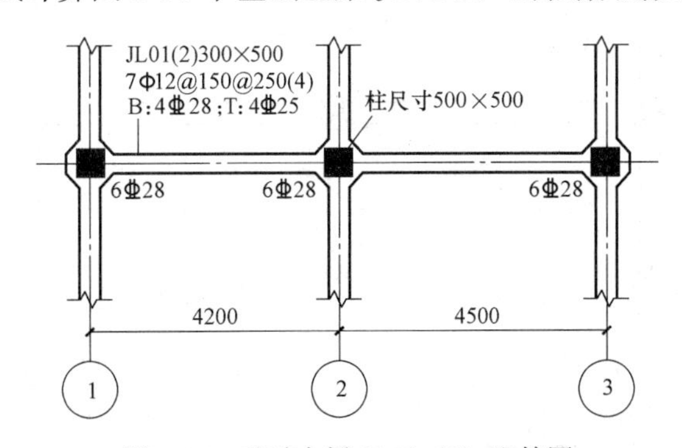

图 9-34　基础主梁 JL01（2）配筋图

解： 根据基础主梁 JL01(2) 的集中标注基础梁的箍筋为Φ 12，加密区为 7 根，间距 150mm，非加密区间距 250mm，均为四肢箍，箍筋在节点区按加密区箍筋布置，在基础主梁中箍筋第一根布置距离柱侧边 50mm。

箍筋根数计算：

柱节点区箍筋＝[500－(150－50)×2]÷150＋1＝3 根

第一跨梁端箍筋根数＝7×2＝14 根

第一跨梁中箍筋根数＝[(4200－500)－(7－1)×150×2＋50×2]÷250≈8 根（向上取整）

第一跨箍筋根数合计＝3×2＋14＋8＝28 根

第二跨梁端箍筋根数＝7×2＝14 根

第二跨梁中箍筋根数＝[(4500－500)－(7－1)×150×2＋50×2]÷250≈9 根

第二跨箍筋根数合计＝3＋14＋9＝26 根（不含②轴线柱节点箍筋）

JL01(2) 的箍筋根数合计＝28＋26＝54 根

【例 9-13】 试计算图 9-35 中基础主梁 JL02(2B) 的箍筋根数。

解： 根据基础主梁 JL02(2B) 的集中标注基础梁的箍筋为Φ 12，加密区为 7

根，间距 150mm，非加密区间距 250mm，均为四肢箍，箍筋在基础梁外伸部位按加密区箍筋设置，在节点区按加密区箍筋设置，在基础主梁中箍筋第一根布置距离柱侧边 50mm，基础梁侧面保护层厚度取 25mm。

箍筋根数计算：

左端梁外伸箍筋根数=(1200−50−25)÷150≈8 根(向上取整)

右端梁外伸箍筋根数同左端。

柱节点区箍筋=[500−(150−50)×2]÷150+1=3 根

第一跨梁端箍筋根数=7×2=14 根

第一跨梁中箍筋根数=[(4500−500)−(7−1)×150×2+50×2]÷250≈9 根(向上取整)

第二跨梁箍筋根数同第一跨。

JL02(2B) 的箍筋根数合计=8×2+3×3+(14+9)×2=71 根

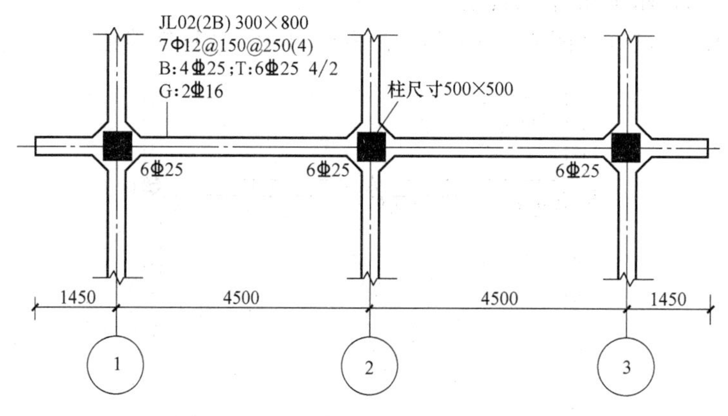

图 9-35　基础主梁 JL02（2B）配筋图

9.4.2　基础主梁纵筋计算

【例 9-14】　试计算图 9-35 中基础主梁 JL02（2B）的纵筋长度，混凝土强度等级为 C30。

解：基础主梁相关计算参数见表 9-7。

JL02（2B）计算参数　　　　**表 9-7**

参数	取值	依据
混凝土强度等级	C30	
柱断面尺寸	500mm×500mm	
梁包柱侧腋	50mm	
保护层厚度	底面 40mm,侧面及顶面 25mm	根据 16G101 图集中保护层厚度规定
l_a	d≤25mm 取 35d	根据 16G101 图集表格取值
l_{ab}	35d	根据 16G101 图集表格取值

钢筋长度计算：

① 底部贯通纵筋长度（有外伸）＝梁总长－$2c$＋2×$12d$

底部贯通纵筋 4 Φ 25 长度＝(4500＋4500＋1450×2)－2×25＋2×12×25＝12450mm

② 顶部第一排贯通纵筋长度（有外伸）＝梁总长－$2c$＋2×$12d$

顶部第一排贯通纵筋 4 Φ 25 长度＝(4500＋4500＋1450×2)－2×25＋2×12×25＝12450mm

③ 顶部第二排贯通纵筋长度（有外伸）＝梁净长＋2×l_a

顶部第二排贯通纵筋 2 Φ 25 长度＝4500＋4500－250×2＋2×35×25＝10250mm

④ 底部端部非贯通纵筋长度＝l_n/3＋梁外伸长度＋柱宽－c＋$12d$

底部端部非贯通纵筋 2 Φ 25 长度＝(4500－500)/3＋1200＋500－25＋12×25≈3308mm

⑤ 底部跨中非贯通纵筋长度＝2×l_n/3＋柱宽

底部跨中非贯通纵筋 2 Φ 25 长度＝(4500－500)/3×2＋500≈3167mm

9.4.3 基础次梁钢筋计算

【例 9-15】 试计算图 9-36 中基础次梁 JCL03（3）的纵筋长度，混凝土强度等级为 C30。

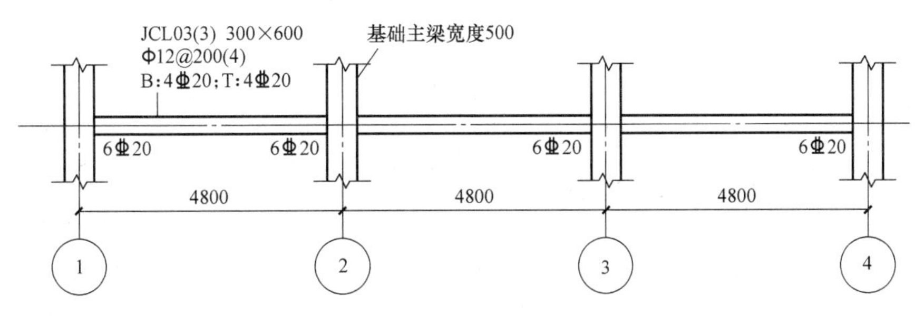

图 9-36 基础次梁 JCL02（3）配筋图

解：基础次梁相关计算参数见表 9-8。

JCL03（3）计算参数 **表 9-8**

参数	取值	依据
混凝土强度等级	C30	
保护层厚度	底面 40mm，侧面及顶面 25mm	根据 16G101 图集中保护层厚度规定
梁包柱侧腋	50mm	
l_{ab}	$35d$	根据 16G101 图集表格取值
基础主梁宽度	500mm	

钢筋计算：

① 底部贯通纵筋长度＝梁净长＋支座宽－$2c$＋2×$15d$

底部贯通纵筋 4 Φ 20 长度＝(4800×3＋250×2)－2×25＋2×15×20＝15450mm

② 顶部贯通纵筋长度＝梁净长＋跨中支座宽＋max($12d$，1/2 支座宽)

顶部贯通纵筋 4⌀20 长度＝4800×3－250×2＋max(12×20，1/2×500)＝14150mm

③ 底部端部非贯通纵筋长度＝l_n/3＋支座宽－c＋15d

底部端部非贯通纵筋 2⌀20 长度＝(4800－500)/3＋500－25＋15×20≈2208mm

④ 底部跨中非贯通纵筋长度＝2×l_n/3＋支座宽

底部跨中非贯通纵筋 2⌀20 长度＝(4800－500)/3×2＋500＝3367mm

⑤ 第一跨梁箍筋根数＝(4800－250×2－50×2)÷200＋1＝22 根

第二跨梁箍筋根数＝第三跨梁箍筋根数＝22 根

JCL3（3）箍筋根数合计＝22×3＝66 根

10

钢筋工程量计算实训

钢筋工程量计算包括基础、柱、梁、板、墙、其他构件等内容，在学习完成各部分内容后，进行一个完整的钢筋工程量实际操作训练，以巩固所学知识。

本附录提供一套完整的施工图纸，以供实际操作训练使用。

（1）工程概况

① 工程名称：某拆迁安置房16号楼工程；

② 建设单位：××管理委员会安置办公室；

③ 设计单位：××设计院；

④ 建筑面积：2200m^2；

⑤ 结构类型：框架结构；

⑥ 基本情况：本工程系拆迁安置小区管理办公用房。框架结构，建筑高度16.10m，现浇独立基础、独立柱、梁、板，页岩空心砖砌块填充墙，内墙抹水泥砂浆刷乳胶漆(局部瓷砖)；

⑦ 建筑等级：Ⅱ级；

⑧ 建筑耐久年限：50年。

（2）实训内容

根据某拆迁安置房16号楼工程施工图纸计算下列钢筋工程量：

① 基础钢筋工程量计算；

② 柱钢筋工程量计算；

③ 梁钢筋工程量计算；

④ 板钢筋工程量计算；

⑤ 其他钢筋工程量计算。

（3）实训要求

完成整个工程的钢筋工程量计算，要求手算一遍后再用钢筋工程量计算软件计算一遍，两次计算结果进行复核。

（4）某拆迁安置房16号楼工程施工图

① 建筑施工图16页(J-1～J-16)。见表10-1及图10-1～图10-16。

② 结构施工图15页(G-1～G-15)。见表10-2及图10-17～图10-31。

建筑施工图目录　　表10-1

序　号	图纸名称	图　号	备　注
1	建筑设计说明	J-1	
2	建筑专业图纸目录　门窗表　采用标准图目录	J-2	
3	建筑节能设计	J-3	
4	技术措施表(装修表)	J-4	
5	一层平面图	J-5	
6	二、三层平面图	J-6	
7	四层平面图	J-7	
8	屋顶平面图	J-8	
9	①～⑦立面图	J-9	
10	⑦～①立面图	J-10	
11	Ⓐ～Ⓓ立面图	J-11	
12	1—1剖面图　墙身大样图	J-12	
13	1、2号楼梯A—A剖面大样	J-13	
14	1号楼梯大样图	J-14	
15	2号楼梯大样图	J-15	
16	公共卫生间平面大样图	J-16	

结构施工图目录　　表10-2

序　号	图纸名称	图　号	备　注
1	结构设计总说明	G-1	
2	结构设计总说明	G-2	
3	结构设计总说明　图纸目录	G-3	
4	基础平面布置图	G-4	
5	柱基础钢筋　框架柱钢筋	G-5	
6	基础顶面～−0.200框架柱平面布置图	G-6	
7	−0.200～17.350框架柱平面布置图	G-7	
8	−0.200层梁平法施工图	G-8	
9	3.550～10.750层梁平法施工图	G-9	
10	14.350层梁平法施工图	G-10	

续表

序　号	图纸名称	图　号	备　注
11	3.550～10.750 层结构平面图	G-11	
12	14.350 层结构平面图	G-12	
13	1 号楼梯 A—A 剖面图　2 号楼梯 A—A 剖面图	G-13	
14	1 号楼梯详图	G-14	
15	2 号楼梯详图	G-15	

(5) 钢筋工程量计算参考资料

后面提供钢筋工程量汇总数据以及钢筋工程量计算实例，供钢筋工程量计算实际操作训练时参考。

① 钢筋工程量汇总表，按构件类型汇总见表 10-3、按楼层汇总见表 10-4。

② 钢筋工程量明细表，见表 10-5。

③ 钢筋工程量计算示例，见表 10-6。

钢筋工程量(按构件类型)汇总表(一)(kg)　　表 10-3

构件类型	规格(mm)	基础	柱	梁	板	合计
钢筋总重		3262.65	17930.92	38785.2	13787.39	73766.16
一级钢(Φ)	6			711.39	761.36	1472.75
	8		5235.86	6769.38		12005.24
	10		1218.8	370.25		1589.05
	12			349.47		349.47
	合计		6454.66	8200.49	761.36	8036.51
二级钢(Φ)	12	185.3		210.53	561.94	957.77
	14	920.60		100.09		1020.69
	16	2156.76	103.99			2260.75
	18		6911.08			6911.08
	20		516.85			516.85
	22		3055.16			3055.16
	25		889.17			889.17
	合计	3262.66	11476.25	310.62	561.94	15611.47
三级钢(Φ)	14			440.65		440.65
	16			6821.40		6821.4
	18			3644.45		3644.45
	20			7054.54		7054.54
	22			7152.05		7152.05
	25			5161.01		5161.01
	合计			30274.10		30274.10
新三级钢($Φ^R$)	8				12464.09	12464.09
	合计				12464.09	12464.09

钢筋工程量（按楼层）汇总表（二）（kg） **表 10-4**

楼层名称	一级钢(Φ)	二级钢(Φ)	三级钢(Φ)	新三级钢(Φ[R])	合计
基础层	1838.92	5100.77	3996.00		10935.69
首层	4450.45	3413.81	6541.43	3051.67	17457.36
第 2 层	2863.44	2241.42	6541.43	3051.67	14697.96
第 3 层	2863.44	2241.42	6541.43	3051.67	14697.96
第 4 层	2919.59	2040.77	6263.03	2979.58	14202.97
第 5 层	468.07	573.26	390.76	300.24	1732.33
第 5 层	12.61	0	0	29.25	41.86
总计	15416.52	15611.45	30274.08	12464.08	73766.13

钢筋工程量明细表 **表 10-5**

汇总信息	总重(kg)	构件名称	构件数量	一级钢	二级钢	三级钢	新三级钢
楼层名称：基础层				1838.92	5206.52	3996	
框架柱	1847.83	KZ3 [1]	1	6.13	125.5		
		KZ2 [2]	1	3.79	76.38		
		KZ4 [3]	1	6.1	66.47		
		KZ8 [4]	1	3.79	99.73		
		KZ5 [5]	1	6.11	70.77		
		KZ5 [6]	1	6.11	71.18		
		KZ1 [7]	1	6.12	77.78		
		KZ5 [8]	1	6.11	72.47		
		KZ4 [9]	1	6.1	75.65		
		KZ7 [10]	1	6.7	125.5		
		KZ4 [11]	3	18.31	198.19		
		KZ6 [13]	1	6.7	126.59		
		KZ2 [14]	2	7.58	153.66		
		KZ1 [15]	2	12.23	153.66		
		KZ1 [16]	1	6.12	88.47		
		KZ4 [18]	1	6.1	66.88		
		KZ1 [21]	1	6.12	78.7		
		合计		120.22	1727.58		
梁	5825.21	KL2(2) [1]	3	209.9		527.02	
		L1(2) [2]	1	32.87		85.94	
		KL1(2) [3]	1	106.34	36.33	244.53	
		KL10(4A) [4]	1	195.66		450.24	
		KL4(3) [5]	1	113.58		302.21	

续表

汇总信息	总重(kg)	构件名称	构件数量	一级钢	二级钢	三级钢	新三级钢
梁	5825.21	KL7(6B) [6]	1	346.81	36.55	800.13	
		L2(1) [7]	1	8.61		23.17	
		KL5(2) [8]	1	73.78		184.25	
		L4(2) [9]	1	29.53		75	
		KL3(1) [10]	1	43.61		132.55	
		L3(1) [11]	1	34.5		51.19	
		KL6(2A) [12]	1	89.44		238.67	
		KL9(1A) [13]	1	72.69		184.14	
		KL5(2) [14]	1	47.07		93.35	
		KL8(5A) [15]	1	314.31	37.63	603.62	
		合计		1718.7	110.51	3996.01	
独立基础	3368.43	DJ$_J$01 [1]	1		122.44		
		DJ$_J$02 [2]	3		355.80		
		DJ$_J$06 [3]	2		390.33		
		DJ$_J$04 [4]	4		721.33		
		DJ$_J$05 [5]	3		322.77		
		DJ$_J$07 [6]	1		255.04		
		DJ$_J$08 [7]	2		520.02		
		DJ$_J$09 [8]	4		524.40		
		DJ$_J$03 [9]	1		156.30		
		合计			3368.43		
楼层名称：首层				4450.45	3413.81	6541.43	3051.67
框架柱	5907.96	KZ3 [1]	1	189.94	232.45		
		KZ2 [2]	1	104.21	144.69		
		KZ4 [3]	1	100.22	123.45		
		KZ8 [4]	1	119.37	188.95		
		KZ5 [5]	1	168.02	133.96		
		KZ5 [6]	1	164.97	133.54		
		KZ1 [7]	1	102.32	143.3		
		KZ5 [8]	1	161.91	132.25		
		KZ4 [9]	1	119.12	143.04		
		KZ7 [10]	1	242.02	232.45		
		KZ4 [11]	3	306.32	371.58		
		KZ6 [13]	1	186.88	227.08		
		KZ2 [14]	2	204.64	288.49		

续表

汇总信息	总重(kg)	构件名称	构件数量	一级钢	二级钢	三级钢	新三级钢
框架柱	5907.96	KZ1 [15]	2	204.64	288.49		
		KZ1 [16]	1	117.48	166.11		
		KZ4 [18]	1	102.11	123.04		
		KZ1 [21]	1	98.53	142.38		
		合计		2692.7	3215.25		
梁	8167.27	KL6(2A) [1]	1	69.8		203.48	
		KL4(3) [2]	1	97.24		386.65	
		L6(3) [3]	1	25.45		199.42	
		KL5(2) [4]	1	65.78		226.52	
		L8(1) [5]	1	10.25		54.73	
		L7(2) [6]	1	33.71		109.29	
		L1(2) [7]	1	38.16		101.65	
		KL7(6B) [8]	1	227.27		866.38	
		KL1(2) [9]	2	136.84	28.62	680.17	
		L2(2) [10]	1	27.81		162.21	
		L3(1) [11]	1	21.45		93.62	
		KL2(2) [12]	2	125.84		611	
		L5(2) [13]	1	19.83		109.02	
		L10(2) [15]	1	23.27		84.54	
		L9(5) [16]	1	41.64		257.38	
		KL9(1A) [17]	1	65.06		195.38	
		KL8(5A) [18]	1	229.78	28.57	916.54	
		L4(1) [19]	1	9.91		52.23	
		L11(5) [20]	1	50.9		320.66	
		KL10(4A) [21]	1	160.16		587.75	
		KL7(6B) [22]	1	13.5		74.93	
		KL3(3) [24]	1	75.01		247.9	
		合计		1568.66	57.19	6541.45	
板受力筋	2171.99	B-1 [37]	1				856.82
		B-1 [41]	1				813.5
		B-1 [31]	1				187.76
		B-1 [1]	1				30.07
		B-1 [30]	1	8.76			37.83
		B-1 [48]	1	2.89			34.55
		B-1 [14]	1	2.39			33.13

续表

汇总信息	总重(kg)	构件名称	构件数量	一级钢	二级钢	三级钢	新三级钢
板受力筋	2171.99	B-1 [18]	1				84.22
		B-1 [28]	1	6.18			25.31
		B-1 [22]	1	5.45			25.09
		B-1 [20]	1				18.03
		合计		25.67			2146.31
板负筋	1068.78	FJ-550	1				29.99
		FJ-800	1	30.08			165.6
		FJ-550×2	1				11.47
		FJ-800×2	1	76.97			401.75
		FJ-800×2-1	1	4.36			23.12
		FJ-750×2	1	27.7			145.67
		FJ-750×2-1	1	3.65			16.19
		FJ-650	1	2.36			11.49
		FJ-600×2	1				5.66
		FJ-9565	1	3.08			14.64
		FJ-950	1	3.06			19.06
		FJ-800-1	1	2.16			13.27
		FJ-750	1	0.98			6.34
		FJ-8382	1	9.01			41.1
		合计		163.41			905.35
板	141.37	B-1 [1] (1)	1		3.55		
		B-1 [2]	28		91.88		
		B-1 [4]	1		6.02		
		B-1 [6]	5		15.04		
		B-1 [14] (1)	5		8.2		
		B-1 [15]	2				
		B-1 [20] (1)	2		4.38		
		B-1 [24]	2		7.66		
		B-1 [30] (1)	1		1.91		
		B-1 [31] (1)	1		2.73		
		合计			141.37		
楼层名称：第2层				2863.44	2241.42	6541.43	3051.67
框架柱	3148.56	KZ3 [1]	1	53.14	141.43		
		KZ2 [2]	1	53.05	100.5		
		KZ4 [3]	1	52.94	86.3		

续表

汇总信息	总重(kg)	构件名称	构件数量	一级钢	二级钢	三级钢	新三级钢
框架柱	3148.56	KZ8 [4]	1	51.16	100.5		
		KZ5 [5]	2	105.89	172.59		
		KZ5 [6]	1	51.05	86.3		
		KZ1 [7]	4	204.64	402		
		KZ4 [9]	5	255.27	431.48		
		KZ7 [10]	1	70.11	100.5		
		KZ6 [13]	1	53.07	119.77		
		KZ2 [14]	2	102.32	201		
		KZ1 [16]	1	53.05	100.5		
		合计		1105.69	2042.87		
梁	8167.27	KL6(2A) [1]	1	69.8		203.48	
		KL4(3) [2]	1	97.24		386.65	
		L6(3) [3]	1	25.45		199.42	
		KL5(2) [4]	1	65.78		226.52	
		L8(1) [5]	1	10.25		54.73	
		L7(2) [6]	1	33.71		109.29	
		L1(2) [7]	1	38.16		101.65	
		KL7(6B) [8]	1	227.27		866.38	
		KL1(2) [9]	2	136.84	28.62	680.17	
		L2(2) [10]	1	27.81		162.21	
		L3(1) [11]	1	21.45		93.62	
		KL2(2) [12]	2	125.84		611	
		L5(2) [13]	1	19.83		109.02	
		L10(2) [15]	1	23.27		84.54	
		L9(5) [16]	1	41.64		257.38	
		KL9(1A) [17]	1	65.06		195.38	
		KL8(5A) [18]	1	229.78	28.57	916.54	
		L4(1) [19]	1	9.91		52.23	
		L11(5) [20]	1	50.9		320.66	
		KL10(4A) [21]	1	160.16		587.75	
		KL7(6B) [22]	1	13.5		74.93	
		KL3(3) [24]	1	75.01		247.9	
		合计		1568.66	57.19	6541.45	
板受力筋	2171.99	B-1 [37]	1				856.82
		B-1 [41]	1				813.5

续表

汇总信息	总重(kg)	构件名称	构件数量	一级钢	二级钢	三级钢	新三级钢
板受力筋	2171.99	B-1［31］	1				187.76
		B-1［1］	1				30.07
		B-1［30］	1	8.76			37.83
		B-1［48］	1	2.89			34.55
		B-1［14］	1	2.39			33.13
		B-1［18］	1				84.22
		B-1［28］	1	6.18			25.31
		B-1［22］	1	5.45			25.09
		B-1［20］	1				18.03
		合计		25.67			2146.31
板负筋	1068.78	FJ-550	1				29.99
		FJ-800	1	30.08			165.6
		FJ-550×2	1				11.47
		FJ-800×2	1	76.97			401.75
		FJ-800×2-1	1	4.36			23.12
		FJ-750×2	1	27.7			145.67
		FJ-750×2-1	1	3.65			16.19
		FJ-650	1	2.36			11.49
		FJ-600×2	1				5.66
		FJ-9565	1	3.08			14.64
		FJ-950	1	3.06			19.06
		FJ-800-1	1	2.16			13.27
		FJ-750	1	0.98			6.34
		FJ-8382	1	9.01			41.1
		合计		163.41			905.35
板	141.37	B-1［1］(1)	1		3.55		
		B-1［2］	28		91.88		
		B-1［4］	1		6.02		
		B-1［6］	5		15.04		
		B-1［14］(1)	5		8.2		
		B-1［15］	2				
		B-1［20］(1)	2		4.38		
		B-1［24］	2		7.66		
		B-1［30］(1)	1		1.91		
		B-1［31］(1)	1		2.73		
		合计			141.37		

续表

汇总信息	总重(kg)	构件名称	构件数量	一级钢	二级钢	三级钢	新三级钢
楼层名称：第3层				2863.44	2241.42	6541.43	3051.67
框架柱	3148.56	KZ3 [1]	1	53.14	141.43		
		KZ2 [2]	1	53.05	100.5		
		KZ4 [3]	1	52.94	86.3		
		KZ8 [4]	1	51.16	100.5		
		KZ5 [5]	2	105.89	172.59		
		KZ5 [6]	1	51.05	86.3		
		KZ1 [7]	4	204.64	402		
		KZ4 [9]	5	255.27	431.48		
		KZ7 [10]	1	70.11	100.5		
		KZ6 [13]	1	53.07	119.77		
		KZ2 [14]	2	102.32	201		
		KZ1 [16]	1	53.05	100.5		
		合计		1105.69	2042.87		
梁	8167.27	KL6(2A) [1]	1	69.8		203.48	
		KL4(3) [2]	1	97.24		386.65	
		L6(3) [3]	1	25.45		199.42	
		KL5(2) [4]	1	65.78		226.52	
		L8(1) [5]	1	10.25		54.73	
		L7(2) [6]	1	33.71		109.29	
		L1(2) [7]	1	38.16		101.65	
		KL7(6B) [8]	1	227.27		866.38	
		KL1(2) [9]	2	136.84	28.62	680.17	
		L2(2) [10]	1	27.81		162.21	
		L3(1) [11]	1	21.45		93.62	
		KL2(2) [12]	2	125.84		611	
		L5(2) [13]	1	19.83		109.02	
		L10(2) [15]	1	23.27		84.54	
		L9(5) [16]	1	41.64		257.38	
		KL9(1A) [17]	1	65.06		195.38	
		KL8(5A) [18]	1	229.78	28.57	916.54	
		L4(1) [19]	1	9.91		52.23	
		L11(5) [20]	1	50.9		320.66	
		KL10(4A) [21]	1	160.16		587.75	
		KL7(6B) [22]	1	13.5		74.93	
		KL3(3) [24]	1	75.01		247.9	
		合计		1568.66	57.19	6541.45	

续表

汇总信息	总重(kg)	构件名称	构件数量	一级钢	二级钢	三级钢	新三级钢
板受力筋	2171.99	B-1 [37]	1				856.82
		B-1 [41]	1				813.5
		B-1 [31]	1				187.76
		B-1 [1]	1				30.07
		B-1 [30]	1	8.76			37.83
		B-1 [48]	1	2.89			34.55
		B-1 [14]	1	2.39			33.13
		B-1 [18]	1				84.22
		B-1 [28]	1	6.18			25.31
		B-1 [22]	1	5.45			25.09
		B-1 [20]	1				18.03
		合计		25.67			2146.31
板负筋	1068.78	FJ-550	1				29.99
		FJ-800	1	30.08			165.6
		FJ-550×2	1				11.47
		FJ-800×2	1	76.97			401.75
		FJ-800×2-1	1	4.36			23.12
		FJ-750×2	1	27.7			145.67
		FJ-750×2-1	1	3.65			16.19
		FJ-650	1	2.36			11.49
		FJ-600×2	1				5.66
		FJ-9565	1	3.08			14.64
		FJ-950	1	3.06			19.06
		FJ-800-1	1	2.16			13.27
		FJ-750	1	0.98			6.34
		FJ-8382	1	9.01			41.1
		合计		163.41			905.35
板	141.37	B-1 [1] (1)	1		3.55		
		B-1 [2]	28		91.88		
		B-1 [4]	1		6.02		
		B-1 [6]	5		15.04		
		B-1 [14] (1)	5		8.2		
		B-1 [15]	2				
		B-1 [20] (1)	2		4.38		
		B-1 [24]	2		7.66		

续表

汇总信息	总重(kg)	构件名称	构件数量	一级钢	二级钢	三级钢	新三级钢
板	141.37	B-1［30］(1)	1		1.91		
		B-1［31］(1)	1		2.73		
		合计			141.37		
楼层名称：第4层				2919.59	2040.77	6263.03	2979.58
框架柱	2976.28	KZ3［1］	1	51.24	135.28		
		KZ2［2］	1	53.05	90.99		
		KZ4［3］	1	52.94	73.59		
		KZ8［4］	1	51.16	91.84		
		KZ5［5］	2	105.89	147.18		
		KZ5［6］	1	51.05	73.59		
		KZ1［7］	5	255.8	502.5		
		KZ4［9］	5	255.27	367.96		
		KZ7［10］	1	70.11	100.5		
		KZ6［13］	1	53.07	107.28		
		KZ2［14］	2	102.32	183.67		
		合计		1101.9	1874.38		
梁	7927.82	WKL5(3)［1］	1	97.24		389.68	
		WKL7(2A)［2］	1	64.35		178.66	
		L5(3)［3］	1	33.96		176.64	
		WKL6(2)［4］	1	65.78		193.11	
		L7(1)［5］	1	10.25		52.98	
		L6(2)［6］	1	33.71		109.29	
		WKL1(2)［7］	1	62.92		158.48	
		WKL2(2)［8］	1	62.92		247.97	
		L3(1)［9］	1	34.5		83.15	
		WKL3(2)［10］	2	125.84		594.12	
		L2(2)［11］	2	71.59		270.07	
		L1(2)［12］	1	38.16		100.84	
		L9(4)［13］	1	75.77		278.76	
		WKL10(1A)［14］	1	65.06		185.89	
		WKL9(5A)［15］	1	210.56		1046.4	
		L4(1)［16］	1	9.91		53.2	
		L10(5)［17］	1	92.48		357.48	

续表

汇总信息	总重(kg)	构件名称	构件数量	一级钢	二级钢	三级钢	新三级钢
梁	7927.82	WKL11(4A) [18]	1	163.02		543.09	
		L8(1) [19]	1	9.25		47.45	
		WKL8(6B) [20]	1	233.94	28.57	965.25	
		WKL4(3) [22]	1	75.01		230.52	
		合计		1636.22	28.57	6263.03	
板受力筋	2065.55	B-1 [37]	1				849.46
		B-1 [41]	1				814.39
		B-1 [31]	1				184.63
		B-1 [1]	1				30.07
		B-1 [48]	1	2.89			34.79
		B-1 [14]	1	2.39			33.37
		B-1 [18]	1				84.51
		B-1 [20]	1				29.06
		合计		5.28			2060.28
板负筋	1095.5	FJ-550	1				7.73
		FJ-800×2	1	74.71			394.21
		FJ-800×2-1	1	4.36			23.59
		FJ-750×2	1	28.17			147.97
		FJ-750×2-1	1	3.65			16.53
		FJ-800	1	27.35			151.48
		FJ-800-1	1	2.16			13.51
		FJ-750	1	0.98			6.46
		FJ-8382	1	9.01			41.92
		FJ-700	1	9.99			47.65
		FJ-550×2	1				7.13
		FJ-700×2	1	15.81			61.13
		合计		176.19			919.31
板	137.82	B-1 [1] (1)	1		3.55		
		B-1 [2]	25		82.03		
		B-1 [4]	1		6.02		
		B-1 [6]	7		21.06		
		B-1 [14] (1)	4		6.56		
		B-1 [15]	2				

续表

汇总信息	总重(kg)	构件名称	构件数量	一级钢	二级钢	三级钢	新三级钢
板	137.82	B-1 [20] (1)	1		2.19		
		B-1 [22]	1		1.91		
		B-1 [24]	2		7.66		
		B-1 [29]	2		1.64		
		B-1 [31] (1)	1		2.46		
		B-1 [33]	1		2.73		
		合计			137.81		
楼层名称：第5层				468.07	573.26	390.76	300.24
框架柱	901.73	KZ1 [1]	5	227.38	391.06		
		KZ7 [2]	1	58.74	78.21		
		LZ1 [7]	1	21.18	52.31		
		LZ1 [8]	1	21.18	51.68		
		合计		328.48	573.26		
梁	530.37	WKL1(1) [1]	1	20.88		64.27	
		WKL2(1) [2]	1	22.07		54.81	
		WKL5(1) [3]	2	25.06		63.84	
		WKL4(1) [5]	2	26.25		68.58	
		WKL3(1) [7]	2	45.34		139.26	
		合计		139.6		390.76	
板受力筋	272.81	B-1 [1]	1				127.28
		B-1 [2]	1				145.53
		合计					272.81
板负筋	27.42	FJ-800	1				27.42
		合计					27.42
板		B-1 [1] (1)	2				
		合计					
楼层名称：第5层				12.61			29.25
板	41.86	B-楼梯顶	2	4.38			10.97
		B-中间层	6	8.23			18.28
		合计		12.61			29.25
总计：73766.13kg							

钢筋工程量计算表

表 10-6

基础钢筋计算示例：

筋号	级别	直径	钢筋图形	钢筋长度计算式(mm)	根数	总根数	单长(m)	总长(m)	总重(kg)
构件名称：DJ_J01[1]			构件数量：1		本构件钢筋重：122.44kg				
构件位置：<A,5>									
横向底筋.1	⌀	12	1920	2000−2×40	28	28	1.92	53.76	47.74
纵向底筋.1	⌀	14	3920	4000−2×40	2	2	3.92	7.84	9.47
纵向底筋.1	⌀	14	3600	0.9×4000（注：基础边长 $b \geqslant 2.5$m 时，钢筋长度=0.9×b）	15	15	3.6	54	65.23
构件名称：DJ_J02[2]			构件数量：3		本构件钢筋重：355.80kg				
构件位置：<A,6>；<A,7>；<1,D>									
横向底筋.1	⌀	14	2020	2100−2×40	17	51	2.02	103.02	124.45
纵向边筋	⌀	14	3120	3200−2×40	2	6	3.12	18.72	22.61
纵向中筋	⌀	14	2880	0.9×3200	20	60	2.88	172.80	208.74
构件名称：DJ_J06[3]			构件数量：2		本构件钢筋重：390.33kg				
构件位置：<B,7>；<C,4>									
纵横向边筋	⌀	16	3020	3100−2×40	4	8	3.02	24.16	38.12
纵横向中筋	⌀	16	2790	0.9×3100	40	80	2.79	223.20	352.21

柱筋计算示例：

楼层名称：基础层					钢筋总重：10935.692kg				
筋号	级别	直径	钢筋图形	钢筋长度计算式(mm) （d——钢筋直径）	根数	总根数	单长(m)	总长(m)	总重(kg)
构件名称：KZ3[1]			构件数量：1		本构件钢筋重：93.471kg				
构件位置：<B,1>									
B 边插筋	⌀	22	150 3093	$7150 \div 3 + 750 - 40 + \max(6 \times d, 150) - (1 \times 2.08) \times d$ （注：弯心圆 $D=4d$，量度差值 $=6d-5d\pi \div 4=2.08d$，具体含义见本书第1章）	4	4	3.20	12.79	38.16

续表

楼层名称:基础层					钢筋总重:10935.692kg				
筋号	级别	直径	钢筋图形	钢筋长度计算式(mm) (d——钢筋直径)	根数	总根数	单长(m)	总长(m)	总重(kg)
角筋插筋	Φ̲	25	150 ⌊ 3093	7150÷3+750−40+max(6×d,150)−(1×2.08)×d	4	4	3.19	12.76	49.184
箍筋.1	Φ	10	440 ▢440	(500−2×30)×2×2+2×(11.9×d)+(8×d)−(3×1.75)×d (注:弯心圆 D=2.5d,量度差值=4.5d−3.5$d\pi$÷4=1.75d)	2	2	2.03	4.05	2.497
箍筋.2	Φ	10	440 ▢163	2×{[(500−2×30−25)÷3×1+25]+(500−2×30)}+2×(11.9×d)+(8×d)−(3×1.75)×d	4	4	1.47	5.89	3.63
构件名称:KZ2[2]				构件数量:1	本构件钢筋重:80.175kg				
构件位置:<C,7>									
B 边插筋	Φ̲	18	150 ⌊ 2627	6050÷3+650−40+max(6×d,150)−(1×2.08)×d	4	4	2.74	10.96	21.894
H 边插筋	Φ̲	18	150 ⌊ 2627	6050÷3+650−40+max(6×d,150)−(1×2.08)×d	4	4	2.74	10.96	21.894
角筋插筋	Φ̲	22	150 ⌊ 2627	6050÷3+650−40+max(6×d,150)−(1×2.08)×d	4	4	2.73	10.92	32.598
箍筋.1	Φ	8	440 ▢440	2×[(500−2×30)+(500−2×30)]+2×(11.9×d)+(8×d)−(3×1.75)×d	2	2	1.97	3.94	1.556
箍筋.2	Φ	8	440 ▢161	2×[(500−2×30−22)÷3×1+22]+(500−2×30)+2×(11.9×d)+(8×d)−(3×1.75)×d	4	4	1.42	5.66	2.233
构件名称:KZ8[4]				构件数量:1	本构件钢筋重:103.52kg				
构件位置:<1,D>									
B 边插筋	Φ̲	20	150 ⌊ 3043	7300÷3+650−40+max(6×d,150)−(1×2.08)×d	4	4	3.15	12.6	31.083
H 边插筋	Φ̲	20	150 ⌊ 3043	7300÷3+650−40+max(6×d,150)−(1×2.08)×d	4	4	3.15	12.6	31.083
角筋插筋	Φ̲	22	150 ⌊ 3043	7300÷3+650−40+max(6×d,150)−(1×2.08)×d	4	4	3.15	12.59	37.563
箍筋.1	Φ	8	440 ▢440	2×[(500−2×30)+(500−2×30)]+2×(11.9×d)+(8×d)−(3×1.75)×d	2	2	1.97	3.94	1.556

续表

楼层名称:基础层					钢筋总重:10935.692kg				
筋号	级别	直径	钢筋图形	钢筋长度计算式(mm) (d——钢筋直径)	根数	总根数	单长(m)	总长(m)	总重(kg)
箍筋.2	Φ	8	440 161	2×{[(500−2×30−22)÷3×1+22]+(500−2×30)}+2×(11.9×d)+(8×d)−(3×1.75)×d	4	4	1.42	5.66	2.233
构件名称:KZ5[5]			构件数量:1		本构件钢筋重:76.877kg				
构件位置:<C,4>									
B边插筋.1	Φ	18	150 2627	6050÷3+650−40+max(6×d,150)−(1×2.08)×d	4	4	2.74	10.96	21.894
H边插筋.1	Φ	18	150 2627	6050÷3+650−40+max(6×d,150)−(1×2.08)×d	4	4	2.74	10.96	21.894
角筋插筋.1	Φ	20	150 2627	6050÷3+650−40+max(6×d,150)−(1×2.08)×d	4	4	2.74	10.94	26.98
箍筋.1	Φ	10	440 440	2×[(500−2×30)+(500−2×30)]+2×(11.9×d)+(8×d)−(3×1.75)×d	2	2	2.03	4.05	2.497
箍筋.2	Φ	10	440 160	2×[(500−2×30−20)÷3×1+20]+(500−2×30)+2×(11.9×d)+(8×d)−(3×1.75)×d	4	4	1.47	5.86	3.613
构件名称:KZ5[6]			构件数量:1		本构件钢筋重:77.29kg				
构件位置:<B,7>									
B边插筋.1	Φ	18	150 2643	6100÷3+650−40+max(6×d,150)−(1×2.08)×d	4	4	2.76	11.02	22.021
H边插筋.1	Φ	18	150 2643	6100÷3+650−40+max(6×d,150)−(1×2.08)×d	4	4	2.76	11.02	22.021
角筋插筋.1	Φ	20	150 2643	6100÷3+650−40+max(6×d,150)−(1×2.08)×d	4	4	2.75	11	27.138
箍筋.1	Φ	10	440 440	2×[(500−2×30)+(500−2×30)]+2×(11.9×d)+(8×d)−(3×1.75)×d	2	2	2.03	4.05	2.497
箍筋.2	Φ	10	440 160	2×{[(500−2×30−20)÷3×1+20]+(500−2×30)}+2×(11.9×d)+(8×d)−(3×1.75)×d	4	4	1.47	5.86	3.613
构件名称:KZ1[7]			构件数量:1		本构件钢筋重:83.898kg				
构件位置:<B,6>									
B边插筋.1	Φ	18	150 2677	6050÷3+700−40+max(6×d,150)−(1×2.08)×d	4	4	2.79	11.16	22.293

续表

楼层名称:基础层					钢筋总重:10935.692kg				
筋号	级别	直径	钢筋图形	钢筋长度计算式(mm) (d——钢筋直径)	根数	总根数	单长(m)	总长(m)	总重(kg)
H 边插筋.1	Φ̶	18	150 2677	6050÷3+700−40+max(6×d,150)−(1×2.08)×d	4	4	2.79	11.16	22.293
角筋插筋.1	Φ̶	22	150 2677	6050÷3+700−40+max(6×d,150)−(1×2.08)×d	4	4	2.78	11.12	33.195
箍筋.1	Φ	10	440 440	2×[(500−2×30)+(500−2×30)]+2×(11.9×d)+(8×d)−(3×1.75)×d	2	2	2.03	4.05	2.497
箍筋.2	Φ	10	440 161	2×{[(500−2×30−22)÷3×1+22]+(500−2×30)}+2×(11.9×d)+(8×d)−(3×1.75)×d	4	4	1.47	5.87	3.62

梁筋计算示例:

筋号	级别	直径	钢筋图形	钢筋长度计算式	根数	总根数	单长(m)	总长(m)	总重(kg)
构件名称:KL10(4A)[4]			构件数量:1		本构件钢筋重:645.901kg				
构件位置:<1−2350,D>,<D,6>									
0. 上通长筋	Φ̶	18	270 31050 216	500−25+15×d+30600+216−25−(2×2.29)×d	2	2	31.45	62.91	125.664
0. 跨中筋	Φ̶	22	264 4308	500+5200÷3+2100+264−25−(1×2.29)×d	2	2	4.52	9.04	26.988
0. 下通长筋	Φ̶	16	240 31050	500−25+15×d+30600−25−(1×2.29)×d	4	4	31.25	125.01	197.312
0. 侧面受扭筋	Φ̶	14	2593	37×d+2100−25	2	2	2.59	5.19	6.267
0. 箍筋	Φ	12	450 250	2×[(300−2×25)+(500−2×25)]+2×(11.9×d)+(8×d)−(3×1.75)×d	22	22	1.72	37.82	33.575
0. 拉筋	Φ	6	250	(300−2×25)+2×(75+1.9×d)+(2×d)	12	12	0.44	5.22	1.159
1. 右支座筋	Φ̶	20	5366	7300÷3+500+7300÷3	2	2	5.37	10.73	26.467
1. 箍筋	Φ	8	450 250	2×[(300−2×25)+(500−2×25)]+2×(11.9×d)+(8×d)−(3×1.75)×d	40	40	1.61	64.48	25.443
2. 右支座筋	Φ̶	20	4150	7300÷3+500+7300÷3	2	2	5.37	10.73	26.467

续表

筋号	级别	直径	钢筋图形	钢筋长度计算式	根数	总根数	单长(m)	总长(m)	总重(kg)
2. 箍筋	Φ	8	450 250	2×[(300−2×25)+(500−2×25)]+2×(11.9×d)+(8×d)−(3×1.75)×d	73	73	1.61	117.68	46.433
3. 右支座筋	Φ̲	20	5366	7300÷3+500+7300÷3	2	2	5.37	10.73	26.467
3. 箍筋	Φ	8	450 250	2×[(300−2×25)+(500−2×25)]+2×(11.9×d)+(8×d)−(3×1.75)×d	73	73	1.61	117.68	46.433
4. 右支座筋	Φ̲	20	300 2708	6700÷3+500−25+15×d−(1×2.29)×d	2	2	2.96	5.92	14.61
4. 箍筋	Φ	8	450 250	2×[(300−2×25)+(500−2×25)]+2×(11.9×d)+(8×d)−(3×1.75)×d	67	67	1.61	108	42.617
构件名称:KL7(6B)[6]			构件数量:1		本构件钢筋重:1183.489kg				
构件位置:<B−2350,1>,<B+2150,7>									
0. 上通长筋	Φ̲	18	216 39250 216	216−25+39300+216−25−(2×2.29)×d	2	2	39.6	79.2	158.209
0. 跨中筋	Φ̲	22	264 4308	500+5200÷3+2100+264−25−(1×2.29)×d	2	2	4.52	9.04	26.988
0. 下部钢筋	Φ̲	16	2267	12×d+2100−25	4	4	2.27	9.07	14.312
0. 侧面受扭筋	Φ̲	14	39250	−25+39300−25+2520	2	2	41.77	83.54	100.951
0. 箍筋	Φ	12	450 250	2×[(300−2×25)+(500−2×25)]+2×(11.9×d)+(8×d)−(3×1.75)×d	22	22	1.72	37.82	33.575
0. 拉筋	Φ	6	250	(300−2×25)+2×(75+1.9×d)+(2×d)	12	12	0.44	5.22	1.159
1. 右支座筋	Φ̲	20	5366	7300÷3+500+7300÷3	2	2	5.37	10.73	26.467
1. 右支座筋	Φ̲	20	4150	7300÷4+500+7300÷4	2	2	4.15	8.3	20.469
1. 下部钢筋	Φ̲	16	6384	37×d+5200+37×d	4	4	6.38	25.54	40.305

续表

筋号	级别	直径	钢筋图形	钢筋长度计算式	根数	总根数	单长(m)	总长(m)	总重(kg)
1. 箍筋	Φ	8	450 250	2×[(300−2×25)+(500−2×25)]+2×(11.9×d)+(8×d)−(3×1.75)×d	52	52	1.61	83.82	33.076
1. 拉筋	Φ	6	250	(300−2×25)+2×(75+1.9×d)+(2×d)	27	27	0.44	11.75	2.607
2. 右支座筋	Φ	20	5366	7300÷3+500+7300÷3	2	2	5.37	10.73	26.467
2. 右支座筋	Φ	20	4150	7300÷4+500+7300÷4	2	2	4.15	8.3	20.469
2. 下部钢筋	Φ	22	330 8250 330	500−25+15×d+7300+500−25+15×d−(2×2.29)×d	2	2	8.81	17.62	52.573
2. 下部钢筋	Φ	20	300 8250 300	500−25+15×d+7300+500−25+15×d−(2×2.29)×d	2	2	8.76	17.52	43.197
2. 侧面受扭筋	Φ	12	8044	31×d+7300+31×d	4	4	8.04	32.18	28.566
2. 箍筋	Φ	12	550 250	2×[(300−2×25)+(600−2×25)]+2×(11.9×d)+(8×d)−(3×1.75)×d	73	73	1.92	140.09	124.372
2. 拉筋	Φ	6	250	(300−2×25)+2×(75+1.9×d)+(2×d)	111	111	0.44	48.29	10.717
3. 右支座筋	Φ	18	5366	7300÷3+500+7300÷3	2	2	5.37	10.73	21.438
3. 下部钢筋	Φ	16	8484	37×d+7300+37×d	4	4	8.48	33.94	53.563
3. 箍筋	Φ	8	450 250	2×[(300−2×25)+(500−2×25)]+2×(11.9×d)+(8×d)−(3×1.75)×d	73	73	1.61	117.68	46.433
3. 拉筋	Φ	6	250	(300−2×25)+2×(75+1.9×d)+(2×d)	37	37	0.44	16.1	3.572
4. 右支座筋	Φ	18	2766	3400÷3+500+3400÷3	2	2	2.77	5.53	11.051
4. 下部钢筋	Φ	16	4584	37×d+3400+37×d	4	4	4.58	18.34	28.94
4. 箍筋	Φ	8	450 250	2×[(300−2×25)+(500−2×25)]+2×(11.9×d)+(8×d)−(3×1.75)×d	28	28	1.61	45.14	17.81

续表

筋号	级别	直径	钢筋图形	钢筋长度计算式	根数	总根数	单长(m)	总长(m)	总重(kg)
4. 拉筋	Φ	6	250	(300−2×25)+2×(75+1.9×d)+(2×d)	12	12	0.44	5.22	1.159
5. 右支座筋	Φ̲	18	4366	5800÷3+500+5800÷3	2	2	4.37	8.73	17.443
5. 下部钢筋	Φ̲	18	4132	37×d+2800+37×d	4	4	4.13	16.53	33.016
5. 箍筋	Φ	8	450 250	2×[(300−2×25)+(500−2×25)]+2×(11.9×d)+(8×d)−(3×1.75)×d	24	24	1.61	38.69	15.266
5. 拉筋	Φ	6	250	(300−2×25)+2×(75+1.9×d)+(2×d)	10	10	0.44	4.35	0.966
6. 下部钢筋	Φ̲	16	6984	37×d+5800+37×d	4	4	6.98	27.94	44.093
6. 箍筋	Φ	8	450 250	2×[(300−2×25)+(500−2×25)]+2×(11.9×d)+(8×d)−(3×1.75)×d	44	44	1.61	70.93	27.987
6. 拉筋	Φ	6	250	(300−2×25)+2×(75+1.9×d)+(2×d)	20	20	0.44	8.7	1.931
7. 跨中筋	Φ̲	22	264 4308	5800÷3+500+1900+264−25−(1×2.29)×d	2	2	4.52	9.04	26.988
7. 跨中筋	Φ̲	22	3375	5800÷4+500+0.75×1900	2	2	3.38	6.75	20.142
7. 下部钢筋	Φ̲	16	2067	12×d+1900−25	4	4	2.07	8.27	13.05
7. 侧面受扭筋	Φ̲	12	2247	31×d+1900−25	4	4	2.25	8.99	7.98
7. 箍筋	Φ	10	550 250	2×[(300−2×25)+(600−2×25)]+2×(11.9×d)+(8×d)−(3×1.75)×d	20	20	1.87	37.3	22.997
7. 拉筋	Φ	6	250	(300−2×25)+2×(75+1.9×d)+(2×d)	33	33	0.44	14.36	3.186
构件名称:L2(1)[7]			构件数量:1		本构件钢筋重:31.775kg				
构件位置:<B+2100,1>,<C+2100,1−2650>									
1. 跨中筋	Φ̲	16	240 3550 192	300−25+15×d+3300+192−25−(2×2.29)×d	2	2	3.91	7.82	12.339

续表

筋号	级别	直径	钢筋图形	钢筋长度计算式	根数	总根数	单长(m)	总长(m)	总重(kg)
1. 下部钢筋	Φ	16	67 3400	$12\times d+3300-25-(1\times 2.29)\times d$	2	2	3.43	6.86	10.827
1. 箍筋	Φ	8	350 150	$2\times[(200-2\times 25)+(400-2\times 25)]+2\times(11.9\times d)+(8\times d)-(3\times 1.75)\times d$	18	18	1.21	21.82	8.608

板筋计算示例：

楼层名称：首层					钢筋总重：17457.366kg				
筋号	级别	直径	钢筋图形	钢筋长度计算式	根数	总根数	单长(m)	总长(m)	总重(kg)
构件名称：B-1[37]			构件数量：1		本构件钢筋重：856.819kg				
构件位置：<B+3188,3>,<3+3188,D>									
SLJ-1[1].1	Φ^R	8	10923	$10623+max(300\div 2,5\times d)+max(300\div 2,5\times d)+352$	1	1	11.28	11.28	4.449
SLJ-1[1].2	Φ^R	8	11114	$10814+max(300\div 2,5\times d)+max(300\div 2,5\times d)+352$	1	1	11.47	11.47	4.524
SLJ-1[1].3	Φ^R	8	11304	$11004+max(300\div 2,5\times d)+max(300\div 2,5\times d)+352$	1	1	11.66	11.66	4.599
SLJ-1[1].4	Φ^R	8	11495	$11195+max(300\div 2,5\times d)+max(300\div 2,5\times d)+352$	1	1	11.85	11.85	4.675
SLJ-1[1].5	Φ^R	8	11685	$11385+max(300\div 2,5\times d)+max(300\div 2,5\times d)+352$	1	1	12.04	12.04	4.75
SLJ-1[1].6	Φ^R	8	11876	$11576+max(300\div 2,5\times d)+max(300\div 2,5\times d)+352$	1	1	12.23	12.23	4.825
SLJ-1[1].7	Φ^R	8	12066	$11766+max(300\div 2,5\times d)+max(300\div 2,5\times d)+352$	1	1	12.42	12.42	4.9
SLJ-1[1].8	Φ^R	8	12257	$11957+max(300\div 2,5\times d)+max(300\div 2,5\times d)+352$	1	1	12.61	12.61	4.975

续表

楼层名称:首层					钢筋总重:17457.366kg				
筋号	级别	直径	钢筋图形	钢筋长度计算式	根数	总根数	单长(m)	总长(m)	总重(kg)
SLJ-1[1].9	Φ^R	8	12447	12147+max(300÷2,5×d)+max(300÷2,5×d)+352	1	1	12.8	12.8	5.05
SLJ-1[1].10	Φ^R	8	12637	12337+max(300÷2,5×d)+max(300÷2,5×d)+352	1	1	12.99	12.99	5.125
SLJ-1[1].11	Φ^R	8	12685	12385+max(300÷2,5×d)+max(300÷2,5×d)+352	1	1	13.04	13.04	5.144
SLJ-1[1].12	Φ^R	8	13209	12909+max(300÷2,5×d)+max(300÷2,5×d)+352	1	1	13.56	13.56	5.351
SLJ-1[1].13	Φ^R	8	13399	13099+max(300÷2,5×d)+max(300÷2,5×d)+352	1	1	13.75	13.75	5.426
SLJ-1[1].14	Φ^R	8	13590	13290+max(300÷2,5×d)+max(300÷2,5×d)+352	1	1	13.94	13.94	5.501
SLJ-1[1].15	Φ^R	8	13780	13480+max(300÷2,5×d)+max(300÷2,5×d)+352	1	1	14.13	14.13	5.576
SLJ-1[1].16	Φ^R	8	13971	13671+max(300÷2,5×d)+max(300÷2,5×d)+352	1	1	14.32	14.32	5.652
SLJ-1[1].17	Φ^R	8	14161	13861+max(300÷2,5×d)+max(300÷2,5×d)+352	1	1	14.51	14.51	5.727
SLJ-1[1].18	Φ^R	8	14352	14052+max(300÷2,5×d)+max(300÷2,5×d)+352	1	1	14.7	14.7	5.802
SLJ-1[1].19	Φ^R	8	14542	14242+max(300÷2,5×d)+max(300÷2,5×d)+352	1	1	14.89	14.89	5.877
SLJ-1[1].20	Φ^R	8	14733	14433+max(300÷2,5×d)+max(300÷2,5×d)+352	1	1	15.09	15.09	5.952

续表

楼层名称:首层					钢筋总重:17457.366kg				
筋号	级别	直径	钢筋图形	钢筋长度计算式	根数	总根数	单长(m)	总长(m)	总重(kg)
SLJ-1[1].21	Φ^R	8	14923	14623+max(300÷2,5×d)+max(300÷2,5×d)+352	1	1	15.28	15.28	6.027
SLJ-1[1].22	Φ^R	8	15114	14814+max(300÷2,5×d)+max(300÷2,5×d)+352	1	1	15.47	15.47	6.103
SLJ-1[1].23	Φ^R	8	15304	15004+max(300÷2,5×d)+max(300÷2,5×d)+352	1	1	15.66	15.66	6.178
SLJ-1[1].24	Φ^R	8	15495	15195+max(300÷2,5×d)+max(300÷2,5×d)+352	1	1	15.85	15.85	6.253
SLJ-1[1].25	Φ^R	8	15685	15385+max(300÷2,5×d)+max(300÷2,5×d)+704	1	1	16.39	16.39	6.467
SLJ-1[1].26	Φ^R	8	15733	15433+max(300÷2,5×d)+max(300÷2,5×d)+704	1	1	16.44	16.44	6.486
SLJ-1[1].27	Φ^R	8	16090	15790+max(300÷2,5×d)+max(300÷2,5×d)+704	1	1	16.79	16.79	6.627
SLJ-1[1].28	Φ^R	8	16280	15980+max(300÷2,5×d)+max(300÷2,5×d)+704	1	1	16.98	16.98	6.702
SLJ-1[1].29	Φ^R	8	16471	16171+max(300÷2,5×d)+max(300÷2,5×d)+704	1	1	17.18	17.18	6.777
SLJ-1[1].30	Φ^R	8	16661	16361+max(300÷2,5×d)+max(300÷2,5×d)+704	1	1	17.37	17.37	6.852
SLJ-1[1].31	Φ^R	8	16852	16552+max(300÷2,5×d)+max(300÷2,5×d)+704	1	1	17.56	17.56	6.927
SLJ-1[1].32	Φ^R	8	17042	16742+max(300÷2,5×d)+max(300÷2,5×d)+704	1	1	17.75	17.75	7.002

续表

楼层名称:首层					钢筋总重:17457.366kg				
筋号	级别	直径	钢筋图形	钢筋长度计算式	根数	总根数	单长(m)	总长(m)	总重(kg)
SLJ-1[1].33	ϕ^R	8	17233	16933+max(300÷2,5×d)+max(300÷2,5×d)+704	1	1	17.94	17.94	7.078
SLJ-1[1].34	ϕ^R	8	17423	17123+max(300÷2,5×d)+max(300÷2,5×d)+704	1	1	18.13	18.13	7.153
SLJ-1[1].35	ϕ^R	8	17614	17314+max(300÷2,5×d)+max(300÷2,5×d)+704	1	1	18.32	18.32	7.228
SLJ-1[1].36	ϕ^R	8	17804	17504+max(300÷2,5×d)+max(300÷2,5×d)+704	1	1	18.51	18.51	7.303
SLJ-1[1].37	ϕ^R	8	17995	17695+max(300÷2,5×d)+max(300÷2,5×d)+704	1	1	18.7	18.7	7.378
SLJ-1[1].38	ϕ^R	8	18185	17885+max(300÷2,5×d)+max(300÷2,5×d)+704	1	1	18.89	18.89	7.453
SLJ-1[1].39	ϕ^R	8	18376	18076+max(300÷2,5×d)+max(300÷2,5×d)+704	1	1	19.08	19.08	7.529
SLJ-1[1].40	ϕ^R	8	18566	18266+max(300÷2,5×d)+max(300÷2,5×d)+704	1	1	19.27	19.27	7.604
SLJ-1[1].41	ϕ^R	8	18757	18457+max(300÷2,5×d)+max(300÷2,5×d)+704	1	1	19.46	19.46	7.679
SLJ-1[1].42	ϕ^R	8	18804	18504+max(300÷2,5×d)+max(300÷2,5×d)+704	1	1	19.51	19.51	7.698
SLJ-1[1].43	ϕ^R	8	12200	11900+max(300÷2,5×d)+max(300÷2,5×d)+352	93	93	12.55	1167.34	460.614
SLJ-1[1].44	ϕ^R	8	6100	5800+max(300÷2,5×d)+max(300÷2,5×d)	47	47	6.1	286.7	113.128
SLJ-1[1].45	ϕ^R	8	6150	5800+max(400÷2,5×d)+max(300÷2,5×d)	11	11	6.15	67.65	26.694

续表

楼层名称:首层					钢筋总重:17457.366kg				
筋号	级别	直径	钢筋图形	钢筋长度计算式	根数	总根数	单长(m)	总长(m)	总重(kg)
构件名称:B-1[41]			构件数量:1		本构件钢筋重:813.505kg				
构件位置:<C−2250,1+1802>,<C−1598,7+1802>									
SLJ-1[2].1	Φ^R	8	8650	8400+max(300÷2,5×d)+max(200÷2,5×d)+352	30	30	9	270.06	106.562
SLJ-1[2].2	Φ^R	8	2250	2000+max(300÷2,5×d)+max(200÷2,5×d)	4	4	2.25	9	3.551
SLJ-1[2].3	Φ^R	8	6400	6100+max(300÷2,5×d)+max(300÷2,5×d)	1	1	6.4	6.4	2.525
SLJ-1[2].4	Φ^R	8	26000	25700+max(300÷2,5×d)+max(300÷2,5×d)+1056	1	1	27.06	27.06	10.676
SLJ-1[2].5	Φ^R	8	28250	28000+max(300÷2,5×d)+max(200÷2,5×d)+1056	18	18	29.31	527.51	208.147
SLJ-1[2].6	Φ^R	8	28012	27712+max(300÷2,5×d)+max(300÷2,5×d)+1056	1	1	29.07	29.07	11.47
SLJ-1[2].7	Φ^R	8	27802	27502+max(300÷2,5×d)+max(300÷2,5×d)+1056	1	1	28.86	28.86	11.387
SLJ-1[2].8	Φ^R	8	27592	27292+max(300÷2,5×d)+max(300÷2,5×d)+1056	1	1	28.65	28.65	11.304
SLJ-1[2].9	Φ^R	8	27382	27082+max(300÷2,5×d)+max(300÷2,5×d)+1056	1	1	28.44	28.44	11.221
SLJ-1[2].10	Φ^R	8	27172	26872+max(300÷2,5×d)+max(300÷2,5×d)+1056	1	1	28.23	28.23	11.138
SLJ-1[2].11	Φ^R	8	26962	26662+max(300÷2,5×d)+max(300÷2,5×d)+1056	1	1	28.02	28.02	11.055
SLJ-1[2].12	Φ^R	8	26752	26452+max(300÷2,5×d)+max(300÷2,5×d)+1056	1	1	27.81	27.81	10.973

续表

楼层名称:首层					钢筋总重:17457.366kg				
筋号	级别	直径	钢筋图形	钢筋长度计算式	根数	总根数	单长(m)	总长(m)	总重(kg)
SLJ-1[2].13	Φ^R	8	26542	26242+max(300÷2,5×d)+max(300÷2,5×d)+1056	1	1	27.6	27.6	10.89
SLJ-1[2].14	Φ^R	8	37067	36817+max(200÷2,5×d)+max(300÷2,5×d)+1408	1	1	38.48	38.48	15.182
SLJ-1[2].15	Φ^R	8	36857	36607+max(200÷2,5×d)+max(300÷2,5×d)+1408	1	1	38.27	38.27	15.099
SLJ-1[2].16	Φ^R	8	36647	36397+max(200÷2,5×d)+max(300÷2,5×d)+1408	1	1	38.06	38.06	15.016
SLJ-1[2].17	Φ^R	8	36437	36187+max(200÷2,5×d)+max(300÷2,5×d)+1408	1	1	37.85	37.85	14.933
SLJ-1[2].18	Φ^R	8	36227	35977+max(200÷2,5×d)+max(300÷2,5×d)+1408	1	1	37.64	37.64	14.85
SLJ-1[2].19	Φ^R	8	36017	35767+max(200÷2,5×d)+max(300÷2,5×d)+1408	1	1	37.43	37.43	14.767
SLJ-1[2].20	Φ^R	8	35807	35557+max(200÷2,5×d)+max(300÷2,5×d)+1408	1	1	37.22	37.22	14.685
SLJ-1[2].21	Φ^R	8	35597	35347+max(200÷2,5×d)+max(300÷2,5×d)+1408	1	1	37.01	37.01	14.602
SLJ-1[2].22	Φ^R	8	35387	35137+max(200÷2,5×d)+max(300÷2,5×d)+1408	1	1	36.8	36.8	14.519
SLJ-1[2].23	Φ^R	8	35177	34927+max(200÷2,5×d)+max(300÷2,5×d)+1408	1	1	36.59	36.59	14.436
SLJ-1[2].24	Φ^R	8	34967	34717+max(200÷2,5×d)+max(300÷2,5×d)+1408	1	1	36.38	36.38	14.353

续表

楼层名称:首层					钢筋总重:17457.366kg				
筋号	级别	直径	钢筋图形	钢筋长度计算式	根数	总根数	单长(m)	总长(m)	总重(kg)
SLJ-1[2].25	Φ^{R}	8	34757	34507＋max(200÷2,5×d)＋max(300÷2,5×d)＋1408	1	1	36.17	36.17	14.27
SLJ-1[2].26	Φ^{R}	8	34547	34297＋max(200÷2,5×d)＋max(300÷2,5×d)＋1408	1	1	35.96	35.96	14.187
SLJ-1[2].27	Φ^{R}	8	34337	34087＋max(200÷2,5×d)＋max(300÷2,5×d)＋1408	1	1	35.75	35.75	14.104
SLJ-1[2].28	Φ^{R}	8	33917	33667＋max(200÷2,5×d)＋max(300÷2,5×d)＋1408	1	1	35.33	35.33	13.939
SLJ-1[2].29	Φ^{R}	8	33707	33457＋max(200÷2,5×d)＋max(300÷2,5×d)＋1408	1	1	35.12	35.12	13.856
SLJ-1[2].30	Φ^{R}	8	33497	33247＋max(200÷2,5×d)＋max(300÷2,5×d)＋1408	1	1	34.91	34.91	13.773
SLJ-1[2].31	Φ^{R}	8	33287	33037＋max(200÷2,5×d)＋max(300÷2,5×d)＋1408	1	1	34.7	34.7	13.69
SLJ-1[2].32	Φ^{R}	8	33077	32827＋max(200÷2,5×d)＋max(300÷2,5×d)＋1408	1	1	34.49	34.49	13.607
SLJ-1[2].33	Φ^{R}	8	32867	32617＋max(200÷2,5×d)＋max(300÷2,5×d)＋1408	1	1	34.28	34.28	13.524
SLJ-1[2].34	Φ^{R}	8	32657	32407＋max(200÷2,5×d)＋max(300÷2,5×d)＋1408	1	1	34.07	34.07	13.442
SLJ-1[2].35	Φ^{R}	8	32447	32197＋max(200÷2,5×d)＋max(300÷2,5×d)＋1408	1	1	33.86	33.86	13.359
SLJ-1[2].36	Φ^{R}	8	32237	31987＋max(200÷2,5×d)＋max(300÷2,5×d)＋1408	1	1	33.65	33.65	13.276
SLJ-1[2].37	Φ^{R}	8	32027	31777＋max(200÷2,5×d)＋max(300÷2,5×d)＋1408	1	1	33.44	33.44	13.193

续表

楼层名称:首层					钢筋总重:17457.366kg				
筋号	级别	直径	钢筋图形	钢筋长度计算式	根数	总根数	单长(m)	总长(m)	总重(kg)
SLJ-1[2].38	Φ^R	8	31817	31567+max(200÷2,5×d)+max(300÷2,5×d)+1408	1	1	33.23	33.23	13.11
SLJ-1[2].39	Φ^R	8	31607	31357+max(200÷2,5×d)+max(300÷2,5×d)+1408	1	1	33.02	33.02	13.027
SLJ-1[2].40	Φ^R	8	31397	31147+max(200÷2,5×d)+max(300÷2,5×d)+1408	1	1	32.81	32.81	12.944
SLJ-1[2].41	Φ^R	8	31187	30937+max(200÷2,5×d)+max(300÷2,5×d)+1408	1	1	32.6	32.6	12.862
构件名称:B-1[31]			构件数量:1		本构件钢筋重:187.764kg				
构件位置:<B+2819,1>,<C+2819,1>;<C−2250,1−1922>,<C,2−1922>									
SLJ-1[3].1	Φ^R	8	6100	5800+max(300÷2,5×d)+max(300÷2,5×d)	28	28	6.1	170.8	67.395
SLJ-1[3].2	Φ^R	8	6050	5700+max(300÷2,5×d)+max(400÷2,5×d)	11	11	6.05	66.55	26.26
SLJ-1[4].1	Φ^R	8	7950	7700+max(200÷2,5×d)+max(300÷2,5×d)	30	30	7.95	238.5	94.109
构件名称:B-1[1]			构件数量:1		本构件钢筋重:30.071kg				
构件位置:<1−2250,D−1619>,<1,D−1619>									
SLJ-2[5].1	Φ^R	8	113 2450 13	2000+36×d+36×d−(2×2.29)×d	28	28	2.54	71.09	28.052
SLJ-2[5].2	Φ^R	8	113 2463	2000+36×d+36×d−(1×2.29)×d	2	2	2.56	5.12	2.019
构件名称:B-1[30]			构件数量:1		本构件钢筋重:46.589kg				
构件位置:<1,D−1979>,<1+2100,D−1979>									
KBSLJ-800[6].1	Φ^R	8	13 3150 70	1950+925+36×d+100−2×15−(2×2.29)×d	30	30	3.2	95.88	37.833
KBSLJ-800[6].1	Φ	6	1525	1225+150+150	4	4	1.53	6.1	1.354
KBSLJ-800[6].2	Φ	6	1425	1125+150+150	4	4	1.43	5.7	1.265
KBSLJ-800[6].3	Φ	6	2025	1725+150+150	7	7	2.03	14.18	3.146
KBSLJ-800[6].4	Φ	6	1925	1625+150+150	7	7	1.93	13.48	2.991

拆迁安置房 16 号楼　建筑施工图

建筑设计说明

一、设计依据

1. 建设单位关于××拆迁安置房工程的设计委托文件，设计合同，关于工业区拆迁安置房工程的设计要求的函；

2. 建设单位提供的用地红线图，地质钻探资料，水文气象及环境资料；

3. 建设单位提供的××市规划部门已经批准的该工程设计方案文件；

4. 建设单位提供的××市规划局关于××拆迁安置房二期工程设计方案批准后进行施工图设计的函；

5.《民用建筑设计通则》GB 50352—2005；

6.《屋面工程技术规范》GB 50345—2012；

7.《无障碍设计规范》GB 50763—2012；

8.《办公建筑设计规范》 JGJ 67—2006；

9.《商店建筑设计规范》 JGJ 48—2014；

10. 工程建设标准强制性条文(房屋建筑部分)；

11.《建筑设计防火规范》 GB 50016—2014；

12.《公共建筑节能设计标准》 GB 50189—2015。

二、工程概况

××拆迁安置房工程建设地址位于××市，建设用地面积 41856.38 m²，

××拆迁安置房工程西区 16 号楼，建筑面积 2200.99m²，建筑基底占地面积 540.74 m²，建筑高度 $H=16.10$m，±0.000 以上四层，均为办公用房。

××拆迁安置房二期工程西区 16 号楼，建筑层高：一～四层层高均为 3.6m，每层建筑面积为 540.74 m²，为多层办公建筑。

本工程建筑等级为Ⅱ级；建筑耐久年限为：50 年。

本工程防火设计：建筑分类为二类，设计耐火等级为二级。

本工程屋面防水等级：屋面为Ⅱ级，防水层采用 SBS 改性沥青卷材防水层，二道设防，厚度 3mm，防水层设计合理使用年限 15 年。

本工程结构设计采用钢筋混凝土框架结构，结构抗震设防裂度为 7 度。

三、设计标高总平面定位

本工程设计标高±0.000 相当于绝对标高详见总图；各楼层标注标高为建筑标高；总平面方位详见总图。

四、建筑防火设计

建筑设计耐火等级为二级，每一层设为一个防火分区，每个防火分区面积小于 2500m²；设有两个封闭楼梯间；其疏散宽度和疏散距离满足相关规范规定。

五、墙体工程

1. 墙体地下基础部分以及承重钢筋混凝土墙体详见结施图；

2. 非承重墙体以及轻质内隔墙均采用 200 和 100 厚页岩空心砖砌筑；

3. 墙身防潮：在墙体±0.000 处抹 1：2 水泥砂浆加 3%防水粉 20 厚；

4. 墙体预留洞口见建施图和设备图，钢筋混凝土墙体、梁、板预留洞口详见结施图和设备图；

5. 预留洞封堵：混凝土墙留洞封堵详见结施图，其于砌筑墙留洞封堵待管道设备安装完毕后，用 C20 细石混凝土填实；

增设套管，套管与穿墙管之间用沥青麻丝填实，防火墙上留洞待穿管后采用不燃烧材料将周围空隙填塞密实。

六、无障碍设计

1. 本工程底层室内外有高差 200，设置 1：12 残疾人坡道，方便残疾人使用；

2. 一层设有无障碍卫生间。

七、门窗工程

1. 门窗制作应按国家现行技术标准及验收规程执行，并符合《无障碍设计规范》7.4.1 条规定。

2. 门窗制作前应复核现场洞口尺寸和数量，玻璃材质及厚度选用按照《建筑玻璃应用技术规程》JGJ 113—2015 执行 。凡单块玻璃面积大于 1.5m²，则用安全玻璃。

3. 防火门为钢质，常开的防火门，应安装闭门器和顺序器，当火灾发生时，应具有自行关闭和信号反馈的功能。

4. 门窗立面均表示洞口尺寸，门窗加工尺寸要按照装修面厚度由承包商予以调整。

5. 门窗选料、颜色、玻璃见门窗表附注，门窗五金件要求为中等。

6. 本工程所使用的防火门等特殊门，必须由有相应资质的专业厂商制作安装。

八、装饰工程

1. 按甲方要求，均进行二次装修。

2. 装修工程使用建筑材料的品种、规格和质量应符合设计要求和国家现行标准的规定。严禁使用国家明令淘汰的材料。

3. 装修工程使用建筑材料应符合国家有关建筑装饰装修材料有害物质限量的规定。

4. 装修工程使用建筑装饰装修材料应按设计要求进行防火、防腐和防虫处理。

5. 承担建筑装饰装修工程的施工单位应具有相应的资质，其人员应有相应的资质证书。

6. 建筑装饰装修工程施工中，严禁违反设计文件擅自改动建筑主体、承重结构或主要使用功能，严禁未经设计确认和有关部门批准擅自拆改水、暖、电、燃气、通讯等设施。

7. 施工单位应遵守有关环境保护的法律法规，并应采取有效措施控制施工现场的各种粉尘、废气、废弃物、噪声、振动等对周围环境造成的污染和危害。

8. 建筑装饰装修工程施工过程中应做好半成品、成品的保护，防止污染和损坏。

9. 装修施工单位必须严格执行国家有关现行施工及验收规范，并提供准确的技术资料档案。建材颜色的确定须经设计方认可，建设方同意后方可施工。

10. 二装部分应严格按照《建筑内部装修设计防火规范》GB 50222—2017 执行，选材应符合装修材料燃烧性能等级要求。装修施工时不得随意修改、移动、遮蔽消防设施。

11. 注意：承接二次装修的单位在墙、柱、梁、吊顶等的饰面材料和构造不得降低建筑物的耐火等级，并不得任意添加设计规定以外的超载物。

12. 外墙抹灰应在找平层砂浆内掺入 3%～5%防水剂(或另抹其他防水材料)以提高外墙面防雨水渗透性能。

13. 不同墙体材料交接处应加挂 250 宽钢丝网再抹灰，防止墙体裂缝。

14. 门窗洞口缝隙应严密封堵，特别注意窗台处窗框与窗洞口底面应留足距离以满足窗台向外找坡要求，避免雨水倒灌。

九、油漆工程

1. 本工程室内木质材料表面采用油性调合漆，详西南 04J312 3278 色彩另定；

2. 本工程室内金属材料表面采用醇酸磁漆，详西南 04J312 3289 色彩另定。

十、室外工程

本工程室外附属工程：室外道路等图纸另详。

十一、楼地面工程

1. 卫生间及有防水要求的建筑楼地面均应设置防水层，(1.2 厚 PVC 涂料防水层一道)并沿墙上翻 1200。房门入口处和穿管处应用同质防水油膏嵌实。

2. 卫生间及有防水要求的建筑楼地面楼层结构必须采用现浇混凝土，楼板四周除门洞外，应做混凝土翻边，其高度为 150。

3. 水电管、孔预留预埋应与主体施工同步进行，不允许事后打洞。待管线安装完毕后进行有效封堵。

4. 凡有找坡要求的楼地面应按 1%坡向排水口。

5. 凡两种楼地面材料接缝处嵌不锈钢压条一道。

注册建筑师	××设计院	项目名称	拆迁安置房
姓名	审定	子项名称	16号楼
注册证书号码	专业负责人	建筑设计说明	设计号 2008S005
注册证章号码	校核		阶段 建施
	设计	比例:1:100	日期
			图号 J-1

图 10-1　建筑设计说明

十二、节能设计

本工程节能设计分为 2 部分：

1. 建施 J-2 建筑节能设计；
2. 节能计算报告书。

十三、施工要求

1. 施工图交付施工前应会同设计单位进行图纸会审后方能施工。在施工的全过程中必须按施工程序进行。预留预埋铁件、管道等构件除按土建图标明外，应结合设备洞。专业图纸，不得土建施工后随意修改打洞。

2. 为确保工程质量任何单位和个人未经设计同意，不得擅自修改。如果发现设计文件有错误、遗漏、交待不清或与实际不符需要调整时，应提前通知设计单位，并按设计单位提供的更改通知单或技术核定单施工。

3. 图中未尽事项请按国家现行有关施工及验收规范执行。

十四、其他要求

1. 所有钢结构构件应做防火处理，使其耐火极限应达到 2 级耐火等级相关要求。

2. 上人屋面、楼梯水平段等临空栏杆高度应大于 1.10m 。并且栏杆高楼面或屋面 0.1m 高度内不应留空。竖向栏杆净距小于 110。

3. 凡小样图与大样图不符之处或未作标注，应以大样图为准。

建筑专业图纸目录

序号	图纸名称	图号	图幅
1	建筑设计说明	J-1	
2	建筑专业图纸目录　门窗表 采用标准图目录	J-2	
3	建筑节能设计	J-3	
4	技术措施表(装修表)	J-4	
5	一层平面图	J-5	
6	二、三层平面图	J-6	
7	四层平面图	J-7	
8	屋顶平面图	J-8	
9	①～⑦立面图	J-9	
10	⑦～①立面图	J-10	
11	Ⓐ～Ⓓ立面图	J-11	
12	1—1 剖面图　墙身大样图	J-12	
13	1、2 号楼梯 A—A 剖面大样	J-13	
14	1 号楼梯大样图	J-14	
15	2 号楼梯大样图	J-15	
16	公共卫生间平面大样图	J-16	

门　窗　表

名称	门窗代号	尺寸(mm)		数量	
		宽度	高度		
防火门	FM 乙 1521	1500	2100	10	乙级防火门　用于梯间
门带窗塑钢	MC4626	4600	2600	1	塑钢门带窗　用于底层
	MC7326	7300	2600	2	塑钢门带窗　用于底层
	MC6726	6700	2600	1	塑钢门带窗　用于底层
	MC8226	8200	2600	1	塑钢门带窗　用于底层
	MC3626	3600	2600	1	塑钢门带窗　用于底层
木夹板门	M1021	1000	2100	9	用于卫生间
	M1524	1500	2400	1	用于底层卫生间前室
塑钢窗	C6720	6700	2000	2	塑钢推拉窗　用于商业用房
	C7320	7300	2000	3	塑钢推拉窗　用于楼梯间
	C8620	8600	2000	2	塑钢平开窗　用于商业用房
	C1520	1500	2000	6	塑钢推拉窗　用于商业用房
	C2420	2400	2000	6	塑钢推拉窗　用于商业用房
	C0620	600	2000	18	塑钢推拉窗　用于商业用房
	C0626	600	2600	2	塑钢推拉窗　用于商业用房
	C1214	1200	1400	9	塑钢推拉窗　用于楼梯间
	C3020	3000	2000	4	塑钢推拉窗　用于商业用房
	C6120	6100	2000	4	塑钢推拉窗　用于商业用房
	C1320	1300	2000	4	塑钢推拉窗　用于商业用房
	GC1215	1200	1500	9	塑钢推拉窗　用于卫生间
	GC0615	600	1500	8	塑钢推拉窗　用于卫生间

采用标准图目录

序号	图集代号	名称	备注
1.	西南 04J112	墙	西南地区建筑标准设计通用图
2.	西南 03J201-1	屋面	西南地区建筑标准设计通用图
3.	西南 03J201-2	屋面	西南地区建筑标准设计通用图
4.	西南 03J201-3	屋面	西南地区建筑标准设计通用图
5.	西南 04J312	楼地面　油漆刷浆	西南地区建筑标准设计通用图
6.	西南 04J412	阳台外廊楼梯栏杆	西南地区建筑标准设计通用图
7.	西南 04J513	花格　花墙	西南地区建筑标准设计通用图
8.	西南 04J514	隔断	西南地区建筑标准设计通用图
9.	西南 04J515	室内装修	西南地区建筑标准设计通用图
10.	西南 04J516	室外装修	西南地区建筑标准设计通用图
11.	西南 04J517	卫生间	西南地区建筑标准设计通用图
12.	西南 04J611	常用木门	西南地区建筑标准设计通用图
13.	西南 04J812	室外附属工程	西南地区建筑标准设计通用图
14.	DBJT20-37	夏热冬冷地区节能建筑门窗	四川省建筑标准设计通用图
15.	DBJT20-38	夏热冬冷地区节能建筑屋面	四川省建筑标准设计通用图
16.	DBJT20-41	夏热冬冷地区节能建筑墙体	
		楼地面构造图	四川省建筑标准设计通用图
17.	DBJT20-59	胶粉聚苯颗粒外墙外保温隔热节能构造图集	四川省建筑标准设计通用图

注册建筑师	××设计院	项目名称	拆迁安置房
		子项名称	16号楼
姓名	审定	设计说明(续) 门窗表	建筑专业图纸目录 采用标准图目录	设计号 2008S005
注册证书号码	专业负责人			阶段 建施
注册证章号码	校核			日期
	设计			图号 J-2

图 10-2　建筑专业图纸目录、门窗表、采用标准图目录

建筑节能设计

1. 设计依据性文件、规范、标准

（1）《民用建筑热工设计规范》GB 50176—2016；

（2）《公共建筑节能设计标准》GB 50189—2015；

（3）《工程建设标准强制性条文》（房屋建筑部分）；

（4）《外墙外保温工程技术规程》JGJ 144—2004；

（5）《屋面工程技术规范》 GB 50345—2012；

（6）建设单位有关建筑节能设计的要求。

2. ××地区气象参数

年平均温度	16.1℃	最冷月平均温度	5.4℃
极端最低温度	−5.9℃	最热月平均温度	25.5℃
极端最高温度	37.3℃	最冷月平均相对湿度	85%
最热月平均相对湿度	80%	全年日照率	28%
冬季日照率	14%	冬，夏季主导风向	NNE
主导风向频率	33%	夏季平均风速	1.4m/s

3. 工程概况

（1）建筑面积：2200.99m²；

（2）结构类型：钢筋混凝土框架结构；

（3）建筑高度，层数：建筑总高度 16.10m，地上 4 层；一～四层高均为 3.60m。

4. 说明

（1）本图纸仅表达节能构造做法，具体计算过程及结论详见《建筑节能计算报告书》。

（2）计算工具：建筑节能分析软件 1.12.a 版

软件开发单位：中国建筑科学研究院

5. 屋面、墙面节能设计

（1）屋面热工计算

屋面构造措施与热工参数如表所示。

层次	材料名称	材料厚度 d (m)
面层	细石混凝土刚性保护层，双向配筋φ4@200	0.04
找平层	水泥砂浆保护层	0.02
防水层	PVC 卷材或高聚物涂膜	0.005 0.002＋0.003
保护层	20 厚 1∶3 水泥砂浆找平层	0.02
保温层	挤塑聚苯板	0.035
找平层	20 厚 1∶3 水泥砂浆找平层	0.02
找坡层	页岩陶粒找坡(平均 40 厚)	0.04
找平层	20 厚 1∶3 水泥砂浆找平层	0.02
屋面结构层	120 厚钢筋混凝土板	0.12
内抹灰	20 厚混合砂浆抹灰	0.015

（2）外墙主体部位的 K_p 和 D_p 的计算值

外墙构造措施与热工参数如表所示。

序号	材料名称	材料厚度 d (m)
1	20 厚 1∶3 混合砂浆内抹灰	0.02
2	页岩空心砖	0.2
3	20 厚 1∶3 水泥砂浆	0.02
4	挤塑聚苯板	0.03
5	水泥浆压网格布 3 厚	
6	混合砂浆抹灰	0.02
7	弹性底涂，柔性腻子	
8	外墙涂料	

（3）外墙冷（热）桥部位的 K_b 和 D_b 的计算值

外墙构造措施与热工参数如表所示。

序号	材料名称	材料厚度 d (m)
1	20 厚 1∶3 混合砂浆内抹灰	0.02
2	钢筋混凝土梁柱	0.20
3	20 厚 1∶3 水泥砂浆	0.02
4	挤塑聚苯板	0.03
5	水泥浆压网格布 3 厚	
6	抹面层砂浆	0.02
7	弹性底涂，柔性腻子	
8	外墙涂料	

6. 层间楼面节能设计

楼面构造措施与热工参数如表所示。

序号	材料名称	材料厚度 d (m)
1	15 厚 1∶2.5 水泥砂浆面层	0.015
2	15 厚 1∶2 水泥砂浆	0.015
3	120 厚钢筋混凝土板	0.12
4	抹 15 厚胶粉颗粒砂浆	0.015
5	15 厚混合砂浆抹灰	0.015

7. 直接接触土壤地面节能设计

由于基础的持力层深度＞1.5m，取地面下土壤的导热系数 $\lambda=1.16(W/m\cdot K)$，地面的热阻 $R>1.2(m\cdot K/W^2)$，符合标准的规定。

8. 结论：规定性指标满足设计要求。

注册建筑师	××设计院	项目名称	拆迁安置房
		子项名称	16号楼
姓名	审定	建筑节能设计	设计号 2008S005
注册证书号码	专业负责人		阶段 建施
注册证章号码	校核		日期
	设计	比例:1:100	图号 J-3

图 10-3　建筑节能设计

技术措施表(装修表)

编号		名称	做法	使用部位	备注
一		墙　西南 04J112			
		墙身防潮			
[1]	1	外墙墙基防潮层	西南 04J112-2/39	室内地坪下 0.06m 处	若有地梁则可不做
	2	内墙墙基防潮层	西南 04J112-4/39	室内地坪下 0.06m 处	若有地梁则可不做
	3	内墙墙基防潮层	西南 04J112-3/39	当墙身两侧的室内地坪有高差时，在高差范围的墙身内侧做防潮层	若有地梁则可不做
		三层水泥砂浆防潮层做法			
		第一层：1∶1 水泥砂浆掺 3%防水剂 5 厚			
		第二层：1∶2 水泥砂浆掺 5%防水剂 10 厚			
		第三层：1∶2.5 水泥砂浆掺 2.5%防水剂 10 厚、收光			
二		楼地面　油漆			
		地砖地面　楼面　踢脚板			
[1]	1	地砖楼面	西南 04J312-3183a/19	门厅	品种、规格由二装设计
	2	防滑耐磨地砖楼面(有防水层)	西南 04J312-3184b/19	卫生间	品种、规格由二装设计
	3	防滑耐磨地砖楼面(有防水层、敷管层)	西南 04J312-3186b/20	卫生间前室	品种、规格由二装设计
		水泥豆石地面　楼面　踢脚板			
[2]	1	水泥豆石地面	西南 04J312-3110b/5	物管用房、会议室	
	2	水泥豆石楼面	西南 04J312-3112/5	商业用房	
	3	水泥豆石踢脚板	西南 04J312-3116/6	物管用房、会议室、商业用房	
[3]		木材面做油漆			
	1	酚醛清漆	西南 04J312-3283/41	木扶手	
[4]		金属面做油漆			
	1	醇酸磁漆	西南 04J312-3290/43	金属结构、栏杆、镀锌铁皮	
三		室内装修　西南 04J515			
		内墙饰面			
[1]	1	混合砂浆刷乳胶漆墙面(白色乳胶漆)	西南 04J515-NO5/4	走道、物管用房、会议室、商业用房	
	2	彩釉砖墙面	西南 04J515-N12/5	卫生间	品种、规格由二次设计
		墙裙饰面			
[2]	1	乳胶漆墙裙(白色乳胶漆)	西南 04J515-Q05/9	用于未注明的房间	墙裙高 1000
	2	彩釉砖墙裙	西南 04J515-Q07/9	卫生间	墙裙至吊顶
		顶棚饰面			
[3]	1	混合砂浆刷乳胶漆顶棚(白色乳胶漆)	西南 04J515-P06/13	办公室	
	2	暗插龙骨矿棉板吊顶	西南 04J515-P17/15	门厅、走廊	矿棉板规格 600×300×15，插片 20×0.5
	3	铝合金条板吊顶	西南 04J515-P22/15	卫生间	铝合金条型扣板品种、规格由二次设计

编号		名称	做法	使用部位	备注
四		室外装修　西南 04J516			
		外墙装修			
[1]	1	干挂铝塑板饰面	西南 04J516/43	具体部位见立面所示	采用浅灰色/灰白色铝塑板，其品种、规格由专业厂家设计制作，需设计人员认可后，方可施工
	2	霹雳砖横贴饰面		具体部位见立面所示	采用深咖啡色霹雳砖，其品种、规格由专业厂家设计制作，需设计人员认可后，方可施工
	3	外墙乳胶漆涂料		具体部位见立面所示	采用白色氟碳漆涂料
五	室外	附属工程			
[1]	散水				
[2]	暗沟				
六	屋面	西南 03J201-1	西南 04J812-2/4	散水位置详见一层平面图	
			西南 04J812-5a/3	暗沟位置详见一层平面图	
[1]		屋面做法(上人，保温)	西南 03J201［2105］		
	1	40 厚 C20 细石混凝土整浇层，双向配筋 Φ4@200			
	2	20 厚 1∶3 水泥砂浆保护层			
	3	5 厚 PVC 卷材或高聚物涂膜			
	4	20 厚混水泥浆找平层			
	5	35 厚挤塑聚苯板			
	6	页岩陶粒找坡(平均 40 厚)			
	7	20 厚 1∶3 水泥砂浆找平层			
	8	120 厚钢筋混凝土板，表面清扫干净			
[2]		屋面做法(非上人)	西南 03J201［2104a］	楼梯间	
	1	40 厚 C20 细石混凝土整浇层，双向配筋 Φ4@200			
	2	20 厚 1∶3 水泥砂浆保护层			
	3	PVC 卷材或高聚物涂膜			
	4	20 厚混水泥浆找平层			
	5	60 厚 FHP-Vc 复合硅酸盐板			
	6	页岩陶粒找坡(最薄处 30 厚)			
	7	100 厚钢筋混凝土板，表面清扫干净			
[3]		卷材防水屋面泛水，分格缝			
	1	卷材防水屋面泛水，分格缝	西南 03J201-1-5/21		
	2	女儿墙压顶	西南 03J201-1-4/44		
	3	穿墙出水口	西南 05J103-1/16		

注册建筑师	××设计院	项目名称	拆迁安置房
姓名	审定	子项名称	16号楼
注册证书号码	专业负责人	技术措施表(装修表)	设计号 2008S005
注册证章号码	校核		阶段 建施
	设计	比例:1:100	日期
			图号 J-4

图 10-4　技术措施表(装修表)

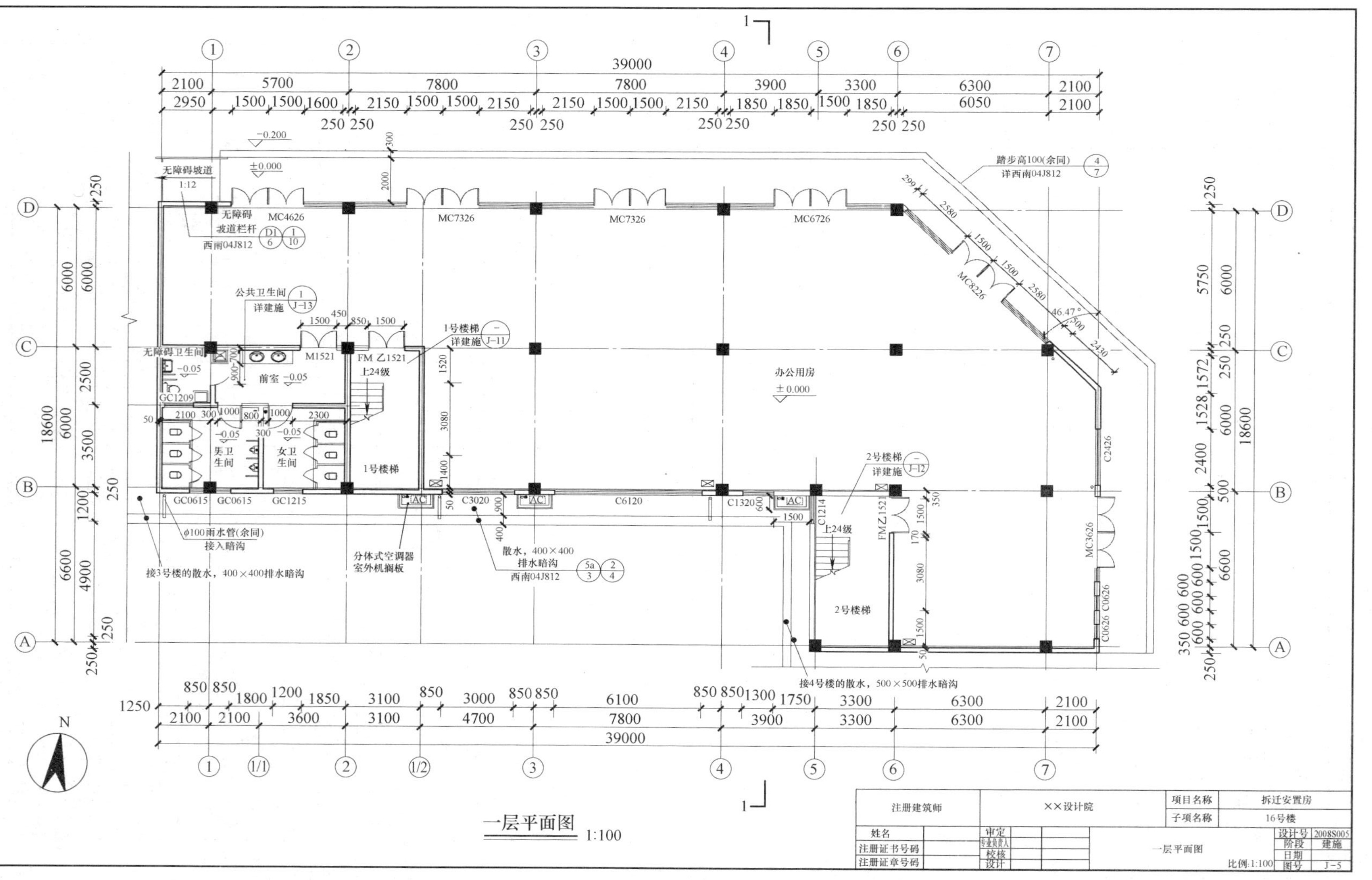

一层平面图 1:100
办公用房
±0.000
-0.200
无障碍坡道
1:12
无障碍
栽道栏杆
西南04J812
公共卫生间
详建施
无障碍卫生间
前室 -0.05
男卫生间
女卫生间
1号楼梯
1号楼梯详建施
上24级
2号楼梯
2号楼梯详建施
踏步高100(余同)
详西南04J812
ϕ100雨水管(余同)
接入暗沟
接3号楼的散水，400×400排水暗沟
分体式空调器
室外机搁板
散水，400×400
排水暗沟
西南04J812
接4号楼的散水，500×500排水暗沟
MC4626
MC7326
MC7326
MC6726
MC8226
MC3626
M1521
FM乙1521
C3020
C6120
C1320
C1214
C2426
C0626
GC0615
GC1215
GC1209
注册建筑师
××设计院
项目名称
拆迁安置房
子项名称
16号楼
姓名
注册证书号码
注册证章号码
审定
专业负责人
校核
设计
一层平面图
比例:1:100
设计号 2008S005
阶段 建施
日期
图号 J-5

图 10-5　一层平面图

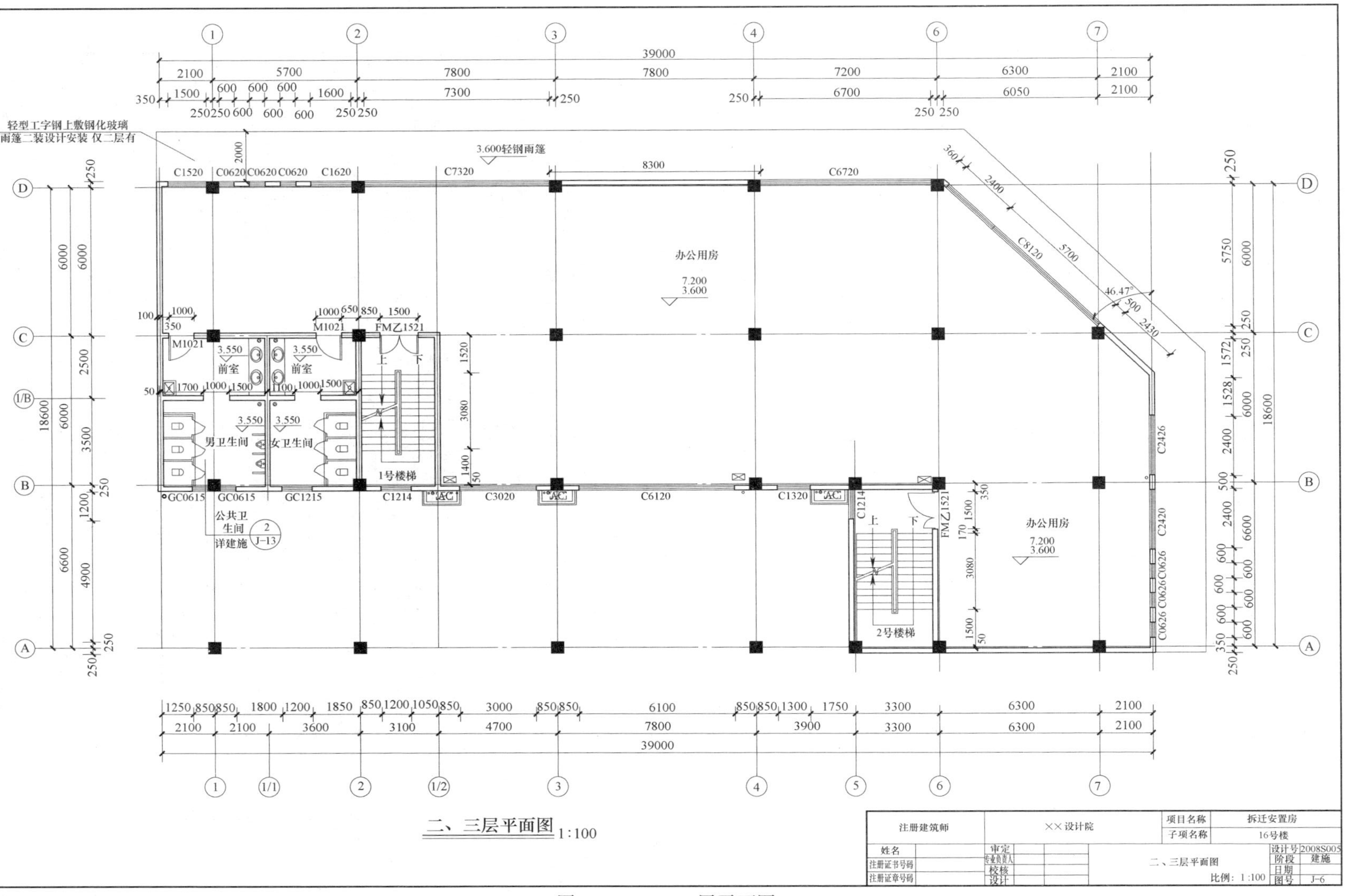
二、三层平面图 1:100
轻型工字钢上敷钢化玻璃
雨篷二装设计安装 仅二层有
3.600轻钢雨篷
办公用房
7.200
3.600
前室
男卫生间
女卫生间
1号楼梯
2号楼梯
公共卫
生间
详建施
注册建筑师
××设计院
项目名称
拆迁安置房
子项名称
16号楼
姓名
注册证书号码
注册证章号码
审定
专业负责人
校核
设计
二、三层平面图
比例：1:100
设计号 2008S005
阶段 建施
日期
图号 J-6

图 10-6　二、三层平面图

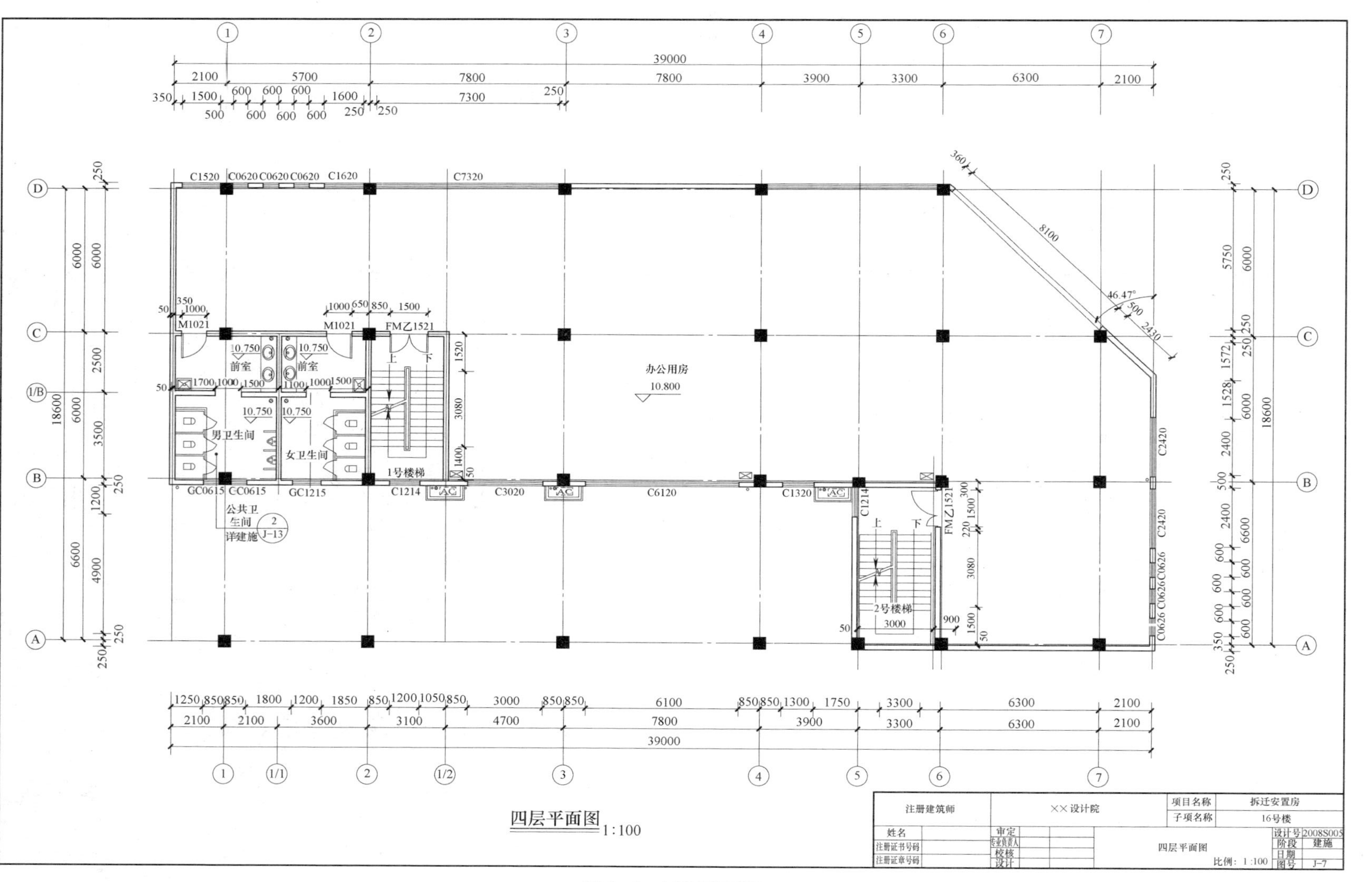
办公用房
10.800
1号楼梯
2号楼梯
男卫生间
女卫生间
前室
公共卫生间详建施 2 J-13
四层平面图 1:100
注册建筑师
××设计院
项目名称 拆迁安置房
子项名称 16号楼
四层平面图
设计号 2008S005
阶段 建施
图号 J-7
比例：1:100

图 10-7　四层平面图

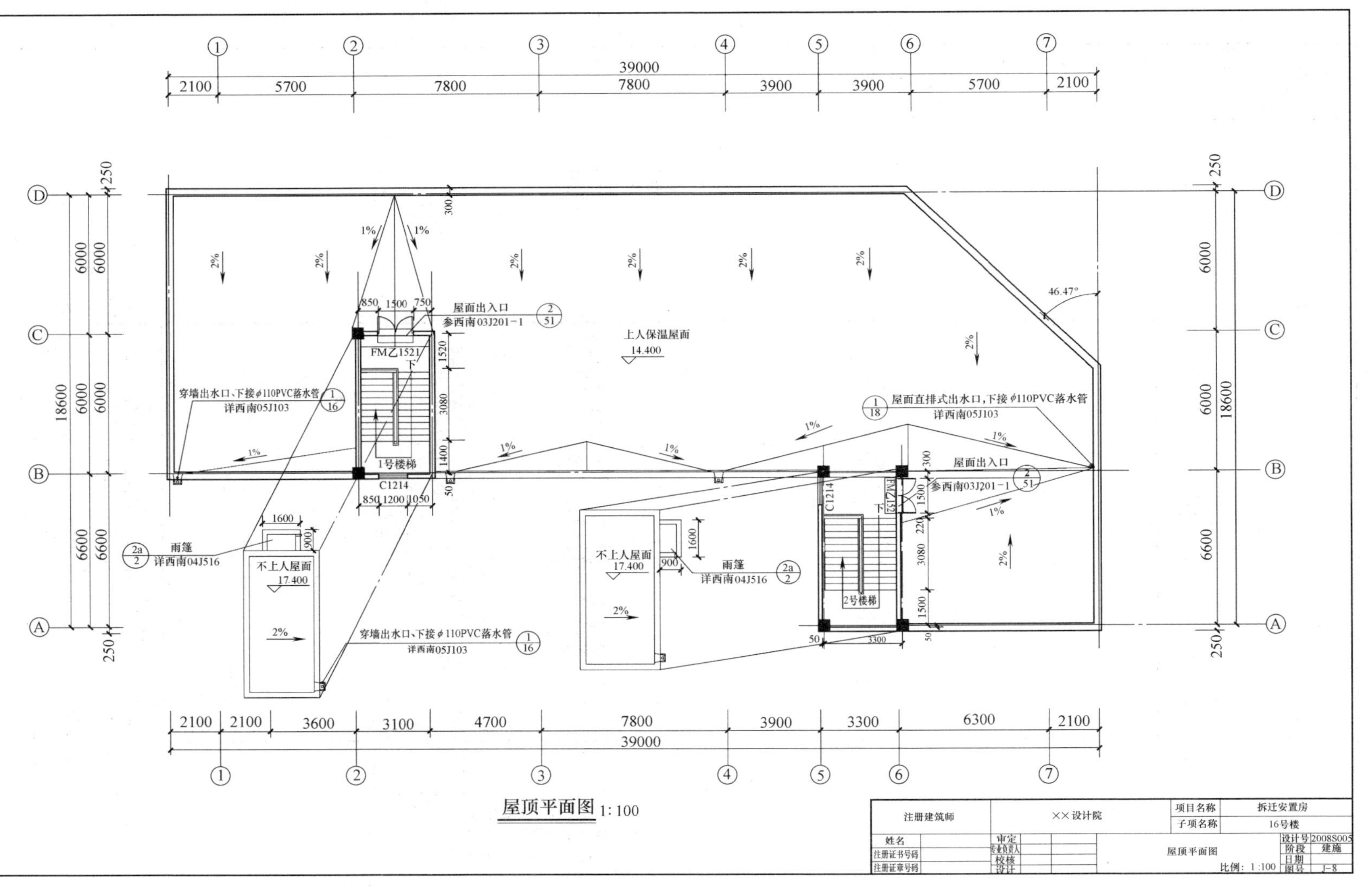
屋面出入口
参西南03J201－1
上人保温屋面
14.400
穿墙出水口、下接φ110PVC落水管
详西南05J103
屋面直排式出水口,下接φ110PVC落水管
详西南05J103
1号楼梯
2号楼梯
C1214
FM乙1521
雨篷
详西南04J516
不上人屋面
17.400
屋顶平面图 1:100
注册建筑师
××设计院
项目名称
拆迁安置房
子项名称
16号楼
姓名
注册证书号码
注册证章号码
审定
专业负责人
校核
设计
屋顶平面图
比例：1:100
设计号 2008S005
阶段 建施
日期
图号 J-8

图 10-8　屋面平面图

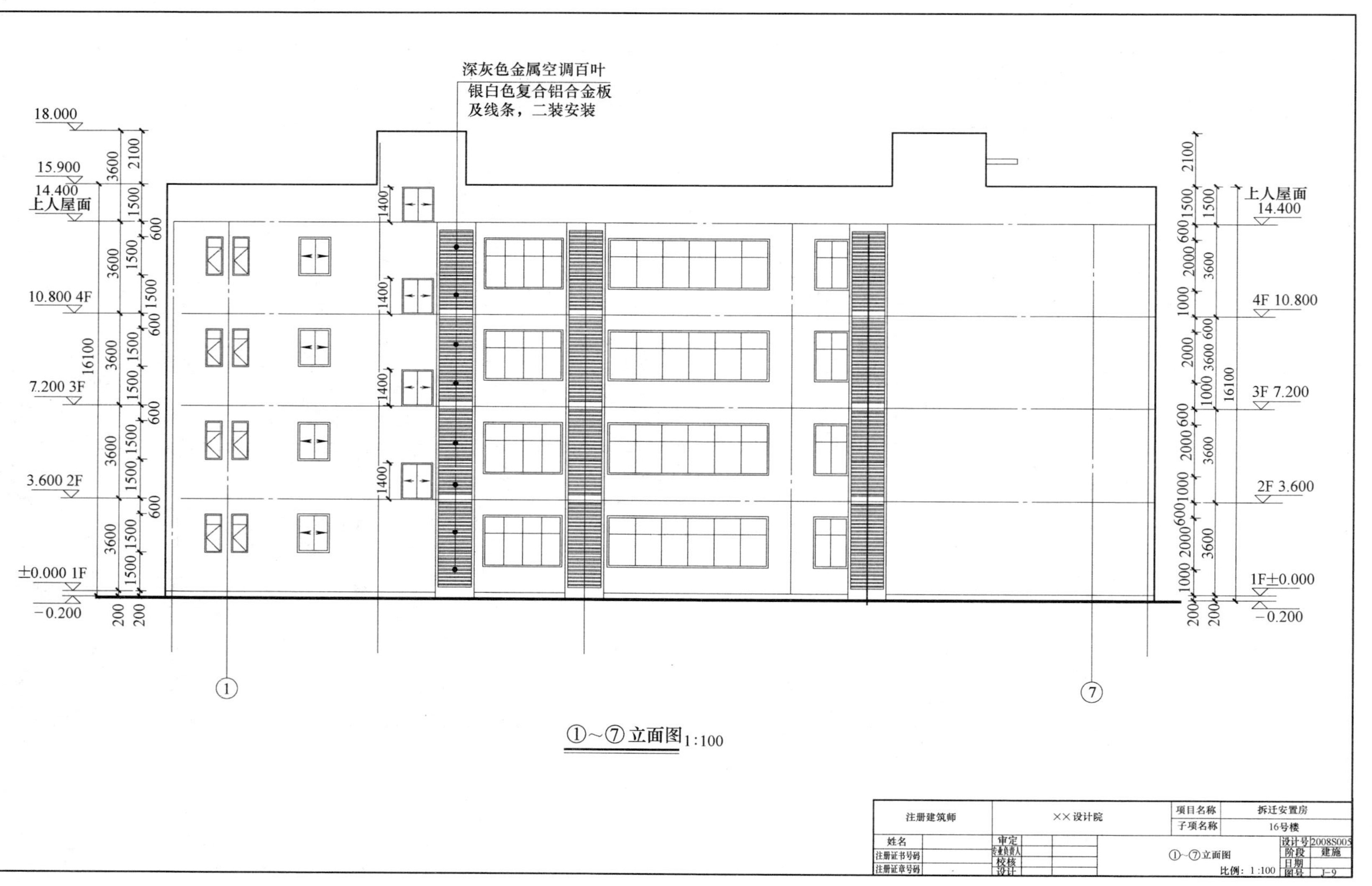
深灰色金属空调百叶
银白色复合铝合金板
及线条，二装安装
18.000
15.900
14.400
上人屋面
10.800 4F
7.200 3F
3.600 2F
±0.000 1F
−0.200
4F 10.800
3F 7.200
2F 3.600
1F±0.000
16100
①～⑦立面图1:100
注册建筑师
××设计院
项目名称
拆迁安置房
子项名称
16号楼
姓名
注册证书号码
注册证章号码
审定
专业负责人
校核
设计
①～⑦立面图
比例：1:100
设计号
2008S005
阶段
建施
日期
图号
J-9

图 10-9 ①～⑦立面图

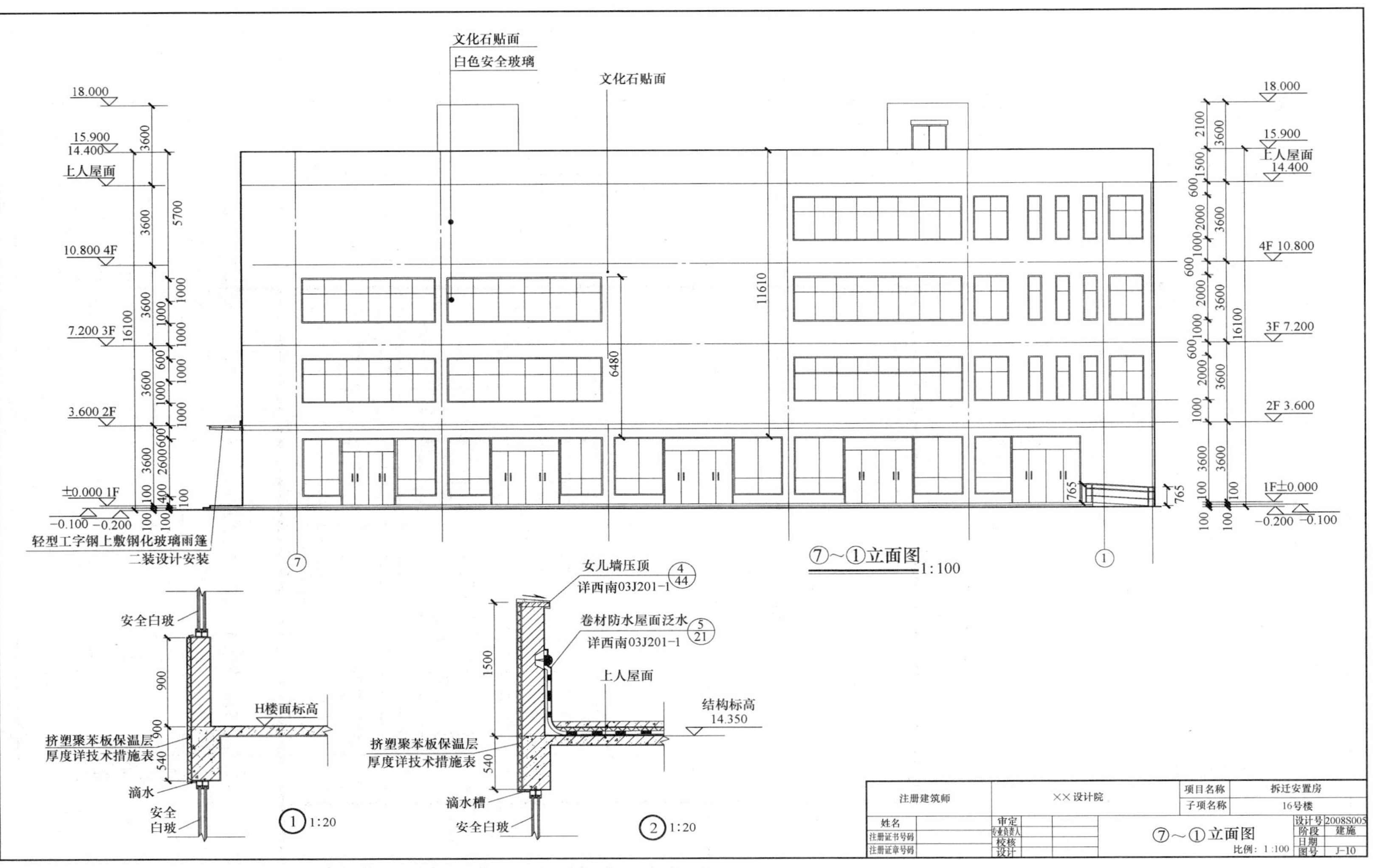

文化石贴面
白色安全玻璃
文化石贴面
18.000
15.900
14.400
上人屋面
10.800 4F
7.200 3F
3.600 2F
±0.000 1F
−0.100 −0.200
轻型工字钢上敷钢化玻璃雨篷
二装设计安装
4F 10.800
3F 7.200
2F 3.600
1F±0.000
−0.200 −0.100
16100
11610
6480
765
⑦~①立面图 1:100
女儿墙压顶
详西南03J201-1
卷材防水屋面泛水
详西南03J201-1
上人屋面
结构标高
14.350
H楼面标高
挤塑聚苯板保温层
厚度详技术措施表
安全白玻
滴水
滴水槽
① 1:20
② 1:20
注册建筑师
××设计院
项目名称
拆迁安置房
子项名称
16号楼
姓名
注册证书号码
注册证章号码
审定
专业负责人
校核
设计
⑦~①立面图
比例：1:100
设计号 2008S005
阶段 建施
日期
图号 J-10

图 10-10　⑦~①立面图

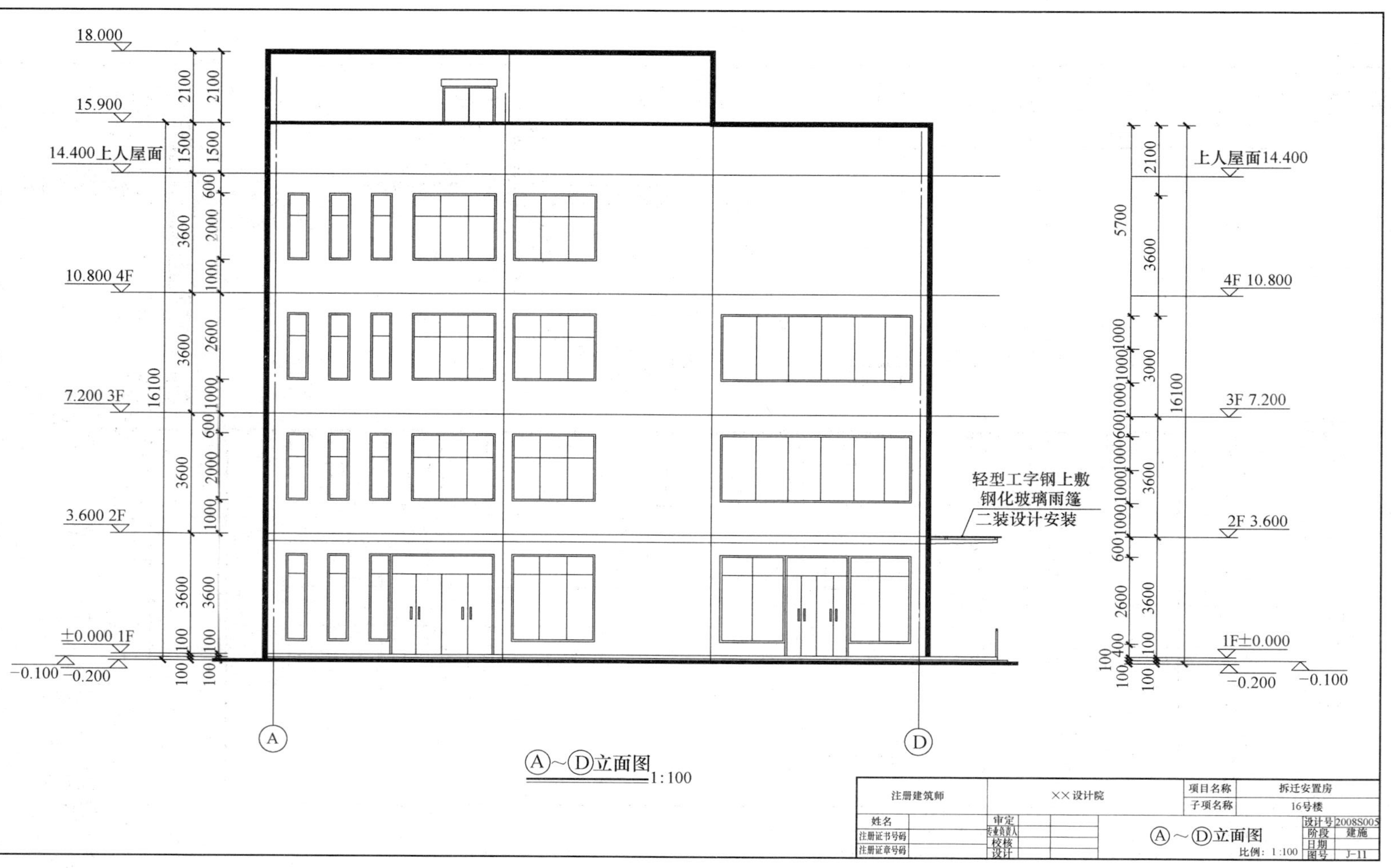
18.000
15.900
14.400上人屋面
10.800 4F
7.200 3F
3.600 2F
±0.000 1F
−0.100
−0.200
16100
上人屋面14.400
4F 10.800
3F 7.200
2F 3.600
1F±0.000
轻型工字钢上敷
钢化玻璃雨篷
二装设计安装
Ⓐ~Ⓓ立面图 1:100
注册建筑师
××设计院
项目名称
拆迁安置房
子项名称
16号楼
姓名
注册证书号码
注册证章号码
审定
专业负责人
校核
设计
Ⓐ~Ⓓ立面图
比例：1:100
设计号 2008S005
阶段 建施
日期
图号 J-11

图 10-11　Ⓐ~Ⓓ立面图

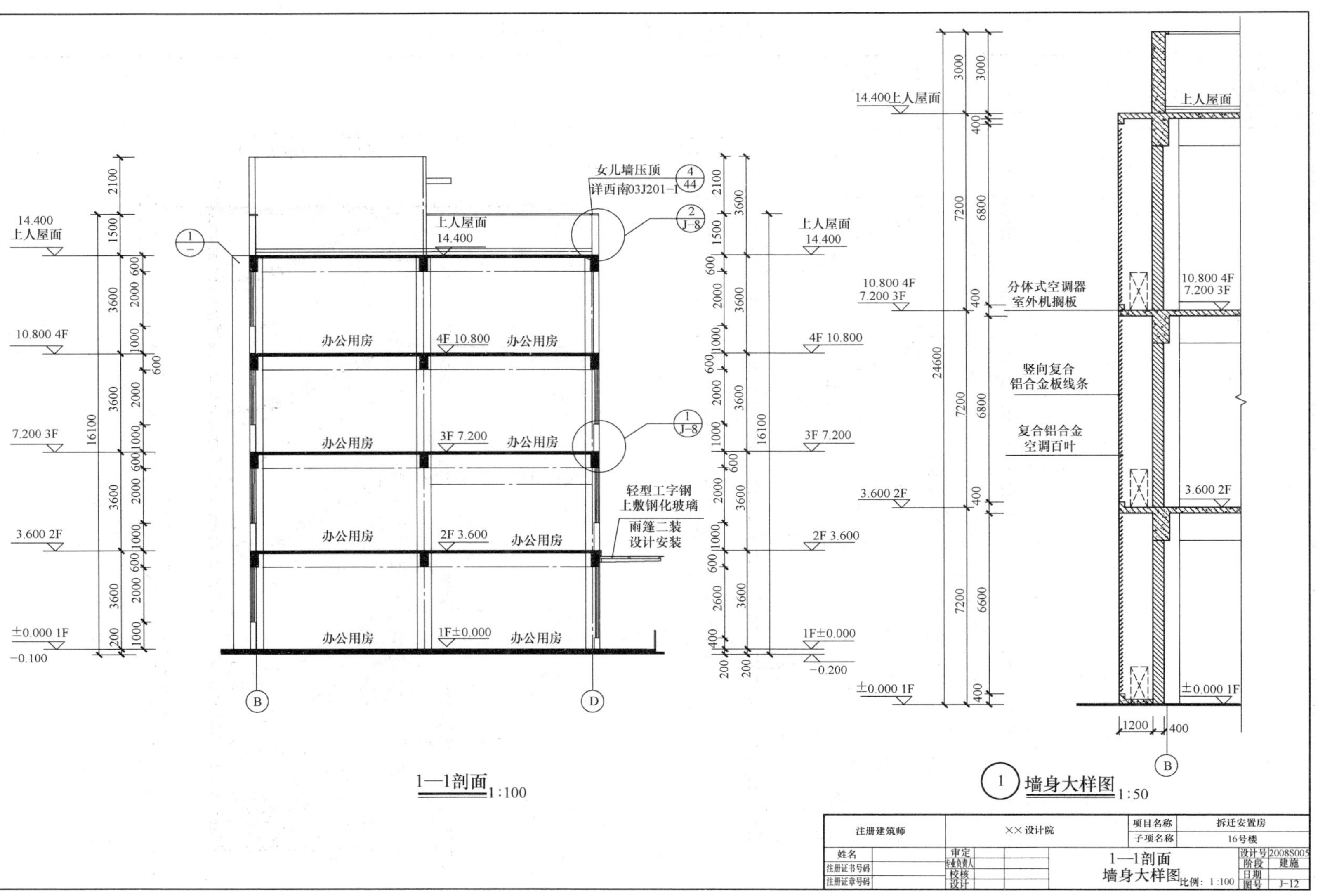

图 10-12　1—1 剖面图　墙身大样图

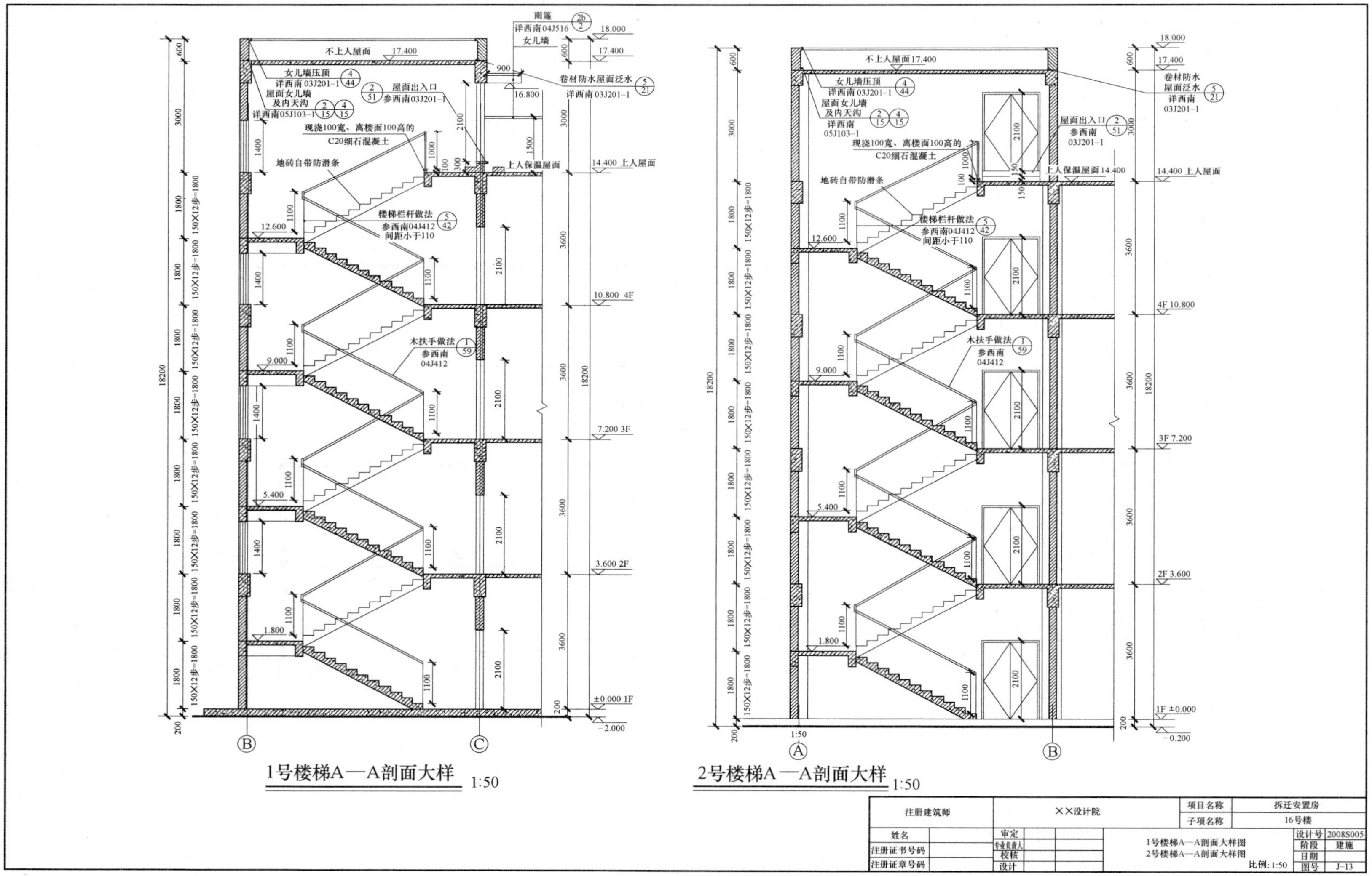

1号楼梯A—A剖面大样 1:50

2号楼梯A—A剖面大样 1:50

注册建筑师		××设计院		项目名称	拆迁安置房
				子项名称	16号楼
姓名		审定		1号楼梯A—A剖面大样图 2号楼梯A—A剖面大样图	设计号 2008S005
注册证书号码		专业负责人			阶段 建施
		校核			日期
注册证章号码		设计		比例:1:50	图号 J-13

图 10-13　1、2 号楼梯剖面大样图

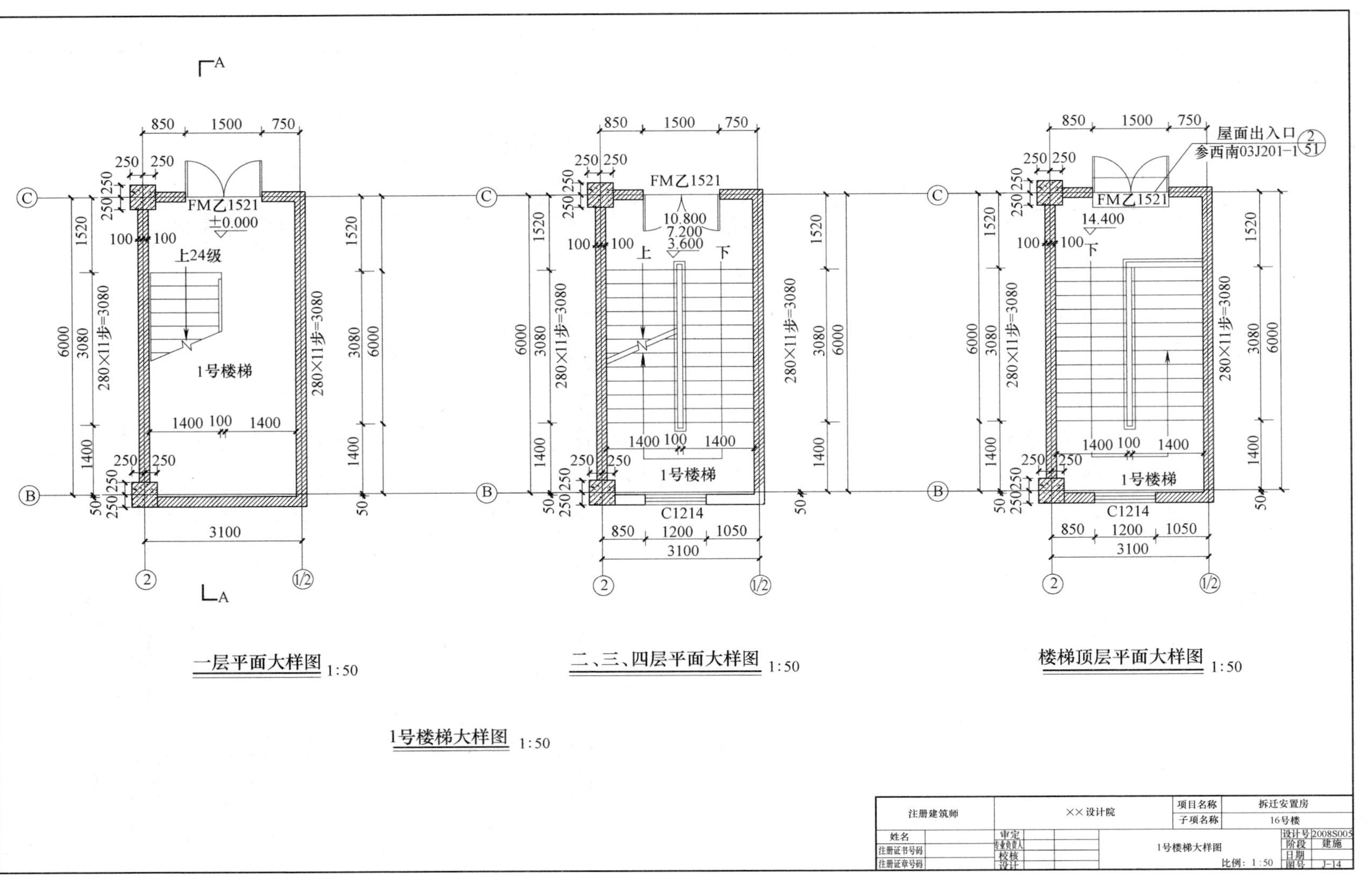

图 10-14　1 号楼梯大样图

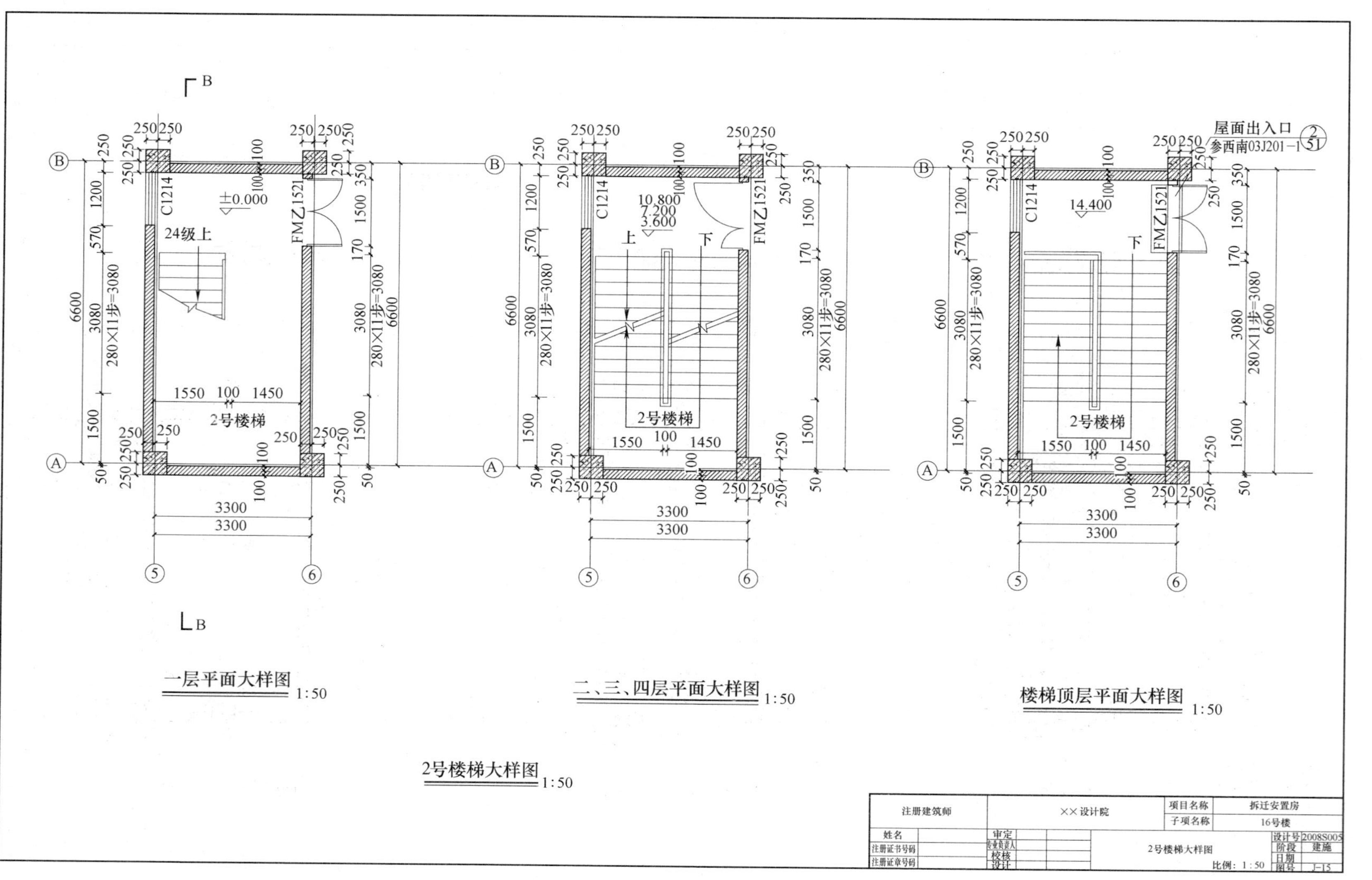

图 10-15　2 号楼梯大样图

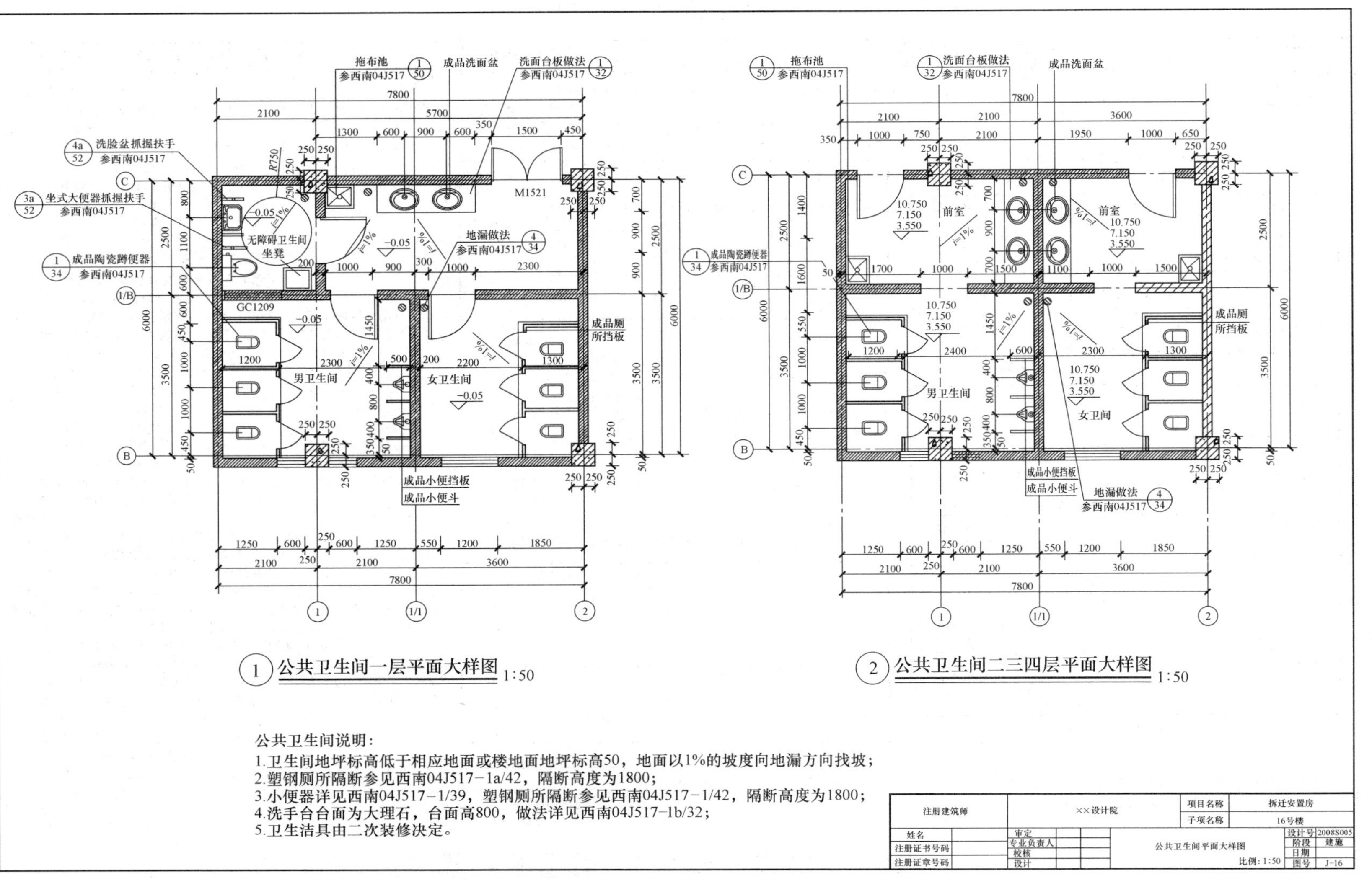

图 10-16　公共卫生间平面大样图

拆迁安置房 16 号楼　结构施工图

设计说明

一、概述

1. 本工程为拆迁安置房 16 号楼，楼层为四层现浇钢筋混凝土框架结构，主体部分地面以上高度 17.400m。
2. 建筑结构安全等级为二级。地基基础设计等级为丙级，场地类别Ⅱ类。
3. 建筑抗震设防分类为丙级，抗震设防烈度为七度(设计基本地震加速度 0.10g，设计地震分组为第三组)；抗震等级：三级。
4. 本工程耐火等级为二级。
5. 本工程设计主体结构合理使用年限为 50 年。
6. ±0.000 以下结构及卫生间的环境类别为二 a 类，其余上部结构的环境类别为一类，结构混凝土为满足耐久性要求遵守《混凝土结构设计规范》GB 50010—2010规定。
7. 本工程尺寸以毫米计，标高以米计。

二、本工程所依据的规范、规程、标准

1. 根据政府部门批准的初步设计和建设单位设计任务书及要求设计。
2. 使用的主要设计规范：　GB 50010—2010

《建筑结构可靠度设计统一标准》　GB 50068—2001
《建筑结构荷载规范》　GB 50009—2012
《建筑抗震设计规范》　GB 50011—2010
《混凝土结构设计规范》　GB 50010—2010
《砌体结构设计规范》　GB 50003—2011
《建筑地基基础设计规范》　GB 50007—2011
《膨胀土地区建筑技术规范》　GB 50112—2013
《冷轧带肋钢筋混凝土结构技术规程》　JGJ 95—2011

本工程按现行国家设计标准进行设计，施工时除应遵守本设计外，尚应严格执行现行国家有关设计和施工及验收规范、规程。

三、工程主要荷载标准值

1. 本工程结构构件按实际尺寸确定。
2. 楼面屋面活荷载标准值：(kN/m^2)

1) 楼面：　卫生间：　2.0
　　商业用房：　3.5
　　楼梯：　3.5
2) 屋面：　上人屋面：　2.0
　　不上人屋面：　0.5

3. 本工程基本风压为 0.30kN/m^2，基本雪压为 0.10kN/m^2。地面粗糙度为 C 类。
4. 施工或检修集中荷载：1.0kN；楼梯和上人屋面栏杆顶部水平荷载：1.0kN/m。

未述及者详《建筑结构荷载规范》GB 50009—2012。未经技术鉴定或设计许可不得改变房间用途和使用环境。

四、材料

1. 混凝土强度等级

材　料　表

主体	强度等级	备注
基础垫层	C15	
独立柱基础	C30	
框架柱	C30	
框架梁	C30	
楼板	C30	
楼梯及其他结构构件	C30	
圈梁，构造柱等构造构件	C20	

结构混凝土为满足耐久性要求遵守《混凝土结构设计规范》GB 50010—2010规定。

2. 钢材

1) 钢筋：HPB300(Φ) f_y = 270N/mm^2；HRB335(Φ) f_y = 300N/mm^2；

HRB400(Φ) f_y = 360N/mm^2；CRB550(Φ^R) f_y = 360N/mm^2；

2) 焊条：E43××用于 HPB300及 Q235焊接，HPB300与 HRB335，HRB400 之间焊接。

E50××用于 HRB335，HRB400 及 HRB400 与 HRB335 之间焊接。

3. 砌体结构

墙体	标高	墙体	干容重(kN/m^3)	砂浆强度等级
外填充墙 内隔墙	±0.000以下	KP 页岩砖	19.0	水泥砂浆 M5
	±0.000以上	200 厚 KF 页岩空心砖	8.0	混合砂浆 M5
女儿墙		240 厚 KP 页岩实心砖	19.0	混合砂浆 M5

4. 所有原材料必须有出厂质保及合格证书，材料的加工及运输均应符合施工规范要求，混凝土必须按规范要求做试验并具备完善的试验原始报告。
5. 用于本工程的结构材料的强度标准值应具有不低于 95%的保证率；本工程结构用钢材应具有抗拉强度、屈服强度、伸长率和硫、磷的合格保证。

五、基础工程

1. 本工程±0.000 相当于绝对标高 512.00mm。
2. 基坑开挖过程严禁暴晒或泡水，雨季施工应采取防水措施。
3. 其余见 G-2 中基础说明。

六、主体工程

1. 结构构造按国标图集 16G101-1 执行：

大样名称	页次
钢筋最小锚固长度 l_a	33
抗震时钢筋最小锚固长度 l_{aE}	34
钢筋最小搭接长度 l_l　l_{lE}	34
钢筋锚固构造，梁中间支座下部钢筋构造，箍筋及柱筋弯钩构造	35
框架柱纵向钢筋构造	36　38
梁上柱构造	39
框架柱箍筋加密构造	40
框架梁纵向钢筋构造	54　56，61
框架梁箍筋，附加吊筋构造	62，63
次梁与挑梁构造	65，66
井字梁配筋构造	68

注：a. 框架抗震等级三级；
　　b. 与柱顶，墙顶相交的框架梁按 WKL 构造大样施工。

2. 梁腹板高大于等于 450mm 时，均按(图一)配置附加纵向钢筋。(配筋图中已注明配置纵向腰筋者按配筋图配筋)。
3. 受力钢筋在同一截面内接头允许截面面积：

接头形式	受拉区	受压区
绑扎搭接接头	25%	50%
焊接接头或机械接头	50%	不限

注：a. 柱钢筋接头数量无论受拉或受压区均不得大于 50%。
　　b. 冷孔带肋钢筋的连接严禁采用焊接接头。

注册结构师	××设计院	项目名称	拆迁安置房
		子项名称	16号楼
姓名	审定	结构设计总说明	设计号 2008S005
注册证书号码	专业负责人		阶段 结施
注册证章号码	校核		日期
	设计		图号 G-1

图 10-17　结构设计总说明

4. 混凝土保护层厚度：钢筋净保护层厚度不应小于钢筋公称直径，并应符合下表。

环境条件	构件类别	保护层厚度(mm)
室内正常环境	板	15
	梁	25
	柱	30
地下潮湿环境	基础	40
	地梁	30
露天环境	室外遮阳板，空调板，雨篷板	15
	梁	30

5. 板：负筋如下图所示，边跨伸至梁边且≥l_a，下部筋伸至梁中线≥10d 且不小于 100。板边跨支座负筋锚入支座 l_a，并且支座外皮留保护层厚度下弯。

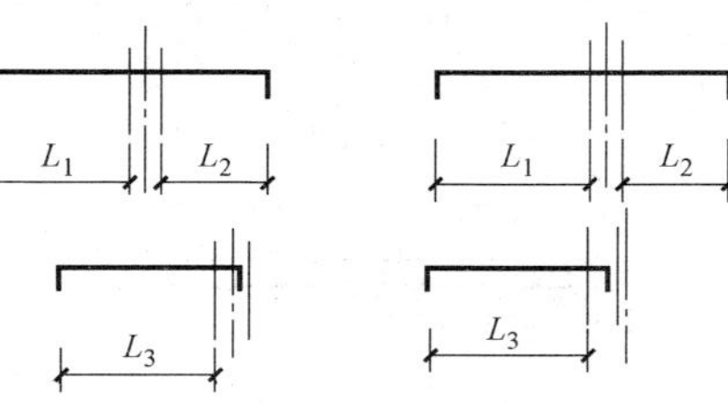

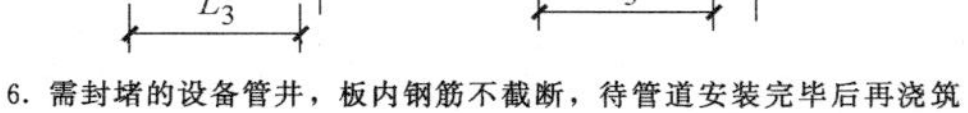

6. 需封堵的设备管井，板内钢筋不截断，待管道安装完毕后再浇筑楼板混凝土。

7. 屋面板配筋中在板面无负筋区域增加双向Φ 8@200 的钢筋网，与支座负筋焊接或搭接，搭接长度为 300mm (见图二)。

8. 板上孔洞应预留，避免后凿。一般结构图中只示出洞口尺寸大于 300mm 之孔洞，施工时各工种必须根据各专业图纸配合土建预留全部孔洞。当孔洞尺寸小于 300mm 时，洞边不再另加钢筋，板筋由洞边绕过，不得截断(见图三)；当洞口尺寸大于 300mm 时，应设洞边加筋，按平面图示出的要求施工，当平面图未交待时，一律按如下要求：

洞口每侧各 2 根，其截面积不得小于被洞口截断之钢筋面积，且不小于 2Φ12，长度为单向板受力钢筋方向以及双向板的两个方向沿跨度通长，并锚入梁内，单向板的非受力方向洞口加筋长度为洞宽加两侧各 30d(见图三)。

9. 楼板上后砌隔墙的位置应严格遵守建施图施工，不可随意砌筑。

10. 楼板内设备预埋管上方无板面钢筋时，须沿预埋管走向设置面板钢筋网带。

11. 现浇板中分布筋规格及间距(见图七)。

12. 双向板之短跨方向底筋应放置在长跨方向底筋的下面，短跨方向负筋应放置在长跨方向负筋的上面；梁平柱面时，梁筋置于柱筋内侧；梁板下平时，下层板筋置于梁筋上面。

13. 梁跨度≥4m 及悬臂梁跨度≥2m 者支模必须起拱，起拱值分别为跨度的 0.2%及 0.4%，所有起拱均不得削减梁截面高度。

14. 梁高小于 400mm 的次梁和剪力墙钢筋可以采用搭接接头或焊接接头，接头位置和长度均应符合施工验收规范要求。

15. 主次梁相交处，主梁在次梁两侧无论有无吊筋应各加密 3 个附加箍筋，间距 50，直径及肢数同主梁箍筋；当两相交梁等高时(图五)，则两相交梁分别在相交位置两侧各加附加箍筋 3Φd@50(其直径与肢数同主梁箍筋)；具体作法详图集《16G101-1》。

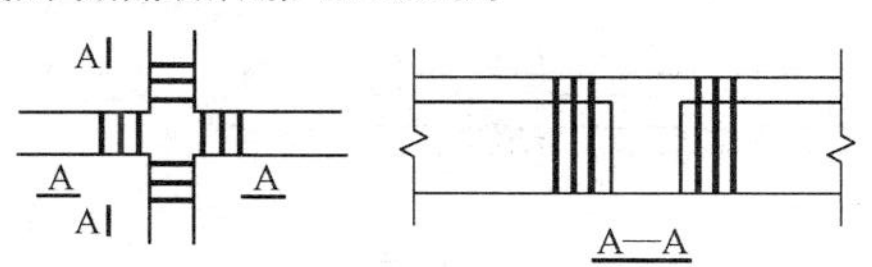

(图五)

16. 主梁下部钢筋在次梁之下，上部钢筋在次梁之上。

17. 柱纵向钢筋接头采用机械连接或电渣压力焊，气压焊。

18. 柱子与圈梁，钢筋混凝土腰带，现浇过梁相连时，均应按建筑图中位置以及相应的圈梁，腰带，过梁配筋说明或图纸由柱子留出相应的钢筋，钢筋长度为柱子内外各 40d。

19. 悬挑构件应待混凝土强度达到 100%后方能拆底模，且不得在其上堆放重物。

20. 柱混凝土强度等级高于楼层梁板时，梁柱节点处的混凝土按以下原则处理：梁柱节点处的混凝土应按柱子混凝土强度等级单独浇筑(见图八)，在混凝土初凝前即浇筑梁板混凝土，并加强混凝土的振捣和养护。

21. 箍筋、拉筋及预埋件等不应与框架梁、柱的纵向受力钢筋焊接。

22. 在施工中，当需要以强度等级较高的钢筋替代原设计中的纵向受力钢筋时，应按照钢筋受拉承载力设计值相等且不低于构件的最小配筋率的原则换算，并应满足于正常使用极限状态和抗震构造措施的要求。

七、填充墙

本工程砌体结构施工控制等级为 B 级。

填充墙的砌筑按图集《框架轻质填充墙构造图集　西南 05G701(四)》执行，并满足下列要求：

1. 填充墙外墙窗洞口大于 3m 时，在窗台顶面设置 100X 墙厚锚固于框架柱的通长拉结梁，梁纵筋 4Φ10，箍筋Φ6@200，在窗裙墙中部设置构造柱，构造柱的纵钢钢筋锚入框架梁及拉结梁内的长度l_a。

2. 填充墙洞口过梁可根据建施图纸的洞口尺寸在国标《钢筋混凝土过梁》03G322-1 图集中按二级过梁选用。当洞口上方有承重梁通过，且该梁底标高与门窗洞顶距离过近，放不下过梁时，可直接在梁下挂板(见图九)。

3. 所有隔墙，当墙高大于 3.6m 时，应于门窗顶或墙高中部设圈梁一道。在墙洞顶处的圈梁，其截面及配筋应不小于与洞口相应的过梁；圈梁宽度同墙厚，圈梁高 120mm，配筋 4Φ10，Φ6@200，除设置圈梁外，隔墙砌筑尚应符合相应的标准图集的要求。

4. 后砌隔墙高每隔 500mm 配 2Φ6 水平钢筋与其两端相交墙体拉接牢(见图十)。

5. 后砌隔墙顶部应与楼，屋盖结构拉结：

梁板应预埋插筋，并随砌墙时用不低于 M5 砂浆分层填实（见图十一)。

6. 填充墙一般在主体结构全部完工后，由上而下逐层砌筑，当每层砌至梁或板底附近时，应待砌块沉实再砌此部分墙体，逐块敲紧砌实。填充墙与梁，柱，混凝土墙交界处，抹灰前应加铺 200mm 宽钢丝网，并绷紧钉牢，以防不同材料之间产生收缩裂缝。

7. 砌体填充墙设置钢筋混凝土构造柱位置应在以下位置设置：

(1) 当砌体填充墙长度大于层高 2 倍时应按不大于 4m 间距位置设置钢筋混凝土构造柱，构造柱配筋(见图十二)，构造柱上下端楼层处 500mm 高度范围内，箍筋间距加密到间距 100。构造柱与楼面相交处在施工楼面时应留出相应插筋。应先砌墙，构造柱与墙连接处应砌成马牙槎，并应沿墙高每隔 500mm 设 2Φ6 拉结钢筋，每边伸入墙内不小于 1m。构造柱钢筋绑完后，浇筑构造柱混凝土前，应将柱根处杂物清理干净，并用压力水冲洗，然后才能浇筑混凝土。

(2) 墙体转角处及纵横墙相交处，构造柱作法同第(1)。

(3) 填充墙上门窗洞口宽度等于、大于 2m 时应在洞口两边墙上设置钢筋混凝构造柱，作法同第(1)。

8. 当柱边的墙垛长度小于 300mm 时，应按图十三施工。

八、其他

1. 用于本工程的所有材料须符合现行国家标准的要求。

2. 严格按图施工，施工中发现问题应及时通知设计院。

3. 土建施工时，须与各专业图纸核对，如有矛盾，应及时通知设计人员，以便协商解决。

4. 所有预留孔洞及预埋件，均须配合建筑及设备工种预留、预埋，不得事后打洞。

5. 主体结构施工时，应配合建筑图纸预埋楼梯栏杆构件，预埋墙的构造柱插筋以及窗台卧梁与钢筋混凝土柱连接钢筋。

6. 装饰构件应与主体结构采取可靠的连接措施，且事先预埋预留，具体措施与二装单位配合后确定。

7. 电梯订货必须符合本施工图提供的洞口尺寸。订货后应提供电梯施工详图给设计单位，以便进行尺寸复核，预留机房孔洞，设置吊钩预埋件以及基坑反冲弹簧安装等工作。

8. 悬挑构件的模板支撑必须有足够刚度，牢固可靠，且必须待构件混凝土强度达 100%设计强度后方许拆模，施工时不得在其上堆放重物。

9. 施工中采用的商品混凝土，应与搅拌站配合做好配合比工作，且施工中应对混凝土加强振捣养护，保湿，以免失水引起干裂。如遇冬季施工，须作好防冻措施。

10. 应采取有效措施确保泵送混凝土浇筑时不超厚。

11. 梁、柱节点区混凝土务必仔细振捣密实，当节点区混凝土因钢筋过密浇筑困难时，可采取等强度细石混凝土浇捣(事先作好配合比，且须有试块试压报告)。

12. 幕墙(玻璃，铝合金，花岗岩)部位的梁柱均应配合幕墙装饰图设置预埋件与梁柱混凝土一起整体浇注，不得事后补钻。

13. 隐蔽工程记录须完备，真实、可靠、准确。

14. 未注明事项均按国家现行施工及验收规范、工程质量评定标准等有关要求办理。

注册结构师	××设计院		项目名称	拆迁安置房
			子项名称	16号楼
姓名	审定	结构设计总说明(续)	设计号	2008S005
注册证书号码	专业负责人		阶段	结施
注册证章号码	校核		日期	
	设计		图号	G-2

图 10-18　结构设计总说明

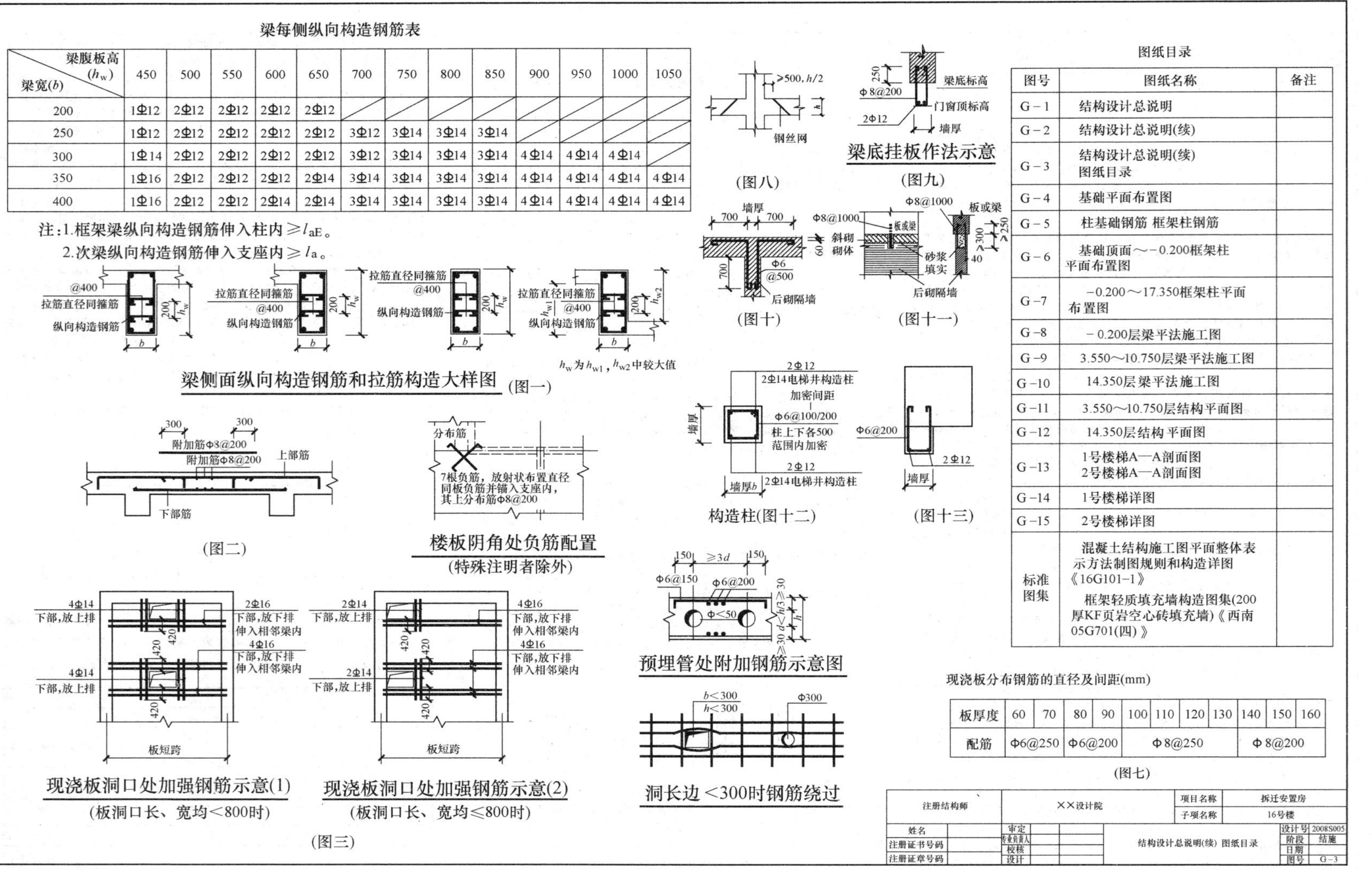

梁每侧纵向构造钢筋表

梁宽(b) \ 梁腹板高(h_w)	450	500	550	600	650	700	750	800	850	900	950	1000	1050
200	1Φ12	2Φ12	2Φ12	2Φ12	2Φ12								
250	1Φ12	2Φ12	2Φ12	2Φ12	2Φ12	3Φ12	3Φ14	3Φ14	3Φ14				
300	1Φ14	2Φ12	2Φ12	2Φ12	2Φ12	3Φ12	3Φ14	3Φ14	3Φ14	4Φ14	4Φ14	4Φ14	
350	1Φ16	2Φ12	2Φ12	2Φ12	2Φ14	3Φ14	3Φ14	3Φ14	3Φ14	4Φ14	4Φ14	4Φ14	4Φ14
400	1Φ16	2Φ12	2Φ12	2Φ14	2Φ14	3Φ14	3Φ14	3Φ14	3Φ14	4Φ14	4Φ14	4Φ14	4Φ14

注：1.框架梁纵向构造钢筋伸入柱内$\geqslant l_{aE}$。

2.次梁纵向构造钢筋伸入支座内$\geqslant l_a$。

图纸目录

图号	图纸名称	备注
G-1	结构设计总说明	
G-2	结构设计总说明(续)	
G-3	结构设计总说明(续) 图纸目录	
G-4	基础平面布置图	
G-5	柱基础钢筋 框架柱钢筋	
G-6	基础顶面～-0.200框架柱平面布置图	
G-7	-0.200～17.350框架柱平面布置图	
G-8	-0.200层梁平法施工图	
G-9	3.550～10.750层梁平法施工图	
G-10	14.350层梁平法施工图	
G-11	3.550～10.750层结构平面图	
G-12	14.350层结构平面图	
G-13	1号楼梯A—A剖面图 2号楼梯A—A剖面图	
G-14	1号楼梯详图	
G-15	2号楼梯详图	
标准图集	混凝土结构施工图平面整体表示方法制图规则和构造详图《16G101-1》 框架轻质填充墙构造图集(200厚KF页岩空心砖填充墙)《西南05G701(四)》	

现浇板分布钢筋的直径及间距(mm)

板厚度	60	70	80	90	100	110	120	130	140	150	160
配筋	Φ6@250		Φ6@200		Φ8@250				Φ8@200		

(图七)

图 10-19　结构设计总说明(续)　图纸目录

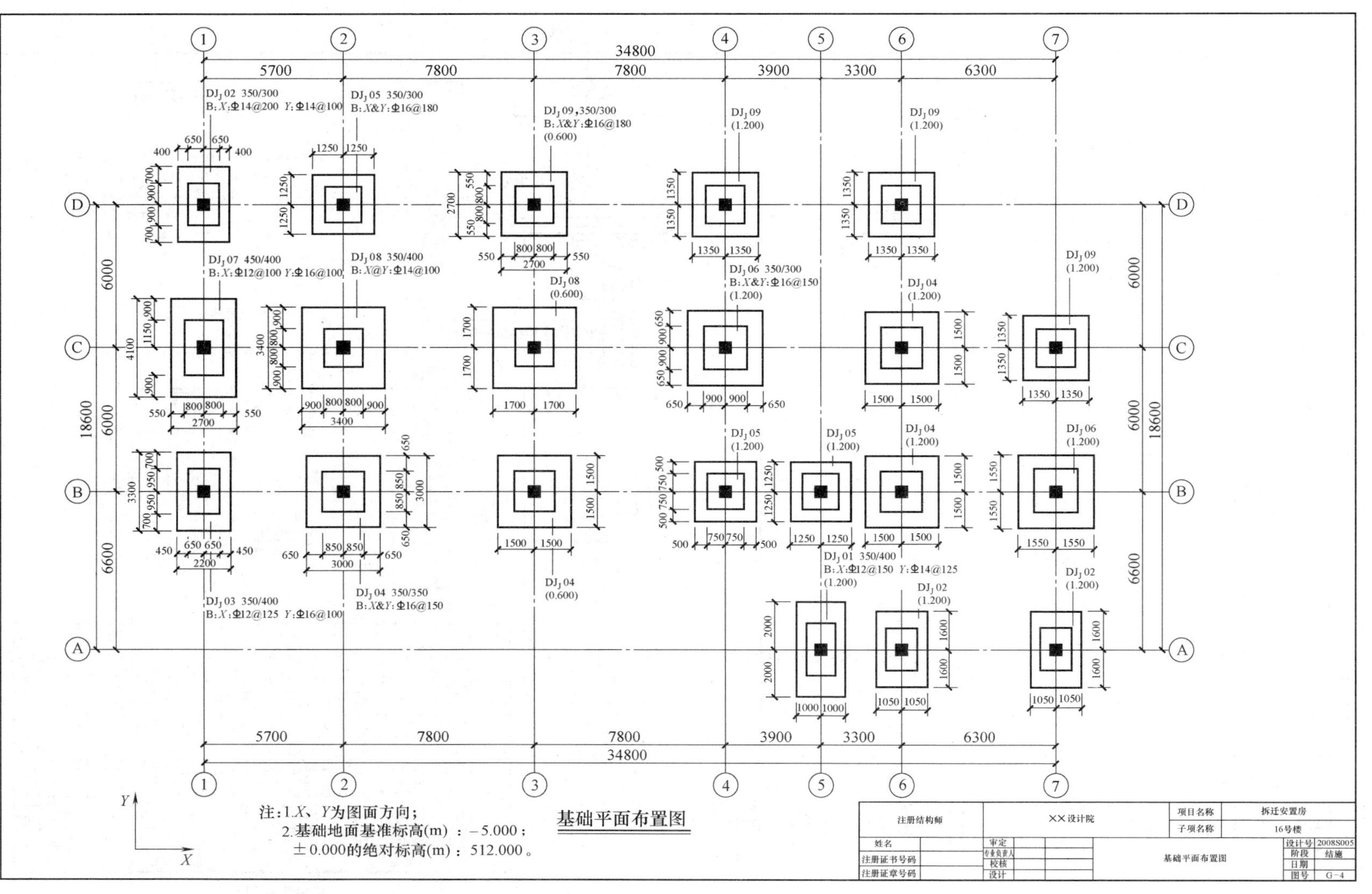

图 10-20　基础平面布置图

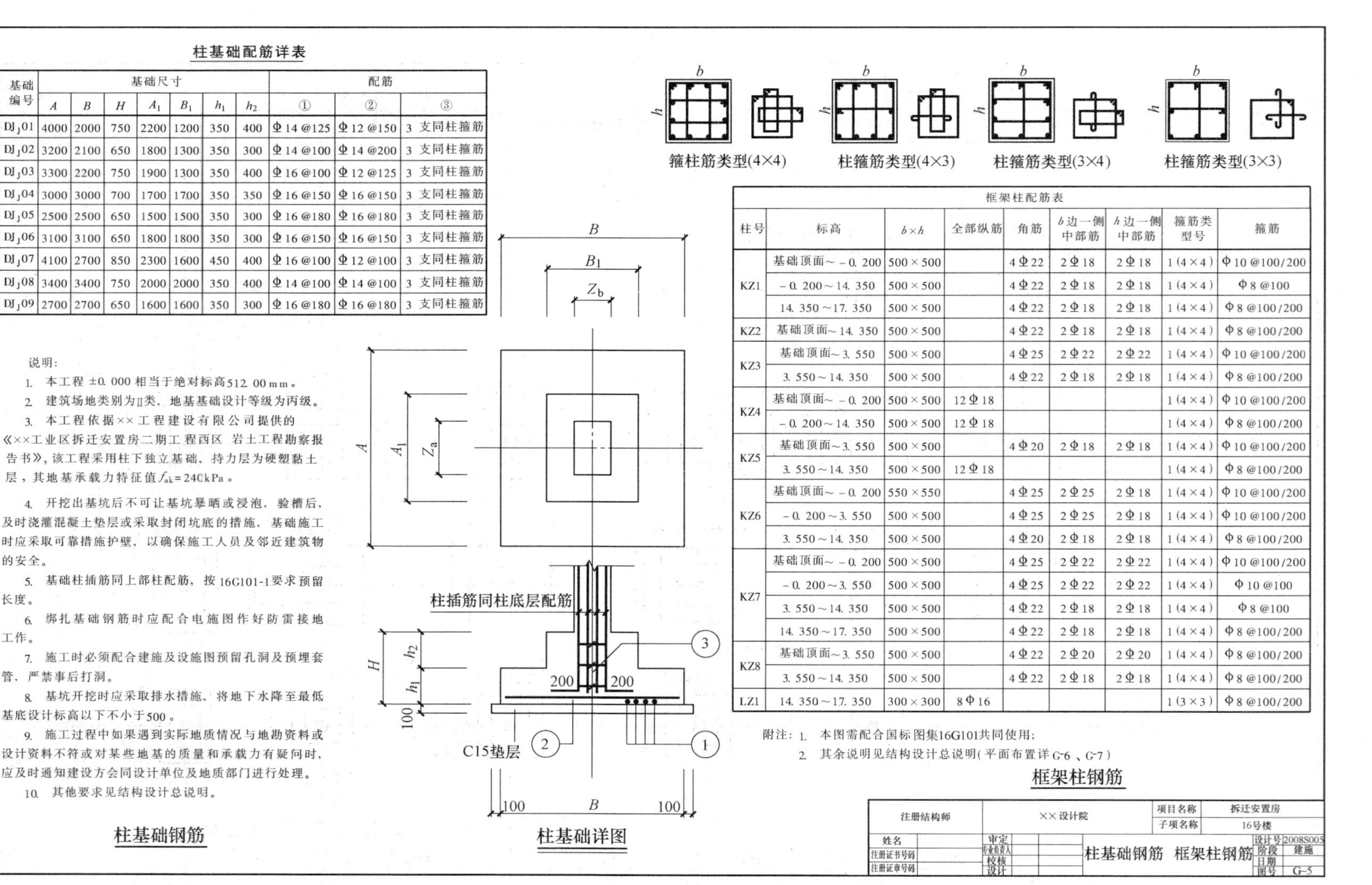

柱基础配筋详表

基础编号	基础尺寸							配筋		
	A	B	H	A_1	B_1	h_1	h_2	①	②	③
DJ_J01	4000	2000	750	2200	1200	350	400	Φ14@125	Φ12@150	3 支同柱箍筋
DJ_J02	3200	2100	650	1800	1300	350	300	Φ14@100	Φ14@200	3 支同柱箍筋
DJ_J03	3300	2200	750	1900	1300	350	400	Φ16@100	Φ12@125	3 支同柱箍筋
DJ_J04	3000	3000	700	1700	1700	350	350	Φ16@150	Φ16@150	3 支同柱箍筋
DJ_J05	2500	2500	650	1500	1500	350	300	Φ16@180	Φ16@180	3 支同柱箍筋
DJ_J06	3100	3100	650	1800	1800	350	300	Φ16@150	Φ16@150	3 支同柱箍筋
DJ_J07	4100	2700	850	2300	1600	450	400	Φ16@100	Φ12@100	3 支同柱箍筋
DJ_J08	3400	3400	750	2000	2000	350	400	Φ14@100	Φ14@100	3 支同柱箍筋
DJ_J09	2700	2700	650	1600	1600	350	300	Φ16@180	Φ16@180	3 支同柱箍筋

说明:

1. 本工程 ±0.000 相当于绝对标高512.00mm。
2. 建筑场地类别为Ⅱ类，地基基础设计等级为丙级。
3. 本工程依据××工程建设有限公司提供的《××工业区拆迁安置房二期工程西区 岩土工程勘察报告书》，该工程采用柱下独立基础，持力层为硬塑黏土层，其地基承载力特征值f_{ak}=240kPa。
4. 开挖出基坑后不可让基坑暴晒或浸泡，验槽后，及时浇灌混凝土垫层或采取封闭坑底的措施，基础施工时应采取可靠措施护壁，以确保施工人员及邻近建筑物的安全。
5. 基础柱插筋同上部柱配筋，按16G101-1要求预留长度。
6. 绑扎基础钢筋时应配合电施图作好防雷接地工作。
7. 施工时必须配合建施及设施图预留孔洞及预埋套管，严禁事后打洞。
8. 基坑开挖时应采取排水措施，将地下水降至最低基底设计标高以下不小于500。
9. 施工过程中如果遇到实际地质情况与地勘资料或设计资料不符或对某些地基的质量和承载力有疑问时，应及时通知建设方会同设计单位及地质部门进行处理。
10. 其他要求见结构设计总说明。

柱基础钢筋

框架柱配筋表

柱号	标高	b×h	全部纵筋	角筋	b边一侧中部筋	h边一侧中部筋	箍筋类型号	箍筋
KZ1	基础顶面～-0.200	500×500		4Φ22	2Φ18	2Φ18	1(4×4)	Φ10@100/200
	-0.200～14.350	500×500		4Φ22	2Φ18	2Φ18	1(4×4)	Φ8@100
	14.350～17.350	500×500		4Φ22	2Φ18	2Φ18	1(4×4)	Φ8@100/200
KZ2	基础顶面～14.350	500×500		4Φ22	2Φ18	2Φ18	1(4×4)	Φ8@100/200
KZ3	基础顶面～3.550	500×500		4Φ25	2Φ22	2Φ22	1(4×4)	Φ10@100/200
	3.550～14.350	500×500		4Φ22	2Φ18	2Φ18	1(4×4)	Φ8@100/200
KZ4	基础顶面～-0.200	500×500	12Φ18				1(4×4)	Φ10@100/200
	-0.200～14.350	500×500	12Φ18				1(4×4)	Φ8@100/200
KZ5	基础顶面～3.550	500×500		4Φ20	2Φ18	2Φ18	1(4×4)	Φ10@100/200
	3.550～14.350	500×500	12Φ18				1(4×4)	Φ8@100/200
KZ6	基础顶面～-0.200	550×550		4Φ25	2Φ25	2Φ18	1(4×4)	Φ10@100/200
	-0.200～3.550	500×500		4Φ25	2Φ25	2Φ18	1(4×4)	Φ10@100/200
	3.550～14.350	500×500		4Φ20	2Φ18	2Φ18	1(4×4)	Φ8@100/200
KZ7	基础顶面～-0.200	500×500		4Φ25	2Φ22	2Φ22	1(4×4)	Φ10@100/200
	-0.200～3.550	500×500		4Φ25	2Φ22	2Φ22	1(4×4)	Φ10@100
	3.550～14.350	500×500		4Φ22	2Φ18	2Φ18	1(4×4)	Φ8@100
	14.350～17.350	500×500		4Φ22	2Φ18	2Φ18	1(4×4)	Φ8@100/200
KZ8	基础顶面～3.550	500×500		4Φ22	2Φ20	2Φ20	1(4×4)	Φ8@100/200
	3.550～14.350	500×500		4Φ22	2Φ18	2Φ18	1(4×4)	Φ8@100/200
LZ1	14.350～17.350	300×300	8Φ16				1(3×3)	Φ8@100/200

附注：1. 本图需配合国标图集16G101共同使用；
2. 其余说明见结构设计总说明(平面布置详G-6、G-7)

框架柱钢筋

图 10-21 柱基础钢筋 框架柱钢筋

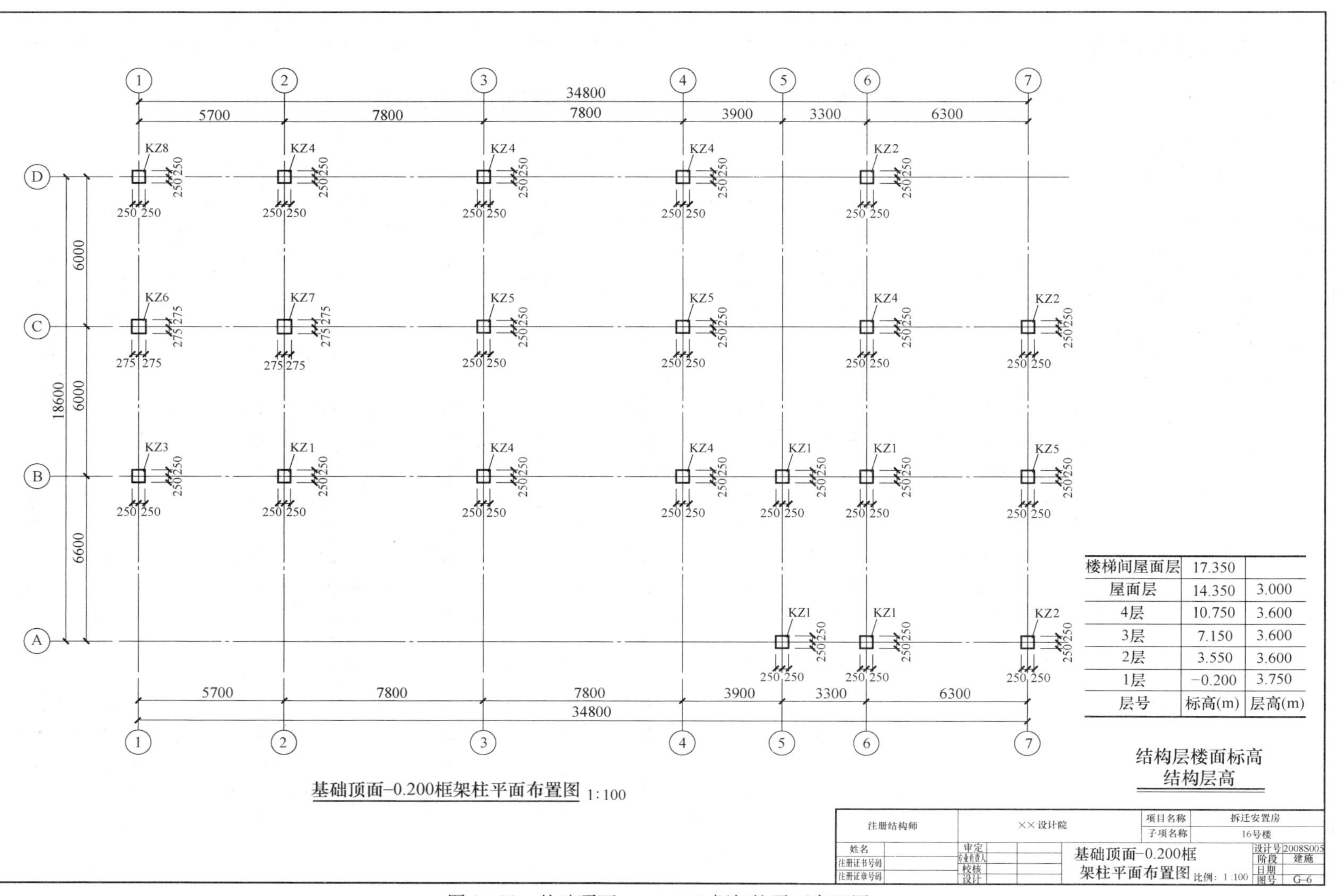

图 10-22 基础顶面～－0.200 框架柱平面布置图

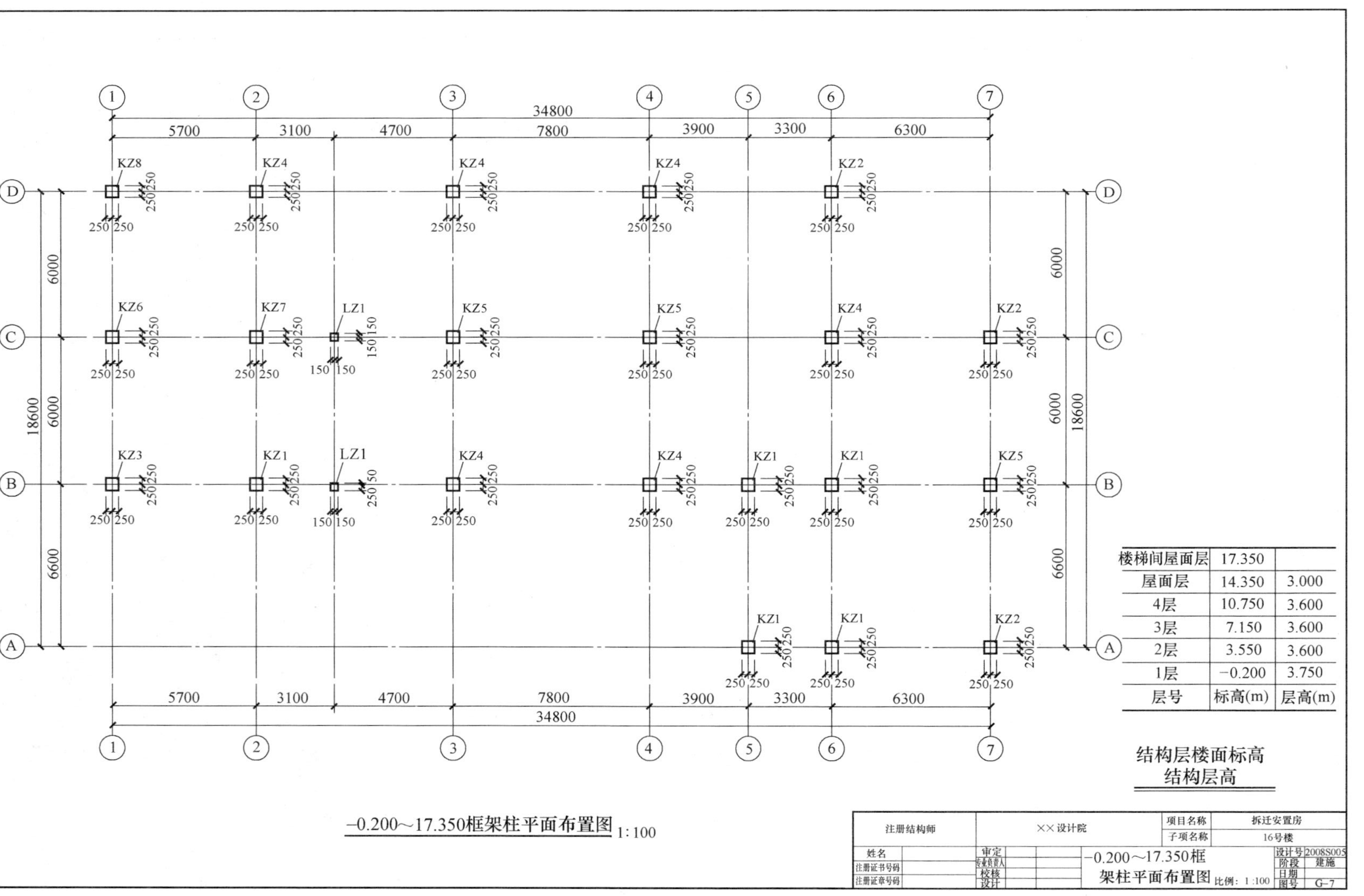

楼梯间屋面层	17.350	
屋面层	14.350	3.000
4层	10.750	3.600
3层	7.150	3.600
2层	3.550	3.600
1层	-0.200	3.750
层号	标高(m)	层高(m)

图 10-23　-0.200～17.350 框架柱平面布置图

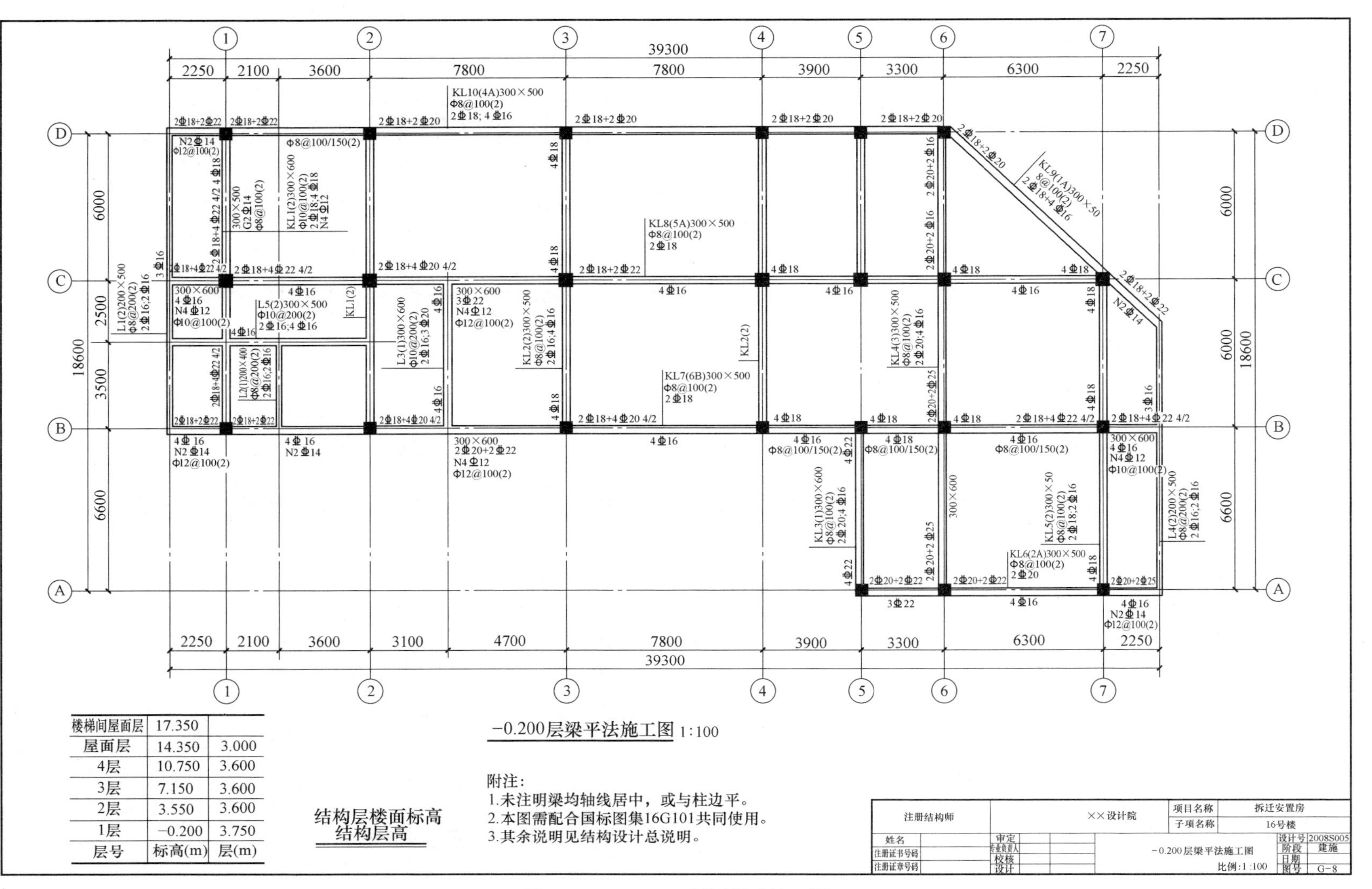

楼梯间屋面层	17.350	
屋面层	14.350	3.000
4层	10.750	3.600
3层	7.150	3.600
2层	3.550	3.600
1层	−0.200	3.750
层号	标高(m)	层(m)

图 10-24　−0.200 层梁平法施工图

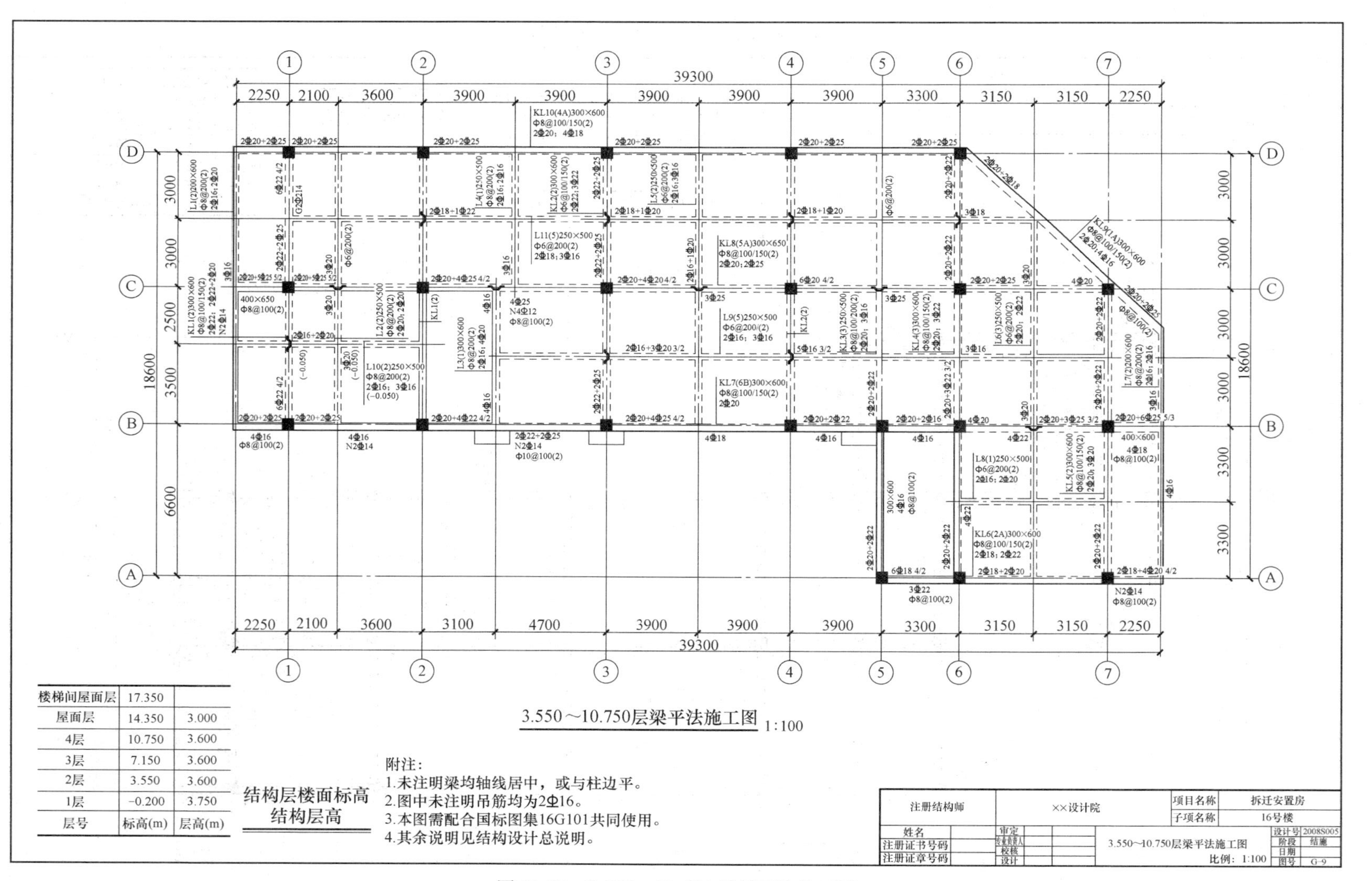

图 10-25 3.550～10.750 层梁平法施工图

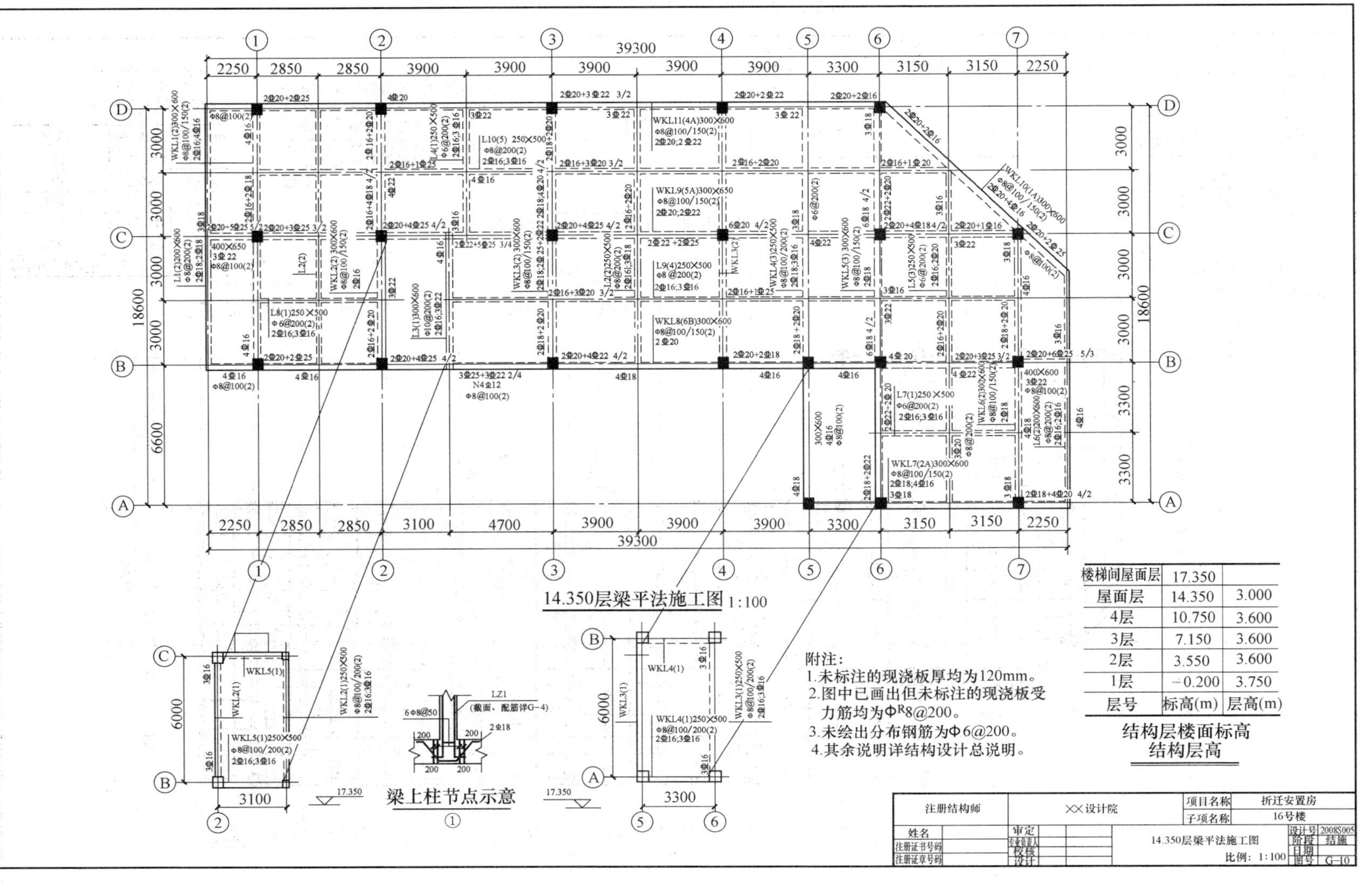

图 10-26 14.350 层梁平法施工图

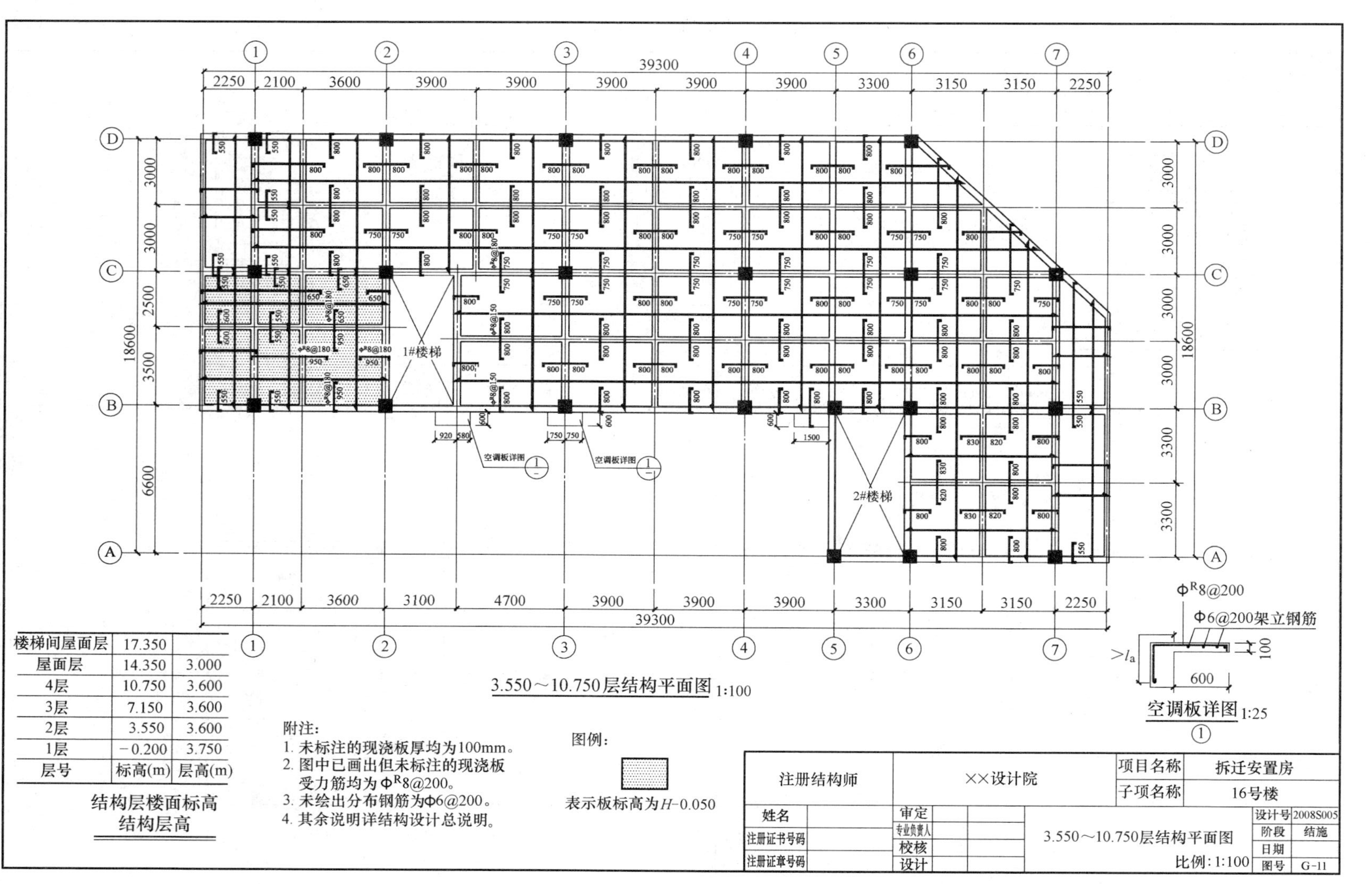

图 10-27　3.550～10.750 层结构平面图

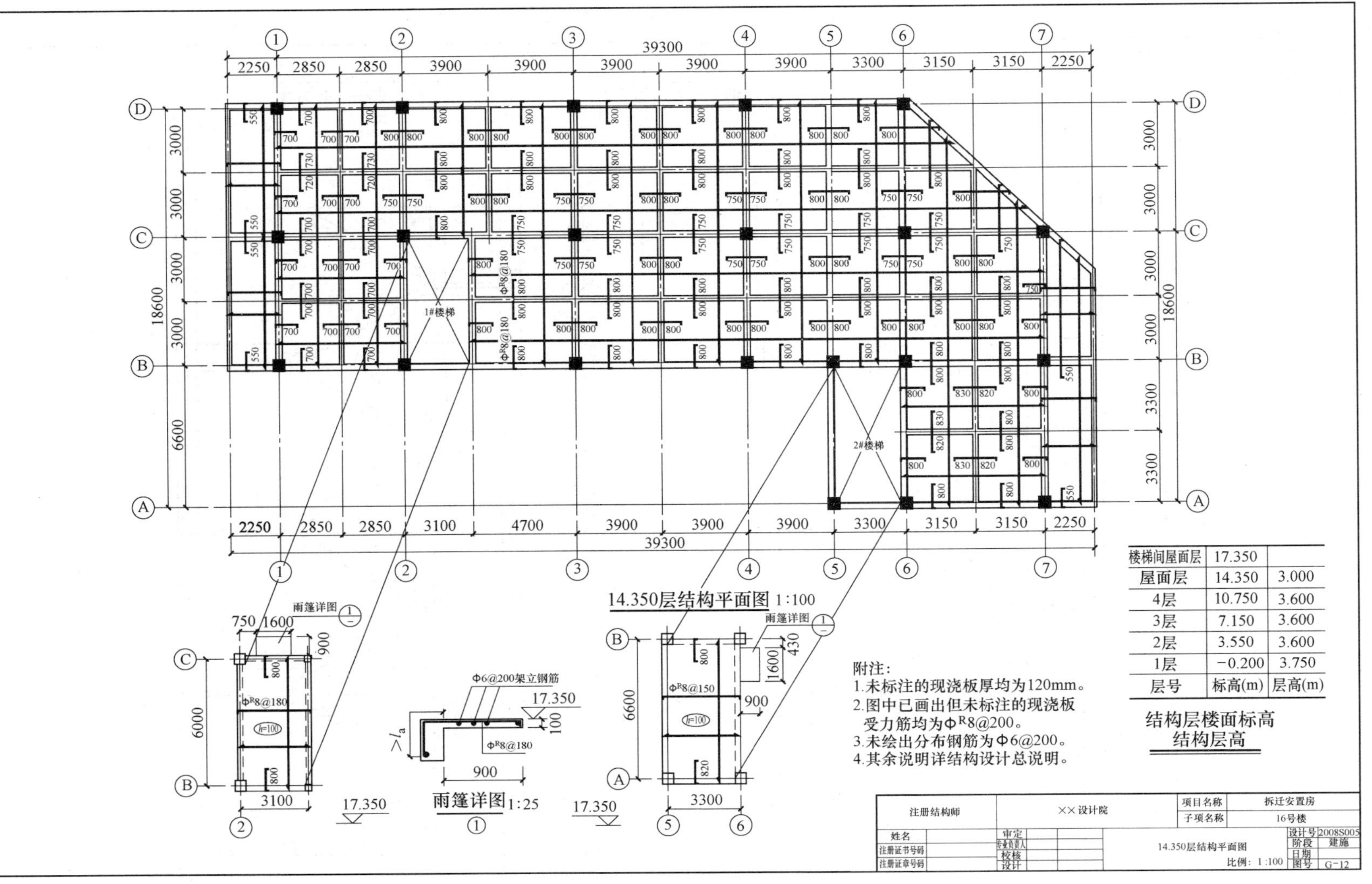

楼梯间屋面层	17.350	
屋面层	14.350	3.000
4层	10.750	3.600
3层	7.150	3.600
2层	3.550	3.600
1层	−0.200	3.750
层号	标高(m)	层高(m)

结构层楼面标高
结构层高

图 10-28　14.350 层结构平面图

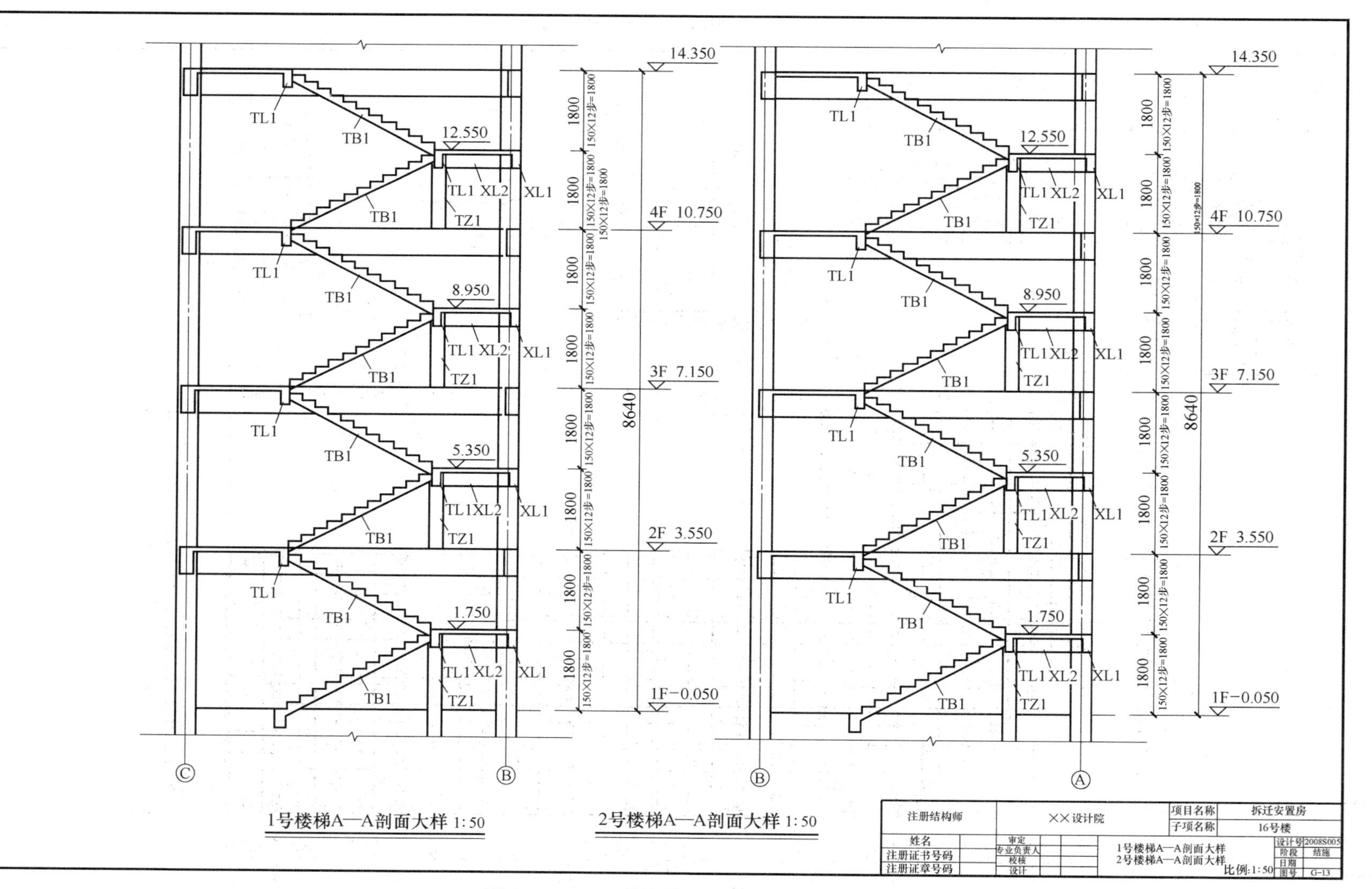

图 10-29 1、2 号楼梯 A—A 剖面大样图

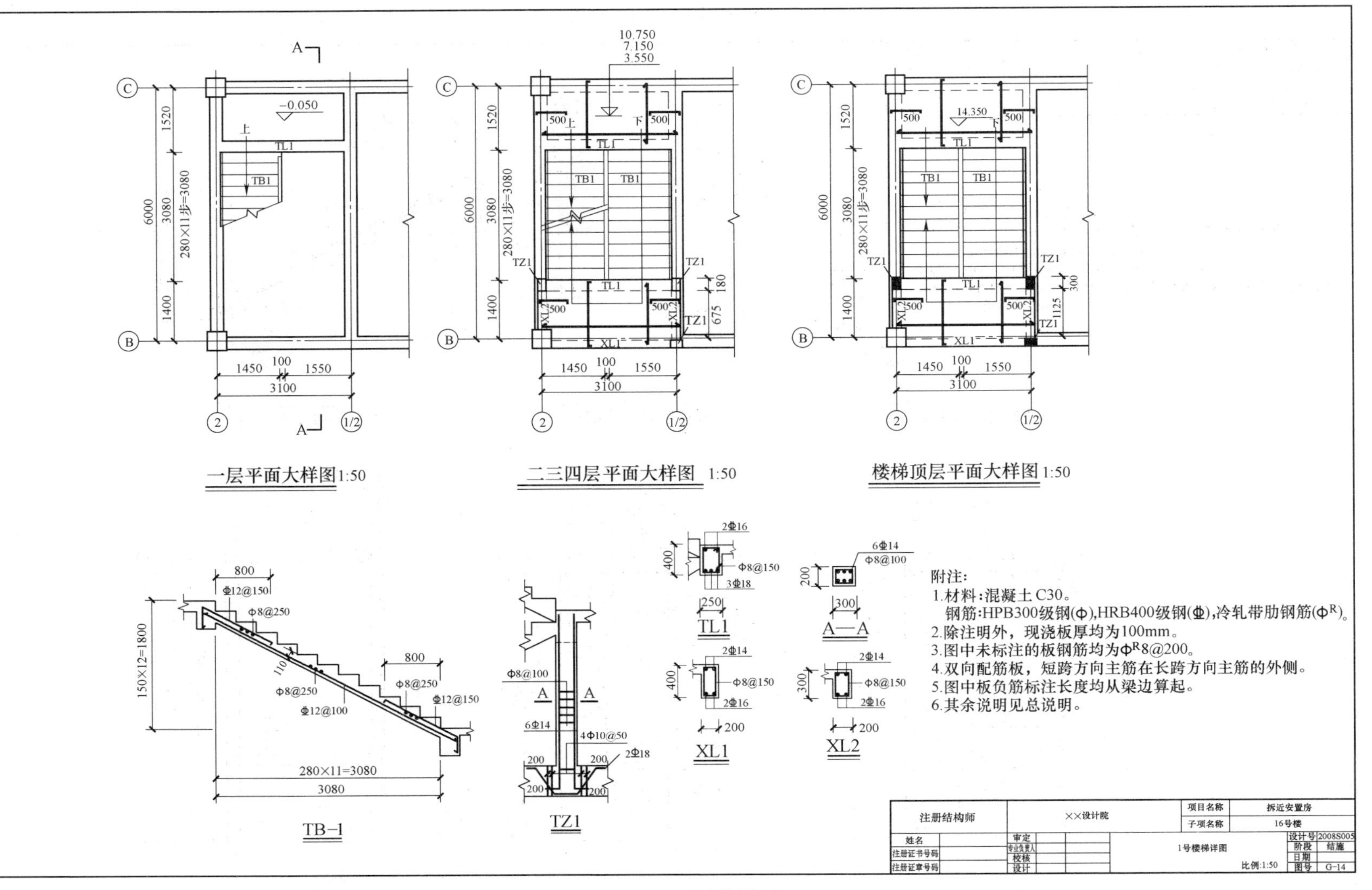

图 10-30 1号楼梯详图

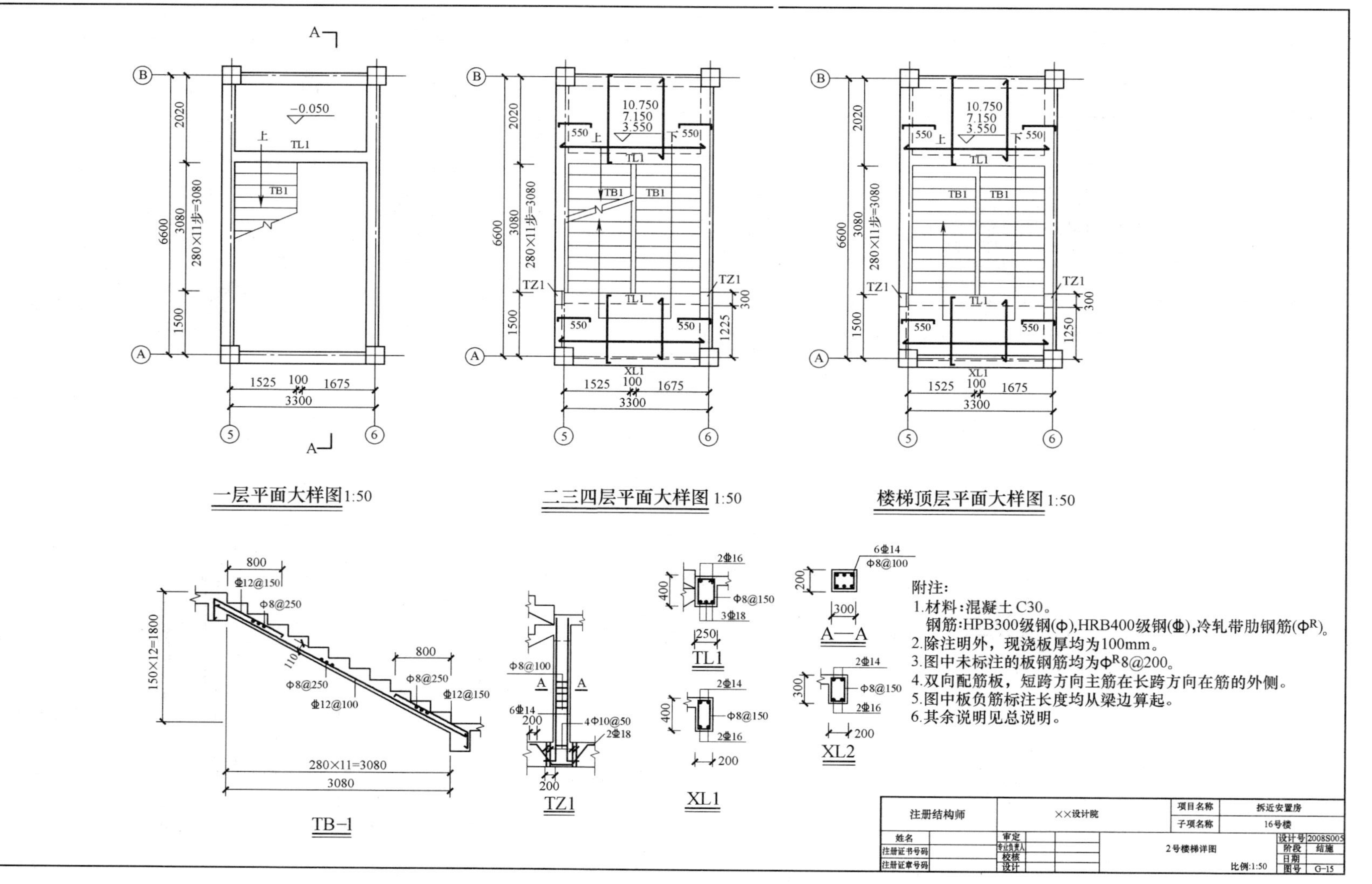

图 10-31 2号楼梯详图

参 考 文 献

[1] 中华人民共和国住房和城乡建设部. GB 50584—2013 房屋建筑与装饰工程工程量计算规范[S]. 北京：中国计划出版社，2013.

[2] 中华人民共和国住房和城乡建设部. 16G101 混凝土结构施工图平面整体表示方法制图规则和构造详图 [M]. 北京：中国计划出版社，2016.

[3] 本书编委会. 建筑施工手册（第四版）[M]. 北京：中国建筑工业出版社，2016.

[4] 王武齐. 建筑工程计量与计价（第四版）[M]. 北京：中国建筑工业出版社，2015.

[5] 北京广联达慧中软件技术有限公司. 建筑工程钢筋工程量的计算与软件应用 [M]. 北京：中国建材工业出版社，2005.

[6] 陈青来. 钢筋混凝土结构平法设计与施工规则（第二版）[M]. 北京：中国建筑工业出版社，2018.